U0142730

圖解系列

圖解

五南圖書出版公司 印行

機率學

黃勤業 / 著

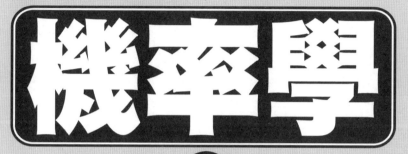

閱讀文字

理解內容

觀看圖表

圖解讓
機率學
更簡單

序

序

　　機率是研究不確定性或隨機性的一門數學，它除了自身之純粹數學探討外，在通訊、影像分析、資訊科學、經濟、管理科學、投資分析等領域都扮演重要的角色，更重要的是，它是統計學之理論基礎，而統計學是當今當夯的大數據之最重要分析工具，機率之重要性不言而喻。

　　機率依是否應用實分析（Real Analysis）可分二支，本書不以實分析為先備知識，適合大學一、二年級之機率教材用，儘管如此，這並不意味它是一門容易上手的課程，集合，微積分都需要一定的熟練度，因此，本書在之例（習）題多附有提示，對所應用之定理，數學方法予以扼要之提點。

　　考量到讀者之數學能力，本書難題以★表示，初學者可略之；練習題分A B二類，A適合一般程度，B則難度較高，適合理、工與統計系背景的讀者。為利於學習，讀者最好把相關知識先打個底，為此，不妨有幾本書供做案頭參考的數學書籍。例如：

1. 黃學亮：簡易離散數學（二版）之集合，組合數學（2023：五南）
2. 黃義雄：圖解微積分（三版）（2022：五南）
3 黃義雄：微積分演習指引（三版）（2022：五南）

　　我之所以推薦上述書本，主要是第1、2本精簡，第3本練習較豐富且多元化，當然市面上也有許多這類好書，讀者以讀來順手最重要。

　　許多讀者因高中教學之排列組合與機率造成之學習陰影，而視機率為畏途，因此，讀者研讀本書時可先自行試解一下，實在解不出時先看提示，再不行最後再看解答，機率絕非「善類」，但也絕非是不可克服的，只要肯下功夫，達到「某個水準」應非難事，因為原文書之機率學或數理統計之機率部分，不論例（習）題均有趨難趨勢，讀者應立定問題難度之天花板，不要因少數偏刁問題而綁住你學習進度與信心。

　　最後敬祝各位讀者學習機率順利，更希望能藉此獲得打開解決數學之門的一把寶鑰。若讀者諸君對本書有任何指正，作者不勝感荷。

作者　謹識

CONTENTS 目錄

第1章
基礎機率

1.1　集合概論

要學好機率，集合是重要的第一步，因讀者已在中學學過，本節只做摘要回顧。

集合之基本定義

集合（set）是一群**定義明確**（well-defined）之個體所成之**集體**（collection）。集合之每一個個體稱為**元素**（element 或 member）。

習慣上以大寫字母 A，B，X 等代表集合，而以小寫字母 a，b，c…代表元素，$x \in A$ 表示 x 為集合 A 之一個元素，$x \in A$ 讀做 **x 屬於 A**（x belongs to A），$x \notin A$ 表示 x 不為 A 之元素。

集合表示法

集合之表示法可分列舉法與特性法兩種，說明如下：

（一）列舉法：列舉法是將集合內之元素逐一寫在一個大括弧內，其形式為
$$A = \{a_1, a_2, \cdots, a_n\}$$

（二）特性法：特性法是將具有某種特性 P 之元素作一概括性描述，其一般表示法為 $A = \{x \mid P(x)\}$

空集合、部分集合與廣集合

對任何一個不含任何元素之集合稱之為**空集合**（empty set），記作 ϕ，像 $\{x \mid x \neq x\}$，$\{x^2 \mid x^2 + 1 = 0，x \in R\}$ 都是空集合。

規定**空集合 ϕ 為任意集合之子集合**，即 $\phi \subseteq A$ 恆成立。

設 A，B 為二集合，若 B 中之每一元素均為 A 之元素則稱 B 包含於 A，記做 $B \subseteq A$，此時 B 稱為 A 之部分集合或子集合（subset），例如 $A = \{1, 3, 5, 7, 9\}$，$B = \{1, 3, 5\}$ 則 $B \subseteq A$。**任一集合均為自身之子集合，即 $A \subseteq A$ 恆成立。**

若所有集合均是某一特定集合之子集合，此特定集合稱**廣集合**（universal set），換言之，**廣集合就是我們考慮下之所有素所成之集合**。本書以 S 表示廣集合。

集合運算

我們將復習三種最基本之集合運算：

【定義】　交集（intersection）：A、B 二集合之交集，記做 $A \cap B$，定義為
$$A \cap B = \{x \mid x \in A \text{ 且 } x \in B\}$$
聯集（union）：A、B 二集合之聯集，記做 $A \cup B$，定義為
$$A \cup B = \{x \mid x \in A \text{ 或 } x \in B\}$$
差集（difference）：A、B 二集合之差集，記做 $A - B$，定義為
$$A - B = \{x \mid x \in A \text{ 且 } x \notin B\}，\text{顯然 } \boldsymbol{A - B = A \cap \bar{B}}$$

　　文氏圖（Venn diagram）是用簡單之圈狀圖形表示集合運算，它有助於初學者對集合運算之理解。它通常用在二、三個集合之關係。

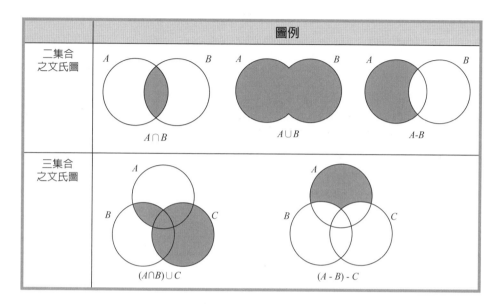

	圖例
二集合 之文氏圖	$A \cap B$　　$A \cup B$　　$A-B$
三集合 之文氏圖	$(A \cap B) \cup C$　　$(A-B)-C$

集合基本定律

(1) 交換律
　　$A \cup B = B \cup A$，$A \cap B = B \cap A$
(2) 結合律
　　$(A \cup B) \cup C = A \cup (B \cup C)$
　　$(A \cap B) \cap C = A \cap (B \cap C)$
(3) 分配律
　　$A \cup (B \cap C) = (A \cup B) \cap (A \cup C)$
　　$A \cap (B \cup C) = (A \cap B) \cup (A \cap C)$
(4) 統一律
　　$A \cap S = A$，$A \cup \phi = A$，S 為廣集合
(5) 等冪律
　　$A \cup A = A$，$A \cap A = A$
(6) 互補律
　　$A \cup \overline{A} = S$，$A \cap \overline{A} = \phi$
(7) 隸摩根律
　　$\overline{A \cup B} = \overline{A} \cap \overline{B}$，$\overline{A \cap B} = \overline{A} \cup \overline{B}$

(8)吸收律

若 $A \subseteq B$ 則 $A \cup B = B$，$A \cap B = A$。

特別地：(1)$A \cup S = S$，$A \cap S = A$，(2)$A \cup A = A \cap A = A$

(9)回歸律

$\overline{\overline{A}} = A$，$\overline{S} = \phi$，$\overline{\phi} = S$

證　　1. 交換律

$x \in A \cap B \Leftrightarrow x \in A$ 且 $x \in B \Leftrightarrow x \in B$ 且 $x \in A \Leftrightarrow x \in B \cap A$

$\therefore A \cap B = B \cap A$

同法可證：$A \cup B = B \cup A$

3. 分配律

$x \in A \cap (B \cup C) \Leftrightarrow x \in A$ 且 $x \in (B \cup C)$

$\Leftrightarrow x \in A$ 且 $(x \in B$ 或 $x \in C)$

$\Leftrightarrow (x \in A$ 且 $x \in B)$ 或 $(x \in A$ 且 $x \in C)$

$\Leftrightarrow x \in (A \cap B) \cup (A \cap C)$

同法可證：$A \cup (B \cap C) = (A \cup B) \cap (A \cup C)$　　　■

對偶性

　　細心的讀者在「集合基本定律」或可發現到一個有趣的規則：**某一定律之∪換成∩，∩換成∪，S 換成 ϕ，ϕ 換成 S，就可得到另外一個定律**，這稱為集合之**對偶性**（duality）。對偶性在集合論之論證上極為有用。

　　例 $A \cap (B \cup C) \equiv (A \cap B) \cup (A \cap C)$ 之對偶為 $A \cup (B \cap C) \equiv (A \cup B) \cap (B \cup C)$

【定理 A】若一集合式成立則其對偶式亦成立。

例 1. A, B, C 三集合，若滿足 $A \cap C = B \cap C$ 且 $A \cup C = B \cup C$，試證 $A = B$

解

提示	解答
善用集合定理與題給條件是解答本題之關鍵。 解法一：從 $A = A \cap (A \cup C)$ 開始	$A = A \cap (A \cup C) = A \cap (B \cup C) = (A \cap B) \cup (A \cap C)$ $= (A \cap B) \cup (B \cap C) = B \cap (A \cup C) = B \cap (B \cup C) = B$
解法二：從 $A = A \cup (A \cap C)$ 開始	$A = A \cup (A \cap C) = A \cup (B \cap C)$ $= (A \cup B) \cap (A \cup C) = (A \cup B) \cap (B \cup C) = B \cap (A \cup C)$ $= B \cap (A \cup B) = B$

例 **2.** 試證 $A \cap (B - C) = (A \cap B) - (A \cap C)$

解

提示	解答
應用 $B - C = B \cap \overline{C}$	$A \cap (B-C) = A \cap (B \cap \overline{C})$ $= (A \cap B) \cap (A \cap \overline{C})$ $= (A \cap B) \cap (A - (A \cap C))$ $= (A \cap B) \cap (A \cap \overline{A \cap C})$ $= ((A \cap B) \cap A) \cap (A \cap B \cap \overline{A \cap C})$ $= [(A \cap B) \cap (A \cap B)] \cap \overline{A \cap C}$ $= (A \cap B) \cap \overline{A \cap C} = (A \cap B) - (A \cap C)$

例 **3.** 證明 $(A - B) \cap (B - A) = \phi$。

解

提示	解答
方法一：反證法 我們常需證明「若 p 則 q」形式之命題，如「若 $x > 2$ 則 $x^3 > 8$」，一般都是在 p 之假設下推證出 q 成立，但有時這種推證法並非容易，此時我們便可用反證法。反證法是令 q 成立，逐步推證出 p 不成立即「非 p」成立，從而得到與 p 矛盾的結果。	設 $x \in (A - B) \cap (B - A)$ 則 $x \in A - B$ 且 $x \in B - A$： (1) $x \in (A - B) \Rightarrow x \in A$ 且 $x \notin B$ (2) $x \in (B - A) \Rightarrow x \in B$ 且 $x \notin A$ 但 (1)(2) 為矛盾 $\therefore$ 不存在一個 $x \in (A - B) \cap (B - A)$ 即 $(A - B) \cap (B - A) = \phi$
方法二：直攻法	$(A - B) \cap (B - A) = (A \cap \overline{B}) \cap (B \cap \overline{A}) = [(A \cap \overline{B}) \cap B] \cap \overline{A}$ $= [A \cap (\overline{B} \cap B)] \cap \overline{A} = [A \cap \phi] \cap \overline{A} = \phi \cap \overline{A} = \phi$
本例用直攻法顯然比反證法容易，方法一主要是說明反證法之應用	

排容原理

排容原理是應用集合運算法則在集合元素個數為有限，亦即有限集合之計數問題上。

集合 A 之元素個數記做 $|A|$，若一有限集合 A 有 n 個相異元素，那麼 $|A| = n$，因 ϕ 不含任何元素，$\therefore |\phi| = 0$。

【定理 A】 若 A，B 為互斥之二有限集合，即 $A \cap B = \phi$，則 $|A \cup B| = |A| + |B|$

【定理 B】　A, B 為二有限集合，則 $|A \cup B| = |A| + |B| - |A \cap B|$

證　我們分 $A \cap B = \phi$ 與 $A \cap B \neq \phi$ 討論之：

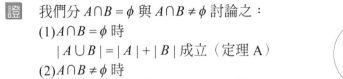

(1) $A \cap B = \phi$ 時

　　$|A \cup B| = |A| + |B|$ 成立（定理 A）

(2) $A \cap B \neq \phi$ 時

$$|A \cup B| = |A \cap \bar{B}| + |A \cap B| + |\bar{A} \cap B|$$
$$= (|A \cap \bar{B}| + |A \cap B|) + (|\bar{A} \cap B| + |A \cap B|) - |A \cap B|$$
$$= |A| + |B| - |A \cap B|$$

∎

【推論 B1】　A, B 為二有限集合，若 $A \subseteq B$ 則 $|A| \leq |B|$

提示	證明
1. 二、三個集合論證，一時找不到頭緒時往往可由文氏圖得到提示。 2. （圖：B 包含 A，B-A 為環狀區域）	$A \subseteq B$ ∴ $B = A \cup (B - A)$ 由定理 $\begin{aligned}|B| &= |A \cup (B-A)| \\ &= |A| + |B-A| - |A \cap (B-A)| \\ &= |A| + |B-A| - |A \cap (B \cap \bar{A})| \\ &= |A| + |B-A| - |A \cap (\bar{A} \cap B)| \\ &= |A| + |B-A| - |(A \cap \bar{A}) \cap B| \\ &= |A| + |B-A| - |\phi \cap B| \\ &= |A| + |B-A| = |A| + |B-A| \geq |A|\end{aligned}$

【推論 B2】　A, B, C 為三有限集合，則 $|A \cup B \cup C| = |A| + |B| + |C| - |A \cap B| - |A \cap C| - |B \cap C| + |A \cap B \cap C|$

證　（見習題第 1 題）

例 4.　某班共有 60 名學生，參加國文、英文及數學考試，已知有 36 名學生國文及格，35 名學生英文及格，29 名學生數學及格，且有 15 名學生三科都及格。又已知國文及格且數學及格之人數為 20 名，國文及格且英文及格之人數為 30 名，英文及格及數學及格之人數為 18 名，試求 (1) 僅英文一科及格之人數，(2) 恰有二科及格之人數，(3) 三科均不及格人數

解

提示	解答
以 C, E, M 代表國文、英文，數學合格之集合 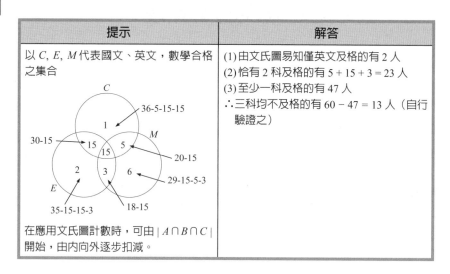 在應用文氏圖計數時，可由 $\mid A \cap B \cap C \mid$ 開始，由內向外逐步扣減。	(1)由文氏圖易知僅英文及格的有 2 人 (2)恰有 2 科及格的有 5 + 15 + 3 = 23 人 (3)至少一科及格的有 47 人 ∴三科均不及格的有 60 − 47 = 13 人（自行驗證之）

習題 1-1

A

1. A, B, C 為三個有限集合，試導出 $\mid A \cup B \cup C \mid$ 之公式

2. 求下列等式成立之條件：(1) $\mid A \cup B \mid = \mid A \mid + \mid B \mid$　(2) $\mid A \cap B \mid = \min\{\mid A \mid, \mid B \mid\}$
   (3) $\mid A \cup B \mid = \mid B \mid$

3. S 為廣集合，A, B 為 S 之子集合，$P(A) = \alpha$，$P(B) = \beta$，求 $\mid A \cup B \mid$ 之極大值與極小值

4. 試證 (1) $(A \cup B) - (A \cap B) = (A - B) \cup (B - A)$　(2) 集合之結合律

5. 承例 4，求至少有二科不及格之人數。

6. 試繪出 (1) $(A - B) \cap C$　(2) $(A - B) \cup (B - C)$ 之文氏圖。

B

7. 令 $A \Delta B = (A - B) \cup (B - A)$，試證 $A \cap (B \Delta C) = (A \cap B) \Delta (A \cap C)$

8. (1) 若 $\mid A \mid = 0$ 試證 $A = \phi$　(2) $A \neq \phi$ 是 $\mid A \mid \neq 0$ 之什麼條件

1.2 機率之定義及基本定理

隨機實驗

如擲骰子，丟銅板等，其**結果**（outcome）（註：亦有人譯作出象、成果等）在實驗前無法確定預知，但它的每一個可能結果都能在實驗前加以描述，如果這種實驗能在相同條件下反覆進行，此種實驗便稱為**隨機實驗**（random experiment）、統計實驗，或逕稱實驗。

【定義】 隨機實驗之所有可能結果所成之集合稱為**樣本空間**（sample space），以 S 表之，樣本空間之元素稱為**樣本點**（sample point）；樣本空間之部分集合稱為**事件**（event）。

集合	機率
廣集合	樣本空間
子集合	事件
元素	樣本點

例 1. 擲一銅板 2 次，(1) 試求其樣本空間，(2) 若 E 表示第一、二次擲出結果不同之事件，試書出此事件。

解 (1) S = {(正 , 正), (正 , 反), (反 , 正), (反 , 反)}
(2) E = {(正 , 反), (反 , 正)}

例 2. 自一生產線任取 3 個產品，G、D 分表產品是完好或瑕疵，抽驗方式是直到第 2 個瑕疵出現或 3 個產品均已驗完則停止抽驗。(1) 試書出此抽驗之樣本空間，(2) 若 E 表三個均完好或瑕疵品交互出現之事件，試書出此事件之元素。

解

提示	解答
像例 2 這類問題可用樹形圖協助求解	(1) $S = \{(G, D, G), (G, D, D), (G, G, D), (G, G, G), (D, G, D), (D, G, G), (D, D)\}$ (2) $E = \{(G, D, G), (D, G, D), (G, G, G)\}$

基本事件

A, B 為定義於樣本空間 S 之二事件，因 A, B 間之集合運算，將衍生出下列幾種事件：

(1) 和事件：A, B 之和事件以 $A \cup B$ 表示，其意義是「事件 A 發生**或**事件 B 發生」。

(2) 積事件：A, B 之積事件以 $A \cap B$ 表示，其意義是「事件 A 發生**且**事件 B 發生」。

(3) 餘事件：事件 A 之餘事件以 $\overline{A}$（或 A^c）表示，其意義是「事件 A 外之其餘事件」。

(4) 差事件：A, B 之差事件以 $A - B$ 表示，其意義是「事件 A 發生**且**事件 B 不發生」。（根據集合運算：$A - B = A \cap \overline{B}$）。

(5) 零事件：事件 A 若為零事件則 ϕ 表示，其意義是「事件 A 不發生」。

(6) 互斥事件（mutually exclusive events）：若 A, B 不能同時發生則稱此二事件為互斥事件。**A, B 互斥則 $A \cap B = \phi$**

(7) 獨立事件：將在 1-4 節中討論。

樣本空間之任一部分集合均與一事件作一對應，所以我們在**處理機率問題時，常先定義事件然後確定其集合表示法。讀者在解題時對問題陳述中之「至少」、「恰好」、「至多」等字樣應特別注意。**

例 3. 設 A, B, C 為三事件，試以集合表示：(1) 至少有一事件發生，(2) 恰好有一事件發生，(3) 恰好有二事件發生，(4) 所有事件均不發生，(5) 至少有二事件發生。

解 (1) $A \cup B \cup C$。此表示 A 發生或 B 發生或 C 發生。

(2) $(A \cap \overline{B} \cap \overline{C}) \cup (\overline{A} \cap B \cap \overline{C}) \cup (\overline{A} \cap \overline{B} \cap C)$。

此表示（A 發生且 B、C 均不發生）或（B 發生且 A、C 均不發生）

或（C 發生且 A、B 均不發生）。

(3) $(\overline{A} \cap B \cap C) \cup (A \cap \overline{B} \cap C) \cup (A \cap B \cap \overline{C})$。

此表示（B、C 均發生且 A 不發生）或（A、C 均發生且 B 不發生）或（A、B 均發生且 C 不發生）。

(4) $\overline{A} \cap \overline{B} \cap \overline{C}$。

此表示 A 不發生且 B 不發生且 C 不發生，即 A, B, C 均不發生。

(5) $(\overline{A} \cap B \cap C) \cup (A \cap \overline{B} \cap C) \cup (A \cap B \cap \overline{C}) \cup (A \cap B \cap C)$。

此表示至少有二事件發生，即恰有二事件發生或恰有三事件發生。

機率之定義

【定義】（古典機率）令事件 A 為某實驗 E 之樣本空間 S 的部分集合，設該實驗有 N 個互斥且同等可能發生之結果，令 $n(S) = N$，若事件 A 恰含有 m 個結果，即 $n(A) = m$，則定義事件 A 發生的機率 $P(A)$ 為：

$$P(A) = \frac{m}{N}$$

除古典機率外還有主觀機率學派，此派認為有許多事件之成功機率取決於決策者對特定事件所抱之信任程度，因此對機率的配置是主觀的，因人而異。

雖然學者們對機率的哲學看法有所爭論，但機率的代數性質及運算則毫無二致。

機率的公理體系及有關之運算定理

機率論之三大公理

①事件 A 發生之機率 $P(A)$ 為一實數且 $P(A) \geq 0$

②設 S 為樣本空間則 $P(S) = 1$

③設 $A_1, A_2, \cdots A_n$ 為 n 個互斥事件則 $P(A_1 \cup A_2 \cdots \cup A_n) = P(A_1) + P(A_2) \cdots + P(A_n)$

由機率定義與上述三條公理，可導出下列幾個重要之定理：

【定理 A】　$P(\phi) = 0$，即零事件發生之機率為 0

證　$\because S$ 與 ϕ 互斥，且 $S \cup \phi = S$　$\therefore P(S \cup \phi) = P(S) + P(\phi)$

又 $P(S \cup \phi) = P(S)$

$\therefore P(S) + P(\phi) = P(S)$　即 $P(\phi) = 0$

【定理 B】 $P(\overline{A}) = 1 - P(A)$，即一事件發生之機率與該事件之餘事件發生機率和為 1

證 $P(S) = P(A \cup \overline{A}) = P(A) + P(\overline{A})$ 但 $P(S) = 1$ 得 $P(\overline{A}) = 1 - P(A)$ ∎

【推論 B1】 $P(A \cup B) = 1 - P(\overline{A} \cap \overline{B})$

證 $\because \overline{A \cup B} = \overline{A} \cap \overline{B}$ $\therefore P(\overline{A \cup B}) = P(\overline{A} \cap \overline{B})$ 但 $P(A \cup B) = 1 - P(\overline{A \cup B})$
$\therefore P(A \cup B) = 1 - P(\overline{A} \cap \overline{B})$ ∎

【定理 C】 $P(A \cup B) = P(A) + P(B) - P(A \cap B)$

提示	證明
1° 利用二事件文氏圖協助證明 2° 文氏圖三個 block 各代表三個互斥事件	$\because A \cup B = (A \cap \overline{B}) \cup (A \cap B) \cup (\overline{A} \cap B)$ $\therefore P(A \cup B) = P[(A \cap \overline{B}) \cup (A \cap B) \cup (\overline{A} \cap B)] \cdots \cdots *$ 但 $(A \cap B) \cap (A \cap \overline{B}) = \phi$ $\therefore A \cap B$ 與 $A \cap \overline{B}$ 為二互斥事件， 又 $(A \cap B) \cup (A \cap \overline{B}) = A \cap (B \cup \overline{B}) = A$， 得 $P(A) = P(A \cap B) + P(A \cap \overline{B})$， 即 $P(A \cap \overline{B}) = P(A) - P(A \cap B)$，代之入 * 得： $* = P(A \cap \overline{B}) + P(A \cap B) + P(\overline{A} \cap B)$ $= [P(A) - P(A \cap B)] + P(A \cap B) + [P(B) - P(A \cap B)]$ $= P(A) + P(B) - P(A \cap B)$

【推論 C1】 $P(A \cup B \cup C) = P(A) + P(B) + P(C) - P(A \cap B) - P(A \cap C) - P(B \cap C) + P(A \cap B \cap C)$

證 $P[(A \cup B) \cup C] = P(A \cup B) + P(C) - P[(A \cup B) \cap C]$
$= P(A) + P(B) - P(A \cap B) + P(C) - P[(A \cap C) \cup (B \cap C)]$
$= P(A) + P(B) + P(C) - P(A \cap B) - [P(A \cap C) + P(B \cap C) - P(A \cap B \cap C)]$
$= P(A) + P(B) + P(C) - P(A \cap B) - P(A \cap C) - P(B \cap C) + P(A \cap B \cap C)$ ∎

我們將定理 C 及推論 C1 推廣到定理 D

【定理 D】 $P\left(\bigcup_{k=1}^{n} A_k\right) = \sum_{k=1}^{n} P(A_k) - \sum_{1 \leq i < j \leq n} P(A_i \cap A_j)$

$$+ \sum_{1 \leq i < j < k \leq n} P(A_i \cap A_j \cap A_k) - \cdots + (-1)^{n-1} P(A_1 \cap A_2 \cdots A_n)$$

證明見練習第 12 題

【推論 D1】 當 (1) $P(A_1) = P(A_2) = \cdots P(A_n)$

(2) $P(A_1 \cap A_2) = P(A_1 \cap A_3) = \cdots P(A_{n-1} \cap A_m)$

(3) $P(A_1 \cap A_2 \cap A_3) = P(A_1 \cap A_2 \cap A_4) = \cdots$ 時

$$P\left(\bigcup_{k=1}^{n} A_k\right) = \sum_{i}^{n} \binom{n}{1} P(A_i) - \sum_{i<j} \binom{n}{2} P(A_i \cap A_j) + \cdots + (-1)^{n-1} P(A_1 A_2 \cdots A_n)$$

例 4. A, B 為定義於樣本空間 S 之二事件，試導出 A, B 恰有一發生機率之公式：

解

提示	解答
1. A, B 恰有一發生之表示為 $\overline{A} \cap B$ 或 $A \cap \overline{B}$，此為二互斥事件 2.	$P(A, B \text{ 恰有一發生}) = P(\overline{A} \cap B) + P(A \cap \overline{B})$ $= [P(B) - P(A \cap B)] + [P(A) - P(A \cap B)]$ $= P(A) + P(B) - 2P(A \cap B)$

例 5. 試證 Boole 不等式 $P\left(\bigcup_{i=1}^{n} A_i\right) \leq \sum_{i=1}^{n} P(A_i)$

解 應用數學歸納法

1. $n = 1$ 時左式 $= P(A_1)$，右式 $= P(A_1)$ ∵左式＝右式∴$n = 1$ 時原不等式成立。

2. $n = k$ 時，設 $P\left(\bigcup_{i=1}^{k} A_i\right) \leq \sum_{i=1}^{k} P(A_i)$ 成立

3. $n = k + 1$ 時，$P\left(\bigcup_{i=1}^{k+1} A_i\right) = P\left[\left(\bigcup_{i=1}^{k} A_i\right) \cup A_{k+1}\right]$

$$\leq P\left(\bigcup_{i=1}^{k} A_i\right) + P(A_{k+1}) \leq \sum_{i=1}^{k} P(A_i) + P(A_{k+1}) = \sum_{i=1}^{k+1} P(A_i)$$

$$\therefore \text{當 } n \text{ 爲任一正整數時，} P\left(\bigcup_{i=1}^{n} A_i\right) \leq \sum_{i=1}^{n} P(A_i) \text{ 均成立}$$

例 6. $P(A) = 0.3$，$P(B) = 0.5$，$P(A \cup B) = 0.6$

求 $(1) P(A \cap B)$；$(2) P(\overline{A} \cap B)$；$(3) P(\overline{A} \cup B)$；$(4) P(A - (A \cap \overline{B}))$

解

提示	解答
依題給條件求出各 block 之機率。 （圖）A　B 0.1　0.2　0.3 ← $\overline{A} \cap B$ ↑　↑ $A \cap B$ $A \cap \overline{B}$	$(1)\ P(A \cap B) = P(A) + P(B) - P(A \cup B)$ 　　　$= 0.3 + 0.5 - 0.6 = 0.2$ $(2)\ P(\overline{A} \cap B) = P(B) - P(A \cap B) = 0.3$ $(3)\ P(\overline{A} \cup B) = P(\overline{A}) + P(B) - P(\overline{A} \cap B)$ 　　　$= 0.7 + 0.5 - 0.3 = 0.9$ $(4)\ P(A - (A \cap \overline{B})) = P(A \cap \overline{A \cap \overline{B}})$ 　　$= P(A \cap (\overline{A} \cup B)) = P((A \cap \overline{A}) \cup (A \cap B))$ 　　$= P(A \cap B) = 0.2$

【定理 E】 $1 \geq P(A) \geq 0$，即一事件發生之機率恆介於 0 與 1 之間

證 　$P(\overline{A}) = 1 - P(A) \geq 0$

　　$\therefore 1 \geq P(A)$

　　但 $P(A) \geq 0$　得　$1 \geq P(A) \geq 0$ ∎

【定理 F】 　若 $A \subseteq B$，則 $P(A) \leq P(B)$

提示	證明
（圖）B　A　$B - A$ $B = A \cup (B - A)$ $A, B - A$ 爲互斥	$\because A \subseteq B$ $\therefore B = A \cup (B - A)$，$A$ 與 $B - A$ 互斥 $\Rightarrow P(B) = P(A) + P(B - A) \geq P(A)$

由定理 F 易知

$P(A \cap B) \le P(A) \le P(A \cup B)$ 以及 $P(A \cap (B \cup C)) \le P(A)$，$P(A \cup (B \cap C)) \ge P(A) \cdots$

例 7. $P(A) = \dfrac{2}{3}$，$P(B) = \dfrac{1}{2}$，求證 $\dfrac{1}{6} \le P(A \cap B) \le \dfrac{1}{2}$

解

提示	解答
$P(A \cup B) \le 1$ $\Rightarrow P(A \cap B) \ge P(A) + P(B) - 1$ 是證明機率不等式之常用關係。 應用定理 F	$1 \ge P(A \cup B) = P(A) + P(B) - P(A \cap B)$ $\therefore P(A \cap B) \ge P(A) + P(B) - 1 = \dfrac{2}{3} + \dfrac{1}{2} - 1 = \dfrac{1}{6}$ $\therefore P(A \cap B) \ge \dfrac{1}{6}$ $A \cap B \subseteq B$　$\therefore P(A \cap B) \le P(B) = \dfrac{1}{2}$

★ **例 8.** A, B 為定義於樣本空間 S 之二事件 (1) 若 A, B 互斥，試證 $P(A)P(B) \le \dfrac{1}{4}$，(2) 由 (1) 證明 $P(A \cap B)) - P(A)P(B)| \le \dfrac{1}{4}$

解

提示	解答
(1) 應用 $1 \ge P(A \cup B)$ 及 $\dfrac{a+b}{2} \ge \sqrt{ab}$，$a \ge 0$，$b \ge 0$ 即得。	(1) $\because 1 \ge P(A \cup B) = P(A) + P(B) - P(A \cap B)$ $= P(A) + P(B)$ 又 $\dfrac{P(A) + P(B)}{2} \ge \sqrt{P(A)P(B)}$ $\therefore \dfrac{1}{2} \ge \sqrt{P(A)P(B)}$ 得 $P(A)P(B) \le \dfrac{1}{4}$
(2) 為應用 (1)，我們必須創造出二組互斥事件，A 與 $\overline{A}$ 及 AB 與 $A\overline{B}$ 又若 $0 \le x \le \dfrac{1}{4}$，$0 \le y \le \dfrac{1}{4}$ 則 $-\dfrac{1}{4} \le x - y \le \dfrac{1}{4} \Rightarrow |x - y| \le \dfrac{1}{4}$	(2) $|P(A \cap B) - P(A)P(B)|$ $= |(P(A) + P(\overline{A}))P(A \cap B) - P(A)(P(\overline{A} \cap B) + P(A \cap B))|$ $= |P(\overline{A})P(A \cap B) - P(A)P(\overline{A} \cap B)|$ ＊ $\therefore \begin{cases} \overline{A} \text{ 與 } A \cap B \text{ 互斥 } \therefore 0 \le P(\overline{A})P(A \cap B) \le \dfrac{1}{4} \\ A \text{ 與 } \overline{A} \cap B \text{ 互斥 } \therefore 0 \le P(A)P(\overline{A} \cap B) \le \dfrac{1}{4} \end{cases}$ $\Rightarrow |P(\overline{A})|P(A \cap B) - P(A)P(\overline{A} \cap B)|$ $\le \dfrac{1}{4}$

★ **例 9.** 一線段長 ℓ，在線段上任取二點，形成三個線段，求此三線段能形成三角形之機率。

解

提示	解答
設三線段長為 $x, y, \ell - x - y$，則 (1) 樣本空間即 $S = \{(x, y)\, 0 < x < \ell,\, 0 < y < \ell,\, 0 < x + y < \dfrac{\ell}{2}\}$，即 $\triangle$MAB 之區域這個區域稱為 favorable region 應用三角形任二邊長之和大於第三邊，繪出問題之 favorable region：	設三個線段分別長為 x, y 與 $1 - x - y$，依三角形三邊和必須大於第三邊之條件，我們可建立下列三個不等式： $\begin{cases} x+y > \ell - x - y \\ x + \ell - x - y > y \\ y + \ell - x - y > x \end{cases} \Rightarrow$ $\begin{cases} x + y > \dfrac{\ell}{2} & (1) \\ \ell > 2y,\ \text{即}\ \dfrac{\ell}{2} > y & (2) \\ \ell > 2x,\ \text{即}\ \dfrac{\ell}{2} > x & (3) \end{cases}$ 又 $x + y < \ell$　(4) 由 (1)，(2)，(3)，(4)，我們可得 $P = \dfrac{\text{直角三角形 } ABM \text{ 面積}}{\text{直角三角形 } OCD \text{ 之面積}} = \dfrac{\frac{1}{2}\left(\frac{\ell}{2}\right)\left(\frac{\ell}{2}\right)}{\frac{1}{2}\ell^2} = \dfrac{1}{4}$

（左欄圖形）

y 軸，$D\,(0, \ell)$，$\left(0, \dfrac{\ell}{2}\right)$，$A$，$M$，$O$，$B\,\left(\dfrac{\ell}{2}, 0\right)$，$C\,(\ell, 0)$，$x$ 軸

例10. 有 $2n + 1$ 個號球，上面分別書有 $1, 2, \cdots 2n + 1$ 個號碼。若從此 $2n + 1$ 個號球中抽出 3 個，求此三號球成算術級數之機率。

解

提示	解答
依公差 $d = 1, 2, 3 \cdots n$ 分別討論。	1. 自 $2n + 1$ 個號球任取 3 個球之可能結果有 　$\dbinom{2n+1}{3} = \dfrac{(2n+1)2n(2n-1)}{3!} = \dfrac{n(4n^2 - 1)}{3}$ 種　(1) 2. 三個號球成算術級數之情況： $d = 1$： $\left.\begin{matrix} 1 & 2 & 3 \\ 2 & 3 & 4 \\ \vdots & & \\ 2n-1 & 2n & 2n+1 \end{matrix}\right\}$ 有 $2n - 1$ 種 $d = 2$： $\left.\begin{matrix} 1 & 3 & 5 \\ 2 & 4 & 6 \\ \vdots & \vdots & \vdots \\ 2n-3 & 2n-1 & 2n+1 \end{matrix}\right\}$ 有 $2n - 3$ 種 $\vdots$ $d = n - 1$： $\left.\begin{matrix} 1 & n & 2n-1 \\ 2 & n+1 & 2n \\ 3 & n+2 & 2n+1 \end{matrix}\right\}$ 有 3 種

提示	解答
	$d = n$ 1　$n+1$　$2n+1$：有 1 種 ∴三個號球成算術級數之可能情況，有 $(2n-1)+(2n-3)+\cdots+3+1=\dfrac{n}{2}[1+(2n-1)]=n^2$ $\hspace{10cm}(2)$ $P=\dfrac{(2)}{(1)}=\dfrac{n^2}{\dfrac{n}{3}(n^2-1)}=\dfrac{3n}{n^2-1}$

習題 1-2

A

1. 試舉二個日常例子說明隨機現象。

2. 擲一銅板 3 次之隨機實驗：

   (1)試書出此實驗之樣本空間 S

   (2)E_1 爲第 2 次擲出時出現正面之事件，則 $E_1 = ?$　$P(E_1) = ?$

   (3)E_2 爲 3 次擲出時正、反面交互出現之事件則 $E_2 = ?$　$P(E_2) = ?$

   (4)E_3 爲正、反面出現次數相同之事件，則 $E_3 = ?$　$P(E_3) = ?$

   (5)E_4 爲正面出現之次數比反面爲多之事件，則 $E_4 = ?$　$P(E_4) = ?$

3. 擲一骰子 2 次之隨機實驗：

   (1)試書出此實驗之樣本空間

   (2)E_1 爲二次擲出之點數和爲 8 之事件，則 $E_1 = ?$ $P(E_1) = ?$

   (3)x 爲第一次擲出之點數差，y 爲第二次擲出之點數 E_2 爲 $|x-y| < 3$ 之事件，求 $E_2 = ?$

   　　$P(E_2) = ?$

4. （是非題）下列敘述何者爲眞？

   (1)$P(\phi) = 0$　　　　　　　　　　　　(3)「$P(A) = 0$ 則 A 成立不爲 ϕ」

   (2)$P(A) \neq 0$ 則 $A \neq \phi$　　　　　　　(4) $P(A) = P(B)$ 則 $A = B$

5. $P(A) = 0.4$，$P(B) = 0.5$，$P(A \cap B) = 0.1$，求：

   (1)$P(A \cap \overline{B})$　(2)$P(\overline{A} \cap \overline{B})$　(3)$P(\overline{A} \cap B)$　(4)$P[(A-B) \cup B]$

6. 若 $A_1 \subseteq A_2 \subseteq A_3$，$P(A_1) = \dfrac{1}{6}$，$P(A_2) = \dfrac{1}{2}$，$P(A_3) = \dfrac{2}{3}$，求：

   (1)$P(\overline{A_1} \cap A_2)$，(2)$P(\overline{A_1} \cap A_3)$，(3)$P(A_1 \cap \overline{A_2} \cap \overline{A_3})$，(4)$P(\overline{A_1} \cap \overline{A_2} \cap \overline{A_3})$。

7. 試證 $\min\{P(A), P(B)\} \geq P(A \cap B) \geq \max\{0, 1 - P(\overline{A}) - P(\overline{B})\}$。

8. A, B 爲二事件，試證 (1) $P^2(A \cap B) \leq P(A)P(B)$ (2) $P(A \cap B) \leq \dfrac{1}{2}[P(A) + P(B)]$。

9. 試證 $P(E_1 \cap E_2 \cap E_3 \cdots E_n) \geq \sum\limits_{i=1}^{n} P(E_i) - (n-1)$。$n \geq 1$

10. 試證 $P\left(\bigcap_{i=1}^{n} A_i\right) \geq 1 - \sum_{i=1}^{n} P(\overline{A_i})$

B

11. 若 $P(A) = P(B) = 1$，試證 $P(A \cap B) = 1$，再推廣此結果證明若 $P(A) = P(B) = P(C) = 1$，則 $P(A \cap B \cap C) = 1$。

12. 試證定理 D

1.3　計數原理

我們在討論機率問題（尤其是離散型機率問題）少不了要碰觸到計數，計數是我們中學代數之排列組合，因此我們特闢本節來討論。

計數原理之基本法則

計數原理有二個基本法則：乘法法則與加法法則。

加法法則	乘法法則
完成 A_1 有 n_1 種方法，完成 A_2 有 n_2 種方法，完成 A_k 有 n_k 種方法，若 A_1, A_2 … A_k 為互斥（即 A_1, A_2 … A_k 只做其中之一項）則完成方法有 $n_1 + n_2 + \cdots + n_k$ 種。	做一件事有 k 個步驟，其中第一步驟有 n_1 種方法，第二步驟有 n_2 法，…，第 k 步驟有 n_k 種方法，則做完整件事之方法有 $(n_1 \cdot n_2 \cdots n_k)$ 種方法。
一氣呵成地完成→加法法則 $A \underset{\frown}{\overset{\frown}{=}} B$ $A \to B$ 有 4 種走法	分段逐次完成→乘法法則 $A \underset{\frown}{\overset{\frown}{=}} B \underset{\frown}{\overset{\frown}{=}} C$ $A \to B$ 有 4 種走法 $B \to C$ 有 2 種走法 $A \to C$ 之走法是 $A \to B \to C$ $\therefore A \to C$ 有 $4 \times 2 = 8$ 種走法

例 1.　求 A 至 D 之走法有幾種？

解

提示	解答
本例說明一個計數問題可能需加法法則與乘法法則並用。 依題意：$A \to D$ 之走法可分： (1) $A \to B \to C \to D$ (2) $A \to B \to D$ (3) $A \to C \to D$	(1) $A \to B \to C \to D$ 走法有 　　$2 \times 2 \times 2 = 8$ 種走法 (2) $A \to B \to D$ 走法有 $2 \times 1 = 2$ 種走法 (3) $A \to C \to D$ 走法有 $1 \times 2 = 2$ 種走法 　　$\therefore A \to D$ 之走法有 　　$8 + 2 + 2 = 12$ 種走法

基本符號

我們先定義**階乘**（factorial），並由階乘符號表示排列數與組合數。

階乘

> **【定義】** n 為非負整數，則 n 的階乘數記做 $n!$，並定義 $n! = n(n-1)(n-2) = 3 \cdot 2 \cdot 1$，並規定 $0! = 1$

由定義可知 n 為正整數則 $n!$ 為由 1 到 n 之連乘積。

此外，還有一種階乘稱為**雙重階乘**（double factorial），對任一正整數 n，其雙重階乘記做 $n!!$，定義為

$$n!! = \begin{cases} n(n-2)(n-4)\cdots 3 \cdot 1，n \text{ 為正奇數} \\ n(n-2)(n-4)\cdots 4 \cdot 2，n \text{ 為正偶數} \end{cases}$$

例 $5!! = 5 \cdot 3 \cdot 1 = 15$，$6!! = 6 \cdot 4 \cdot 2 = 48$

雙重階乘在一般機率學教材（尤其英文教材中並不常見，在此僅參考用。）

排列數

n 個相異物有順序的排成一列稱為直線排列，在不致混淆之情形下，我們直接簡稱它為**排列**（*permutation*）。

從 n 個相異物中取出 m 個所作之**排列數**記做 P_m^n，定義為 $P_m^n = \underbrace{n(n-1)(n-2)\cdots[n-(m-1)]}_{m\text{ 個}}$。

例如：$P_2^5 = 5 \times 4 = 20$

組合數

由 n 個相異物中取出 m 個為一組，不論取出之先後順序則有 $\binom{n}{m}$ 組取法，其中

$$\binom{n}{m} = \frac{n!}{m!(n-m)!}，n \geq m，n, m \in N$$

顯然有：

1. $\binom{n}{0} = \dfrac{n!}{0!(n-0)!} = \dfrac{n!}{0! \, n!} = 1$。

$2. \dbinom{n}{n-m} = \dfrac{n!}{(n-m)![n-(n-m)]!} = \dfrac{n!}{(n-m)!\,m!} = \dbinom{n}{m}$。

【定理 A】 n 個相異元素全取排列之方法有 $n!$ 種

圖示	證明
n ↓ ☐1 ☐2 ☐3 .... ☐n ↑ n-1	一直線上有 n 個位置，則將 n 個相異元素放入第一個位置之方法有 n 種，俟第一個元素排好後，剩下 $n-1$ 個元素放入第 2 個位置之方法有 $n-1$ 種，……以此類推，由乘法原理易知，n 個相異元素全取排列共有 $n(n-1)(n-2)\cdots 3\cdot 2\cdot 1 = n!$ 種方法。 ∎

　　定理 A 是在 n 個元素不限定規則下所作之全取直線排列，我們的重點是對不同之限制條件下排法進行研究，排容原理將扮演重要角色。

例2. 甲、乙、丙、丁、戊、己 6 人做直線排座，則有 6! = 6×5×4×3×2×1 = 720 種坐法。若 6 人中取 3 人之直線排列有 6×5×4 = 120 種。

例3. （承例 2）6 人坐 6 個位子，求以下各子題之坐法有幾種？機率為何？
(1)甲不坐第 3 個位子
(2)甲坐在第 1 個位子且乙坐在最後一個位子
(3)甲坐在第 1 個位子或乙坐在第 3 個位子

提示	解答
1. ○○●○○○ 5×4×1×3×2×1	6 人坐 6 個位子之坐法有 6! = 720 種 1. 甲坐第 3 個位子之坐法有 5×4×1×3×2×1 = 120 種坐法 設 A 為甲坐第 3 個位子之事件則 $\overline{A}$ 不為甲坐第 3 個位子之事件 ∴ $P(\overline{A}) = 1 - P(A) = 1 - \dfrac{120}{720} = \dfrac{5}{6}$

提示	解答
2. ● ○ ○ ○ ○ ● 1×4×3×2×1×1 A：甲坐第 1 個位子 B：乙坐最後一個位子則 甲坐第 1 個位子且乙不坐在最後 位子之坐法 $\|A \cap \overline{B}\| = \|A\| - \|A \cap B\|$ 3. $\|A \cup B\| = \|A\| + \|\overline{B}\| - \|A \cap B\|$	2. 甲坐第 1 個位子且乙坐最後一個位子之坐法 有 $1 \times 4 \times 3 \times 2 \times 1 = 24$ 種坐法 ∴甲坐第 1 個位子且乙不坐在最後位子之坐 法有 $\|A \cap \overline{B}\| = \|A\| - \|A \cap B\| = 120 - 24 = 96$ 種坐法 $P(A \cap \overline{B}) = \dfrac{\|A \cap \overline{B}\|}{720} = \dfrac{96}{720} = \dfrac{2}{5}$ 3. 設 A 為甲坐第 1 個位子，B 為乙坐第 3 個位 子，則 $\|A \cup B\| = \|A\| + \|B\| - \|A \cap B\|$ $\qquad = 120 + 120 - 24 = 216$ ∴ $P(A \cup B) = \dfrac{216}{720} = \dfrac{3}{10}$

環狀排列

　　將 n 個相異物沿一圓周排列，且若只考慮這 n 個相異物之左右相鄰關係，而不考慮它們的實際位置，這種排法稱為**環狀排列**（circular permutation）。

【定理 B】　n 個相異物全取之環狀排列數為 $\dfrac{1}{n} \cdot n!$ 或 $(n-1)!$（即 $\dfrac{1}{n} \cdot P_n^n$）

證　（為便於說明，我們以 $n = 4$ 說明之）

我們考慮 4 個相異物全取之直線排列共有 4! 種，其環狀排列下，

$$\begin{cases} a_1, a_2, a_3, a_4 \\ a_2, a_3, a_4, a_1 \\ a_3, a_4, a_1, a_2 \\ a_4, a_1, a_2, a_3 \end{cases}$$ 之 a_1，a_2，a_3，a_4 各元素 a_i，$i = 1, 2, 3, 4$ 均保有相同

之相對位置，可視為同一種環狀排列，故 4 個相異物之全取環狀排

列 $= \dfrac{1}{4}$ 全取直線排列，即 $\dfrac{1}{4} P_4^4 = \dfrac{1}{4} \cdot 4! = 3! = 6$。 ∎

【推論 B1】　自 n 個相異物中取 m 個做環狀排列之排列數為 $\dfrac{1}{m} P_m^n$

例 4. A, B, C, D, E 5 人圍圓桌而坐

(1) 5 人全部參加之坐法有 $(5-1)! = 4! = 24$ 種坐法。

(2) 5 人中取 3 人做環狀排列有 $\frac{1}{3}P_3^5 = \frac{1}{3}(5 \times 4 \times 3) = 20$ 種坐法。

(3) 若 5 人中有 3 人參加但 A, B 必須參加：我們把 A, B 視做 1 人，姑且稱 F，

那麼原題相當於將 C, D, E, F 4 人取 2 人作環狀排列，

∴ 其排列數有 $\frac{1}{2}P_2^4 = \frac{1}{2} \times 4 \times 3 = 6$ 種，但 A, B 之排法有 $2! = 2$ 種，

由乘法法則有 $6 \times 2 = 12$ 種排列法

組合問題

組合問題之機率求算常與超幾何分配有關，我們在此先以例題說明，到第四章還會詳細討論，這種問題需注意是**抽出不放回**（draw without replacement）還是**抽出放回**（draw with replacement）。

例 5. r 個紅球 b 個黑球 w 個白球以抽出不放回方式任取 c 個球，試求下列各題發生之機率：

(1) 紅球，黑球分別為 m, n

(2) 不含紅球

(3) 紅球黑球之球數和 < 2

提示	解答
(1) 這是超幾何分配。依據題意將樣本空間適當分割是關鍵。	(1) $P(R = m, B = n, W = c - m - n)$ $= \dfrac{\binom{r}{m}\binom{b}{n}\binom{w}{c-m-n}}{\binom{r+b+w}{c}}$
(2) 因求不含紅球之機率，因此，我們將樣本空間分割成紅球、黑白球二類。	(2) $P(R = 0) = \dfrac{\binom{r}{0}\binom{b+w}{c}}{\binom{r+b+w}{c}} = \dfrac{\binom{b+w}{c}}{\binom{r+b+w}{c}}$
(3) 分白球、紅黑球二類。	(3) $P(B+W<2) = P(R=c, B+R=0) + P(R=c-1, B+R=1)$ $= \dfrac{\binom{w}{c}\binom{b+r}{0}}{\binom{r+b+w}{c}} + \dfrac{\binom{w}{c-1}\binom{b+r}{1}}{\binom{r+b+w}{c}} = \dfrac{\binom{w}{c} + (b+r)\binom{w}{c-1}}{\binom{r+b+w}{c}}$

例 6. 從 r 個紅球 b 個黑球中任取 k 個球，試求 k 個球中恰含 c 個紅球之機率。

解

討論	結果
題目未說明以何種方式抽出，故宜分抽出不放回與抽出放回二種情況： 抽出不放回→超幾何分配 抽出放回→二項分配	$P_H(R=c) = \dfrac{\dbinom{r}{c}\dbinom{b}{k-c}}{\dbinom{r+b}{c}}$，$c = 0, 1, 2 \cdots k, r \geq c \geq k-b$ $P_B(R=c) = \dbinom{k}{c}\left(\dfrac{r}{r+b}\right)^c\left(\dfrac{r}{r+b}\right)^{k-c}$，$c = 0, 1, 2 \cdots k$

我們在例 6 僅預告**抽出放回用二項分配，抽出不放回用超幾何分配**，它們的結果在 $r+b$ 很大時，$P_H(R=C) \approx P_B(R=C)$

【定理 C】（Pascal 定理）：$\dbinom{n}{m} = \dbinom{n-1}{m} + \dbinom{n-1}{m-1}$，$n \geq m$

證

提示	證明
方法一：代數論證	$\dbinom{n-1}{m} + \dbinom{n-1}{m-1} = \dfrac{(n-1)!}{m!(n-m-1)!} + \dfrac{(n-1)!}{(m-1)!(n-m)!} = \dbinom{n}{m}$
方法二：組合論證 **組合論證法**（combinatorial argument），通常依題意假設一個組合問題之「情境」，然後依此情境解題。因此，組合論證法在解法有別於代數法。作者認為組合論證法應較有啟發意義。	考慮 n 個相異元素中之一個特殊元素「S」： 自 n 個相異元素中取 m 個之組合數為 $\dbinom{n}{m}$，它是下列二互斥事件之和： 將 m 個元素分成二類：一類只含單一元素「S」；一類不含「S」之其他 $n-1$ 個元素，則： ① 取出元素不含「S」：自其餘 $n-1$ 個其他元素中取 m 個元素，其組合數為 $\dbinom{1}{0}\dbinom{n-1}{m} = \dbinom{n-1}{m}$。 ② 取出元素含「$S$」：自其餘 $n-1$ 個其他元素中取 $m-1$ 個元素，其組合數為 $\dbinom{1}{1}\dbinom{n-1}{m-1} = \dbinom{n-1}{m-1}$，依加法則， $\dbinom{n}{m} = \dbinom{n-1}{m} + \dbinom{n-1}{m-1}$。

我們再舉個例子說明組合論證法：

例 **7.** 若 m, n 為正整數且 $m \geq n$，試證

$$\dbinom{m}{0}\dbinom{n}{0} + \dbinom{m}{1}\dbinom{n}{1} + \cdots + \dbinom{m}{n}\dbinom{m}{n} = \dbinom{m+n}{n}$$

證

提示	解答
原題 $\binom{m}{0}\binom{n}{0}+\binom{m}{1}\binom{n}{1}+\cdots+\binom{m}{n}\binom{n}{n}$ $=\binom{m}{0}\binom{n}{n}+\binom{m}{1}\binom{n}{n-1}+\cdots\binom{m}{n}\binom{n}{0}$ 便了然了。	$\because \binom{m}{0}\binom{n}{0}+\binom{m}{1}\binom{n}{1}+\cdots\binom{m}{n}\binom{n}{n}$ $=\binom{m}{0}\binom{n}{n}+\binom{m}{1}\binom{n}{n-1}+\cdots+\binom{m}{n}\binom{n}{0}$ 此相當於從 m 個男生，n 個女生中選 n 個人之選法 $\therefore \binom{m}{0}\binom{n}{0}+\cdots\binom{m}{n}\binom{n}{n}=\binom{m+n}{n}$

【定理 D】　$(1+x)^n=\binom{n}{0}+\binom{n}{1}x+\binom{n}{2}x^2+\cdots+\binom{n}{n}x^n$ ，$n\in N$

提示	證明
應用到 Pascal 定理： $\binom{n}{k}=\binom{n-1}{k}+\binom{n-1}{k-1}$	應用數學歸納法： 1. $n=1$ 時，左式 $=(1+x)=\binom{n}{0}+\binom{n}{1}x$ 2. $n=k$ 時，設 $(1+x)^k=\binom{k}{0}+\binom{k}{1}x+\cdots+\binom{k}{k}x^k$ 成立。 3. $n=k+1$ 時，$(1+x)^{k+1}=(1+x)(1+x)^k$ $=(1+x)\left(\binom{k}{0}+\binom{k}{1}x+\cdots+\binom{k}{k}x^k\right)$ $=\left(\binom{k}{0}+\binom{k}{1}x+\cdots+\binom{k}{k}x^k\right)+\left(\binom{k}{0}x+\binom{k}{1}x^2+\cdots\binom{k}{k-1}x^k+\binom{k}{k}x^{k+1}\right)$ $=\binom{k}{0}+\left(\binom{k}{1}+\binom{k}{0}\right)x+\left(\binom{k}{2}+\binom{k}{1}\right)x^2+\cdots+\left(\binom{k}{k}+\binom{k}{k-1}\right)x^k+\binom{k}{k}x^{k+1}$ $=\binom{k+1}{0}+\binom{k+1}{1}x+\binom{k+1}{2}x^2+\cdots+\binom{k+1}{k}x^k+\binom{k+1}{k+1}x^{k+1}$ $\left(\because \binom{k}{k}=\binom{k+1}{k+1}\right)$

　　整數方程式與生成函數在重複組合及重複排列求法之應用。

整數方程式與重複組合

【定理 E】　$x_1+x_2+\cdots+x_m=n$ 之非負整數解個數有 $\binom{m+n-1}{n}$ 個，m，$n\in Z^+$

例 **8.** 求 (1)$x + y + z + u = 5$ 之非負整數解個數；(2)$x \geq 1$，$y \geq 2$，$z \geq 0$，$u \geq 0$ 之非負整數解個數；(3) $x + y + z + u \leq 5$ 之非負整數解之個數

解

提示	解答
(1)依定理 E	(1)$x + y + z + u = 5$ 之非負整解之個數有 $$\binom{4+5-1}{5} = \binom{8}{5} = \frac{8!}{5! \, 3!} = 56$$
(2)$x \geq 1$，$y \geq 2$ 可取 $x' = x - 1$，$y' = y - 2$ 以化成標準式	(2)取 $x' = x - 1$，$y' = y - 2$ 代入 $x + y + z + u = 5$：$x' + y' + z + u = (x - 1) + (y - 2) + z + u = x + y + z + u - 3 = 5 - 3 = 2$ 之非整數解有 $$\binom{4+2-1}{2} = \binom{5}{2} = \frac{5!}{2! \, 3!} = 10 \text{ 個}$$
(3)$x + y + z + u \leq 5$ 之非負整數解相當於求 $x + y + z + u = 0$，$x + y + z + u = 1$，$\cdots x + y + z + u = 5$ 之非負整數解，但這樣做太麻煩了，我們針對這類問題往往多設一變數 t，求 $x + y + z + u + t = 5$ 之非負整數解即可。	(3)令 $x + y + z + u + t = 5$，其非負整數解為有 $$\binom{5+5-1}{5} = \binom{9}{5} = \frac{9!}{5! \, 4!} = 126 \text{ 個}$$

例 **9.** (1)n 個相同之球放入 m 個不同盒子有幾種放法？n 個不同之球放入 m 個不同盒子有幾種放法

解

提示	解法
(1)球放入不同盒的問題要先判斷球是否相同？ $\begin{cases} 球相同 \to 重複組合 \\ 球不同 \to 重複排列 \end{cases}$	(1)令 $x_1 + x_2 + \cdots + x_m = n$，其放法有 $\binom{m+n-1}{n}$ 種
(2)設 B_1，$B_2 \cdots B_m$ 為 m 個盒子，1 號球放入 $B_1 \cdots B_m$ 之放法有 m 種，2 號球放入 $B_1 \cdots B_m$ 之放法有 m 種，$\cdots n$ 號球放入 $B_1 \cdots B_m$ 之放法有 m 種 $\therefore$ 1 ~ n 號球放入 $B_1 \cdots B_m$ 之放法有 $\underbrace{m \cdot m \cdots m}_{n \text{ 個}} = m^n$ 種	(2)m^n 種

生成函數

【定義】 該 $\{a_n\}_{n=0}^{\infty} = \{a_0, a_1, a_2, \cdots a_n \cdots\}$ 是一數列，則
$$f(x) = a_0 + a_1 x + a_2 x^2 + \cdots + a_n x^n + \cdots$$
為對應之**生成函數**（generating function）。a_i 稱為**計數子**（enumerator）

【定理 F】 $(1 + x + x^2 + x^3 + \cdots)^n$ 之 x^r 係數等於 $e_1 + e_2 + e_3 + \cdots + e_n = r$，$n, r \in Z^+$ 之非負整數解之個數 $\dbinom{n+r-1}{r}$

例 10. 求 (1) $(1 + x + x^2 + \cdots)^6$ 之 x^8 之係數 　 (2) $(x^2 + x^3 + x^4 + \cdots)^6$ 之 x^{50} 係數

解 　(1) $(1 + x + x^2 + \cdots)^6$ 之 x^8 係數為 $\dbinom{6+8-1}{8} = \dbinom{13}{8}$

(2) $(x^2 + x^3 + x^4 + \cdots)^6 = x^{12}(1 + x + x^2 + \cdots)^6$ 之 x^{50} 係數相當於

求 $(1 + x + x^2 + \cdots)^6$ 之 x^{38} 係數，即 $\dbinom{6+38-1}{38} = \dbinom{43}{38}$

例 11. 求 $\dfrac{x^2 + x}{(1-x)^5}$ 之 x^8 之係數

解

提示	解答
$\dfrac{1}{1-x} = 1 + x + x^2 + \cdots$ $\dfrac{1}{(1-x)^5} = \left(\dfrac{1}{1-x}\right)^5 = (1 + x + \cdots)^5$	$\dfrac{x^2 + x}{(1-x)^5} = (x^2 + x)(1 + x + \cdots)^5$ $= x^2(1 + x + \cdots)^5 + x(1 + x + \cdots)^5$ 之 x^8 係數為 (1) $x^2(1 + x + \cdots)^5$ 之 x^8 係數相當於 $(1 + x + \cdots)^5$ 之 x^6 係數即 $\dbinom{5+6-1}{6} = \dbinom{10}{6}$ (2) $x(1 + x + \cdots)^5$ 之 x^8 係數相當於 求 $(1 + x + \cdots)^5$ 之 x^7 係數即 $\dbinom{5+7-1}{7} = \dbinom{11}{7}$ $\therefore \dfrac{x^2 + x}{(1-x)^5}$ 之 x^8 係數為 $\dbinom{10}{6} + \dbinom{11}{7}$

限制條件下之生成函數

　　生成函數亦可用作求非負整數解問題，它的觀念比較複雜，但作法卻很簡單，例如，我們要求 $e_1 + e_2 + e_3 = r$ 之非負整數解個數，生成函數法架構是分別找到 e_1、e_2 及 e_3 限制條件下之生成函數 $A(x)$、$B(x)$ 及 $C(x)$，則 $A(x)B(x)C(x)$ 之 x^r 係數即爲所求。

例 12. 求對應 $e_1 + e_2 + e_3 = 8$，$e_1 = 0, 2, 3$，$0 \leq e_2 \leq 4$，$3 \leq e_3 \leq 5$ 之非負整數解個數之生成函數。

解　$\because e_1 = 0, 2, 3$，　對應之 $A(x) = x^0 + x^2 + x^3$
　　　$0 \leq e_2 \leq 4$，　對應之 $B(x) = x^0 + x^1 + x^2 + x^3 + x^4$
　　　$3 \leq e_3 \leq 5$，　對應之 $C(x) = x^3 + x^4 + x^5$
　　$\therefore (x^0 + x^2 + x^3)(x^0 + x^1 + x^2 + x^3 + x^4)(x^3 + x^4 + x^5)$ 之 x^8 係數爲所求。

例 13. 擲一骰子 10 次，求點數和爲 15 之機率？

解

提示	解答
骰子之每面分別標示 1, 2···6，本題先求擲一骰子 10 次，點數和爲 15 之可能組合數與求 $(x+x^2+x^3+\cdots+x^6)^{10}$ 之 x^{15} 係數相同。	$\because (x+x^2+x^3+\cdots+x^6)^{10} = x^{10}(1+\cdots+x^5)^{10} = x^{10}\left(\dfrac{1-x^6}{1-x}\right)^{10}$ $\therefore (x+x^2+\cdots+x^6)^{10}$ 之 x^{25} 係數爲 $\left(\dfrac{1-x^6}{1-x}\right)^{10}$ 之 x^{15} 係數 又 $\left(\dfrac{1-x^6}{1-x}\right)^{10} = (1-x^6)^{10}(1+x+x^2+\cdots)^{10}$ $= (1 - \binom{10}{1}x^6 + \binom{10}{2}x^{12} - \cdots\cdots)(1+x+x^2+\cdots)^{10}$ 又 x^{15} 係數爲： $1((1+x+x^2+\cdots)^{10}$ 之 x^{15} 係數$) - \binom{10}{1}((1 + x + \cdots)^{10}$ 之 x^9 係數$) + \binom{10}{2}((1 + x + \cdots)^{10}$ 之 x^3 係數$)$ $= 1\binom{10+15-1}{15} - \binom{10}{1}\binom{10+9-1}{9} + \binom{10}{2}\binom{10+3-1}{3}$ $= \binom{24}{15} - 10\binom{18}{9} + 45\binom{12}{3}$ $\therefore P = \left[\binom{24}{15} + 10\binom{18}{9} + 45\binom{12}{3}\right] \Big/ 6^{10}$

指數生成函數

$$(1+x)^n = 1 + \binom{n}{1}x + \binom{n}{2}x^2 + \cdots + \binom{n}{n}x^n$$

$$= 1 + P_1^n x + P_2^n \cdot \frac{x^2}{2!} \cdots + P_n^n \cdot \frac{x^n}{n!}$$

根據此一展開式，我們可得到一個基本想法，P_k^n 可從 $e^x = 1 + x + \frac{x^2}{2!} + \frac{x^3}{3!} +$

$\cdots$ 之展開式獲得，我們稱 $e^x = 1 + x + \frac{x^2}{2!} + \frac{x^3}{3!} + \cdots$ 爲敘列 $\left[1, 1, \frac{1}{2!} \frac{1}{3!}, \cdots\right]$ 之

指數生成函數（exponential generating function）。

指數生成函數通常是用作解重複排列問題，其技巧大致與一般生成函數相同，但在求出**指數生成函數所得之 x^k 係數後，必須再乘上 $k!$ 才是** P_k^n。

例 14. 求由 0, 1, 2, 3, 4, 5 六個數字組成的含有偶數個 0 及奇數個 1 之 r 位元字串之機率

解

提示	解答
本例之生成函數 $g(x)$ 爲 $g(x) =$（0 之生成函數）（1 之生成函數）（2，3 之生成函數）	$g(x) = \underbrace{\left(1 + \frac{x^2}{2!} + \frac{x^4}{4!} + \frac{x^6}{6!} + \cdots\right)}_{0 \text{ 之生成函數}}\underbrace{\left(x + \frac{x^3}{3!} + \frac{x^5}{5!} + \cdots\right)}_{1 \text{ 之生成函數}}$
(i) 0 之生成函數：$\because$ 字串含偶數個 0 $\therefore$ 0 之生成函數 $g_1(x) = x^0 + \frac{x^2}{2!} + \frac{x^4}{4!} + \cdots$ $= 1 + \frac{1}{2!}x^2 + \frac{1}{4!}x^4 + \cdots$	$\underbrace{\left(1 + x + \frac{x^2}{2!} + \frac{x^3}{3!} + \cdots\right)}_{2, 3, 4, 5 \text{ 之生成函數}}$
(ii) 1 之生成函數：$\because$ 字串中含奇數個 1 $\therefore$ 1 之生成函數 $g_2(x) = x + \frac{x^3}{3!} + \frac{x^5}{5!} + \cdots$	$= \frac{1}{2}(e^x + e^{-x})\frac{1}{2}(e^x - e^{-x})e^{4x} = \frac{1}{4}(e^{2x} - e^{-2x})e^{4x}$ $= \frac{1}{4}(e^{6x} - e^{2x}) = \frac{1}{4}\left(\sum_{n=0}^{\infty}\frac{(6x)^n}{n!} - \sum_{n=0}^{\infty}\frac{(2x)^n}{n!}\right)$ $= \frac{1}{4}\left(\sum_{n=0}^{\infty}(6^n - 2^n)\frac{x^n}{n!}\right)$
(iii) 2, 3, 4, 5 之生成函數：2 之生成函數 $g_3(x) = 1 + x + \frac{1}{2!}x^2 + \cdots$ $\therefore$ 2, 3, 4, 5 之生成函數爲 $g(x) = \left(1 + x + \frac{1}{2!}x^2 + \cdots\right)^4$	$\therefore x^r$ 之係數爲 $\frac{1}{4}(6^r - 2^r)\frac{1}{r!} \cdot r! = \frac{1}{4}(6^r - 2^r)$ 得 $P = \frac{1}{4}(6^r - 2^r)/6^r$

組合論之一些經典問題

組合論中有許多經典問題，它們的歷史久遠，因為這些問題具啟發性，值得花些力量去研究它，在此，我們列舉一些常出現在機率學教材的例子。

★ 例 15. （配對問題 matching problem）將 n 個人名片混在一起，然後將此 n 個人名片與名片所有人之姓名做一隨機配對，求至少有一正確配對（即名片與名片所有人之姓名相符）之機率。

解

提示	解答
1. 題目有「至少」字眼 → 聯想 $A_1 \cup A_2 \cdots \cup A_n$，其中 A_k 為第 k 個名片與名片所有人一致。	令 $A_k =$ 第 k 張名片與名片所有人一致。依題意，$P(A_1 \cup A_2 \cdots \cup A_n)$
2. 應用推論 1.2 D1	$= \sum\limits_{i=1}^{n} P(A_i) - \sum\limits_{i<j} P(A_i \cap A_j) + \cdots (-1)^{n+1} P(A_1 \cap A_2$
(1) 先求 $P(A_i)$，$P(A_i \cap A_j)$ 及 $S_1 = \sum\limits_{i=1}^{n} P(A_i)$，$S_2 = \sum P(A_i \cap A_j)$ ……以找出規律性：	$\cdots \cap A_n) = S_1 - S_2 + S_3 - \cdots$（由推論 1.2 D1）
(2) 我們以 S_2 為例	(1) $S_1 = \sum\limits_{i=1}^{n} P(A_i)$；$P(A_i) = \dfrac{(n-1)!}{n!} = \dfrac{1}{n}$
$P(A_i \cap A_j)$：相當於只有 i, j 二人之名片與本人姓名相配	$\therefore S_1 = \dbinom{n}{1} \cdot \dfrac{1}{n} = 1$
$\therefore P(A_i \cap A_j) = \dfrac{(n-2)!}{n!}$ 但這種情	(2) $S_2 = \sum P(A_i \cap A_j)$
形有 $\dbinom{n}{2}$ 種	$P(A_i \cap A_j) = \dfrac{(n-2)!}{n!} = \dfrac{1}{n(n-1)}$
$\Rightarrow \sum P(A_i \cap A_j) = \dbinom{n}{2} \cdot \dfrac{(n-2)!}{n!}$	$S_2 = \dbinom{n}{2} \cdot \dfrac{1}{n(n-1)} = \dfrac{n(n-1)}{2} \cdot \dfrac{1}{n(n-1)} = \dfrac{1}{2}$
$= \dfrac{1}{2!}$	$= \dfrac{1}{2!}$
(3) 由 Maclaurin 展開式	……
$e^x = 1 + x + \dfrac{1}{2!}x^2 + \dfrac{1}{3}x^3 + \cdots \infty >$ $x > -\infty$	$P(A_1 \cap A_2 \cdots A_k) = \dfrac{(n-k)!}{n!}$
$\therefore 1 - \dfrac{1}{2!} + \dfrac{1}{3!} + \cdots + (-1)^{n+1} \dfrac{1}{n!}$	$S_k = \dbinom{n}{k} \cdot \dfrac{(n-k)!}{n!} = \dfrac{n!}{k!(n-k)!} \cdot \dfrac{(n-k)!}{n!} = \dfrac{1}{k!}$
$\approx 1 - e^{-1}$	……
	$P(A_1 \cap A_2 \cdots A_n) = \dfrac{1}{n!}$
	$S_n = \dbinom{n}{n} \cdot \dfrac{1}{n!} = \dfrac{n!}{n! \ 0!} \cdot \dfrac{1}{n!} = \dfrac{1}{n!}$
	$\therefore P(A_1 \cap A_2 \cdots \cap A_n)$
	$= 1 - \dfrac{1}{2!} + \dfrac{1}{3!} + \cdots + (-1)^{n-1} \dfrac{1}{n!}$
	$\approx 1 - e^{-1}$

例 16. （生日問題）求 r 個人（$r < 365$）在一年中之生日都不同之機率

解 (1) r 個人在 365 天之生日情況有：第 1 個人可在 1 月 1 日～ 12 月 31 日間任一天生日，其情況有 365 種，第 2……r 個人也都有 365 種，故 r 個人在 365 天生日之情況有 365^r 種。

(2) r 個人在 365 天生日不同之排法有 365、364……$(365-(r-1))$

$$\therefore p = \frac{365 \cdot 364 \cdots (365 - (r-1))}{365^r}$$

$$= \frac{365}{365} \cdot \frac{364}{365} \cdots \frac{365 - (r-1)}{365}$$

$$= 1\left(1 - \frac{1}{365}\right)\left(1 - \frac{2}{365}\right)\cdots\left(1 - \frac{r-1}{365}\right)$$

r 大約為 23 時，$p > \dfrac{1}{2}$

例 17. （佔據問題 occupancy problem）有 r 個球放到 n 個盒子中，求某一特定盒子含 k 個球（$k = 0, 1, 2 \cdots r$）之機率（設球為互異，盒子亦為互異且 $r \geq k$）。

解

(1) r 個球放入 n 個盒子之放法有：第一個球可放到第 1, 2 … n 個盒子，其情況有 n 種，第 2 … r 個球之放法也各有 n 種，$\therefore r$ 個球放入 n 個盒子之放法有 n^r 種。

(2) 某盒恰含 k 個球之排法：先挑 k 個球挑法有 $\dbinom{r}{k}$ 種，剩下之 $r - k$ 個球放入其他 $n - 1$ 個盒子，放法有 $(n-1)^{r-k}$ 種，得某盒恰含 k 個球之方法有 $\dbinom{r}{k}(n-1)^{r-k}$ 種。

$$\therefore p = \frac{\dbinom{r}{k}(n-1)^{r-k}}{n^r} = \dbinom{r}{k}\left(\frac{1}{n}\right)^k\left(1 - \frac{1}{n}\right)^{r-k}$$

習題 1-3

A

1. b 位男生，g 位女生包含小美隨機做直線排列，求第 i 個位置是小美之機率

2. n 對夫婦就坐直線排列之 $2n$ 個位子，求至少有一對夫婦不相鄰之機率

3. n 對夫婦圍圓桌而坐，求至少有一對夫婦不相鄰之機率

4. 考慮函數 $f : A \to B$，$|A| = m$，$|B| = n$，$|C| = p$ 求：

   (1)f 為一對一函數之機率；(2)f 為映成函數之機率

   (3)$f : A \to B \times C$，問 f 有幾種映射？

   (4)$f : (A \cup B) \to B \times C$，但 $A \cap B \neq \phi$，問 f 有幾種映射？

5. 從一付牌中抽 5 張，求下列可能之組合數，用組合符號表示即可

   (1) 有 4 張 A；(2) 2 張方塊，一張黑桃，一張紅心，一張梅花

   (3)4 張同一花色，1 張其他花色（如 4 張黑桃，1 張方塊）

   (4)5 張全是同一花色

6. $A \cap B \subseteq C$，試證 $P(\overline{A}) + P(\overline{B}) \geq P(\overline{C})$

B

7. 將 n 個號球隨機放入編號 1，2…N 之 N 個盒子，求第 1 個盒子有 m 個球之機率

8. 將 n 個號球隨機放入 n 個不同盒子，求 (1) 沒有空盒 (2) 第 1 盒為空盒 (3) 恰有一個空盒之機率

9. 擲一均勻骰子 n 次，求各點均至少出現一次之機率

10. 擲 3 粒骰子求點數和為 5 之機率

11. 將 r 個人安置在 3 個房間求每個房間至少 1 人之機率

12. Mississippi 11 個字母任取 4 個，可有幾種組合數

13. （等候問題）A, B 二人約定在 $[0, T]$（單位：分鐘）間碰頭，且先到的等候時間不超過 t 分鐘，求 A, B 二人碰到之機率

1.4 條件機率、機率獨立與貝氏定理

條件定理之定義

設 A, B 為定義在實驗 E 之二事件，在已知事件 B 發生下，事件 A 發生之機率應如何求得？

令 $B, A \cap B$ 發生之次數分別為 $n_B, n_{A \cap B}$ 則在已知事件 B 發生下事件 A 發生之**條件相對次數**（conditional relative frequency）為：

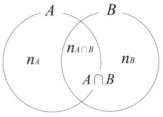

$\dfrac{n_{A \cap B}}{n_B} = \dfrac{n_{A \cap B}/n}{n_B/n} = \dfrac{P(A \cap B)}{P(B)}$，$n$ 為樣本空間之個數，我們可導引出條件機率如下：

> 【定義】 設 A, B 為二事件，已知事件 B 發生下，A 發生之**條件機率**（conditional probability）$P(A \mid B)$ 定義為：
>
> $P(A \mid B) = \dfrac{P(A \cap B)}{P(B)}$，$P(B) \neq 0$

我們也可這麼看，A, B 為樣本空間 S 之二個事件，$P(B)$ 是以 S 為母體下事件 B 發生之機率，而 $P(B \mid A)$ 則修正樣本空間而以 A 為母體發生 B 之（不條件）機率。

例 1. 擲二粒骰子，(1) 已知第一粒骰子出現 5 求點數和為 9 之機率。(2) 已知二骰子點數和為 9，求第一粒骰子出現 5 之機率。

解 令 $X_i = $ 第 i 粒骰子出現之點數　$i = 1, 2$

$(1) P(X_1 + X_2 = 9 \mid X_1 = 5) = \dfrac{P(X_1 + X_2 = 9 \ 且 \ X_1 = 5)}{P(X_1 = 5)}$

$= \dfrac{P(X_1 = 5 \ 且 \ X_2 = 4)}{P(X_1 = 5)} = \dfrac{\dfrac{1}{36}}{\dfrac{1}{6}} = \dfrac{1}{6}$

$(2) P(X_1 = 5 \mid X_1 + X_2 = 9) = \dfrac{P(X_1 = 5 \ 且 \ X_1 + X_2 = 9)}{P(X_1 + X_2 = 9)}$

$= \dfrac{P(X_1 = 5 \ 且 \ X_2 = 4)}{P(X_1 + X_2 = 9)} = \dfrac{\dfrac{1}{36}}{\dfrac{4}{36}} = \dfrac{1}{4}$

例 **2.** 擲 3 粒骰子,出現點數均不相同,求其中一個是么點之機率

解 P(3 個點數中有一么點 | 3 個點數均不同)

$$= \frac{P(3 \text{ 個點數中有一么點且 3 個點數均不同})}{P(3 \text{ 個點數均不同})} = \frac{\dfrac{\binom{3}{1} \times 5 \times 4}{6^3}}{\dfrac{6 \times 5 \times 4}{6^3}} = \frac{1}{2}$$

條件機率性質

條件機率有一些有用之性質,如定理 A

【定理 A】 A, B, C 為定義於樣本空間 S 個三個事件,$P(A) \neq 0$ 則

(1) $P(A|A) = 1$ 　　(3) $0 \leq P(B|A) \leq 1$

(2) $P(\phi|A) = 0$ 　　(4) $P(\overline{B}|A) = 1 - P(B|A)$

(5) $P(B \cup C|A) = P(B|A) + P(C|A) - P(B \cap C|A)$

(6) 若 $B_1 , B_2 \cdots B_n$ 為互斥,則 $P\left(\bigcup_{i=1}^{n} B_i \Big| A\right) = \sum_{i=1}^{n} P(B_i|A)$

(7) $P(B - C|A) = P(B|A) - P(B \cap C|A)$

證 (4) $P(\overline{B}|A) = \dfrac{P(A \cap \overline{B})}{P(A)} = \dfrac{P(A) - P(A \cap B)}{P(A)} = 1 - \dfrac{P(A \cap B)}{P(A)} = 1 - P(B|A)$

(5) $P(B \cup C|A) = \dfrac{P((B \cup C) \cap A)}{P(A)} = \dfrac{P[(B \cap A) \cup (C \cap A)]}{P(A)}$

$\qquad = \dfrac{P(B \cap A) + P(C \cap A) - P[(B \cap A) \cap (C \cap A)]}{P(A)}$

$\qquad = \dfrac{P(B \cap A) + P(C \cap A) - P((B \cap C) \cap A)}{P(A)}$

$\qquad = P(B|A) + P(C|A) - P(B \cap C|A)$

(6) $\because B_1 \cdot B_2 \cdots B_n$ 互斥

$\therefore P\left(\bigcup_{i=1}^{n} B_i \Big| A\right) = \dfrac{P[(B_1 \cup B_2 \cdots B_n) \cap A]}{P(A)} = \dfrac{P((B_1 \cap A) \cup (B_2 \cap A) \cdots \cup (B_n \cap A))}{P(A)}$

$= \dfrac{P(B_1 \cap A) + P(B_2 \cap A) + \cdots + P(B_n \cap A)}{P(A)} = P(B_1|A) + P(B_2|A) + \cdots + P(B_n|A)$

$= \sum_{i=1}^{n} P(B_i|A)$

〔若 B_i 與 B_j 互斥則 $(B_i \cap A) \cap (B_j \cap A) = (B_i \cap B_j) \cap A = \phi$,即 $B_i \cap A$ 與 $B_j \cap A$ 互斥〕　■

(7) 見習題第 12 題

例 **3.** 若 $P(A) = 0.6$，$P(C) = 0.2$，$P(A \cap C) = 0.1$，$P(B \cap \overline{C}) = 0.56$ 且 $A \subseteq B$
求 $P(A \cup \overline{B} \mid \overline{C})$

解

提示	解答
我們要求 $P(A \cup \overline{B} \mid \overline{C})$ $= P(A \mid \overline{C}) + P(\overline{B} \mid \overline{C}) - P(A \cap \overline{B} \mid \overline{C})$ 利用 $P(\overline{B} \mid \overline{C}) = 1 - P(B \mid \overline{C})$ 及 $P(A \cap \overline{B} \mid \overline{C}) =$ $P(A \mid \overline{C}) - P(A \cap B \mid \overline{C})$，及 $A \subseteq B$ 之條件化簡代值即可。	$P(A \cup \overline{B} \mid \overline{C}) = P(A \mid \overline{C}) + P(\overline{B} \mid \overline{C}) - P(A \cap \overline{B} \mid \overline{C})$ $\qquad = P(A \mid \overline{C}) + 1 - P(B \mid \overline{C}) - [P(A \mid \overline{C})$ $\qquad\qquad - P(A \cap B \mid \overline{C})]$ $\qquad = P(A \mid \overline{C}) + 1 - P(B \mid \overline{C}) - [P(A \mid \overline{C})$ $\qquad\qquad - P(A \mid \overline{C})]$ $\qquad = P(A \mid \overline{C}) - P(B \mid \overline{C}) + 1$ $\qquad = \dfrac{P(A \cap \overline{C})}{P(\overline{C})} - \dfrac{P(B \cap \overline{C})}{P(\overline{C})} + 1$ $\qquad = \dfrac{P(A) - P(A \cap C)}{1 - P(C)} - \dfrac{P(B \cap \overline{C})}{1 - P(C)} + 1$ $\qquad = \dfrac{0.6 - 0.1}{0.8} - \dfrac{0.56}{0.8} + 1 = \dfrac{37}{40}$

例 **4.** 設 $P(A) = p$，$P(B) = 1 - \varepsilon$，ε 為很小的數，試證
$$\frac{p - \varepsilon}{1 - \varepsilon} \le P(A \mid B) \le \frac{p}{1 - \varepsilon}$$

證

提示	解答
由 $P(A \mid B) = \dfrac{P(A \cap B)}{P(B)}$ 開始， $\because P(B) = 1 - \varepsilon$　$\therefore$ 只需看如何湊出 $p - \varepsilon \le P(A \cap B) \le p$	$P(A \mid B) = \dfrac{P(A \cap B)}{P(B)}$ $1 \ge P(A \cup B) = P(A) + P(B) - P(A \cap B)$ $\Rightarrow P(A \cap B) \ge P(A) + P(B) - 1$ $\quad = p + (1 - \varepsilon) - 1 = p - \varepsilon$ 又 $A \cap B \subseteq A$　$\therefore P(A \cap B) \le P(A) = p$ $\therefore p - \varepsilon \ge P(A \cap B) \ge p$ $\Rightarrow \dfrac{p - \varepsilon}{1 - \varepsilon} \le \dfrac{P(A \cap B)}{P(B)} \le \dfrac{p}{1 - \varepsilon}$ 即 $\dfrac{p - \varepsilon}{1 - \varepsilon} \le P(A \mid B) \le \dfrac{p}{1 - \varepsilon}$

全機率定理

【定理 B】 （**全機率定理** total probability theorem）：A、B 為定義於樣本空間 S 的兩個事件，若 $P(B) \neq 0$ 或 1，則 $P(A) = P(A \mid B) P(B) + P(A \mid \overline{B})P(\overline{B})$

證
$$P(A \mid B)P(B) + P(A \mid \overline{B}) P(\overline{B}) = \frac{P(A \cap B)}{P(B)} P(B) + \frac{P(A \cap \overline{B})}{P(\overline{B})} P(\overline{B})$$
$$= P(A \cap B) + P(A \cap \overline{B}) = P(A) \qquad \blacksquare$$

定理可擴張成，$A_1, A_2 \cdots A_n$ 與 B 為樣本空間 S 的 $n + 1$ 個事件，若 A_1，$A_2 \cdots A_n$ 為 S 之 n 個分割，即 $S = \bigcup_{i=1}^{n} A_i$，$A_i \cap A_j = \phi$，$\forall i, j$ 則，$P(B) = \sum^{n} P(B \mid A_i) P(A_i)$。

不是每個條件機率都要用定義去機械地計算，有時它可由問題的敘述而得到我們要的條件機率，如果適當地定義事件 A、B，條件機率 $P(A \mid B)$ 可解釋成「若合乎 B 條件，則 A 事件發生之機率」。

例 5. 某地區有男性居民 m 人，女性居民 n 人，男性得某種疾病 X 之機率為 p，女性得此疾病之機率為 r，求 (1) 在此地區任找一人得疾病 X 之機率，(2) 在此地區任找一人，他沒得疾病 X 之機率為何？

解
設 M = 男性居民之事件，$\overline{M}$ 為女性居民之事件，X 為得疾病 X 之事件，則 $P(X \mid M)$ = 若為男性則他得疾病 X 之機率，$P(X \mid \overline{M})$ = 若為女性則她得疾病 X 之機率

$\therefore$ (1) $P(X) = P(X \mid M) P(M) + P(X \mid \overline{M}) P(\overline{M}) = p \cdot \dfrac{m}{m+n} + r \cdot \dfrac{n}{m+n}$

(2) $P(\overline{X}) = P(\overline{X} \mid M) P(M) + P(\overline{X} \mid \overline{M}) P(\overline{M}) = (1 - p) \cdot \dfrac{m}{m+n} + (1 - r) \dfrac{n}{m+n}$

例 6. 設一袋中有 r 個紅球及 b 個黑球，任取一球，放回袋後再補充 c 個同色球，（$c > 0$），問第一次取出為紅球之機率與第二次取出為紅球之機率孰大？

解
設 R_i = 第 i 次取出之球為紅球之事件　$i = 1, 2$

依題意：$P(R_1) = \dfrac{r}{b+r}$，$P(R_2 \mid R_1) = \dfrac{r+c}{b+r+c}$

$P(\overline{R_1}) = \dfrac{b}{b+r}$，$P(R_2 \mid \overline{R_1}) = \dfrac{r}{b+r+c}$

$\therefore P(R_2) = P(R_1) P(R_2 \mid R_1) + P(\overline{R_1})P(R_2 \mid \overline{R_1})$

$\qquad = \dfrac{r}{b+r}\left(\dfrac{r+c}{b+r+c}\right) + \dfrac{b}{b+r}\left(\dfrac{r}{b+r+c}\right) = \dfrac{r}{b+r}$

即 $P(R_1) = P(R_2)$

乘法定理

由條件機率定義，

$P(B \mid A) = \dfrac{P(B \cap A)}{P(A)}$，$P(A) \neq 0$

得 $P(A \cap B) = P(A) \cdot P(B \mid A)$，此結果可推廣如下：

【定理 C】 $P(A \cap B \cap C) = P(A)P(B \mid A)P(C \mid A \cap B)$

$\qquad\qquad P(A \cap B \cap C \cap D) = P(A)P(B \mid A)P(C \mid A \cap B)P(D \mid A \cap B \cap C)$

證

(1) $P(A \cap B \cap C) = P[(A \cap B) \cap C] = P(A \cap B)\,P(C \mid A \cap B)$

$\qquad = P(A)P(B \mid A)P(C \mid A \cap B)$

(2) $P(A \cap B \cap C \cap D) = P[(A \cap B \cap C) \cap D] = P(A \cap B \cap C)P(D \mid A \cap B \cap C)$

$\qquad = P[(A \cap B) \cap C]P(D \mid A \cap B \cap C)$

$\qquad = P(A \cap B)P(C \mid A \cap B)P(D \mid A \cap B \cap C)$

$\qquad = P(A)P(B \mid A)P(C \mid A \cap B)P(D \mid A \cap B \cap C)$ ∎

例 7. 有 n 個人參加摸彩，彩券共 n 張，其中 k 張有獎，現在 n 個人逐一摸彩，若第一、二人均未中彩之條件下求第三人抽得獎之機率。

解

令 A_i 為第 i 個人得中彩之機率。依題意，

$P(A_3 \mid \overline{A_2} \cap \overline{A_1}) = \dfrac{P(\overline{A_1} \cap \overline{A_2} \cap A_3)}{P(\overline{A_1} \cap \overline{A_2})}$；其中

$P(\overline{A_1} \cap \overline{A_2} \cap A_3) = P(\overline{A_1})\,P(\overline{A_2} \mid \overline{A_1})\,P(A_3 \mid \overline{A_1} \cap \overline{A_2}) = \left(1 - \dfrac{k}{n}\right)\left(1 - \dfrac{k}{n-1}\right) \cdot \dfrac{k}{n-2}$

$\qquad\qquad = \dfrac{n-k}{n} \cdot \dfrac{n-k-1}{n-1} \cdot \dfrac{k}{n-2}$

$$P(\overline{A}_1 \cap \overline{A}_2) = P(\overline{A}_1)P(\overline{A}_2|\overline{A}_1) = \frac{n-k}{n} \cdot \frac{n-k-1}{n-1}$$

$$\therefore P(A_3|\overline{A}_1 \cap \overline{A}_2) = \frac{P(\overline{A}_1 \cap \overline{A}_2 \cap A_3)}{P(\overline{A}_1 \cap \overline{A}_2)} = \frac{\dfrac{n-k}{n} \cdot \dfrac{n-k-1}{n-1} \dfrac{k}{n-2}}{\dfrac{n-k}{n} \cdot \dfrac{n-k-1}{n-1}} = \frac{k}{n-2}$$

例 8. 袋中有 1 個紅球及 1 個白球，逐次由袋中取一球，若取出之球爲紅球，則把紅球放回再放一個紅球，求在第 n 次才取出白球之機率。

解

提示	解答
如果不用定理 C，本例是很容易求得的：$n=1$ 時 $P=\dfrac{1}{2}$；$n=2$ 時 $P=\dfrac{1}{3}\cdots$ $\therefore$ 第 n 次才取出白球之機率爲 $\dfrac{1}{n+1}$	設 A_i 表第 i 次取出白球之事件，則 $$P(A_n|\overline{A}_1 \cap \overline{A}_2 \cdots \cap \overline{A}_{n-1}) = \frac{P(\overline{A}_1 \cap \overline{A}_2 \cdots \cap \overline{A}_{n-1} \cap A_n)}{P(\overline{A}_1 \cap \overline{A}_2 \cdots \overline{A}_{n-1})}$$ $$\because P(\overline{A}_1 \cap \overline{A}_2 \cdots \cap \overline{A}_{n+1}) = P(\overline{A}_1)P(\overline{A}_2|\overline{A}_1)\,P(\overline{A}_3|\overline{A}_1 \cap \overline{A}_2)\cdots P(\overline{A}_n|\overline{A}_1$$ $$\cap \overline{A}_2 \cdots \cap \overline{A}_{n-1}) = \frac{1}{2} \cdot \frac{1}{3} \cdots \frac{1}{n}$$ $$P(\overline{A}_1 \cap \overline{A}_2 \cdots \overline{A}_{n-1} \cap A_n) = P(\overline{A}_1)\,P(\overline{A}_2|\overline{A}_1)\cdots P(\overline{A}_{n-1}|\overline{A}_1 \cap \overline{A}_2 \cdots \overline{A}_{n-2})$$ $$P(A_n|\overline{A}_1 \cap \overline{A}_2 \cdots \cap \overline{A}_{n-1}) = \frac{1}{2} \cdot \frac{1}{3} \cdots \frac{1}{n} \cdot \frac{1}{n+1}$$ $$\therefore P(A_n|\overline{A}_1 \cap \overline{A}_2 \cdots \overline{A}_{n-1}) = \frac{P(\overline{A}_1 \cap \overline{A}_2 \cap \overline{A}_3 \cdots \overline{A}_{n-1} \cap A_n)}{P(\overline{A}_1 \cap \overline{A}_2 \cdots \overline{A}_{n-1})}$$ $$= \frac{\dfrac{1}{2} \cdot \dfrac{1}{3} \cdots \dfrac{1}{n}\dfrac{1}{n+1}}{\dfrac{1}{2} \cdot \dfrac{1}{3} \cdots \dfrac{1}{n}} = \frac{1}{n+1}$$

★ 例 9. 某戲院之票價爲 5 元，假定有 $m+n$ 位客人購票，其中 m 位是用面額爲 5 元之紙鈔，n 位是用面額爲 10 元之紙鈔，假設開始時售票處無零錢可找，求 $m+n$ 位顧客之購票過程中均無需等待找錢之機率。

解

提示	解答
1. 只有持 10 元紙鈔購票的人才需找零。令 A_i 爲第 i 個人不需找零之事件，在求 $P(A_1)$ 時需小技巧：將持 5 元紙鈔的人排成一列，則有 $m+1$ 個間隔爲 —×—×—×—×…×—×	先讓有 5 元紙幣的人排成一列，然後讓有 10 元紙幣排在第一位及二位持有 5 元者中間，則 $$P(A_1) = \frac{1}{m+1}$$ $$P(A_2|A_1) = \frac{m-1}{m}$$

提示	解答
然後將持有 10 元紙鈔的人在 $m + 1$ 個畫 × 上任找一個位子坐下即可， ∴ 不需等待找錢之機率為 $P(A_1) = \dfrac{m}{m+1}$ 因為第 1 個有 10 元的人已解了，那麼第 2 個有 10 元的人可在直線之其餘 m -1 個位子坐下， ∴ $P(A_2 \mid A_1) = \dfrac{m-1}{m}$	反復計算可得 $P(A_n \mid A_1 \cap A_2 \cdots A_{n-1}) = \dfrac{m-n+1}{m-n+2}$ ∴ $P(A_1 A_2 \cdots A_n)$ $= P(A_1)P(A_2 \mid A_1)\cdots P(A_n \mid A_1 \cap A_2 \cdots \cap A_{n-1})$ $= \dfrac{m}{m+1} \cdot \dfrac{m-1}{m} \cdot \cdots \cdot \dfrac{m-n+1}{m-n+2}$ $= \dfrac{m-n+1}{m+1}$

機率獨立

【定義】 若 A, B 為定義於樣本空間 S 之二事件，若滿定下列條件之一，則稱 A, B 為**獨立**（independent），否則稱為**相依**（dependent）
(1) $P(A \cap B) = P(A)P(B)$，或
(2) $P(A \mid B) = P(A)$，或
(3) $P(B \mid A) = P(B)$，但 $P(A) \cdot P(B) \neq 0$

定義中之三個條件均為等值的，因為
$P(A \cap B) = P(A)P(B)$，則
$$P(A \mid B) = \frac{P(A \cap B)}{P(B)} = \frac{P(A)P(B)}{P(B)} = P(A)$$
但 $P(B) \neq 0$，即第一個條件可導致第二個條件。
同法可證第二個條件可導致第三個條件及第三個條件可導致第一個條件。

例 10. 擲兩次骰子，令 A 表示點數和為奇數之事件，B 表示第一次擲骰子出現么點之事件，C 表示點數和為 7 之事件。問 (1)A, B 獨立否？(2) A, C 獨立否？(3)B, C 獨立否？

解

(1) $P(A) = \dfrac{1}{2}$，$P(A \mid B) = \dfrac{P(A \cap B)}{P(B)} = \dfrac{3/36}{1/6} = \dfrac{1}{2} = P(A) \therefore A, B$ 獨立

(2) $P(A \mid C) = \dfrac{P(A \cap C)}{P(C)} = \dfrac{P(C)}{P(C)} = 1 \neq P(A) \therefore A, C$ 不獨立

(3) $P(C \mid B) = \dfrac{P(B \cap C)}{P(B)} = \dfrac{1/36}{1/6} = \dfrac{1}{6} = P(C) \therefore B, C$ 獨立

【定理 D】 若 A, B 為二獨立事件，則
(1) $\overline{A}$ 與 B 為二獨立事件
(2) A 與 $\overline{B}$ 為二獨立事件
(3) $\overline{A}$ 與 $\overline{B}$ 為二獨立事件

證

(1) $P(\overline{A} \cap B) = P(B) - P(A \cap B) = P(B) - P(A)P(B) = P(B)[1 - P(A)]$
$= P(\overline{A})P(B)$ ∴ $\overline{A}$ 與 B 為二獨立事件
(2) 同法可證 $P(A \cap \overline{B}) = P(A)P(\overline{B})$ ∴ A 與 $\overline{B}$ 為二獨立事件
(3) $P(\overline{A} \cap \overline{B}) = 1 - P(A \cup B) = 1 - [P(A) + P(B) - P(A \cap B)]$
$= [1 - P(A)] - [P(B) - P(A \cap B)]$
$= P(\overline{A}) - P(\overline{A} \cap B)$
$= P(\overline{A}) - P(\overline{A})P(B) = P(\overline{A})(1 - P(B)) = P(\overline{A})P(\overline{B})$
∴ $\overline{A}$ 與 $\overline{B}$ 為二獨立事件 ∎

上述定理之逆定理成立。如下例。

例 11. 若 $P(\overline{A} \cap \overline{B}) = P(\overline{A})P(\overline{B})$，則 A, B 獨立。

解

$P(\overline{A} \cap \overline{B}) = 1 - P(A \cup B)$
$= 1 - P(A) - P(B) + P(A \cap B)$
$P(\overline{A})P(\overline{B}) = (1 - P(A))(1 - P(B))$
$= 1 - P(A) - P(B) + P(A)P(B)$
∵ $P(\overline{A} \cap \overline{B}) = P(\overline{A})P(\overline{B})$ ∴ $P(A \cap B) = P(A)P(B)$，即 A, B 獨立。

例 12. A, B 為二獨立事件，若 $P(A) > 0$，$P(B) > 0$，則 A, B 不可能互斥。

解

利用反證法：假定 A, B 互斥，則 $P(A \cap B) = P(A)P(B) = 0$ 與 $P(A) > 0$，$P(B) > 0$ 矛盾，推得 $P(A) > 0$，$P(B) > 0$ 下，A, B 不可能互斥。 ∎

系統可靠度

系統（system）是一群有關聯的個體**成分**（component）組成依某種法則運作以完成特定功能的群體，人體呼吸系統是一個例子，它包含鼻子、氣管、肺等器官，目的是要完成呼吸這個功能，評估一個系統運作績效有很多方法，我們談的**可靠度**（reliability）是用機率方法評估系統可正常運作之可能性。因此元件的可靠度是該元件可正常運作之機率。

　　首先我們要了解的是：系統之每個成分是用**方塊**（block）表示，每個方塊正常運作之機率是由工程師給出，**重要的是每個方塊正常運作與否是互為獨立，這只是簡化評估之複雜性**，系統可靠度（system reliability），記做 R_s，表示系統之可靠性，它有三個基本形態：

	圖例	R_s	說明
串聯 serial	p_1　p_2　p_3	$R_s = p_1 p_2 p_3 \cdots$	想像開水龍頭水能流到 X 之情況 X 因此串聯下，必須線上所有元件均為「開」。
並聯 parallel	p_1 p_2	$R_s = p_1 + p_2 - p_1 p_2$ $= 1 - (1 - p_1)(1 - p_2)$	A B　X 在並聯下，元件 A 或元件 B 至少一個是開的，水便可流到 X 處。
混合聯 mixed	p_1　p_3 p_2	R_s 之計算依結構不同而異	A B　C　X 在此混合聯下，元件 A 或 B 至少有一個是開的，且 C 也是開的，水才可流到 X 處。

　　我們在此說明：

1. 串聯（所有元件成線性排列）：$R_s = P(A_1 \cap A_2 \cap A_3) = P(A_1)P(A_2)P(A_3) = p_1 p_2 p_3$

2. 並聯：$P(A_1 \cup A_2) = P(A_1) + P(A_2) - P(A_1 \cap A_2)$
$$= P(A_1) + P(A_2) - P(A_1)P(A_2) = p_1 + p_2 - p_1 p_2$$
$$= 1 - (1 - p_1)(1 - p_2)$$

3. 混合聯：$P[(A_1 \cup A_2) \cap A_3] = P[(A_1 \cap A_3) \cup (A_2 \cap A_3)]$
$$= P(A_1 \cap A_3) + P(A_2 \cap A_3) - P(A_1 \cap A_2 \cap A_3)$$
$$= P(A_1)P(A_3) + P(A_2)P(A_3) - P(A_1)P(A_2)P(A_3)$$
$$= p_1 p_3 + p_2 p_3 - p_1 p_2 p_3 = [1 - (1 - p_1)(1 - p_2)]p_3 \quad (1)$$

在混合聯之結構若複雜時，可將系統分成若干子系統，先計算各子系統之可靠度。

　　因此，上述混合聯之可靠度 $R_s = (p_1 + p_2 - p_1 p_2)p_3 = p_1 p_3 + p_2 p_3 - p_1 p_2 p_3$ 與 (1) 之結果相同。

例 13. 給定一系統，其結構如左下圖，各元件之可靠度均為 p，求系統可靠度 R_s

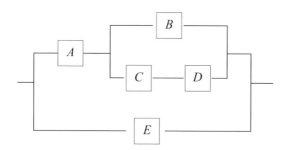

解

說明	解答
方法一：用前述水龍頭流水之概念，找出水流到 X 之途徑 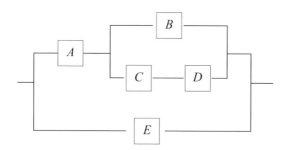	$R_s = P[(A\cap B) \cup (A\cap C\cap D) \cup E]$ $= P(A\cap B) + P(A\cap C\cap D) + P(E)$ $\quad - P[(A\cap B)\cap(A\cap C\cap D)] - P[(A\cap B)\cap E]$ $\quad - P[(A\cap C\cap D)\cap E] + P[(A\cap B)\cap(A\cap C\cap D)\cap E]$ $= P(A\cap B) + P(A\cap C\cap D) + P(E) - P(A\cap B\cap C\cap D)$ $\quad - P(A\cap B\cap E) - P(A\cap C\cap D\cap E) + P(A\cap B\cap C\cap D\cap E)$ $= P(A)P(B) + P(A)P(C)P(D) + P(E) - P(A)P(B)P(C)P(D)$ $\quad - P(A)P(B)P(E) - P(A)P(C)P(D)P(E)$ $\quad + P(A)P(B)P(C)P(D)P(E)$ $= p + p^2 - 2p^4 + p^5$
方法二：將系統分成若干子系統，再求整個系統之 R_s：	1. 先求 $R_1 = P[B\cup(C\cap D)] = P(B) + P(C\cap D) - P[B\cap(C\cap D)]$ $\quad = p + p^2 - p^3$ 2. 再求 得 $R_2 = p(p + p^2 - p^3) = p^2 + p^3 - p^4$ 我們令上述子系統為 Y 3. $R_s = P[Y\cup E] = P(Y) + P(E) - P(Y\cap E)$ $\quad = P(Y) + P(E) - P(Y)P(E) = p^2 + p^3 - p^4 + p - (p^2 + p^3 - p^4)p$ $\quad = p + p^2 - 2p^4 + p^5$

例 14. 求下列系統之可靠度

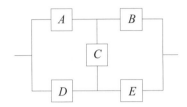

解

提示	解答
本例若用例 13 的方法；在解題過程可能很煩瑣，這時可用全機率定理，關鍵在於 condition on C：令 X 表電流流通之事件 $$P(X) = P(X \mid C)P(C) + P(X \mid \overline{C})P(\overline{C})$$ (i) $P(X \mid C)$：此相當於「C 為 open 時，電流可流通之條件機率」 $$\therefore P(X \mid C) = [1 - (1-p)(1-p^2)]$$ $$= [2p - p^2]^2$$ (ii) $P(X \mid \overline{C})$：此相當於「C 為 close 時，電流可流通之條件機率」 $$\therefore P(X \mid \overline{C}) = 1 - (1-p^2)^2 = 2p^2 - p^4$$	令 X 為可接通事件，由全機率定理， $$R_s = P(X \mid C)P(C) + P(X \mid \overline{C})P(\overline{C})$$ $$= (2p - p^2)^2 \cdot p + (2p^2 - p^4)(1 - p)$$ $$= 2p^2 + 2p^3 - 5p^4 + 2p^5$$

三事件獨立之條件

【定義】 A, B, C 為三事件，若且惟若 A, B, C 同時滿足下列四條件，則稱 A, B, C 為三獨立事件，否則為**對對獨立**（pairwise independent）

(1) $P(A \cap B) = P(A)P(B)$ (2) $P(A \cap C) = P(A)P(C)$

(3) $P(B \cap C) = P(B)P(C)$ (4) $P(A \cap B \cap C) = P(A)P(B)P(C)$

n 個獨立事件需幾個條件式？

二個事件間彼此獨立要有 $\binom{n}{2}$ 個條件式

三個事件間彼此獨立要有 $\binom{n}{3}$ 個條件式

......

n 個事件間彼此獨立要有 $\binom{n}{n}$ 個條件式

$\therefore n$ 個事件若其為獨立需 $\binom{n}{2} + \binom{n}{3} + \cdots \binom{n}{n} = 2^n - n - 1$ 個條件式

$$\left[\because \binom{n}{0} + \binom{n}{1} + \binom{n}{2} + \cdots + \binom{n}{n} = 2^n \right.$$

$$\left. \therefore \binom{n}{2} + \binom{n}{3} + \cdots + \binom{n}{n} = 2^n - \binom{n}{1} - \binom{n}{0} = 2^n - n - 1 \right]$$

例 15. 擲兩粒骰子，茲定義 A, B, C 三事件如下：

$A = \{$ 第一粒骰子出現偶數點 $\}$

$B = \{$ 第二粒骰子出現奇數點 $\}$

$C = \{$ 二粒骰子同時出現偶數點，或同時出現奇數點 $\}$

則 $P(A) = P(B) = P(C) = \dfrac{1}{2}$；$P(A \cap B) = P(A \cap C) = P(B \cap C) = \dfrac{1}{4}$

$P(A \cap B) = P(A)\,P(B)$，$P(A \cap C) = P(A)\,P(C)$，$P(B \cap C) = P(B)\,P(C)$

但 $P(A \cap B \cap C) = 0 \neq P(A) \cdot P(B) \cdot P(C)$

故 A, B, C 三事件為對對獨立，但不獨立。

下例說明了對對獨立並不保證獨立。

例 16. 擲二粒骰子，令 A 為點數和為奇數之事件，B 為第一次擲出么點之事件，C 表點數和為 7 之事件，問 (1)A, B 是否獨立？(2)A, C 是否獨立？(3)B, C 是否獨立？(4)A, B, C 是否獨立？

解

提示							解答
	第1次擲出						
	1	2	3	4	5	6	

第2次擲出	1	(1, 1)	(1, 2)	(1, 3)	(1, 4)	(1, 5)	(1, 6)
	2	(2, 1)	(2, 2)	(2, 3)	(2, 4)	(2, 5)	(2, 6)
	3	(3, 1)	(3, 2)	(3, 3)	(3, 4)	(3, 5)	(3, 6)
	4	(4, 1)	(4, 2)	(4, 3)	(4, 4)	(4, 5)	(4, 6)
	5	(5, 1)	(5, 2)	(5, 3)	(5, 4)	(5, 5)	(5, 6)
	6	(6, 1)	(6, 2)	(6, 3)	(6, 4)	(6, 5)	(6, 6)

底線為「＿＿＿」表事件 A 之元素

底線為「‥‥‥‥」表事件 B 之元素

陰影表事件 C 之元素

解答：

$P(A) = \dfrac{18}{36} = \dfrac{1}{2}$，

$P(B) = P(C) = \dfrac{6}{36} = \dfrac{1}{6}$

(1) $P(A \cap B) = \dfrac{3}{36} = \dfrac{1}{12}$

$\because P(A \cap B) = P(A)P(B)$

$\therefore A, B$ 為獨立

(2) $P(A \cap C) = \dfrac{6}{36} = \dfrac{1}{6}$

$P(A \cap C) \neq P(A)P(C)$

$\therefore A, C$ 不為獨立。

(3) $P(B \cap C) = \dfrac{1}{36}$

$P(B \cap C) = P(B)P(C)$

$\therefore B, C$ 為獨立。

(4) $P(A \cap B \cap C) = P \mid \{(1, 6)\} = \dfrac{1}{36}$

$\neq P(A)P(B)P(C)$

$\therefore A, B, C$ 不為獨立。

★ 例 17. 設 A, B 為二獨立事件，若 $A \cap B \subseteq D$，$\overline{A} \cap \overline{B} \subseteq \overline{D}$，試證

$P(A \cap D) \geq P(A)P(D)$

解

提示	解答
1. 本題解答過程需反複利用餘事件及 $P(E) \geq P(E \cap F)$ 等性質，需耐性。 2. $\overline{A} \cap \overline{B} \subseteq \overline{D} \therefore D \cap (\overline{A} \cap \overline{B}) \subseteq D \cap \overline{D} = \phi$ $\Rightarrow D \cap (\overline{A} \cap \overline{B}) = \phi$	$P(A \cap D) = P(A \cap D \cap B) + P(A \cap D \cap \overline{B})$ $= P(A \cap B) + P(A \cap \overline{B} \cap D)$ $= P(A)P(B) + P(D \cap \overline{B}) - P(D \cap \overline{B} \cap \overline{A})$ $= P(A)P(B) + P(\overline{B} \cap D)$ $\geq P(A)P(B \cap D) + P(A)P(\overline{B} \cap D)$ $= P(A)[P(B \cap D) + P(\overline{B} \cap D)]$ $= P(A)P(D)$

★ 例 18. A, B, C 為三獨立事件，若 A 發生之機率為 a，A, B, C 均不發生之機率為 b，A, B, C 至少有一不發生之機率為 C，A, B 均不發生但 C 發生之機率為 ρ，試證：

(1) $P(B) = \dfrac{(\rho + b)(1 - c)}{a\rho}$　(2) $P(C) = \dfrac{\rho}{\rho + b}$

(3) ρ 滿足方程式 $a\rho^2 + [ab - (1-a)(a+c-1)]\rho + (1-a)(1-c)b = 0$

(4) $c > \dfrac{(1-a)^2 + ab}{1-a}$

證

提示	解答
依題意，由機率獨立性質設立方程式解之即可得 (1), (2)	依題意： 1) $P(A) = a$ 2) $P(\overline{A} \cap \overline{B} \cap \overline{C}) = P(\overline{A})P(\overline{B})P(\overline{C})$ $\quad = (1-a)[1-P(B)][1-P(C)] = b$ ① 3) $P(\overline{A} \cup \overline{B} \cup \overline{C}) = 1 - P(A \cap B \cap C)$ $\qquad\qquad\qquad = 1 - P(A)P(B)P(C) = c$ $\quad \therefore P(A)P(B)P(C) = 1 - c$ ② 4) $P(\overline{A} \cap \overline{B} \cap C) = P(\overline{A})P(\overline{B})P(C)$ $\quad = [1-P(A)][1-P(B)]P(C)$ $\quad = (1-a)[1-P(B)]P(C) = \rho$ ③ (2) 由 $\dfrac{①}{③} = \dfrac{1-P(C)}{P(C)} = \dfrac{b}{\rho}$ ，解之， $\quad P(C) = \dfrac{\rho}{\rho + b} \cdots$ ④ (1) 代④入② $\quad P(B) = \dfrac{1-c}{P(A)P(C)} = \dfrac{1-c}{a \cdot \dfrac{\rho}{\rho+b}} = \dfrac{(\rho+b)(1-c)}{a\rho} \cdots$ (3) 代 $P(A) = a$ ， $P(B) = \dfrac{(\rho+b)(1-c)}{a\rho}$ $\quad P(C) = \dfrac{\rho}{\rho+b}$ 入③得： $\quad (1-a)\left[1 - \dfrac{(\rho+b)(1-c)}{a\rho}\right]\dfrac{\rho}{\rho+b} = \rho$ $\Rightarrow a(1-a)\rho - (1-a)(1-c)(\rho+b) = a\rho(\rho+b)$ 移項得： $a\rho^2 + [ab - (1-a)(a+c-1)]\rho + (1-a)(1-c)b = 0$
(4) 在直覺上，我們或許會想到用一元二次方程式 $Ax^2 + Bx + C = 0$ 之判別式 $D = b^2 - 4ac$ 著手，但這不可行，所以我們必須從 $ab - (1-a)(a + c - 1)$ 下手，利用 a, c 及一些機率性質看 $ab - (1-a)(a+c-1)$ 與 $c > \dfrac{(1-a)^2 + ab}{1-a}$ 之關係：亦即 $ab - (1-a)(a+c-1) < 0$	(4) 設 $A = a$ ， $B = ab - (1-a)(a+c-1)$ $c = (1-a)(1-c)b$ ，其中，我們可確認的是 $1 \geq A > 0$ ， $1 > B \geq 0$ 且方程式 $A\rho^2 + B\rho + C = 0$ 之根必滿足 $0 \leq \rho \leq 1$ $\therefore \rho$ 之解滿足 $\rho = \dfrac{-B \pm \sqrt{B^2 - 4AC}}{2A}$ (i) $B > 0$ 時 $\sqrt{B^2 - 4AC} \leq |B|$ 則 ρ 之根小於 0（不合） (ii) $B = 0$ 時，無實根 $\therefore \quad B < 0$ ，從而 $ab - (1-a)(a+c-1) < 0$ 即 $c > \dfrac{(1-a)^2 + ab}{1-a}$

貝氏定理

【定理 E】 （貝氏定理 Bayes' theorem）：將樣本空間 S 劃分成 n 個互斥事件 B_1, B_2, $\cdots B_n$，事件 B_i 發生之機率 $P(B_i) \neq 0$，$i = 1, 2, 3, \cdots, n$，A 為 S 中之任一事件且 $P(A) \neq 0$，則

$$P(B_k|A) = \frac{P(B_k \cap A)}{\sum\limits_{i=1}^{n} P(B_i \cap A)} = \frac{P(A|B_k)P(B_k)}{\sum\limits_{i=1}^{n} P(A|B_i)P(B_i)}$$

證

$$\because P(B_k|A) = \frac{P(B_k \cap A)}{P(A)} = \frac{P(B_k)P(A|B_k)}{P(A)}$$

但 $P(A) = P(B_1)P(A|B_1) + P(B_2)P(A|B_2) + \cdots + P(B_n)P(A|B_n)$

$\qquad = \Sigma P(B_i)P(A|B_i)$

$$\therefore P(B_k|A) = \frac{P(B_k)P(A|B_k)}{\Sigma P(A|B_i)P(B_i)}$$

貝氏定理之一個特徵是**分子必為分母某一項**。

例 19. 設有愛滋病反應測試一種，對患者測試結果 98% 呈陽性反應，而對非患者測試則有 3% 呈陽性反應。已知某城市愛滋病患者佔 5%，今在該城市隨機抽驗一人，經測試呈陽性反應，問此市民未患愛滋病之機率為何？

解

設 A = 愛滋病患者之事件。
$\quad B$ = 陽性反應之事件。

依題意：

$P(B|A) = 0.98$，$P(B|\overline{A}) = 0.03$ $P(A) = 0.05$

$\therefore P(\overline{A}|B) = 1 - P(A|B)$

$\qquad = 1 - \dfrac{P(B|A)P(A)}{P(B|A)P(A) + P(B|\overline{A})P(\overline{A})} = 1 - \dfrac{0.98 \times 0.05}{0.98 \times 0.05 + 0.03 \times 0.95}$

$\qquad = \dfrac{57}{155}$

例 20. 測驗試題中含有 m 個可能答案，其中只有一個是正確的，設受測者知道答案之機率為 p，不知答案之機率為 $1 - p$，又若知道答案則答對之機率為 1，否則用猜的，那麼猜對之機率為 $1/m$，今已知受測者答對，求其知道答案之機率。

解

設 K = 受試者知道答案之事件，Y = 受測者答對之事件，則

$$P(Y \mid K) = 1，P(Y \mid \overline{K}) = \frac{1}{m}，P(K) = p$$

$$\therefore P(K \mid Y) = \frac{P(Y \mid K) P(K)}{P(Y \mid K) P(K) + P(Y \mid \overline{K}) P(\overline{K})} = \frac{p}{p + \frac{1}{m}(1 - p)} = \frac{mp}{(m-1)p+1}$$

讀者可驗證 $P(K \mid Y)$ 爲 p 之遞減函數，即 $\dfrac{d}{dp} P(K \mid Y) < 0$

★ 例 **21.** 有 A，B，C，D 4 人在玩一種遊戲：

A，B，C，D 各有二張紙牌，上面分別寫＋，－，由 A 先將手中任一張紙牌、出示給 B 看，B 根據 A 出示的是＋還是－決定他要出示那一張牌給 C 看，如此下去，最後 D 出示他的一張紙牌。假定 A 出示紙牌＋之機率爲 a，出示－之機率爲 $1 - a$，而 B，C，D 出示與其前一位同一符號之機率均爲 b，出示不同符號之機率均爲 $1 - b$，現已知 D 出示的是「＋」問當初 A 出示的也是「+」之機率。

解

提示	解答
	$P(A+\mid D+) = \dfrac{P(D+\mid A+) P(A+)}{P(D+\mid A+)P(A+) + P(D+\mid A-)P(A-)}$ $= \dfrac{[b^3 + 3b(1-b)^2] a}{[b^3 + 3b(1-b)^2] a + [(1-b)^3 + 3b^2(1-b)](1-a)}$

★ 遞迴關係在不定實驗次數機率問題之應用

$\{ a_0, a_1, \cdots, a_{n-1}, a_n, \cdots \}$ 爲一數列，若 a_n，$n \geq 1$ 可用 a_0，a_1，$\cdots$，a_{n-1} 中之一個或一個以上來表示，則稱數列 $\{a_n\}_{n=1}^{\infty}$ 具有**遞迴關係**（recurrence relation）。也有人稱之爲**遞迴函數**（recurrence function）或**差分方程式**（difference equation）。

遞迴關係在解不定實驗次數機率上是很有用的。由全機率定理 $P(A) = P(A$

| $B)P(B) + P(A | \overline{B})P(\overline{B})$，$B$ 是我們要設定條件的事件，意即所謂的 condition on B，通常與第 $n-1$ 次試行有關，如此便可建立了遞迴關係。

例 22. 設遞迴關係 $a_n = a_{n-1} + d$，求

(1) a_3。

(2) 試證 $a_n = a_1 + (n-1)d$。

(3) 若 $a_1 = 3$，$d = 2$ 用 (3) 之結果求 a_{10}

解

(1) $a_3 = a_2 + d = (a_1 + d) + d = a_1 + 2d$

(2) $\left.\begin{array}{l} \cancel{a_2} = a_1 + d \\ \cancel{a_3} = \cancel{a_2} + d \\ \quad\vdots \\ a_n = a_{\cancel{n-1}} + d \end{array}\right\}$ $(n-1)$ 個項 $\quad\therefore a_n = a_1 + (n-1)d$

解 $p_n = \alpha p_{n-1} + \beta$ 時，若 $\alpha \neq 1$，我們由二邊同減 $x = \dfrac{\beta}{1-\alpha}$（這是關鍵），便可將上述遞迴關係化成 $y_n = \alpha y_{n-1}$ 之形式。

例 23. A, B 二人擲一粒均勻之骰子，由 A 先擲，規定以後誰續擲直到擲出一點時就換對方擲，求第 n 次由 A 投擲之機率。

解

提示	解答
1. 令 A_n 為在第 n 次由 A 擲之事件，$p_n = P(A_n)$，則全機率定理： $P(A_n) = P(A_n\|A_{n-1})P(A_{n-1})$ $\quad + P(A_n\|\overline{A}_{n-1})P(\overline{A}_{n-1})$ (1) $P(A_n\|A_{n-1})$ 是第 $n-1$ 次由 A 擲之情況下，第 n 次仍由 A 擲之條件機率為 A 在第 $n-1$ 次未擲出一點之機率 $\quad\therefore P(A_n\|A_{n-1}) = \dfrac{5}{6}$ (1) $P(A_n\|\overline{A}_{n-1})$ 是第 $n-1$ 次由 B（即非 A）擲之情況下，第 n 次由 A 擲之條件為 B 擲出一點之機率	令 A_n 為在第 n 次由 A 擲之事件，且令 $p_n = P(A_n)$，則由全機率定理 $P(A_n) = P(A_n\|A_{n-1})P(A_{n-1}) + P(A_n\|\overline{A}_{n-1})P(\overline{A}_{n-1}))$ 其中 $P(A_n) = p_n$，$P(A_n\|A_{n-1}) = \dfrac{5}{6}$，$P(A_n\|\overline{A}_{n-1}) = \dfrac{1}{6}$ $\therefore p_n = \dfrac{5}{6}p_{n-1} + \dfrac{1}{6}P(\overline{A}_{n-1}) = \dfrac{5}{6}p_{n-1} + \dfrac{1}{6}(1 - p_{n-1})$ 如此，我們便建立了以下遞迴關係： $p_n = \dfrac{2}{3}p_{n-1} + \dfrac{1}{6}$ $p_n - \dfrac{1}{2} = \dfrac{2}{3}p_{n-1} + \dfrac{1}{6} - \dfrac{1}{2}$ $\therefore p_n - \dfrac{1}{2} = \dfrac{2}{3}\left(p_{n-1} - \dfrac{1}{2}\right)$ $\Rightarrow p_n - \dfrac{1}{2} = \left(\dfrac{2}{3}\right)^{n-1}\left(p_{n-1} - \dfrac{1}{2}\right)$，$n = 2, 3 \cdots$

提示	解答
$\therefore P(A_n\mid \overline{A}_{n-1})=\dfrac{1}{6}$ 2. $p_n=\dfrac{2}{3}p_{n-1}+\dfrac{1}{6}$ 之 $\alpha=\dfrac{2}{3}$， $\beta=\dfrac{1}{6}$ $\therefore x=\dfrac{\beta}{1-\alpha}=\dfrac{1}{2}$	$p_1=1$（$\because$ 由 A 先擲　$\therefore$ 初始條件 $p_1=1$） $\therefore p_n-\dfrac{1}{2}=\left(\dfrac{2}{3}\right)^{n+1}\cdot\dfrac{1}{2}$ $\Rightarrow p_n=\dfrac{1}{2}\left[1+\left(\dfrac{2}{3}\right)^{n+1}\right]$，$n=2,3\cdots$

★ 例 24. A 擲一均勻銅板 n 次，求在 n 次投擲中得偶數次正面之機率

解

提示	解答
1. 令 A_n 為 n 次擲出中出現偶數次正面之事件，$P_n=P(A_n)$ 則在 n 次擲出中出現偶數次正面之情形： (1) 第 $n-1$ 次擲出了偶數次正面，那麼第 n 次必須擲出反面 (2) 第 $n-1$ 次擲出了奇數次正面，那麼第 n 次必須擲出正面 $\therefore P(A_n)=P(A_n\mid A_{n-1})P(A_{n-1})$ $\qquad +P(A_n\mid\overline{A}_{n-1})P(\overline{A}_{n-1})$ 2. $p_n=(1-2p)p_{n-1}+p$，兩邊同減 x， $x=\dfrac{\beta}{1-\alpha}=\dfrac{p}{1-(1-2p)}=\dfrac{1}{2}$ 3. p_1 為第一次投擲出偶數次正面之機率，故 $p_1=0$	令 A_n 為 n 次擲出中出現偶數次正面之事件，$p_n=P(A_n)$，則 $P(A_n)=P(A_n\mid A_{n-1})P(A_{n-1})+P(A_n\mid\overline{A}_{n-1})P(\overline{A}_{n-1})$ $\qquad =(1-p)p_{n-1}+p(1-p_{n-1})=(1-2p)p_{n-1}+p$ 即 $p_n=(1-2p)p_{n-1}+p$ (1) 在 (1) 二邊同減 $\dfrac{1}{2}$ $p_n-\dfrac{1}{2}=(1-2p)p_{n-1}+p-\dfrac{1}{2}$ $\qquad =(1-2p)p_{n-1}-\dfrac{1}{2}(1-2p)$ $\qquad =(1-2p)(p_{n-1}-\dfrac{1}{2})$ 取 $p_n-\dfrac{1}{2}=y_n$ $\therefore y_n=(1-2p)y_{n-1}$ (2) (2) 為 $r=1-2p$ 之等比級數 $\therefore p_n-\dfrac{1}{2}=(1-2p)^n y_1=(1-2p)^n(p_1-\dfrac{1}{2})$ $\Rightarrow p_n=\dfrac{1}{2}(1-(1-2p)^n)$

優勝比

【定理 F】　設事件 E, F 為二互斥事件，若實驗一直進行直到 E, F 有一發生為止，E, F 發生之機率分別為 $P(E), P(F)$。則 E 較 F 先發生之機率 p，
$$p=\frac{P(F)}{P(E)+P(F)}$$

證

$$P(F\mid E\cup F)=\frac{P(F\cap(E\cup F))}{P(E\cup F)}=\frac{P(F)}{P(E)+P(F)}$$

例 **25.** 擲二骰子直到點數和爲 7 或 8 爲止，求點數和爲 7 先發生之機率

解

　　$P(E)$ 爲出現點數和爲 7 之機率，$P(F)$ 爲出現點數和爲 8 之機率，則
$P(E) = \dfrac{6}{36}$，$P(F) = \dfrac{5}{36}$（讀者可驗證之）

　　則事件 E 比事件 F 先發生之機率 $P(F|E \cup F) = \dfrac{P(F)}{P(E) + P(F)} = \dfrac{5}{11}$

習題 1-4

A

1. 假定 $P(A), P(B)$ 均異於 0，且 $P(C) \neq 1, 0$，試證

   (1) 若 $P(A \mid B) > P(A)$ 則 $P(B \mid A) > P(B)$

   (2) $\dfrac{P(A) + P(B) - 1}{P(B)} \leq P(A \mid B) \leq \dfrac{\min\{P(A), P(B)\}}{P(B)}$

   (3) $P(A \mid B) \geq 1 - \dfrac{P(\overline{A})}{P(B)}$　(4)　若 $P(A \mid C) > P(B \mid C)$ 且 $P(A \mid \overline{C}) > P(B \mid \overline{C})$ 則 $P(A) > P(B)$

2. A, B, C 爲樣本空間 S 之三個事件，$P(B) > 0$，$P(C) > 0$，B, C 爲獨立，試證 $P(A \mid B) = P(A \mid B \cap C)P(C) + P(A \mid B \cap \overline{C})P(\overline{C})$。

3. 設 A, B 爲二獨立事件，A, C 亦爲二獨立事件，若 $B \cap C = \phi$，則 A 與 $B \cup C$ 亦爲獨立事件。

4. 設 A, B 二事件滿足 $P(B \mid A) = P(B \mid \overline{A})$，則 A, B 爲二獨立事件，但 $P(A) \neq 1$ 或 0。

5. 甲袋中有 n 個白球 m 個黑球，乙袋中有 N 個白球 M 個黑球，茲從甲袋中任取一球放入乙袋，經混合後再由乙袋任取一球放入甲袋，今由甲袋任取一球，其爲白球之機率？

6. A, B, C 三事件。(1) 若 $P(A \cap B \cap C) = P(A \cap \overline{B} \cap \overline{C}) = P(\overline{A} \cap B \cap \overline{C}) = P(\overline{A} \cap \overline{B} \cap C) = \dfrac{1}{4}$，問 A, B, C 爲對對獨立？是否獨立？

7. $A_1, A_2 \cdots A_n$ 爲 n 個獨立事件，$P(A_i) = p_i$，若 ρ 爲沒有一事件發生之機率，試證 $\rho \leq e^{-\Sigma p_i}$

8. A, B, C 爲三獨立事件，試證 $\overline{A}, \overline{B}, \overline{C}$ 亦互爲獨立

9. 計算

   (1) A, B 爲二獨立事件，若僅 A 發生與僅 B 發生之機率均爲 $\dfrac{1}{4}$，求 $P(A \cup B)$

   (2) 若 A, B, C 爲三獨立事件，若 $A \cap B \cap C = \phi$ 且 $P(A) = P(B) = P(C)$，求 $P(A \cup B \cup C)$ 之極大值。

10. 二事件若 $P(A) > 0$，$P(A) + P(B) > 1$，試證 $P(B \mid A) \geq 1 - \dfrac{P(\overline{B})}{P(A)}$

11. A, B 爲二互斥事件，試證若且惟若 $P(A)P(B) = 0$ 則 A, B 互爲獨立。

12. 試證 $P(B - C \mid A) = P(B \mid A) - P(B \cap C \mid A)$
13. 假設下列系統每個元件運作正常之機率均為 p

(1) 求 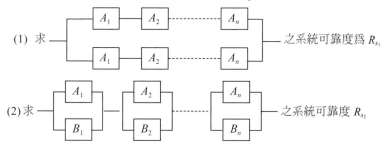 之系統可靠度為 R_{s_1}

(2) 求 之系統可靠度 R_{s_2}

(3) 不要計算，請猜出 R_{s_1} 與 R_{s_2} 何大？
(4) 用數學證明以支持你的猜測正確？

(5) 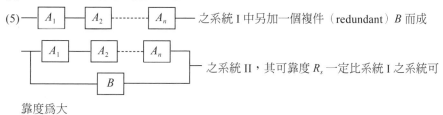 之系統 I 中另加一個複件（redundant）B 而成

之系統 II，其可靠度 R_s 一定比系統 I 之系統可

靠度為大

B

14. A, B, C, D 四人做傳話遊戲，假定 4 人說真話的機率為 $\frac{1}{3}$，先由 A 告訴 B 真話，然後 B 再訴 C，C 告訴 D，若 D 說真話求 A 說出真話的機率。

15. 擲一銅板 $m + n$ 次，求此 $m + n$ 次投擲中連續出現正面恰為 m 次之機率（$m > n$）

16. 甲袋含 a 個白球 b 個黑球，乙袋含 b 個白球 a 個黑球，從兩袋中任取一球後再放入原袋，若抽出為白球則下次由甲袋抽出一球，若為黑球則下次由乙袋抽出一球，如此反復為之，設第一球由甲袋開始，求第 n 球抽出為白球之機率。

17. 設各閘流通之機率為 p，且各閘是否流通互為獨立，求電流由 L 流通到 R 之機率

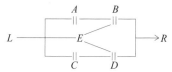

$\star$18. 在美國一個家庭有 n 個小孩之機率 $p_n = \alpha p^n$，$n \geq 1$，$p_o = 1 - \alpha p(1 + p + p^2 + \cdots)$，生男孩或女孩之機率均為 $\frac{1}{2}$，試求 (1)$k \geq 1$ 時一家恰有 k 個男孩之機率 (2) 若已知至少有一男孩恰有二個及其以上之機率。

★19.（Craps 遊戲）擲二粒骰子，其規則如下：

(1) 若擲出點數和為 7 或 11 則此人勝

(2) 若第一次擲出之點數和為 2, 3, 12 則此人輸

(3) 第一次擲出點數和若為 4, 5, 6, 8, 9, 10 則一直擲出直到出現點數和為 7, 4, 5, 6, 8, 9, 10 為止，只在擲出之點數和為 7 時則此人輸，求此人贏之機率。

20.

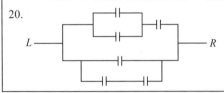

若左邊各閘（gate）是開（open）之機率為 P，且假設各閘開或關是獨立的，求由 L 至 R 為連通之機率。

第2章
一元隨機變數

2.1 隨機變數

【定義】 設 S 為一實驗 ε 之一樣本空間，X 為定義於 S 之**實函數**（real-valued function），則 $X(s)$ 為一**隨機變數**（random variable 簡寫為 $r.v.$）。

習慣上，隨機變數 X 是用大寫英文字母表示，而其值則用小寫英文字母。

例 1. 擲一銅板二次之樣本空間 $S = \{\omega_1, \omega_2, \omega_3, \omega_4\}$，令 $\omega_1 = ($ 正 , 正)，$\omega_2 = ($ 正 , 反)，$\omega_3 = ($ 反 , 正)，$\omega_4 = ($ 反 , 反)，定義 $X = $ 出現正面之次數。則 $X(\omega_1) = 2$，$X(\omega_2) = X(\omega_3) = 1$，$X(\omega_4) = 0$

例 2. 擲一銅板三次，其可能結果有 8 個，若定義 $X = $ 出現正面之次數，令 $\omega_1 = ($ 正 , 正 , 正)，$\omega_2 = ($ 正 , 正 , 反)，$\omega_3 = ($ 正 , 反 , 正)，$\omega_4 = ($ 反 , 正 , 正)，$\omega_5 = ($ 正 , 反 , 反)，$\omega_6 = ($ 反 , 正 , 反)，$\omega_7 = ($ 反 , 反 , 正)，$\omega_8 = ($ 反 , 反 , 反)。則
$X(\omega_1) = 3$，$X(\omega_2) = X(\omega_3) = X(\omega_4) = 2$，$X(\omega_5) = X(\omega_6) = X(\omega_7) = 1$
$X(\omega_8) = 0$

隨機變數有二大分類：
1. **離散型隨機變數**（discrete random variable）：若隨機變數之發生值為有限的，或**無限可數的**（infinite countable），如二項隨機變數，卜瓦松隨機變數、負二項隨機變數等。
2. **連續型隨機變數**（continuous random variable）：若隨機變數之值域為數域區間 I 之任何部分集合，如常態隨機變數、Gamma 隨機變數、指數隨機變數等。

機率密度函數之定義

【定義】 1. X 為一離散型隨機變數，若 X 之函數 $f(x)$ 滿足 (1) $f(x) \geq 0$，$\forall x$
(2) $\sum_x f(x) = 1$，則稱 $f(x)$ 為**機率密度函數**（probability density function），簡稱 $p.d.f.$。
2. 若 X 為連續型隨機變數，$f(x)$ 滿足
(1) $f(x) \geq 0$
(2) $\int_{-\infty}^{\infty} f(x)dx = 1$，
則 $f(x)$ 為一機率密度函數 $p.d.f.$。

離散型機率密度函數也稱為**機率質量函數**（probability mass function，簡稱 $p.m.f.$），但本書不論離散型、連續型或混合型之機率函數，我們均統稱機率密度函數（pdf）

機率學上之有許多機率分配，但對讀者而言，有幾個機率密度函數及其相關資訊不妨牢記在心。

名稱	均勻分配	幾何分配	二次分配	Poisson 分配
函數式	$f(x) = \dfrac{1}{b-a}$, $b \geq x \geq a$	$f(x) = pq^x$, $x = 0, 1, 2\cdots$	$f(x) = \dbinom{n}{x} p^r (1-p)^{n-r}$, $x = 0, 1 \cdots n$	$f(x) = \dfrac{e^{-\lambda}\lambda^x}{x!}$, $x = 0, 1, 2\cdots$
備註	$E(X) = \dfrac{a+b}{2}$	$E(X) = \dfrac{1}{p}$	$E(X) = np$ $V(X) = npq$ $M(t) = (pe^t + q)^n$	$E(X) = \lambda$ $V(X) = \lambda$ $M(t) = e^{\lambda(e^t - 1)}$

名稱	常態分配	指數分配（I）	指數分配（D）
函數式	$f(x) = \dfrac{1}{\sqrt{2\pi}\sigma} e^{-\frac{(x-\mu)^2}{2\sigma^2}}$, $\infty > x > -\infty$	$f(x) = \dfrac{1}{\lambda} e^{-\frac{x}{\lambda}}$, $x > 0$	$f(x) = \lambda e^{-\lambda x}$, $x > 0$
備註	$E(X) = \mu$ $V(X) = \sigma^2$ $M(t) = e^{\mu t + \frac{1}{2}\sigma^2 t^2}$	$E(X) = \lambda$	$E(X) = \dfrac{1}{\lambda}$

【定義】 $f(x)$ 為 $r.v.X$ 之 $p.d.f.$，則事件 $A(A \subseteq S)$ 發生之機率

$$P(A) = P(X \in A) = \begin{cases} \int_A f(x)dx \cdots X \text{ 為連續 r.v.} \\ \sum_{x_i \in A} f(x_i) \cdots X \text{ 為離散 r.v} \end{cases}$$

例 1. 試定 c 值以使下列各函數滿足機率函數之定義

(1) $f(x) = c\left(\dfrac{2}{3}\right)^x$, x = 1, 2, 3,$\cdots$ $f(x) = 0$，其他

(2) $f(x) = \begin{cases} c \cdot 2^x & x = 1,2,3\cdots N \\ 0 & \text{其它} \end{cases}$

解 (1) $f(x) \geq 0$

又 $\sum\limits_{x=1}^{\infty} c\left(\dfrac{2}{3}\right)^x = c\sum\limits_{x=1}^{\infty}\left(\dfrac{2}{3}\right)^x = c \cdot \dfrac{\dfrac{2}{3}}{1-\dfrac{2}{3}} = 2c = 1 \quad \therefore c = \dfrac{1}{2}$

(2) $f(x) \geq 0$ 對 $x = 1, 2 \cdots N$ 均成立，

$$S = 2 + 2^2 + \cdots + 2^N \tag{1}$$
$$-)\,2S = \qquad 2^2 + \cdots + 2^N + 2^{N+1} \tag{2}$$

$\overline{\quad -S = -2^{N+1} + 2 \text{，即 } S = 2^{N+1} - 2 \quad}$

$\therefore \sum\limits_{x=1}^{N} c \cdot 2^x = c \cdot S = c \cdot (2^{N+1} - 2) = 1 \quad \therefore c = \dfrac{1}{2^{N+1} - 2}$

例 2. $f(x) = \begin{cases} kx, & -1 < x < 2 \\ 0, & \text{其它} \end{cases}$ 是否可為一 $p.d.f.$ 若是，請求 k 值

解 $\because -1 < x < 0$ 時 $f(x) < 0 \quad \therefore f(x)$ 不可能為一 $p.d.f.$

例 3. 若 $f(x) = \begin{cases} ce^{-6x}, & x > 0 \\ -cx, & 0 \geq x > -1 \\ 0, & \text{其它} \end{cases}$ 為 $p.d.f.$，試定 c 值

解 $c\displaystyle\int_0^\infty e^{-6x}dx + \int_{-1}^0 (-c)x\,dx = \dfrac{2}{3}c = 1 \quad \therefore c = \dfrac{3}{2}$

$P(a \leq X \leq b)$ 為 $f(x)$ 在 $a \leq X \leq b$ 間與 X 軸所夾之面積，因連續 $r.v.X$ 之 $P(X=a) = P(X=b) = 0$（直線無面積），故 $P(a \leq X \leq b) = P(a < X < b) + P(X=a) + P(X=b) = P(a < X < b)$，從而 **$X$ 為連續型 $r.v.$ 時，我們有：**

$P(a \leq X \leq b) = P(a < X \leq b) = P(a \leq X < b) = P(a < X < b) = \displaystyle\int_a^b f(x)dx$， 但若 X 為離散型 $r.v.$，則上述四個機率之等號關係便不成立，例如：$P(a \leq X \leq b) = P(X=a) + P(a < X \leq b)$

例 4. $f(x) = \begin{cases} 2e^{-2x}, & x > 0 \\ 0, & \text{其它} \end{cases}$ 為一 $p.d.f$，求 (1)$P(X > 1)$ (2)$P(X < 2 \mid X > 1)$

解 (1) $P(X > 1) = \displaystyle\int_1^\infty 2e^{-2x}dx = -e^{-2x}\Big|_1^\infty = e^{-2}$

(2) $P(X < 2 \mid X > 1) = \dfrac{P(X < 2 \text{ 且 } X > 1)}{P(X > 1)} = \dfrac{P(2 > X > 1)}{P(X > 1)} = \dfrac{\int_1^2 2e^{-2x}dx}{e^{-2}}$

$\quad = e^2\left[-e^{-2x}\big|_1^2\right] = e^2\left[e^{-2} - e^{-4}\right] = 1 - e^{-2}$

例 5. 一盒中有 9 個球上分別標有 1, 2……9。今後盒中任取一球後放回再取一球。令 $Z =$ 盒中取出二數字中較大者，求 Z 之 p.d.f.

解

提示	解答
方法一 令 $A = \{(x, y) \mid k = y \geq x\}$，$B = \{(x, y) \mid k = x \geq y\}$ 後求 $P(A \cup B)$	令 $A = \{(x, y) \mid k = y \geq x\}$，$B = \{(x, y) \mid k = x \geq y\}$ $\therefore P(Z = k) = P(A \cup B) = P(A) + P(B) - P(A \cap B)$ $\quad = P(k \geq X, Y = k) + P(X = k, Y \leq k) - P(X = k, Y = k)$ $\quad = P(k \geq X)P(Y = k) + P(X = k)P(Y \leq k) - P(X = k)P(Y = k)$ $\quad = \dfrac{k}{9} \cdot \dfrac{1}{9} + \dfrac{1}{9} \cdot \dfrac{k}{9} - \dfrac{1}{9} \cdot \dfrac{1}{9}$ $\quad = \dfrac{2k - 1}{81}$，$k = 1, 2, \cdots\cdots 9$
方法二 $P(Z \leq k) = P(\max(X, Y) \leq k)$ 再用 $P(Z = k) = P(Z = k) - P(Z = k - 1)$	本題之樣本空間共含 $9 \times 9 = 81$ 個元素，X, Y 為第 1、2 次抽出之點數，則 $P(Z \leq k) = P(\max(X, Y) \leq k)$ $\quad = P(X \leq k, Y \leq k) = \dfrac{k^2}{81}$ $\therefore P(Z = k) = P(\max(X, Y) = k) = P(\max(X, Y) \leq k) - P(\max(X, Y) \leq k - 1)$ $\quad = P(X \leq k \text{ 且 } Y \leq k) - P(X \leq k - 1 \text{ 且 } Y \leq k - 1)$ $\quad = P(X \leq k)P(Y \leq k) - P(X \leq k - 1)P(Y \leq k - 1)$ $\quad = \dfrac{k^2}{81} - \dfrac{(k - 1)^2}{81} = \dfrac{2k - 1}{81}$，$k = 1, 2 \cdots\cdots 9$

例 6. (1) 若 $f(x) = e^{-e(x-c)}$，$x > 0$ 為一 *pdf*，求 c，(2) 利用 (1) 之結果，若 $P(X > a) = a$，求 a

解

提示	解答
(2) 用正規方法解 $e^{-ea} = a$ 可能不易，但稍用點心思，即可「猜出」$a = \dfrac{1}{e}$	(1) $\displaystyle\int_0^\infty e^{-e(x-c)} dx = e^{ce} \int_0^\infty e^{-ex} dx = e^{ce-1} = 1$ 兩邊取自然對數 $ce - 1 = \ln 1 = 0$　$\therefore c = \dfrac{1}{e}$ (2) $P(X > a) = \displaystyle\int_a^\infty e^{-e(x - \frac{1}{e})} dx$ $\quad = \displaystyle\int_a^\infty e^{-ex+1} dx = e \int_a^\infty e^{-ex} dx = e^{-ea} = a$ 由視察知 $a = \dfrac{1}{e}$

例 7. 在 $\triangle ABC$ 中隨機取一點，定義隨機變數 X 為該點到邊 $\overline{BC}$ 之距離，若 $\overline{BC}$ 上的高為 h，求 *r.v. X* 之 p.d.f.

提示	解答
這是幾何機率概型問題，我們過點 x 做一條與 $\overline{BC}$ 平行之直線交 $\overline{AB}$，$\overline{AC}$ 於 M, N 依題意繪出概圖： 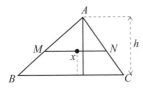 $\triangle AMN$ 之高為 $h–x$，又 $\triangle AMN \sim \triangle ABC$ 應用相似三角形面積之比等於高平方之比∴ $\dfrac{a\triangle AMN}{a\triangle ABC} = \dfrac{(h-x)^2}{h^2}$ $P(X \le x) = \dfrac{a\square MNBC}{a\triangle ABC} = 1 - \dfrac{a\triangle AMN}{a\triangle ABC}$	(1) 設我們在 $\triangle ABC$ 內隨機選了一點，並過該點做一與 $\overline{BC}$ 平行之直線交 $\overline{AB}$，$\overline{AC}$ 於 M, N $\triangle ABC \sim \triangle AMN$，$\triangle AMN$ 在 MN 上之高為 $h = x$ $P(X \le x) = \dfrac{a\square BMNC}{a\triangle ABC} = 1 - \dfrac{a\triangle AMN}{a\triangle ABC}$ $= 1 - \dfrac{(h-x)^2}{h^2} = 1 - \left(1 - \dfrac{x}{h}\right)^2$ $\therefore P(x) = \begin{cases} 1 & , \ x \ge h \\ 1 - \left(1 - \dfrac{x}{h}\right)^2, & h < x \ge 0 \\ 0 & , \ 其它 \end{cases}$ $f(x) = F'(x) = \begin{cases} \dfrac{2(h-x)}{h^2} & , \ h \ge x \ge 0 \\ 0 & , \ 其它 \end{cases}$

例 8. 設 L 為過 $(0, 1)$ 之直線，若 L 與 y 軸之夾角為 θ，$\theta \in [-\frac{\pi}{2}, \frac{\pi}{2}]$，$L$ 是隨機移動，其與 y 軸之夾角 θ 為一隨機變數，問 (1)L 與 x 軸之交點落於 $[-1, 1]$ 之機率 (2)L 與 x 軸交點 X 為一隨機變數，那麼 r.v.X 之 pdf 為何？

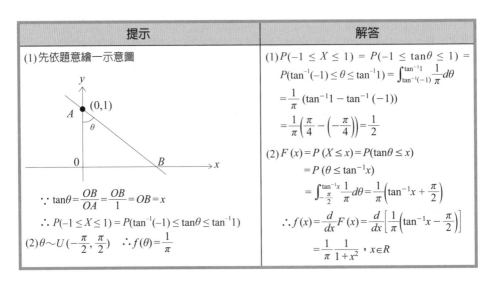

提示	解答
(1)先依題意繪一示意圖 $\because \tan\theta = \dfrac{OB}{OA} = \dfrac{OB}{1} = OB = x$ $\therefore P(-1 \le X \le 1) = P(\tan^{-1}(-1) \le \tan\theta \le \tan^{-1} 1)$ (2)$\theta \sim U(-\frac{\pi}{2}, \frac{\pi}{2})$ $\therefore f(\theta) = \dfrac{1}{\pi}$	(1)$P(-1 \le X \le 1) = P(-1 \le \tan\theta \le 1) =$ $P(\tan^{-1}(-1) \le \theta \le \tan^{-1} 1) = \int_{\tan^{-1}(-1)}^{\tan^{-1} 1} \dfrac{1}{\pi} d\theta$ $= \dfrac{1}{\pi}(\tan^{-1} 1 - \tan^{-1}(-1))$ $= \dfrac{1}{\pi}\left(\dfrac{\pi}{4} - \left(-\dfrac{\pi}{4}\right)\right) = \dfrac{1}{2}$ (2)$F(x) = P(X \le x) = P(\tan\theta \le x)$ $= P(\theta \le \tan^{-1} x)$ $= \int_{-\frac{\pi}{2}}^{\tan^{-1} x} \dfrac{1}{\pi} d\theta = \dfrac{1}{\pi}\left(\tan^{-1} x + \dfrac{\pi}{2}\right)$ $\therefore f(x) = \dfrac{d}{dx} F(x) = \dfrac{d}{dx}\left[\dfrac{1}{\pi}\left(\tan^{-1} x - \dfrac{\pi}{2}\right)\right]$ $= \dfrac{1}{\pi} \dfrac{1}{1+x^2}$, $x \in R$

分配函數

【定義】　$r.v. X$ 之 $p.d.f$ 為 $f(x)$，其**累積分配函數**（cumulative distribution function，簡稱分配函數）$F(x)$ 定義為：$F(x) = P(X \le x)$

累積分配函數與 $p.d.f.$ 之關係

(1) X 為連續型 $r.v.$ 時：$f(x) = \dfrac{d}{dx} F(x)$

例如：$F(x) = \begin{cases} 0, & x < 0 \\ \dfrac{x}{1+x}, & x \ge 0 \end{cases}$ 則 $f(x) = \dfrac{d}{dx} F(x) = \dfrac{1}{(1+x)^2}$，$x \ge 0$

(2) X 為離散型 $r.v.$ 時：$P(X = x) = F(x) - F(x-)$

　　若 $r.v. X$ 為**離散型**時，分配函數 $F(x)$ 為階梯（**stair-case**）形狀。

　　若 $r.v. X$ 為**連續型**時，分配函數 $F(x)$ 為遞增函數。

分配函數之性質

1. $1 \ge F(x) \ge 0$

　　證

　　$0 \le F(x) = P(X \le x) \le 1$

2. 若 $x_1 < x_2$，則 $F(x_1) \le F(x_2)$

　　證

　　$F(x_2) = P(X \le x_2) = P((X \le x_1) \cup (x_1 < X \le x_2))$

　　$= P(X \le x_1) + P(x_1 < X \le x_2) \ge P(X \le x_1) = F(x_1)$

　　此為分配函數之單調不減性，或稱 $F(x)$ 為非遞減函數。

3. $F(\infty) = 1$，$F(-\infty) = 0$〔嚴格的說法是：$\lim\limits_{x \to \infty} F(x) = 1$，$\lim\limits_{x \to -\infty} F(x) = 0$〕

　　證

　　由定義顯然成立。

4. $P(a < X \le b) = F(b) - F(a)$

　　證

　　$P(X \le b) = P(X \le a) + P(a < X \le b)$ ∴ $F(b) = F(a) + P(a < X \le b)$

　　得 $P(a < X \le b) = F(b) - F(a)$

　　若 X 為連續型 $rv.$ 則 $P(a < X \le b) = P(a \le X < b) = P(a < X < b) = P(a \le X \le b)$

　　$= F(b) - F(a)$。

5. $F(x)$ 滿足右連續性（right-continuous）

　　證

　　$\lim\limits_{h \to 0} P(a < X \le a+h) = \lim\limits_{h \to 0} [F(a+h) - F(a)]$

又 $h > 0$ 時 $F(a+) - F(a) = \lim_{h \to 0} P(a < X \le a+h) = P(\phi) = 0$

但 $F(a+)$ 為 $F(x)$ 在 $x = a$ 之右極限

$\therefore F(x)$ 在 $x = a$ 為右連續。

6. $P(X = b) = \lim_{h \to 0} P(b - h < X \le b) = F(b) - F(b-)$

證

在 5. 中取 $a = b - \varepsilon$ 則 $P(b - \varepsilon < X \le b) = F(b) - F(b - \varepsilon)$

令 $\varepsilon \to 0$ 得 $P(X = b) = F(b) - F(b-)$

由性質 6.，我們可知若 **X 為連續型隨機變數則 $P(X = b) = 0$**

例 **9.**

x	0	1	2
$P(X = x)$	$\frac{1}{3}$	$\frac{1}{6}$	$\frac{1}{2}$

求 X 之 $F(x)$

提示	解答
	$F(x) = \begin{cases} 0 & x < 0 \\ \frac{1}{3} & 0 \le x < 1 \\ \frac{1}{2} & 1 \le x < 2 \\ 1 & x \ge 2 \end{cases}$

例 **10.** $f(x) = \begin{cases} 2x & 1 > x > 0 \\ 0 & 其它 \end{cases}$ 求 X 之 $F(x)$

解 $F(x) = \begin{cases} 0 & x < 0 \\ x^2 & 0 \le x < 1 \\ 1 & x \ge 1 \end{cases}$

例 **11.** 求 $f(x) = \begin{cases} 0.2 & x = 1 \\ 0.5 & 2 \ge x \ge 1 \\ 0.3 & x = 2 \end{cases}$，之累積分配函數並畫圖。

提示	解答
	$x < 1$ 時 $F(x) = P(X \le x) = 0$ $1 \le x < 2$ 時 $F(x) = P(X \le x) = P(X = 1) + \int_1^x \frac{1}{2} dx$ $= 0.2 + \int_1^x \frac{1}{2} dx = \frac{x}{2} - \frac{3}{10}$ $x \ge 2$ 時 $F(x) = P(X \le x) = 1$

【定理 A】　若且惟若 $F(x)$ 滿足

(1) $0 \le F(x) \le 1$

(2) F 為非遞減函數，即 $F(x_1) \le F(x_2)$，$\forall x_1 \le x_2$

(3) F 為右連續函數，即 $\lim\limits_{x \to x_0^+} F(x) = F(x_0)$

(4) $\lim\limits_{x \to -\infty} F(x) = 0$ 且 $\lim\limits_{x \to \infty} F(x) = 1$

則 $F(x)$ 為一分配函數。

例 12.　F_1, F_2 為二個分配函數，定義 $F = F_1 * F_2 = \int_{-\infty}^{\infty} F_1(x - y) dF_2(y)$，$x, y \in R$

試證 (1) $F(\infty) = 1$, $F(-\infty) = 0$　(2) F 為非遞減函數

提示	解答
    (2)若 $v \le u$，$F(v) \in F(u)$，	(1) $F(x) = F_1 * F_2 = \int_{-\infty}^{\infty} F_1(x - y) dF_2(y)$ $F(\infty) = \int_{-\infty}^{\infty} F_1(\infty) dF_2(y) = \int_{-\infty}^{\infty} dF_2(y) = \int_{-\infty}^{\infty} f_2(y) dy = 1$ $F(-\infty) = \int_{-\infty}^{\infty} F_1(-\infty) dF_2(y) = \int_{-\infty}^{\infty} 0 \cdot dF_2(y) = 0$ (2)若 $v < u$ 則 $v - y < u - y$ 且 $F(u) - F(v) = \int_{-\infty}^{\infty} F_1(u - y) dF_2(y) - \int_{-\infty}^{\infty} F_1(v - y) dF_2(y)$ $= \int_{-\infty}^{\infty} (F_1(u - y) - F_1(v - y)) dF_2(y) \ge 0$ 即 F 為非遞減函數。

例 13.　$F(x) = \dfrac{1}{1 + e^{-x}}$，$x \in R$，問 (1) $F(x)$ 是否可為一分配函數？(2) $f(x)$

(3) $\int_{-\infty}^{\infty} (F(x + b) - F(x + a)) dx$

提示	解答
(1) 1. $0 \le F(x) \le 1$	(1) 1) $\because x \in R$ $\therefore \infty > 1 + e^{-x} \ge 1$ $\Rightarrow 1 \ge \dfrac{1}{1+e^x} \ge 0$，即 $\ge F(x) \ge 0$
2. 非遞減函數（即證 $F'(x) \ge 0$）	2) $F'(x) = \dfrac{d}{dx} \dfrac{1}{1+e^{-x}} = \dfrac{e^{-x}}{(1+e^{-x})} \ge 0$ $\therefore F(x)$ 為非遞減函數
3. 右連續函數	3) $\because F(x)$ 為一全域連續函數 $\therefore F(x)$ 滿足右連續函數
4. $\lim\limits_{x \to -\infty} F(x) = 0$ 且 $\lim\limits_{x \to \infty} F(x) = 1$	4) (1) $\lim\limits_{x \to \infty} F(x) = \lim\limits_{x \to -\infty} \dfrac{1}{1+e^{-x}} = 0$ (2) $\lim\limits_{x \to \infty} F(x) = \lim\limits_{x \to \infty} \dfrac{1}{1+e^{-x}} = 1$ 綜上 $F(x) = \dfrac{1}{1+e^{-x}}$，$x \in R$ 為分配函數 (2) $f(x) = F'(x) = \dfrac{d}{dx} \dfrac{1}{1+e^{-x}} = \dfrac{e^{-x}}{(1+e^{-x})^2}$，$x \in R$ (3) $\int_{-\infty}^{\infty} (F(x+b) - F(x+a))dx$ (1) $= \int_{-\infty}^{\infty} \left(\dfrac{1}{1+e^{-x-b}} - \dfrac{1}{1+e^{-x-a}} \right) dx$ (i) $\int_{-\infty}^{\infty} \dfrac{dx}{1+e^{-x-b}} = \int_{-\infty}^{\infty} \dfrac{e^x}{e^x + e^{-b}} dx = \int_{-\infty}^{\infty} \dfrac{d(e^x + e^{-b})}{e^x + e^{-b}}$ $= \ln(e^x + e^{-b})$ (ii) $\int_{-\infty}^{\infty} \dfrac{dx}{1+e^{-x-a}} = \ln(e^x + e^{-a})$ （同 (i)） $\therefore \int_{-\infty}^{\infty} (F(x+b) - F(x+a))dx = \ln \left[\dfrac{e^x + e^{-b}}{e^x + e^{-a}} \right] \Big|_{-\infty}^{\infty}$ $= \ln \left(\dfrac{e^{-b}}{e^{-a}} \right) = a - b$

例 **14.** 若 $r.v.X$ 之 $F(x) = A + B\tan^{-1}x$，求 A, B

提示	解答
應用 $\lim\limits_{x \to \infty} F(x) = 1$，$\lim\limits_{x \to -\infty} F(x) = 0$	$\lim\limits_{x \to \infty} F(x) = \lim\limits_{x \to \infty} (A + B\tan^{-1}x) = A + \dfrac{\pi}{2}B = 1$ (1) $\lim\limits_{x \to -\infty} F(x) = \lim\limits_{x \to -\infty} (A + B\tan^{-1}x) = A - \dfrac{\pi}{2}B = 0$ (2) (1) + (2) 得 $A = \dfrac{1}{2}$，(1) - (2) 得 $B = \dfrac{1}{\pi}$

對稱連續型p.d.f之分配函數性質

許多機率分配如常態分配等均屬對稱分配，若用對稱函數定積分之性質常可簡化計算。

【定理 B】　$r.v.X$ 之 p.d.f. 為 $f(x)$，若 $f(x)$ 對稱於原點則 $F(0) = \dfrac{1}{2}$

證　$\because \displaystyle\int_{-\infty}^{0} f(x)dx + \int_{0}^{\infty} f(x)dx = 1$，但

$$\int_{0}^{\infty} f(x)dx \xlongequal{y=-x} -\int_{0}^{-\infty} f(-y)dy = \int_{-\infty}^{0} f(y)dy$$

$$= \int_{-\infty}^{0} f(x)dx$$

> $f(x)$為對稱原點：
> 1. 定義域為$[-a, a]$，a 可為∞
> 2. $f(x) = f(-x)$

$$\therefore \int_{-\infty}^{0} f(x)dx + \int_{0}^{\infty} f(x)dx = 2\int_{-\infty}^{0} f(x)dx = 1$$

得　$\displaystyle\int_{-\infty}^{0} f(x)dx = F(0) = \dfrac{1}{2}$ ∎

【定理 C】　若 $r.v.\ X$ 之 pdf 為 $f(x)$，若 $f(x)$ 對稱原點則 $F(-a) = 1 - F(a)$

證　$F(-a) + F(a) = \displaystyle\int_{-\infty}^{-a} f(x)dx + \int_{-\infty}^{a} f(x)dx = \int_{\infty}^{a} f(-t)d(-t) + \int_{-\infty}^{a} f(x)dx$

$$= \int_{a}^{\infty} f(t)dt + \int_{-\infty}^{a} f(x)dx = \int_{-\infty}^{\infty} f(x)dx = 1$$

$$\therefore F(-a) = 1 - F(a) \quad ∎$$

定理 B，C 有個很重要的幾何意義：若 $pdf\ f(x)$，$x \in R$ 對稱 $x = a$，則 $P(X \geq a) = P(X \leq -a)$，即二塊陰影部分之面積相等。

截斷機率函數

在應用機率上，**截斷後之p.d.f.**（truncated p.d.f.）是很重要的，例如我們常要了解 $r.v.X$ 之 p.d.f. $f(x) = \dfrac{e^{-\lambda}\lambda^{x}}{x!}$，$x = 0, 1, 2\cdots$，在 $X \geq 10$ 以後予以截斷，那麼新的 p.d.f. 是什麼？

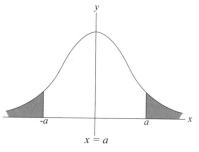

【定理 D】　$r.v.X$ 之 p.d.f. 為 $f(x)$，$f(x \mid X \leq a) = \dfrac{f(x)}{F(a)}$，$x \leq a$，$F(a) \neq 0$

證 $F(x \mid X \le a) = P(X \le x \mid X \le a) = \dfrac{P(X \le x \text{ 且 } X \le a)}{P(X \le a)}$ *

(1) $x > a$ 時 $* = \dfrac{P(X \le a)}{P(X \le a)} = 1$

(2) $x \le a$ 時 $* = \dfrac{P(X \le x)}{P(X \le a)} = \dfrac{F(x)}{F(a)}$

$\therefore f(x \mid X \le a) = \begin{cases} \dfrac{f(x)}{F(a)} & x \le a \\ 0 & x > a \end{cases}$ ∎

【定理 E】 $r.v.X$ 之 pdf 為 $f(x)$，$f(x \mid b < X \le a) = \dfrac{f(x)}{F(a) - F(b)}$

證 $F(x \mid b < X \le a) = \dfrac{P(X \le x \text{ 且 } b < X \le a)}{P(b < X \le a)}$ **

(1) $x > a$ 時 $** = \dfrac{P(b < X \le a)}{P(b < X \le a)} = 1$

(2) $b < x \le a$ 時 $** = \dfrac{P(b < X \le x)}{P(b < X \le a)} = \dfrac{F(x) - F(b)}{F(a) - F(b)}$

(3) $x \le b$ 時 $** = \dfrac{P(\phi)}{P(b < X \le a)} = 0$

$\therefore f(x \mid b < X \le a) = \begin{cases} \dfrac{f(x)}{F(a) - F(b)} & , a \ge x > b \\ 0 & , \text{其它} \end{cases}$ ∎

例 15. 假設我們已知 $f(x) = \begin{cases} \dfrac{e^{-\lambda}\lambda^x}{x!}, & x = 0, 1, 2\cdots \\ 0, & \text{其它} \end{cases}$ 為一 pdf，求 $X = 10$ 截斷後

之 pdf，並驗證你所得之截斷後之 pdf 仍為一個 pdf

解 (1) 應用定理 D，

$$f(x \mid x \le 10) = \frac{f(x)}{F(10)} = \frac{\dfrac{e^{-\lambda}\lambda^x}{x!}}{\displaystyle\sum_{x=0}^{10} \dfrac{e^{-\lambda}\lambda^x}{x!}} \quad x = 0, 1, 2\cdots 10$$

(2) $h(x) = \dfrac{\dfrac{e^{-\lambda}\lambda^x}{x!}}{\displaystyle\sum_{x=0}^{10} \dfrac{e^{-\lambda}\lambda^x}{x!}} \ge 0$，$x = 0, 1, 2\cdots 10$

則 $\sum\limits_{x=0}^{10} h(x) = \dfrac{\sum\limits_{x=0}^{10} \dfrac{e^{-\lambda}\lambda^x}{x!}}{\sum\limits_{x=0}^{10} \dfrac{e^{-\lambda}\lambda^x}{x!}} = 1$

$\therefore h(x)$ 為一 pdf

例 **16.** r.v.X 之 pdf 為 $f(x)$ 試證 $f(x \mid X > t) = \begin{cases} \dfrac{f(x)}{\int_t^\infty f(x)dx} & , x > t \\ 0 & , 其它 \end{cases}$

提示	解答
$f(x \mid X > t) \to$ 利用分配函數 1. $F(x \mid X > t) = \dfrac{P(X < x,\ X > t)}{P(X > t)}$ 2. 由微積分: $\dfrac{d}{dx}\int_t^x f(t)dt = f(x)$	$F(x \mid X > t) = \dfrac{P(X < x\ 且\ X > t)}{P(X > t)} = \dfrac{\int_t^x f(u)dx}{\int_t^\infty f(x)dx}$ $\therefore f(x \mid X > t) = \dfrac{d}{dx} F(x \mid X > t)$ $= \begin{cases} \dfrac{f(x)}{\int_t^\infty f(x)dx} & , x > t \\ 0 & , 其它 \end{cases}$

中位數

【定義】 若 x 滿足 $P(X \le x) \ge \dfrac{1}{2}$ 且 $P(X \ge x) \ge \dfrac{1}{2}$,則 x 為 r.v.X 之**中位數**（medium）。

若 X 為連續型 r.v.,則其 p 百分位數是 $F(x) = p$ 之解,同時若 $F(x)$ 為嚴格遞增則 $F(x) = p$ 有惟一解,否則 $F(x) = p$ 之解可能不只一個（也可能有無限多個）。

例 **17.** 若一離散型 r.v.X 其 p.d.f. 為

x	-2	0	1	2	求中位數
$P(X = x)$	$\dfrac{1}{6}$	$\dfrac{1}{3}$	$\dfrac{1}{4}$	$\dfrac{1}{4}$	

解 讀者可驗證 $1 > x > 0$ 時,x 滿足 $P(X \le x) \ge \dfrac{1}{2}$,$P(X \ge x) \ge \dfrac{1}{2}$,故 $1 > x > 0$ 中任一數均為中位數。

習題 2-1

A

1. 若 $f(x) = \dfrac{1+3c}{4}, \dfrac{1-c}{4}, \dfrac{1+2c}{4}, \dfrac{1-4c}{4}$ 爲 p.d.f. 求 c 之範圍。

2. 設下表爲某離散型 p.d.f. 之分配,

x	−2	−1	0	1	2	3
$P(X=x)$	$\dfrac{1}{12}$	$\dfrac{1}{3}$	$\dfrac{5}{24}$	$\dfrac{1}{6}$	$\dfrac{1}{12}$	$\dfrac{1}{8}$

求 (1) $P(X \geq 2)$ (2) $P(X > 2)$ (3) $P(-1.6 \leq X < 2.3)$

(4) $P(|X| \leq 2)$ (6) $P(X^2 \leq 2)$ (6) $P(X(X+1) < 2)$

3. 擲一均勻骰子 2 次,定義隨機變數 X 爲此二次擲出之點數和,試求 $r.v.X$ 之 p.d.f.。

4. 已知 Logistic 分配之分配函數爲 $F(x) = \dfrac{1}{1+e^{-(ax+b)}}$,$a > 0$,$\infty > x > -\infty$

試證 $f(x) = aF(x)[1 - F(x)]$

5. Cauchy 分配爲 $f(x) = \dfrac{k}{1+x^2}$,$\infty > x > -\infty$ (1) 求 k 值 (2) 若 $F(x) = \dfrac{1}{4}$,求 x

6. 設 rvX 之分配函數爲 $F(x)$,求 $P(a \leq F(X) \leq b)$

7. 若 $f(x) = \begin{cases} \dfrac{1}{2}e^x, & x < 0 \\ \dfrac{1}{4}, & 0 \leq x < 2 \\ 0, & x \geq 2 \end{cases}$ 求 X 之分配函數。

8. $F(x) = \begin{cases} 0, & x < 0 \\ (1/8)x + 1/8, & 0 \leq x < 1 \\ 1/2, & 1 \leq x < 2 \\ (1/8)x + 1/2, & 2 \leq x < 4 \\ 1, & x \geq 4 \end{cases}$

試求 (1) $P(X=2)$ (2) $P(X=3)$ (3) $P(X>0)$ (4) $P(X<2)$ (5) $P(1<X<3)$

(6) $P(X<3 \mid X>1)$

9. 下列各函數何者可爲機率密度函數?若是請求 $c = ?$

(1) $f(x) = \begin{cases} cx^{-b}, & x > 1 \\ 0, & 其它 \end{cases}$ (2) $f(x) = ce^x(1+e^x)^{-2}$,$x \in R$

10. $r.v.X$ 滿足 $P(X \leq b) \geq 1 - \beta$,$P(X \geq a) \geq 1 - \alpha$,試證 $P(b \geq X \geq a) \geq 1 - (\alpha + \beta)$

11. $f(x) = \dfrac{1}{2}e^{-|x|}$,$x \in R$ 爲 $r.v.X$ 之 p.d.f.,求 (1) $P(X^3 - X^2 - X - 2 < 0)$ (2) $P(1 \leq |X| \leq 2)$

(3) $P(|X| \leq 2)$ (4) $P(|X| \leq 2$ 或 $X \geq 0)$

12. $f(x) = \begin{cases} \dfrac{1}{3} & 0 < x < 1 \\ \dfrac{1}{3} & 2 < x < 4 \\ 0 & 其他 \end{cases}$ 求 X 之分配函數。

13. 若 $r.v.X$ 之 p.d.f. 為

$f(x)=\begin{cases}pq^{x-1}, & x=1, 2\cdots(\text{此為幾何分配}), & \text{定義 } Y=\dfrac{X}{n}, \lambda=np \\ 0 & \text{其它}\end{cases}$ ，試證 $\lim\limits_{n\to\infty}P(Y\le a)\approx 1-e^{-\lambda a}$

14. 試判斷下列何者為分配函數？

(1) $F(x)=\begin{cases}1-e^{-x^2}, & x\ge 0 \\ 0 & ,\text{其它}\end{cases}$ (2) $F(x)=\begin{cases}e^{-\frac{1}{x}}, & x>0 \\ 0 & ,\text{其它}\end{cases}$

(3) $F(x)=e^{-x^2}+\dfrac{e^x}{e^x+e^{-x}}$, $x\in R$

B

15. 設機器在 t 時前沒故障之條件下在 $(t, t+h)$ 間故障之條件機率為 $\lambda(t)h+0(h)$ ，其中 $\lambda(t)$ 為 t 之正值函數，$0(h)$ 滿足 $\lim\limits_{h\to 0}\dfrac{0(h)}{h}=0$ 。若 T 表示機器在 t 時前沒故障之隨機變數，求 T 之分配函數。

16. 若 $P(t_0\le T_i\le t_0+t_1 \mid T\ge t_0)=P(T\le t_1)$ ，$\forall t_0, t_1\in S$ ，S 為正實數集所成之樣本空間，試證 $P(T\le t_1)=1-e^{-ct_1}$ ，c 為常數。

17. 承第 11 題，求 (1) $P(|X|+|X-3|\le 3)$ (2) $P(e^{\sin\pi X}\ge 1\})$

18. $r.v.X$ 之分配函數為 $F(x)$ ，求 $\int_{-\infty}^{\infty}(F(a+x)-F(x))dx$

2.2 隨機變數之函數（一）

$r.v.X$ 之 p.d.f. 為 $f(x)$，假定透過 $Y = g(X)$ 之變數變換後，那麼 $r.v.Y$ 之 p.d.f. 是什麼？本章先討論一維 $r.v.$ 之情形，高維情形將留在下章討論。我們先從最簡單之離散型 $r.v.$ 開始。

離散型隨機變數

離散型 $r.v.X$ 透過 $Y = g(X)$ 變數變換後，Y 亦為隨機變數，且 $P(Y = y_i) = P(g(X_i) = y_1)$，求出 $P(Y = y_i)$ 後將相同定義域之機率相加即可。

例 1.

x	−1	0	1	3
$P(X = x)$	p_1	p_2	p_3	p_4

$p_1, p_2, p_3, p_4 \geq 0$ 且 $p_1 + p_2 + p_3 + p_4 = 1$

求 (1) $Y = 2X + 1$　(2) $Y = X^2$　(3) $Y = \sqrt{X}$ 之 pdf

提示	解答
	(1) 	$y = 2x + 1$	−1	1	3	7	 	$P(Y = y)$	p_1	p_2	p_3	p_4	
(2) 相同 	$y = x^2$	1	0	1	9	 	$P(Y = y)$	p_1	p_2	p_3	p_4	 合併	(2) 	$y = x^2$	0	1	9	 	$P(Y = y)$	p_2	$p_1 + p_3$	p_4	 (3) ∵ $x = -1$ 時　$y = \sqrt{x} \notin R$ ∴ $Y = \sqrt{X}$ 無意義。

例 2. $P(X = x) = \dfrac{4 + x}{35}$，$x = -3, -1, 0, 1, 2, 3, 5$

$Z = 3X - 4$ 之 p.d.f.

解　$z = 3x - 4$　∴ $x = \dfrac{z + 4}{3}$

$$P(Z = z) = f\left(\frac{4 + z}{3}\right) = \frac{4 + \dfrac{z + 4}{3}}{35} = \frac{z + 16}{105}　Z = -13, -7, -4, -1, 2, 5, 1$$

即 $f_z(z) = \begin{cases} \dfrac{z + 16}{105} & z = -13, -7, -4, -1, 2, 5, 1 \\ 0 & \text{其它} \end{cases}$

如果讀者不習慣上述作法時，亦可將 p.d.f. 展成機率表之形式。

連續型隨機變數

設 $f(x)$ 在 $c \geq x \geq a$ 時為 $r.v.X$ 之 $p.d.f.$ ① $y = h(x)$ 為 x 之單調函數時，則 Y 之 $p.d.f.g(y)$ 為：

$$g(y) = f(h^{-1}(y)) \cdot \left| \frac{dx}{dy} \right|$$

$\left| \dfrac{dx}{dy} \right|$ 為 $\dfrac{dx}{dy}$ 之絕對值

②若 $y = h(x)$ 不為 x 之單調函數，但我們可將 $[a, c]$ 劃分成若干互斥之子區間，使得每個子區間之 $h(x)$ 均為 x 之單調函數，從而求出每個子區間之 $g_i(y_i)$ 然後將定義域相同之 $g(y)$ 相加即得（如同一般函數之加法）。

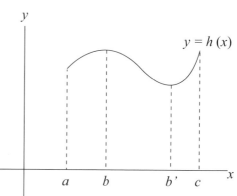

若 $f(x)$ 在區間 I 為連續，且 $f'(x) > 0$ 或 $f'(x) < 0$，$\forall \in I$ 均成立，則 $f(x)$ 在 I 中為單調函數。

例 3. $r.v.X$ 之 pdf 為 $f(x) = \begin{cases} \dfrac{1}{\pi} & , \dfrac{\pi}{2} > x > -\dfrac{\pi}{2} \\ 0 & , 其它 \end{cases}$ 取 $Y = \tan X$ 求 Y 之 $p.d.f.$

提示	解答
$y = \tan x$ 在 $(-\dfrac{\pi}{2}, \dfrac{\pi}{2})$ 之圖形為 	$f(x) = \dfrac{1}{\pi}, \dfrac{\pi}{2} > x > -\dfrac{\pi}{2}, x = \tan^{-1}y$ $\|J\| = \left\| \dfrac{dx}{dy} \right\| = \dfrac{1}{1+y^2}, \infty > y > -\infty$ $\therefore f(y) = \dfrac{1}{\pi} \dfrac{1}{1+y^2}, y \in R$ （此即 Cauchy 分配）

例 4. 若 $r.v.X$ 之 p.d.f. 為

$$f(x) = \begin{cases} \dfrac{8}{x^3} & , \infty > x > 2 \\ 0 & , 其它 \end{cases} \quad 求 \ Y = 2X + 1 \ 之 \ p.d.f.$$

解 $y = 2x + 1$ 在 $\infty > x > 2$ 內為一單調函數，$x = h^{-1}(y) = \dfrac{y-1}{2}$

$$|J| = \left| \frac{dx}{dy} \right| = \frac{1}{2}$$

$$\therefore f(y) = \begin{cases} \dfrac{8}{\left(\dfrac{y-1}{2}\right)^3} \cdot \dfrac{1}{2} = \dfrac{32}{(y-1)^3} \ , \ \infty > y > 5 \\ \\ \qquad\qquad 0 \qquad\qquad \text{，其它} \end{cases}$$

例 5. $f(x) = \begin{cases} \dfrac{1}{2} \ , \ 1 > x > -1 \\ 0 \ , \ \text{其它} \end{cases}$ 求 $Y = X^2$ 之 p.d.f.

提示	解答
1. 2. $1 > x > 0$ 及 $0 > x > -1$ 對應之 $f(y)$ 均有相同之定義域 $0 < y < 1$ $f(y)$ 相加即可。	(1) $1 > x > 0, x = \sqrt{y}$ $\therefore |J| = \left\|\dfrac{dx}{dy}\right\| = \dfrac{1}{2\sqrt{y}}$, $f(y) = \dfrac{1}{2} \cdot \dfrac{1}{2\sqrt{y}} = \dfrac{1}{4\sqrt{y}}$, $1 > y > 0$ (2) $0 > x > -1, x = -\sqrt{y}$ $\therefore |J| = \left\|\dfrac{dx}{dy}\right\| = \dfrac{1}{2\sqrt{y}}$, $f(y) = \dfrac{1}{2} \cdot \dfrac{1}{2\sqrt{y}} = \dfrac{1}{4\sqrt{y}}$, $1 > y > 0$ (1), (2) 相加得： $f(y) = \begin{cases} \dfrac{1}{2\sqrt{y}} & 1 > y > 0 \\ 0 & \text{其它} \end{cases}$

　　有時，爲簡化敍述，我們只簡單畫出 pdf 之非 0 部分，這隱含著對不在所給之區域之 $f(x)$ 均爲 0。因此例 5 可變成 $f(x) = \dfrac{1}{2}$，$1 > x > -1$，$Y = X^2$ 之 pdf 爲 $f(y) = \dfrac{1}{2\sqrt{y}}$，$1 > y > 0$，但讀者在考試時以全寫爲妥。

分配函數在求衍生性p.d.f.上之應用

例 6. $f(x)$, $\infty > x > -\infty$ 爲連續型 p.d.f.，求 $Y = |X|$ 之 p.d.f.

解 $G(y) = P(Y \le y) = P(|X| \le y) = P(-y \le X \le y)$
$= P(X \le y) - P(X \le -y) = F(y) - F(-y)$

$\therefore g(y) = \dfrac{d}{dy} G(y) = \dfrac{d}{dy} [F(y) - F(-y)] = f(y) + f(-y)$, $y > 0$

例 7. $r.v.X$ 之 pdf 爲 $f(x)$，若 $Y = a + bX$，a, b 均爲常數且 $b \ne 0$，求 Y 之 pdf

解　$G(y) = P(Y \le y) = P(a + bX \le y) = P(bX \le y - a)$

(i) $b > 0$ 時：$G(y) = P(bX \le y - a) = P\left(X \le \dfrac{y - a}{b}\right) = F_X\left(\dfrac{y - a}{b}\right)$

$\therefore f_Y(y) = \dfrac{d}{dy} G(y) = \dfrac{1}{b} f_Y\left(\dfrac{y - a}{b}\right)$

(ii) $b < 0$ 時：$G(y) = P(bX \le y - a) = P\left(X \ge \dfrac{y - a}{b}\right) = 1 - F_X\left(\dfrac{y - a}{b}\right)$

$\therefore \dfrac{d}{dy} G(y) = -\dfrac{1}{b} f_Y\left(\dfrac{y - a}{b}\right)$

綜上

$g_Y(y) = \dfrac{1}{|b|} f_Y\left(\dfrac{y - a}{b}\right)$

例 8. $r.v.X$ 之 pdf 為 $f(x)$，若 $Y = X^2$，求證 $f_Y(y|X > 0)$

$= \dfrac{f_X(\sqrt{y})}{(1 - F_X(0))2\sqrt{y}}$，$\infty > y > 0$

解　$F_Y(y1x > 0) = P_Y(Y \le y \mid X > 0) = \dfrac{P(Y \le y, X > 0)}{P(X > 0)} = \dfrac{P(X^2 \le y, X > 0)}{P(X > 0)}$

$= \dfrac{P(X \le \sqrt{y})}{P(X > 0)} = \dfrac{F_X(\sqrt{y})}{1 - F_X(0)}$

$\therefore f_Y(y \mid X > 0) = \dfrac{d}{dx} F_Y(y \mid X > 0) = \dfrac{f_X(\sqrt{y})}{(1 - F_X(0))2\sqrt{y}}$，$\infty > y > 0$

例 9. 離散型 $r.v.X$ 之分配函數為 F_X，試用 F_X 表示 $(1) Y_1 = |X|$，$(2) Y_2 = aX + b$（a, b 為常數 $a \ne 0$）

提示	解答
本例 X 為離散型 rv， $(1) P(A \le X \le B) = P(X \le B)$ $- F(X \le A) + P(X = A) =$ $F(B) - F(A) + P(X = A)$ $(2) P(X \ge A) = 1 - P(X < A) =$ $1 - (P(X \le A) - P(X = A))$ $= 1 - F(A) + P(X = A)$	$(1) F_{Y_1}(y_1) = P(Y_1 \le y_1) = P(|X| \le y_1)$ $\qquad = P(-y_1 \le X \le y_1)$ $\qquad = F_X(y_1) - F_X(-y_1) + P(Y_1 = -y_1)$，$y_1 > 0$ $(2) F_{Y_2}(y_2) = P(Y_2 \le y_2) = P(aX + b \le y_2)$： 　① $a > 0$： $\qquad P(X \le \tfrac{1}{a}(y_2 - b)) = F_X\left(\tfrac{1}{a}(y_2 - b)\right)$ 　② $a < 0$： $\quad P\left(X \le \tfrac{1}{a}(y_2 - b)\right) = P(X \ge \tfrac{1}{a}(y_2 - b)) = 1 - P\left(X \le \tfrac{1}{a}(y_2 - b)\right)$ $\quad + P\left(X = \tfrac{1}{a}(y_2 - b)\right) = 1 - F_X\left(\tfrac{1}{a}(y_2 - b)\right) + P\left(X = \tfrac{1}{a}(y_2 - b)\right)$

$Y = F(X) \sim U(0, 1)$

若 $r.v.X$ 之機率密度函數爲 $f(x) = \begin{cases} \dfrac{1}{b-a} & , b > x > a \\ 0 & , 其它 \end{cases}$ 我們稱它爲**一致分配**

（uniform distribution），以 $r.v.X \sim U(a, b)$ 表之。詳 4.4 節。

【定理 A】 若 $F(x)$ 爲 $r.v.X$ 之分配函數，$Y = F(X)$ 則

$$f_Y(y) = \begin{cases} 1 & , 1 > y > 0 \\ 0 & , 其它 \end{cases}, 即 Y = F(X) \sim U(0, 1)$$

證 $F_Y(y) = P(Y \le y) = P(F(X) \le y) = P(X \le F^{-1}(y)) = F(F^{-1}(X)) = y$

$\therefore f_Y(y) = \begin{cases} 1 & 1 \ge y \ge 0 \\ 0 & 其它 \end{cases}$

上述定理在**模擬**（simulation）理論上很重要。

例 **10.** 下列各 p.d.f. 應如何轉換，才能服從 $U(0, 1)$

(1) $f(x) = \begin{cases} 2x & 1 > x > 0 \\ 0 & 其它 \end{cases}$ (2) $f(x) = \dfrac{1}{\sqrt{2\pi}} e^{-\frac{x^2}{2}}, \infty > x > -\infty$

解 (1) $Y = F(X) = \int_0^X 2t\, dt = X^2$

(2) $Y = F(X) = \int_{-\infty}^X \dfrac{1}{\sqrt{2\pi}} e^{-\frac{t^2}{2}} dt$

例 **11.** 若 $r.v.X \sim U(0, 1)$，求定義於 $(0, 1)$ 之單調函數 $y = f(x)$ 使得 $r.v.Y$ 之 pdf 爲 $f_Y(y) = \lambda e^{-\lambda y}, y > 0$

提示	解答
1. $f_Y(y) = \lambda e^{-\lambda x}$，$y > 0$，那麼 $F_Y(y) = \int_0^y \lambda e^{-\lambda t} dt = 1 - e^{-\lambda y}$，$y > 0$ 2. $x \xrightarrow[F_Y^{-1}(y)]{F(x)} U(0, 1)$ 用求反函數的方法	$f_Y(y) = \lambda e^{-\lambda x}, y > 0$，則 $F_Y(y) = \int_0^y \lambda e^{-\lambda t} dt = -e^{-\lambda t}\big]_0^y = 1 - e^{-\lambda y}$ 令 $x = 1 - e^{\lambda y}$，$e^{\lambda y} = 1 - x$ 得 $-\lambda y = \ln(1 - x)$ $\therefore y = -\dfrac{1}{\lambda} \ln(1 - x), 1 > x > 0$ 取 $Y = \dfrac{-1}{\lambda} \ln(1 - X), 1 > x > 0$ 則 $f_Y(y) = \lambda e^{-\lambda y}, y > 0$

習題 2-2

A

1. 若 X 為一間斷隨機函數，其機率函數為：

$$P(X=x) = \begin{cases} \dfrac{|x|}{12} & , x=-1, -2, -3, 1, 2, 3 \\ 0 & , \text{其它值。} \end{cases}$$ 即 $Y=X^4$ 之機率函數為何？

2. 若 $r.v.X \sim P_0(\lambda)$，求 $Y=2X^3+1$ 之 p.d.f.。

3. 設 $r.v.X$ 之 p.d.f. 為

$$f(x) = \begin{cases} 1 & \dfrac{1}{3} > x > -\dfrac{2}{3} \\ 0 & \text{其它} \end{cases}$$ 求 $Y=X^2$ 之 p.d.f.。

4. $f(x) = \begin{cases} \dfrac{8}{x^3} & , \infty > x > 2 \\ 0 & , \text{其它} \end{cases}$ 求 $Y=1+\dfrac{1}{X}$ 之 p.d.f.。

5. 若 $r.v.X \sim U(0, 1), Y=-\dfrac{1}{\lambda}\ln(1-X), \lambda > 0$, 求 Y 之 p.d.f.。

6. 若 $r.v.X$ 之 p.d.f. 為

$$f(x) = \begin{cases} \lambda e^{-\lambda x} & , x > 0 \\ 0 & , \text{其它} \end{cases}$$

定義 $m \leq X < m+1$ 時 $Y=m$，求 Y 之 p.d.f.。

7. 設一球半徑 x 為一隨機變數，且其 p.d.f. 為 $f(x)=6x(1-x), 1 > x > 0$，求體積 V 之 p.d.f.。

8. $r.v.X$ 之分配函數為 $F_x(x)$ 定義 $Y=3F_x(x)+7$ 求 $f_Y(y)$。

9. 設 $r.v.X \sim U(0, 1)$，且 $P(x \leq 0.29)=0.75$ 若 $Y=1-X$，$P(Y \leq k)=0.25$ 求 k。

10. $r.v.X$ 之 p.d.f. 為 $f(x)$，$x \in R$，求 $Y=X^2$ 之 p.d.f.。

B

11. 在可靠度系統中，我們定義系統失效（system failme）$\beta(t)$ 為系統在 t 時前未失效，但在 $(t, t+dt)$ 間失效之機率，因此，$\beta(x)=f(t|x>t)$

(1) 試證 $\beta(t)=\dfrac{F'(t)}{1-F(t)}$ (2) 試證 $f(x)=\beta(x)\exp\left[-\int_0^x \beta(t)dt\right]$

(3) 求 $\int_0^\infty \beta(t)=?$ (4) 若 $f(x)=\lambda e^{-\lambda x}$，$\infty > x > 0$，求 $\beta(t)$

12. 設連續型 rvX 之分配函數為 $F(x)$，求 (1) $Z=\begin{cases} X, X \geq 0 \\ 0, X<0 \end{cases}$ (2) $W=\max(0, |X|)$ 之分配函數。

2.3 隨機變數之期望值與變異數

【定義】 $r.v.X$ 服從 p.d.f. $f(x)$，則我們定義 $r.v.X$ 之**期望值**（expected value 或 expectation）或平均值為：

$$E(X) = \begin{cases} \int_{-\infty}^{\infty} xf(x)dx \cdots X \text{ 為連續型 } r.v. \\ \text{或} \\ \Sigma xf(x) \cdots\cdots X \text{ 為離散型 } r.v. \end{cases}$$

X 之期望值記做 $E(X)$、μ_x 或 μ。

若 $\Sigma xf(x)$ 為一無窮數列，則需為**絕對收斂**（absolutly convergent），否則期望值便不成立矣。

【定理 A】 (1) $E(aX + b) = aE(X) + b$

(2) $E(ag(X) + bh(X)) = aE(g(X)) + bE(h(x))$

(3) $V(aX + b) = a^2 V(X)$

(4) $V(X) \leq E(X - c)^2$，c 為任意常數

(5) $V(X) = E(X^2) - \mu^2$

證 只證明 (4)

$$E(X - c)^2 = E((X - \mu) + (\mu - c))^2 = E(X - \mu)^2 + 2(\mu - c)\underbrace{E(X - \mu)}_{0} + E(\mu - c)^2$$

$$= E(X - \mu)^2 + (\mu - c))^2$$

$$\therefore E(X - c)^2 \geq E(X - \mu)^2，\text{等號在 } c = \mu \text{ 時成立} \quad\blacksquare$$

例 1. 在下圖，A, B 二圖分別代表某校男、女生之體重分布，顯然男生體重分布較女生分散，亦即男生體重標準差 > 女生體重標準差。

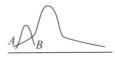

例 2. 求 $p.d.f.$ $f(x) = \begin{cases} \dfrac{1}{2b} & |x - a| \leq b \\ 0 & \text{其它} \end{cases}$ 之 $E(X)$ 及 $V(X)$

解　$E(X) = \int_{a-b}^{a+b} x\left(\frac{1}{2b}\right)dx = a$

$E(X^2) = \int_{a-b}^{a+b} x^2\left(\frac{1}{2b}\right)dx = \frac{b^2}{3} + a^2$

$\therefore V(X) = E(X^2) - [E(X)]^2 = \frac{b^2}{3}$

例 3. 求 $p.d.f.$ $f(x) = \begin{cases} \sqrt{\dfrac{2}{\pi}}\dfrac{x^2}{\sigma^3}e^{-\frac{x^2}{2\sigma^2}} & x > 0 \\ 0 & \text{其它} \end{cases}$ 之 $E(X)$ 及 $V(X)$

解答	提示
有二個瑕積分在計算機率極為有用：	$E(X) = \int_0^\infty x \cdot \sqrt{\dfrac{2}{\pi}}\dfrac{x^2}{\sigma^3}e^{-\frac{x^2}{2\sigma^2}}dx = \int_0^\infty \sqrt{\dfrac{2}{\pi}}\dfrac{1}{\sigma^3}x^3 e^{-\frac{x^2}{2\sigma^2}}dx$
1. $\int_0^\infty x^m e^{-nx^2}dx = \dfrac{\left(\frac{m-1}{2}\right)!}{2n^{\frac{m+1}{2}}}\left(\text{或}\ \dfrac{\Gamma\left(\frac{m+1}{2}\right)}{2n^{\frac{m+1}{2}}}\right)$	$= \sqrt{\dfrac{2}{\pi}}\dfrac{1}{\sigma^3}\dfrac{\left(\frac{3-1}{2}\right)!}{2\left(\frac{1}{2\sigma^2}\right)^{4/2}} = \sqrt{\dfrac{8}{\pi}}\sigma$
2. $\int_0^\infty x^m e^{-nx}dx = \dfrac{m!}{n^{m+1}}\left(\text{或}\ \dfrac{\Gamma(m+1)}{n^{m+1}}\right)$	$E(X^2) = \int_0^\infty x^2 \sqrt{\dfrac{2}{\pi}}\dfrac{x^2}{\sigma^3}e^{-\frac{x^2}{2\sigma^2}}dx = \int_0^\infty \sqrt{\dfrac{2}{\pi}}\dfrac{x^4}{\sigma^3}e^{-\frac{x^2}{2\sigma^2}}dx$
在此要注意：$1 > x > 0$ 時	$= \sqrt{\dfrac{2}{\pi}}\dfrac{1}{\sigma^3}\dfrac{\Gamma\left(\frac{5}{2}\right)}{2\left(\frac{1}{2\sigma^2}\right)^{5/2}}$
1. $x = \frac{1}{2}$ 時 $\Gamma\left(\frac{1}{2}\right) = \sqrt{\pi}$	$= 3\sigma^2$
2. $x \neq \frac{1}{2}$ 時直接寫 $\Gamma(x)$ 即可，如：	$\therefore V(X) = E(X^2) - [E(X)]^2 = \left(3 - \dfrac{8}{\pi}\right)\sigma^2$
(1) $\Gamma\left(\frac{5}{2}\right) = \frac{3}{2}\cdot\frac{1}{2}\underbrace{\Gamma\left(\frac{1}{2}\right)}_{\sqrt{\pi}} = \frac{3}{4}\sqrt{\pi}$	
(2) $\Gamma\left(\frac{11}{3}\right) = \frac{8}{3}\cdot\frac{5}{3}\cdot\frac{2}{3}\Gamma\left(\frac{1}{3}\right)$	

例 4. $f(x) = \begin{cases} e^{-x}, & x \geq 0 \\ 0, & \text{其它} \end{cases}$，$Y = [X]$，[ ] 為最大整數函數，求 $E([Y])$

提示	解答
最大整數函數 $[x]$ 定義：	$E(Y) = E([X])$
$n \leq x < n+1$ 則 $[x] = n$，$n \in Z$	$= \int_0^1 0\cdot e^{-x}dx + \int_1^2 1\cdot e^{-x}dx + \int_2^3 2\cdot e^{-x}dx + \cdots$
	$= 0 + (e^{-1} - e^{-2}) + 2(e^{-2} - e^{-3}) + 3(e^{-3} - e^{-4}) + \cdots$
	$= e^{-1} + e^{-2} + e^{-3} + \cdots = \dfrac{e^{-1}}{1 - e^{-1}} = \dfrac{1}{e-1}$
因此，$E(Y)$ 由分段積分即得。	

★ **例 5.** rvX 之 pdf 為 $f(x)=\dfrac{e^{-(x-u)/\sigma}}{\sigma[1+e^{-(x-u)/\sigma}]^2}$，$x \in R$，$\sigma>0$，稱 X 服從 Logistic 分配，試求 $E(X)$

提示	解答
1. 初學者對 Logistic 分配之函數式可不必記憶。 2. 本例由期望值定義透過積分技巧即可解答，所用之積分技巧包括： (1) 變數變換 (2) 奇函數之定積分性質： 　若 $f(x)$ 在 $[-a, a]$ 為奇函數 　則 $\int_{-a}^{a}f(x)dx=0$	$E(X)=\displaystyle\int_{-\infty}^{\infty}\dfrac{xe^{-(x-u)/\sigma}}{\sigma[1+e^{-(x-u)/\sigma}]^2}dx$ $\xlongequal{y=\frac{x-u}{\sigma}}\displaystyle\int_{-\infty}^{\infty}(u+\sigma y)\dfrac{e^{-y}}{(1+e^{-y})^2}dy$ $=\displaystyle\int_{-\infty}^{\infty}u\cdot\dfrac{e^{-y}}{(1+e^{-y})^2}dy+\int_{-\infty}^{\infty}\dfrac{\sigma y e^{-y}}{(1+e^{-y})^2}dy$ 　 * $(1)\displaystyle\int_{-\infty}^{\infty}u\dfrac{e^{-y}}{(1+e^{-y})^2}dy=u\int_{-\infty}^{\infty}\dfrac{e^{y}}{(e^{y}+1)^2}dy$ $=u\displaystyle\int_{-\infty}^{\infty}\dfrac{d(1+e^{-y})}{(1+e^{-y})^2}=-u\cdot\dfrac{1}{(1+e^{y})}\Big]_{-\infty}^{\infty}=u$ $(2)\displaystyle\int_{-\infty}^{\infty}\dfrac{ye^{-y}}{(1+e^{-y})^2}dy=\int_{-\infty}^{\infty}\dfrac{ye^{y}}{(e^{y}+1)^2}dy=0$ $(\because h(y)=\dfrac{ye^{y}}{(e^{y}+1)^2}$ ，$h(-y)=\dfrac{-ye^{-y}}{(e^{-y}+1)^2}=\dfrac{-ye^{y}}{(e^{y}+1)^2}=-h(y)$ $\therefore h(y)=\dfrac{ye^{y}}{(e^{y}+1)^2}$ 在 $(-\infty, \infty)$ 為奇函數) $\Rightarrow\displaystyle\int_{-\infty}^{\infty}\dfrac{ye^{y}}{(e^{y}+1)^2}dy=0)$ 代 (1), (2) 入 * 得 即 $E(X)=u$

例 6. 若 $P(X=m)=\dfrac{a^m}{(1+a)^{m+1}}$，$a>0$，$m=1, 2\cdots$ 為一 pdf 求 $E(X)$

提示	解答
$E(X)=\displaystyle\sum_{m=1}^{\infty}m\cdot\dfrac{a^m}{(1+a)^{m+1}}=\dfrac{1}{1+a}\sum_{m=1}^{\infty}m\cdot\left(\dfrac{a}{1+a}\right)^m$ (1) 令 $S=\displaystyle\sum_{m=1}^{\infty}m\left(\dfrac{a}{1+a}\right)^m$ 則 $S=\left(\dfrac{a}{1+a}\right)+2\left(\dfrac{a}{1+a}\right)^2+\cdots$ $\dfrac{aS}{1+a}=\qquad\left(\dfrac{a}{1+a}\right)^2+\cdots$ 然後上、下式對減 (2) $|r|<1$ 之無窮等比級數和為 $\dfrac{a}{1-r}$，a_0 為首項	$E(X)=\displaystyle\sum_{m=1}^{\infty}m\cdot\dfrac{a^m}{(1+a)^{m+1}}=\dfrac{1}{1+a}\sum_{m=1}^{\infty}m\left(\dfrac{a}{1+a}\right)^m$ 　 * (1) 令 $S=\displaystyle\sum_{m=1}^{\infty}m\left(\dfrac{a}{1+a}\right)^m$ 則 $S=\left(\dfrac{a}{1+a}\right)+2\left(\dfrac{a}{1+a}\right)^2+3\left(\dfrac{a}{1+a}\right)^3+\cdots\cdots(1)$ $\dfrac{a}{1+a}S=\left(\dfrac{a}{1+a}\right)^2+2\left(\dfrac{a}{1+a}\right)^3+\cdots\cdots\cdots(2)$ $(1)-(2)$ $\dfrac{1}{1+a}S=\left(\dfrac{a}{1+a}\right)+\left(\dfrac{a}{1+a}\right)^2+\cdots=\dfrac{\dfrac{a}{1+a}}{1-\dfrac{a}{1+a}}=a$ $\therefore S=a(1+a)$ 代入 * 得 $E(X)=\dfrac{1}{1+a}\cdot a(1+a)=a$

★ 例 **7.** $f(x)$ 為一連續型 pdf，m 為中位數，b 為任意常數，(1) 試證

$$E(|X-b|) = E(|X-m|) + 2\int_m^b (b-x)f(x)dx \quad (2) 求 E(|X-b|) 之極小值$$

提示	解答
1. 例 7 是個經典問題 2. m 為中位數，因此， $\int_{-\infty}^m f(x)dx = \int_m^\infty f(x)dx = \frac{1}{2}$ 3. $b > m$ 時 $\begin{array}{ccccc} + & \!\!\!\!\!+ & \!\!\!\!\!+ & \!\!\!\!\!+ \\ -\infty & m & b & \infty \end{array}$ $\underbrace{(b-x)f(x)}\ \underbrace{(b-x)f(x)}\ \underbrace{(x-b)f(x)}$	分 $b > m$ 與 $b < m$ 二種情況。 (1) $b > m$ 時 $\int_{-\infty}^\infty |x-b|f(x)dx = \int_{-\infty}^b (b-x)f(x)dx + \int_b^\infty (x-b)f(x)dx$ $= \int_{-\infty}^m (b-x)f(x)dx + \int_m^b (b-x)f(x)dx + \int_m^\infty (x-b)f(x)dx$ $\quad - \int_m^b (x-b)f(x)dx \hspace{3cm} (1)$ $= \int_{-\infty}^m (m-x+b-m)f(x)dx + \int_m^\infty (x-m+m-b)f(x)dx$ $\quad + 2\int_m^b (b-x)f(x)dx$ $= \int_{-\infty}^m (m-x)f(x) + \int_{-\infty}^m (b-m)f(x)dx + \int_m^\infty (x-m)f(x)dx$ $\quad + \int_m^\infty (m-b)f(x)dx + 2\int_m^b (b-x)f(x)dx$ $= \left[\int_{-\infty}^m (m-x)f(x)dx + \int_m^\infty (x-m)f(x)dx \right]$ $\quad + \frac{1}{2}(b-m) + \frac{1}{2}(m-b) + 2\int_m^b (b-x)f(x)dx$ $= E(|X-m|) + 2\int_m^b (b-x)f(x)dx$ 同法可證 $b < m$ 時 $\int_{-\infty}^\infty |x-b|f(x)dx = \int_{-\infty}^\infty (x-b)f(x)dx + 2\int_m^b (b-x)f(x)dx \quad (4)$ 綜上 $E(|X-b|) = E(|X-m|) + 2\int_m^b (b-x)f(x)dx$ (2) 由 (1) 顯然 $b = m$ 時 $E(|X-b|)$ 有極小值 $E(|X-m|)$

例 **8.** 已知 $f(x) = \binom{k-1}{r-1} p^r q^{k-r}$，$k = r,\ r+1\cdots$ 為一 pdf，試對 p 微分以求 $E(X)$

提示	解答
1. 在解本題時，為避免錯誤，可將 $f(x)$ 改寫成 $f(x) = \binom{k-1}{r-1} p^r (1-p)^{k-r}$，$k = r,$ $r+1\cdots$ 2. 利用 $\sum_{k=r}^\infty \binom{k-1}{r-1} p^r (1-p)^{k-r} = 1$，並在計算過程中儘量湊出上式	$\because \sum_{k=r}^\infty \binom{k-1}{r-1} p^r (1-p)^{k-r} = 1$ 兩邊同時對 p 微分： $\sum_{k=r}^\infty \binom{k-1}{r-1} [rp^{r-1}(1-p)^{k-r} - p^r (k-r)(1-p)^{k-r-1}] = 0$ $\Rightarrow r \sum_{k=r}^\infty \binom{k-1}{r-1} p^{r-1}(1-p)^{k-r} = \sum_{k=r}^\infty k \binom{k-1}{r-1} p^r (1-p)^{k-r-1}$ $\Rightarrow \frac{r}{p} \underbrace{\sum_{k=r}^\infty \binom{k-1}{r-1} p^r (1-p)^{k-r}}_{1} = \frac{1}{1-p} \underbrace{\sum_{k=r}^\infty k \binom{k-1}{r-1} p^r (1-p)^{k-r}}_{EX}$

提示	解答
	$-\dfrac{r}{1-p}\sum\limits_{k=r}^{\infty}\dbinom{k-1}{r-1}p^r(1-p)^{k-r}$
	$\Rightarrow \dfrac{r}{p(1-p)}=\dfrac{1}{(1-p)}E(X) \quad \therefore E(X)=\dfrac{r}{p}$

例 **9.** $f(x)=\dfrac{1}{\pi}\dfrac{1}{1+x^2}$，$x \in R$ 為一 pdf，令 $Y=\begin{cases}X, & |x|\leq c\\ 0, & |x|>c\end{cases}$ 求 $E(Y)$ 與 $V(Y)$

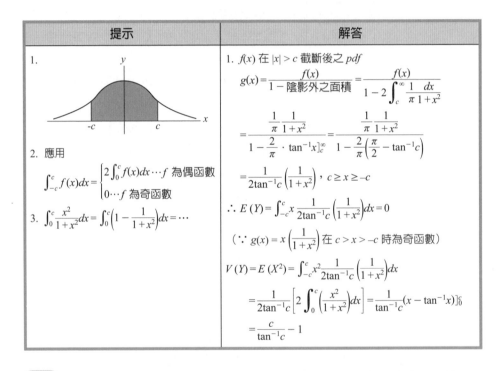

提示	解答
1. 2. 應用 $\int_{-c}^{c}f(x)dx=\begin{cases}2\int_{0}^{c}f(x)dx\cdots f \text{ 為偶函數}\\ 0\cdots f \text{ 為奇函數}\end{cases}$ 3. $\int_{0}^{c}\dfrac{x^2}{1+x^2}dx=\int_{0}^{c}\left(1-\dfrac{1}{1+x^2}\right)dx=\cdots$	1. $f(x)$ 在 $|x|>c$ 截斷後之 pdf $g(x)=\dfrac{f(x)}{1-陰影外之面積}=\dfrac{f(x)}{1-2\int_{c}^{\infty}\dfrac{1}{\pi}\dfrac{1}{1+x^2}dx}$ $=\dfrac{\dfrac{1}{\pi}\dfrac{1}{1+x^2}}{1-\dfrac{2}{\pi}\cdot\tan^{-1}x]_{c}^{\infty}}=\dfrac{\dfrac{1}{\pi}\dfrac{1}{1+x^2}}{1-\dfrac{2}{\pi}\left(\dfrac{\pi}{2}-\tan^{-1}c\right)}$ $=\dfrac{1}{2\tan^{-1}c}\left(\dfrac{1}{1+x^2}\right)$，$c\geq x\geq -c$ $\therefore E(Y)=\int_{-c}^{c}x\dfrac{1}{2\tan^{-1}c}\left(\dfrac{1}{1+x^2}\right)dx=0$ $(\because g(x)=x\left(\dfrac{1}{1+x^2}\right)$ 在 $c>x>-c$ 時為奇函數) $V(Y)=E(X^2)=\int_{-c}^{c}x^2\dfrac{1}{2\tan^{-1}c}\left(\dfrac{1}{1+x^2}\right)dx$ $=\dfrac{1}{2\tan^{-1}c}\left[2\int_{0}^{c}\left(\dfrac{x^2}{1+x^2}\right)dx\right]=\dfrac{1}{\tan^{-1}c}(x-\tan^{-1}x)]_{0}^{c}$ $=\dfrac{c}{\tan^{-1}c}-1$

例 **10.** $r.v.X\sim Be(m,n)$，（母數為 m,n 之 Beta 分配），則 $r.v.X$ 之 pdf 為

$f(x)=\dfrac{1}{B(m,n)}x^{m-1}(1-x)^{n-1}$，$1>x>0$，$m>0$，$n>0$，其中

$B(m,n)\overset{\triangle}{=\!=}\int_{0}^{1}t^{m-1}(1-t)^{n-1}dt=\dfrac{\Gamma(m)\Gamma(n)}{\Gamma(m+n)}$；

求 $E(X)$ 及 $V(X)$

提示	解答
$\int_0^1 x^{m-1}(1-x)^{n-1}dx = \dfrac{\Gamma(m)\Gamma(n)}{\Gamma(m+n)}$ 或 $\int_0^1 x^m(1-x)^n dx$ $= \dfrac{\Gamma(m+1)\Gamma(n+1)}{\Gamma(m+n+2)}$ $= \dfrac{m!\,n!}{(m+n+1)!}$，if $m, n \in Z^+$	(1) $E(X) = \int_0^1 \dfrac{\Gamma(m+n)x}{\Gamma(m)\Gamma(n)} x^{m-1}(1-x)^{n-1}dx$ $= \dfrac{\Gamma(m+n)}{\Gamma(m)\Gamma(n)} \int_0^1 x^m(1-x)^{n-1}dx$ $= \dfrac{\Gamma(m+n)}{\Gamma(m)\Gamma(n)} \cdot \dfrac{\Gamma(m+1)\Gamma(n)}{\Gamma(m+1+n)} = \dfrac{\Gamma(m+n)}{\Gamma(m)\Gamma(n)} \cdot \dfrac{m\Gamma(m)\Gamma(n)}{(m+n)\Gamma(m+n)}$ $= \dfrac{m}{m+n}$ (2) $V(X) = E(X^2) - E^2(X)$： $E(X^2) = \int_0^1 \dfrac{\Gamma(m+n)}{\Gamma(m)\Gamma(n)} x^2 \cdot x^{m-1}(1-x)^{n-1}dx$ $= \dfrac{\Gamma(m+n)}{\Gamma(m)\Gamma(n)} \int_0^1 x^{m+1}(1-x)^{n-1}dx$ $= \dfrac{\Gamma(m+n)}{\Gamma(m)\Gamma(n)} \cdot \dfrac{\Gamma(m+2)\Gamma(n)}{\Gamma(m+2+n)}$ $= \dfrac{\Gamma(m+n)}{\Gamma(m)\Gamma(n)} \cdot \dfrac{(m+1)m\Gamma(m)\Gamma(n)}{(m+n+1)(m+n)\Gamma(m+n)}$ $= \dfrac{m(m+1)}{(m+n)(m+n+1)}$ $\therefore V(X) = E(X^2) - [E(X)]^2$ $= \dfrac{m(m+1)}{(m+n)(m+n+1)} - \left(\dfrac{m}{m+n}\right)^2$ $= \dfrac{m}{m+n}\left(\dfrac{m+1}{m+n+1} - \dfrac{m}{m+n}\right)$ $= \dfrac{mn}{(m+n)^2(m+n+1)}$

例 11. 有 n 個隨機變數 $X_1, X_2, \cdots, X_n$，若 $a < X_i < b$，$i = 1, 2\cdots n$，

　　　證明：$V(X) \le \dfrac{(b-a)^2}{4}$

提示	解答
(1) 應用 $V(X) \le E(X-c)^2$ (2) 題給條件 $a < x < b$ $\Rightarrow a - \dfrac{b+a}{2} \le x - \dfrac{b+a}{2} \le b - \dfrac{b+a}{2}$ $\Rightarrow \left|x - \dfrac{b+a}{2}\right| \le \dfrac{b-a}{2}$ $\underset{\sim}{\uparrow} c$	$\because a \le X_i \le b$ $\therefore a - \dfrac{b+a}{2} \le X_i - \dfrac{b+a}{2} \le b - \dfrac{b+a}{2}$ 得 $\left|\left(X_i - \dfrac{b+a}{2}\right)\right| \le \dfrac{b-a}{2}$ 因此 $\left(X_i - \dfrac{b+a}{2}\right)^2 \le \dfrac{(b-a)^2}{4}$ $E\left(X - \dfrac{b+a}{2}\right)^2 \le E\dfrac{(b-a)^2}{4} = \dfrac{(b-a)^2}{4}$ 又 $E\left(X - \dfrac{b+a}{2}\right)^2 \ge V(X)$ $\therefore V(X) \le \dfrac{(b-a)^2}{4}$

★ **例12.** rvX 之 pdf 為 $f(x) = \dfrac{c}{(1+x^2)^m}$，$m \geq 1$，$\infty > x > -\infty$

(1) 求 c　(2) $E(X^{2r})$ 存在之條件

提示	解答
1. $f(x)$ 在 $(-\infty, \infty)$ 為偶函數， $\int_{-\infty}^{\infty} f(x)dx = 2\int_0^{\infty} f(x)dx$ 2. Beta 函數之一個常用式： $\int_0^{\frac{\pi}{2}} \sin^{2m-1}x\cos^{2n-1}xdx = \dfrac{\Gamma(m)\Gamma(n)}{2\Gamma(m+n)}$ 但若稍加變形將更好用： $\int_0^{\frac{\pi}{2}} \sin^m x\cos^n xdx$ $= \dfrac{\Gamma\left(\dfrac{m+1}{2}\right)\Gamma\left(\dfrac{n+1}{2}\right)}{2\Gamma\left(\dfrac{m+n}{2}+1\right)}$	(1) $\int_{-\infty}^{\infty} f(x)dx = c\int_{-\infty}^{\infty}\dfrac{dx}{(1+x^2)^m} = 2c\int_0^{\infty}\dfrac{dx}{(1+x^2)^m}$ $\xrightarrow{x=\tan y} 2c\int_0^{\frac{\pi}{2}}\dfrac{\sec^2 ydy}{(\sec^2 y)^m}$ $= 2c\int_0^{\frac{\pi}{2}}\cos^{2m-2}ydy = c\left[2\int_0^{\frac{\pi}{2}}\cos^{2m-2}ydy\right]$ $= c\cdot\dfrac{\Gamma\left(\dfrac{1}{2}\right)\Gamma\left(\dfrac{2m-1}{2}\right)}{\Gamma\left(1+\dfrac{2m-2}{2}\right)} = c\cdot\dfrac{\sqrt{\pi}\Gamma\left(m-\dfrac{1}{2}\right)}{\Gamma(m)} = 1$ $\therefore c = \dfrac{\Gamma(m)}{\sqrt{\pi}\Gamma\left(m-\dfrac{1}{2}\right)}$ (2) $E(X^{2r}) = c\int_{-\infty}^{\infty}x^{2r}\cdot\dfrac{dx}{(1+x^2)^m}$ $= c\cdot2\int_0^{\infty}\dfrac{x^{2r}}{(1+x^2)^m}dx$ $\xrightarrow{x=\tan y} c2\int_0^{\frac{\pi}{2}}\dfrac{\tan^{2r}y\cdot\sec^2 y}{\sec^{2m}y}dy$ $= c\cdot2\int_0^{\frac{\pi}{2}}\sin^{2r}y\cos^{2m-2r-2}ydy$ $= c\cdot\dfrac{2\Gamma\left(\dfrac{2r+1}{2}\right)\Gamma\left(\dfrac{2m-2r-2+1}{2}\right)}{2\Gamma\left(\dfrac{2r+(2m-2r-2)}{2}+1\right)}$ $= c\cdot\dfrac{\Gamma\left(\dfrac{1}{2}(2r+1)\right)\Gamma\left(\dfrac{1}{2}(2m-2r-1)\right)}{\Gamma(m)}$ $= \dfrac{\Gamma(m)}{\sqrt{\pi}\Gamma\left(m-\dfrac{1}{2}\right)}\cdot\dfrac{\Gamma\left(r+\dfrac{1}{2}\right)F\left(m-r-\dfrac{1}{2}\right)}{\Gamma(m)}$ $= \dfrac{\Gamma\left(r+\dfrac{1}{2}\right)F\left(m-r-\dfrac{1}{2}\right)}{\sqrt{\pi}\Gamma\left(m-\dfrac{1}{2}\right)}$ $\therefore E(X^{2r})$ 存在之條件： (1) $r > -\dfrac{1}{2}$　(2) $2m-1 > 2r$ (3) $m > \dfrac{1}{2}$（$\because$ 已知 $m > 1$ $\therefore$ $m > \dfrac{1}{2}$ 自然成立） 　$\therefore E(X^{2r})$ 成立之條件 $2m-1 > 2r$

【定理 B】　設 $f(x)$ 為 $r.v.X$ 之 $p.d.f.$，若 $f(x)$ 對稱 $x = a$ 即 $f(a + x) \equiv f(a - x)$，則 $E(X) = a$, a 為定值。（假定 $E(X)$ 存在）

證　若 $f(x)$ 對稱於 $x = 0$，且 $\int_{-\infty}^{\infty} xf(x)dx$ 存在，現要證 $\int_{-\infty}^{\infty} xf(x)dx = 0$：

令 $t(\omega) = \omega f(\omega)$，則 $t(-\omega) = -\omega f(-\omega) = -\omega f(\omega) = -t(\omega)$

$\therefore t(\omega) = \omega f(\omega)$ 為一奇函數，得 $\int_{-\infty}^{\infty} xf(x)dx = 0$

$\because$ 若 $f(x)$ 對稱 y 軸（即 x = 0）時 $E(X) = 0$，現將 $y = f(x)$ 圖形平移到對稱軸為 $x = a$ 時，此相當於 $Y = X + a$ 之變數變換，$\therefore E(Y) = E(X + a) = a$，亦即 $f(x)$ 對稱 $x = a$ 時 $E(X) = a$. ∎

若 $r.v.X$ 之 $E(X)$ 不存在，則定理 B 便不成立，如 Cauchy 分配

$f(x) = \dfrac{1}{\pi} \dfrac{1}{1+x^2}$, $x \in R$ 對稱於 $x = 0$，但 $E(X)$ 不存在，當然 $E(X) = 0$ 也就不成立。

定理 B 可推廣到若 p.d.f. $f(x)$ 對稱於 $x = 0$，則 $E(X^{2m+1}) = 0$，$\forall m \in N$，當然其成立之先決條件為 $E(X^{2m+1})$ 存在。

例 $pdf\, f(x) = \dfrac{1}{\sqrt{2\pi}\sigma} e^{-\frac{(x-\mu)^2}{2\sigma^2}}$，$\infty > x > -\infty$，其圖形對稱 $x = \mu$　$\therefore E(X) = \mu$

期望值與分配函數之關係

【定理 C】　(1) 若 X 為正值 $r.v.$ 其分配函數 $F(x)$ 為連續函數，則

$$E(X) = \int_0^{\infty} (1 - F(x))dx，$$

(2) 若 $X \in R$ 則 $E(X) = \int_0^{\infty}[1 - F(x)]dx - \int_{-\infty}^{0} F(x)dx$

提示	證明
(1) 重積分之改變積分順序 (2) 用分部積分	(1) X 為正值 $r.v.$ 時： $\int_0^{\infty}(1 - F(x))dx = \int_0^{\infty}\left[\int_x^{\infty} f(t)dt\right]dx = \int_0^{\infty}\int_0^t f(t)dxdt = \int_0^{\infty} tf(t)dt = \int_0^{\infty} xf(x)dx = E(x)$ (2) $E(X) = \int_{-\infty}^{\infty} xf(x)dx = \int_0^{\infty} xf(x)dx + \int_{-\infty}^{0} xf(x)dx$ 又 $\int_{-\infty}^{0} F(x)dx = \int_{-\infty}^{0}\left[\int_{-\infty}^{x} f(t)dt\right]dx = \int_{-\infty}^{0}\int_t^{0} f(t)dxdt$ $\qquad = \int_{-\infty}^{0}(-tf(t))dt = -\int_{-\infty}^{0} xf(x)dx$ $\therefore -\int_{-\infty}^{0} F(x)dx = \int_{-\infty}^{0} xf(x)dx$ 即 $E(X) = \int_0^{\infty}[1 - F(x)]dx - \int_{-\infty}^{0} F(x)dx$（由上式及 (1) 之結果）∎

在定理 C 證明過程中，(1) 部分若直接積分：$\int_0^\infty (1 - F(x))dx = x(1 - F(x))\big|_0^\infty$ $- \int_0^\infty xd[1 - F(x)] = \int_0^\infty xf(x)\,dx = E(X)$ 可能有所不妥，因為 $\lim_{x\to\infty} x(1 - F(x)) = 0$ 是否成立，要經過高等數學分析而超過本書程度。

例 13. X 為正值之連續型 r.v. X 在 $b > x > 0$ 時為 pdf，其分配函數為 $F(x)$，試證

$$E(X^n) = \int_0^b nx^{n-1}(1 - F(x))dx，\infty > b > x > 0$$

提示	解答
由期望值定義與分部積分即可得到結果。	$E(X^n) = \int_0^b x^n f(x)dx = -\int_0^b x^n d[1 - F(x)]$ $= -x^n(1 - F(x))]_0^b + \int_0^b (1 - F(x))dx^n$ $= \int_0^b nx^{n-1}(1 - F(x))dx$

$E(X|A)$

【定義】 $E(X|A)$ 為給定事件 A 下之條例密度期望值，規定

$$E(X\,|\,A) = \begin{cases} \int_{-\infty}^\infty xf(x|A)dx & r.v.\,X \text{ 為連續} \\ \sum_i x_i f(X = x_i|A) & r.v.\,X \text{ 為離散} \end{cases}$$

例 14. 試導出 $E(X|X \geq a)$ 之公式

解 $f(x\,|\,X \geq a) = \dfrac{f(x)}{1 - F(a)}, x \geq a \quad \therefore E(X\,|\,X \geq a) = \int_a^\infty \dfrac{xf(x)}{1 - F(a)}dx$

例 14 之結果可推廣成 $E(X\,|\,b \geq X > a) = \dfrac{\int_a^b xf(x)dx}{F(b) - F(a)}$

例 15. 設 r.v. X 之 pdf 為 $f(x) = \begin{cases} 1 & , 1 > x > 0 \\ 0 & , \text{其它} \end{cases}$，求 $E\left(X\left|\dfrac{1}{2} > X > \dfrac{1}{3}\right.\right)$

解 $f\left(X\left|\dfrac{1}{2} > X > \dfrac{1}{3}\right.\right) = \dfrac{f(x)}{\int_{\frac{1}{3}}^{\frac{1}{2}} 1dx} = 6, \dfrac{1}{2} > x > \dfrac{1}{3}$

$\therefore E\left(X\left|\dfrac{1}{2} > X > \dfrac{1}{3}\right.\right) = \int_{\frac{1}{3}}^{\frac{1}{2}} xf\left(x\left|\dfrac{1}{2} > X > \dfrac{1}{3}\right.\right)dx = \int_{\frac{1}{3}}^{\frac{1}{2}} x \cdot 6dx = 3x^2\Big]_{\frac{1}{3}}^{\frac{1}{2}} = \dfrac{5}{12}$

期望值與變異數之近似式

【定理 C】 $r.v.X$ 之 $E(X) = \mu$, $V(x) = \sigma^2$ 若 $Y = H(X)$ 則 $E(Y) \simeq H(\mu) + \dfrac{H''(\mu)}{2}\sigma^2$, $V(Y)$
$\simeq [H'(\mu)]^2\sigma^2$

提示	證明
(1) $E(X - \mu) = 0$ $E(X - \mu)^2 = \sigma^2$	(1) 由 Taylor 展開式 $Y = H(\mu) + (X - \mu)H'(\mu) + \dfrac{(X-\mu)^2 H''(\mu)}{2} + $ 餘式 若將餘式忽略不計,則 $E(Y) \simeq E\left[H(\mu) + (X-\mu)H'(\mu) + \dfrac{(X-\mu)^2 H''(\mu)}{2}\right]$ $= H(\mu) + H'(\mu)E[(X-\mu)] + \dfrac{H''(\mu)}{2}E(X-\mu)^2$ $= H(\mu) + \dfrac{H''(\mu)}{2}\sigma^2$
(2) μ 為常數 $\therefore V(X - \mu) = V(X) = \sigma^2$	(2) 由 Taylor 展開式 $Y = H(\mu) + (X - \mu) \cdot H'(\mu) + $ 餘式 若將餘式忽略不計,則 $V(Y) \simeq V(H(\mu) + (X-\mu)H'(\mu)) = [H'(\mu)]^2 V(X-\mu) = [H'(\mu)]^2\sigma^2$ ∎

例 16. 設 $r.v.X$ 之期望值 $E(X) = \mu$,變異數 $V(X) = \sigma^2$,試證

$$E\left(\frac{1}{X}\right) \approx \frac{1}{\mu}\left[1 + \left(\frac{\sigma}{\mu}\right)^2\right] \text{ 又 } V\left(\frac{1}{X}\right) \approx ?$$

解 由定理 C:

取 $Y = H(X) = \dfrac{1}{X}$ 則,$H'(\mu) = -\dfrac{1}{\mu^2}$, $H''(\mu) = \dfrac{2}{\mu^3}$

$E(Y) \approx H(\mu) + \dfrac{H''(\mu)}{2}\sigma^2 = \dfrac{1}{\mu} + \dfrac{1}{2}\dfrac{2}{\mu^3}\sigma^2 = \dfrac{1}{\mu}\left[1 + \left(\dfrac{\sigma}{\mu}\right)^2\right]$

$V(Y) \approx [H'(\mu)]^2\sigma^2 = \left[-\dfrac{1}{\mu^2}\right]^2\sigma^2 = \dfrac{\sigma^2}{\mu^4}$

動差母函數

【定義】 一隨機變數 X 之**動差母函數**(moment generating function,或稱為生矩函數簡記 m.g.f.)以 $M(t)$ 表示,$M(t) = E(e^{tX})$。

下式顯示出 $M(t)$ 為何稱為動差母函數之原因?
$r.v.X$ 若其 $E(X^r) < \infty$, $\forall r = 1, 2 \cdots\cdots$ 則

$M(t) = E(e^{tX}) = E\left(1 + tX + \dfrac{(tX)^2}{2!} + \dfrac{(tX)^3}{3!} + \cdots\cdots\right) = \sum_{n=0}^{\infty} (EX^n)\dfrac{t^n}{n!}$

因為許多重要機率分配均屬**指數族**（exponential family），因此我們可用 $r.v.X$ 之 $M_X(t) = E(e^{tX})$ 方便地求出其期望值與變異數，或許有人會問：根據 Maclaurin 展開式 $\dfrac{1}{1-tx} = 1 + tx + t^2x^2 + t^3x^3 + \cdots\cdots E\left(\dfrac{1}{1-tX}\right)$ 應該也可定義一動差母函數，但因 $E\left(\dfrac{1}{1-tX}\right)$ 不便於多數重要機率分配之數學計算動差而不把它當作動差母函數。

m.g.f.之重要性質

【定理 D】　若 $M(t)$ 存在則必與 $rv.X$ 對應之 $p.d.f.$ 間有一對一關係。

由定理 D，我們由 X 之 $M(t)$ 即可確定 rvX 之 $p.d.f.$。

【定理 E】　(1) $M(0) = 1$
　　　　　　(2) $M'(0) = \mu$
　　　　　　(3) $M''(0) - [M'(0)]^2 = \sigma^2$

證　(1) $M(0) = E\,(e^{tX})|_{t=0} = E(1) = 1$

(2) $M'(0) = \dfrac{d}{dt} E\,(e^{tX})\Big|_{t=0} = E\,(Xe^{tX})\Big|_{t=0} = E\,(X) = \mu$

(3) $M''(0) = \dfrac{d^2}{dt^2} E\,(e^{tX})\Big|_{t=0} = \dfrac{d}{dt} E\,(Xe^{tX})\Big|_{t=0} = E\,(X^2 e^{tX})|_{t=0} = E\,(X^2)$

$\therefore V(X) = M''(0) - [M'(0)]^2$　　　　　　　　　　■

$M'(0)$ 或 $M''(0)$ 有時可能為**不定式**（indeterminate form），如 $r.v.X \sim U(0, 1)$，則 X 之 $M(t) = \int_0^1 e^{tx}dx = \dfrac{e^t - 1}{t}$，$M'(t) = \dfrac{te^t - e^t + 1}{t^2}$，$M'(0)$ 不存在，所以必須用 L'Hospital 法則，求得 $\mu = \lim\limits_{t \to 0} M'(t) = \lim\limits_{t \to 0} \dfrac{te^t}{2t} = \dfrac{1}{2} = \mu$

而 $E(X^2)$ 則為

$E\,(X^2) = \lim\limits_{t \to 0} M''(t) = \lim\limits_{t \to 0} \dfrac{(t^2 - 2t + 2)e^t}{t^3} = \dfrac{1}{3}$

$\therefore V(X) = E\,(X^2) - [E\,(X)]^2 = \dfrac{1}{12}$

我們定義一個新的函數 $c(t)$，$c(t) = \ln M(t)$，$c(t)$ 稱為**累差**（cumulant）。在許多情況下，尤其是指數族用 $c(t)$ 比 $M(t)$ 更便於計算 μ 及 σ^2 但**只限於求 μ 及 σ^2**。

【定理 F】 令 $c(t) = \ln M(t)$ 則 $c'(0) = \mu$，$c''(0) = \sigma^2$

證 $c(t) = \ln M(t)$

$$\therefore c'(t)\Big|_{t=0} = \frac{M'(t)}{M(t)}\Big|_{t=0} = \frac{M'(0)}{M(0)} = \frac{\mu}{1} = \mu$$

$$c''(t)\Big|_{t=0} = \frac{d^2}{dt}(c(t)) = \frac{d}{dt}\frac{M'(t)}{M(t)}\Big|_{t=0} = \frac{M(t)M''(t) - M'(t)M'(t)}{M^2(t)}\Big|_{t=0}$$

$$= M''(0) - [M'(0)]^2 = \sigma^2 \qquad \blacksquare$$

要注意的是 **$M(t)$ 不恒存在**，因此在高等機率學裡有所謂之**特徵函數**（characteristic function，記做 $\phi(t)$），定義 $\phi(t) = E(e^{itX})$, $i = \sqrt{-1}$，對任何 p.d.f.**$\phi(t)$ 均存在**。特徵函數將在 2.4 節略述。

例 17. 母數 λ 之 Poisson 分配之 p.d.f. 為

$$f(x) = \frac{e^{-\lambda}\lambda^x}{x!}, \ x = 0, 1, 2\cdots\cdots$$

求對應之動差母函數 $M(t)$，並據此求 μ, σ^2

解 $M(t) = E(e^{tX}) = \sum_{x=0}^{\infty} e^{tx} \cdot \frac{e^{-\lambda}\lambda^x}{x!} = \sum_{x=0}^{\infty} \frac{e^{-\lambda}(\lambda e^t)^x}{x!} = e^{-\lambda}\sum_{x=0}^{\infty}\frac{(\lambda e^t)^x}{x!} = e^{-\lambda}e^{\lambda e^t} = e^{\lambda(e^t-1)}$

取 $c(t) = \ln M(t) = \ln e^{\lambda(e^t-1)} = \lambda(e^t - 1)$

$\therefore \mu = c'(0) = \lambda e^t|_{t=0} = \lambda$

$\quad \sigma^2 = c''(0) = \lambda e^t|_{t=0} = \lambda$

例 18. 若 $r.v.X \sim n(\mu, \sigma^2)$ 求 $M(t), \mu$ 及 σ^2

解 $M(t) = E(e^{tX}) = \int_{-\infty}^{\infty} e^{tx}\frac{1}{\sqrt{2\pi}\sigma}e^{-\frac{(x-\mu)^2}{2\sigma^2}}dx = \int_{-\infty}^{\infty}\frac{1}{\sqrt{2\pi}\sigma}e^{-\frac{-2\sigma^2tx+x^2-2\mu x+\mu^2}{2\sigma^2}}dx$

$$= \int_{-\infty}^{\infty}\frac{1}{\sqrt{2\pi}\sigma}e^{-\left[\frac{x^2-2(\mu+\sigma^2t)x+(\mu+\sigma^2t)^2}{2\sigma^2}\right]} \cdot e^{\frac{(\mu+\sigma^2t)^2-\mu^2}{2\sigma^2}}dx$$

$$= \int_{-\infty}^{\infty}\frac{1}{\sqrt{2\pi}\sigma}e^{-\frac{[x-(\mu+\sigma^2t)]^2}{2\sigma^2}}dx\, e^{\frac{2\mu\sigma^2t+\sigma^4t^2}{2\sigma^2}} = \exp\left\{\mu t + \frac{1}{2}\sigma^2t^2\right\}$$

（此相當於 $n(\mu + \sigma^2t, \sigma^2)$）

$c(t) = \ln M(t) = \mu t + \frac{\sigma^2t^2}{2}$ $\quad \therefore \mu = c'(0) = \mu$, $\sigma^2 = c''(0) = \sigma^2$

例 **19.** 考慮下列 p.m.f. 表：

x	a_1	a_2	$\cdots$	a_k
$P(X=x)$	p_1	p_2	$\cdots$	p_k

$p_1 + p_2 + \cdots + p_k = 1, p_i \geq 0$

則

$$M(t) = E(e^{tX}) = p_1 e^{ta_1} + p_2 e^{ta_2} + \cdots + p_k e^{ta_k}$$

例 **20.** 若 $r.v.X$ 之 $M(t) = \dfrac{1}{8}e^{-2x} + \dfrac{c}{4}e^{-x} + \dfrac{c}{8}e^{x} + \dfrac{1}{2}$

求 (a) c　(b) $E(X)$　(c) $V(X)$　(d) $P(X \leq -1 \mid X \leq 0)$

解　題給之 $M(t)$ 對應之 p.m.f. 表為

x	-2	-1	0	1
$P(X=x)$	$\dfrac{1}{8}$	$\dfrac{c}{4}$	$\dfrac{1}{2}$	$\dfrac{c}{8}$

(1) $\because \dfrac{1}{8} + \dfrac{c}{4} + \dfrac{1}{2} + \dfrac{c}{8} = 1 \quad \therefore c = 1$

(2) $E(X) = (-2) \times \dfrac{1}{8} + (-1) \times \dfrac{1}{4} + 0 \times \dfrac{1}{2} + 1 \times \left(\dfrac{1}{8}\right) = -\dfrac{3}{8}$

(3) $E(X^2) = (-2)^2 \times \dfrac{1}{8} + (-1)^2 \times \dfrac{1}{4} + 0^2 \times \dfrac{1}{2} + 1^2 \times \left(\dfrac{1}{8}\right) = \dfrac{7}{8}$

$\therefore V(X) = E(X^2) - [E(X)]^2 = \dfrac{7}{8} - \left(-\dfrac{3}{8}\right)^2 = \dfrac{47}{64}$

(4) $P(X \leq -1 \mid X \leq 0) = \dfrac{P(X \leq -1 \text{ 且 } X \leq 0)}{P(X \leq 0)} = \dfrac{P(X \leq -1)}{P(X \leq 0)}$

$= \dfrac{\dfrac{1}{8} + \dfrac{1}{4}}{\dfrac{1}{8} + \dfrac{1}{4} + \dfrac{1}{2}} = \dfrac{3}{7}$

★ 例 **21.** $r.v.X$ 服從逆高斯分配（inverse Gaussian distribution）f：

$$f(x) = \left(\dfrac{\lambda}{2\pi x^3}\right)^{\frac{1}{2}} \exp\left[-\dfrac{\lambda(x-\mu)^2}{2u^2 x}\right], \; x > 0, \lambda > 0, u > 0$$

(1) 求證 $M_X(t) = \exp\left\{\dfrac{\lambda}{u}\left[1 - \left(1 - \dfrac{2tu^2}{\lambda}\right)^{\frac{1}{2}}\right]\right\}$，利用此結果求 (2)$E(X)(3)V(X)$

提示	解答
讀者可本例之計算技巧，尤其透過湊項而便於積分。一旦求出 $M_X(t)$ 其餘並不難得出。	(1) $M_X(t) = \int_0^\infty e^{tx} \left(\frac{\lambda}{2\pi x^3}\right)^{\frac{1}{2}} \exp\left[-\frac{\lambda x}{2u^2} - \frac{\lambda}{2x} + \frac{\lambda}{u}\right] dx$

$$= \exp\left(\frac{\lambda}{u}\right) \int_0^\infty \exp(tx) \sqrt{\frac{\lambda}{2\pi x^3}} \exp\left[-\frac{\lambda x}{2u^2} - \frac{\lambda}{2x}\right] dx \tag{1}$$

$$\underline{v = \sqrt{\lambda} u/\sqrt{\lambda - 2\mu^2 t}} \exp\left(\frac{\lambda}{u} - \frac{\lambda}{v}\right) \int_0^\infty \sqrt{\frac{\lambda}{2\pi x^3}} \exp\left[-\frac{\lambda x}{2v^2} - \frac{\lambda}{2x} + \frac{\lambda}{v}\right] dx \tag{2}$$

$$= \exp\left(\frac{\lambda}{u} - \frac{\lambda}{v}\right) \underbrace{\int_0^\infty \sqrt{\frac{\lambda}{2\pi x^3}} \exp\left(-\frac{\lambda(x-v)^2}{2v^2 x}\right) dx}_{1}$$

$$= \exp\left(\frac{\lambda}{u} - \frac{\lambda}{v}\right) = \exp\left(\frac{\lambda}{u} - \frac{\lambda}{\sqrt{\lambda}u/\sqrt{\lambda - 2u^2 t}}\right)$$

$$= \exp\left(\frac{\lambda}{u}\left(1 - \sqrt{1 - \frac{2u^2 t}{\lambda}}\right)\right)$$

(2) 取 $c(t) = \ln M_x(t) = \frac{\lambda}{u}\left(1 - \left(1 - \frac{2u^2 t}{\lambda}\right)^{\frac{1}{2}}\right)$

$$\therefore E(X) = c'(t)|_{t=0} = \frac{\lambda}{u}\left[-\frac{1}{2}\left(1 - \frac{2u^2 t}{\lambda}\right)^{-\frac{1}{2}}\left(\frac{-2u^2}{\lambda}\right)\right]\Big|_{t=0} = \mu$$

(3) $V(X) = c''(t)|_{t=0}$

$$= \frac{\lambda}{u}\left(\frac{1}{4}\left(1 - \frac{2u^2 t}{\lambda}\right)^{-\frac{3}{2}}\left(\frac{2u^2}{\lambda}\right)^2\right)\Big|_{t=0} = \frac{u^3}{\lambda}$$

【定理 G】 $M(t) = \sum\limits_{k=1}^{\infty} E(X^k)\dfrac{t^k}{k!}$

證　$M(t) = E(e^{tx})$

$$= \int_{-\infty}^{\infty} e^{tx} f(x) dx$$

$$= \int_{-\infty}^{\infty} \left(1 + tx + \frac{t^2 x^2}{2!} + \frac{t^3 x^3}{3!} + \cdots\cdots\right) f(x) dx$$

$$= 1 + tE(X) + \frac{t^2}{2!}E(X^2) + \frac{t^3}{3!}E(X^2) + \cdots\cdots$$

$$= \sum_{k=1}^{\infty} E(X^k)\frac{t^k}{k!} \qquad\blacksquare$$

　　由定理，只要知道 $r.v. X$ 之 $E(X^k) k = 1, 2\cdots$，可得到 $M(t)$ 從而找出其機率密度函數。

機率不等式

【定理 H】 （Schwarz 不等式），若 $E(X^2) < \infty$，$E(Y^2) < \infty$，則 $[E(XY)]^2 \leq E(X^2)$
$E(Y^2)$

證　對任一實數 λ 而言
$$E(X - \lambda Y)^2 \geq 0 \Rightarrow E(X^2) - 2\lambda E(XY) + E(Y^2) \geq 0$$
由二次式判別式知
$$[E(XY)]^2 \leq E(X^2)E(Y^2) \qquad \blacksquare$$

Markov不等式

【定理 I】 Markov 不等式（Markov's inequality）：$r.v.X$ 滿足 $P(X \leq 0) = 0$（即 $r.v.X$ 為非負），若 $E(h(X))$ 存在，則 $P(h(X) \geq a) \leq \dfrac{E(h(X))}{a}$，$a > 0$

證　$E(h(X)) = \int_0^\infty h(x)f(x)dx$
$$= \int_A h(x)f(x)dx + \int_{\bar{A}} h(x)f(x)dx, \quad A = (x \mid h(x) \geq a)$$
$$\geq \int_A a f(x)dx = a \int_A f(x)dx = aP(h(X) \geq a)$$
$$\therefore P(h(X) \geq a) \leq \frac{E(h(X))}{a} \qquad \blacksquare$$

例 22. 若 $r.v.X$ 滿足 $P(X \geq 0) = 1$，試證 $P(X \geq 3\mu) \leq \dfrac{1}{3}$，$\mu = E(X) \neq 0$

提示	解答
$P(X \geq 0) = 1$ 即指出 X 為非負 $r.v.$	X 為非負 $r.v.$ $\therefore P(X \geq 3\mu) \leq \dfrac{E(X)}{3\mu} = \dfrac{\mu}{3\mu} = \dfrac{1}{3}$

例 23. 非負 rvX 之 $M(t) = E(e^{tX})$，$t > 0$ 存在，試證 $P(tX > s^2 + \ln M(t)) < e^{-s^2}$，$t > 0$

提示	解答
本題用 Markov 不等式 $P(X < c) < \dfrac{E(x)}{c}, c > 0$	$P(tX > s^2 + \ln M(t))$ $= P(e^{tX} > e^{s^2 + \ln M(t)})$ $= P(e^{tX} > M(t)e^{s^2}) < \dfrac{E(e^{tX})}{M(t)e^{s^2}} = \dfrac{M(t)}{M(t)e^{s^2}} = e^{-s^2}$

Chebyshev不等式

【定理 J】　（Chebyshev 不等式）

$$P(|X-\mu| \ge k\sigma) \le \frac{1}{k^2}, k > 1$$

證　　$\sigma^2 = \sum_x (x-\mu)^2 P(X=x)$，令 $A = \{x||x-\mu| \ge k\sigma\}$

$= \sum_A (x-\mu)^2 P(X=x) + \sum_{\overline{A}} (x-\mu)^2 P(X=x)$

$\ge \sum_A (x-\mu)^2 P(X=x) \ge \sum_A k^2\sigma^2 P(X=x)$

$1 \ge k^2 \sum_A P(X=x) = k^2 P(|x-\mu| \ge k\sigma)$

$P(|x-\mu| \ge k\sigma) \le \frac{1}{k^2}$ ■

(1) $P(|x-\mu| \ge k) \le \dfrac{\sigma^2}{k^2}$，$k > 1$ 與 $P(|x-\mu| < k\sigma) \ge 1 - \dfrac{1}{k^2}$，$k > 1$ 為等價。

根據 Chebyshev 不等式，只要有 μ 及 σ^2 便可估出事件發生機率之**下界**。

例 24.　若 r.v.X 之 $\mu = 2$，$E(X^2) = 13$ 試以 Chebyshev 不等式求 $P(-6 < X < 12)$ 之下界。

解　　$\mu = 3$, $\sigma^2 = E(X^2) - \mu^2 = 13 - 4 = 0$, $\sigma = 3$

$\therefore P(-6 < X < 12) = P(-6-3 < X - 3 < 12 - 3) = P(|X-3| < 9 = 3\sigma)$

$\ge 1 - \dfrac{1}{9} = \dfrac{8}{9}$

例 25.　設 r.v.X 之 pdf 為 $f(x) = \dfrac{x^n}{n!}e^{-x}$，$x > 0$

試證 $P(0 < X < 2(n+1)) \ge \dfrac{n}{n+1}$

提示	解答
1. 在應用 Chebyshev 不等式首要求出 EX 與 $V(X)$ 2. $f(x) = \dfrac{x^n}{n!}e^{-x}$，$x > 0$ 不是 Poisson 分配！	1. $\mu = E(X) = \int_0^\infty x \cdot \dfrac{x^n}{n!}e^{-x}dx = \dfrac{1}{n!}\int_0^\infty x^{n+1}e^{-x}dx = n+1$ $E(X^2) = \int_0^\infty x^2 \cdot \dfrac{x^n}{n!}e^{-x}dx = \dfrac{1}{n!}\int_0^\infty x^{n+2}e^{-x}dx$ $= \dfrac{(n+2)!}{n!} = (n+2)(n+1)$ $\therefore V(X) = E(X^2) - [E(X)]^2 = (n+2)(n+1) - (n+1)^2$ $= n+1$

提示	解答
	由 Chebyshev 不等式 $P(0 < X < 2(n+1))$ $= P(0 - (n+1) < X - (n+1) < 2(n+1) - (n+1))$ $= P(-(n+1) < X - (n+1) < n+1)$ $= P(|X - (n+1)| < n+1)$ $= P(|X - (n+1)| < \sqrt{n+1} \cdot \sqrt{n+1})$ $\geq 1 - \dfrac{1}{(\sqrt{n+1})^2} = \dfrac{n}{n+1}$

★ 例 26. rvX 分配函數為 $F(x)$，試證 $\displaystyle\int_{-\infty}^{\infty}\left(1 - \frac{x^2}{t^2}\right)dF(x) \leq \int_{-t}^{t}dF(x)$

提示	解答
如何應用 Markov 不等式得到之結果轉換成題目之左式實有賴一念之間。	$\displaystyle\int_{-t}^{t}dF(x) = \int_{-t}^{t}f(x)dx = P(|X| \leq t)$ $P(X^2 \geq t^2) \leq \dfrac{E(X^2)}{t^2}$ $\therefore 1 - P(X^2 \geq t^2) \geq 1 - \dfrac{E(X^2)}{t^2} \Rightarrow P(X^2 \leq t^2) \geq 1 - \dfrac{E(X^2)}{t^2}$ $\Rightarrow P(|X| < t) = \displaystyle\int_{-t}^{t}dF(x) \geq 1 - \dfrac{EX^2}{t^2} = \int_{-\infty}^{\infty}\left(1 - \frac{x^2}{t^2}\right)f(x)dx$ $= \displaystyle\int_{-\infty}^{\infty}\left(1 - \frac{x^2}{t^2}\right)dF(x)$

Jensen不等式

【定理 L】 若 $h(x)$ 為一凸函數（convex function）凸函數亦有稱上凹函數則 $E[h(X)] \geq h[E(X)]$，此即著名之 Jensen 不等式

證 由 Taylor 展開式

$$h(x) = h(\mu) + h'(\mu)(x - \mu) + \frac{h''(\varepsilon)}{2}(x - \mu)^2 \text{，} x > \varepsilon > \mu$$

$\because h(x)$ 為凸函數 $\quad \therefore h''(\varepsilon) \geq 0$

從而

$$h(x) \geq h(\mu) + h'(\mu)(x - \mu)$$

> $h(x)$為convex：
> (1)$h''(x) \geq 0$
> (2)圖形上為開口向上

$$\Rightarrow h(X) \geq h(\mu) + h'(\mu)(X - \mu)$$

$$\Rightarrow E[h(X)] \geq h(\mu) + h'(\mu)E(x - \mu) = h(\mu) = h[E(X)] \quad ■$$

例如 $\quad h(x) = x^2$，則 $h''(x) = 2 > 0$ 為一凸函數 $\quad \therefore E(X)^2 \geq [E(X)]^2$

Chernoff界限

【定理 L】（Chernoff bound）

$P(X \geq a) \leq e^{-at}M(t)$，$\forall t$

$P(X \leq a) \leq e^{-at}M(t)$，$\forall t$

證　由 Markov 不等式即可證得（見習題第 24 題）
但 Chernoff 界限一個更有用的式子是：

$$P(X \geq a) \leq \min_{t>0} e^{-at}M(t)$$

$$P(X \leq a) \leq \min_{t<0} e^{-at}M(t)$$

例 27.　若 r.v.X 之 $M(t) = \begin{cases} \dfrac{e^t - e^{-x}}{2t} & , t \neq 0 \\ 1 & , t = 0 \end{cases}$，求 $P(X \geq 1)$

提示	解答
方法一：由 $M(t) \rightarrow X$ 之 pdf	方法一 r.v.X 之 $M(t) = \dfrac{e^t - e^{-x}}{2t}$，$\therefore$ r.v.X $\sim U(-1, 1)$ 從而 $P(X \geq 1) = 0$
方法二：Chernoff bound $P(X \geq a) \leq \min_{t>0} e^{-at}M(t)$	方法二 $P(X \geq 1) \leq \min_{t>0} e^{-t} \cdot \dfrac{e^t - e^{-t}}{2t} = \min_{t>0} \dfrac{1 - e^{-2t}}{2t}$，$h > t > 0$ 當 $t \rightarrow \infty$ 時 $h(t) \rightarrow 0$ $\therefore P(X \geq 1) \leq 0$，$\therefore P(X \geq 1) = 0$

習題 2-3

A

1. r.v.X 之 p.d.f. 為

$f(x) = \begin{cases} \lambda e^{-\lambda x}, & x > 0, \lambda > 0 \\ 0 & , 其它 \end{cases}$　　求 (1) μ, σ^2 及 (2) $P(\mu - \sigma < X < \mu + \sigma)$

2. 是否存在一個 r.v.X 滿足 $P(\mu - 2\sigma < X < \mu + 2\sigma) = 0.7$？

3. 若 r.v.X $\sim b(n, p)$ 求 X 之 $M(t), \mu, \sigma^2$，

$\left[b(n, p) : f(x) = \dbinom{n}{x} p^x (1-p)^{n-x}，1 \geq p \geq 0，x = 0, 1, 2 \cdots n \right]$

4. $r.v.X \sim G(\alpha, \beta)$

$\left[G(\alpha, \beta) : f(x) = \dfrac{1}{\Gamma(a)\beta^a} x^{a-1} e^{-\frac{x}{\beta}}, x > 0 \right]$ 求 $M(t), \mu, \sigma^2$

5. 若 $r.v.X$ 在左列三角形中呈均勻分配，

求 (1) $r.v.X$ 之 p.d.f.　(2) $E(X)$　(3) $V(X)$

　　(4) 若 $P(|X| \le a) = \dfrac{1}{2}$ 求 a

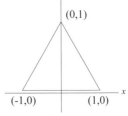

6. 設 $r.v.X$ 之 p.d.f. 為

$f(x) = \begin{cases} \dfrac{x}{2}, & 0 \le x < 2 \\ 0, & \text{其它} \end{cases}$ 令 $Y = (X-1)^2$ 求：(1) Y 的 p.d.f.。(2) 用兩種不同方法求 $E(Y)$。

7. $r.v.X$ 之 $E(X) = \mu, V(X) = \sigma^2, m.g.f.$ 為 $M_X(t)$，若 $r.v.Y$ 之 $m.g.f.$ 為 $M_Y(t) = \exp\{c[M_X(t) - 1]\}$，$c > 0, t \in R$ 試用 μ, σ^2 表 $E(Y)$ 及 $V(Y)$

8. $f(x)$ 為一 p.d.f.，若 $m_n = \int_{-\infty}^{\infty} x^n f(x)dx, M_n = \int_{-\infty}^{\infty}(x-\mu)^n f(x)dx$ 試證 $m_n = \sum_{k=1}^{n} \binom{n}{k} M_k \mu^{n-k}$

9. 設 X 為一隨機變數，其發生值為 1, 2, 3…∞，$E(X) < \infty$，證明 (1) $E(X) = \sum_{i=1}^{\infty} P(X \ge j)$ 及

(2) 利用 (1) 之結果證明 $E(X) \ge 2 - P(X=1)$ 及 $E(X) \ge 3 - 2P(X=1) - P(X=2)$

10. $r.v.X$ 之 $m.g.f.$ 為 $m(t) = \dfrac{1}{5}e^{-t} + \dfrac{2}{5}e^t + ke^{3t}$，求 (1) k　(2) $E(X)$　(3) $P(-1 < X < 2.7)$

11. (1) $r.v.X$ 之 p.d.f. 為 $f(x) = e^{-x}, x > 0$，求 X 之 m.g.f.

(2) 若 $r.v.X$ 之 $E(X^n) = n!$ 求 X 之 p.d.f.。

12. 若 $r.v.X$ 之 $m(t) = (1-t)^{-3}$　求 $E(X^n)$

13. 說明何以不存在一個隨機變數 X，其動差母函數為 $M(t) = \dfrac{te^t}{1+t^2}$

14. 若 X 為一離散型隨機變數，其發生值為 1, 2, 3…，試證 $\sum_{n=1}^{\infty} nP(N \ge n) = E\left(\dfrac{X(X+1)}{2}\right)$

15. 若 $r.v.X$ 之 $\mu = 10, \sigma^2 = 4$，且 $P(|X - 10| \ge c) \le \dfrac{1}{25}$，求 $c, c \ge 0$

16. 若 $r.v.X$ 滿足 $P(X \ge 0) = 1, P(X \ge 6) = \dfrac{1}{2}$，試證 $E(X) \ge 3$

17. 若 $E(X) = 8, P(X \le 5) = 0.2, P(X \ge 11) = 0.3$，試用 Chebyshev 不等式估計 $V(X)$ 之下界。

18. 若 $r.v.X \sim b(1, p), 1 > p > 0$，(1) 證 $E(X-p)^2 \le \dfrac{1}{4}$ (2) 利用 (1) 之結果證明 $P(|X - p| \ge a) \le \dfrac{1}{4a^2}, a > 0$

19. 設電話通話時間 X 為一 $r.v.$，$X \sim f(x) = xe^{-x}, x \ge 0$，又打一通電話之費用為

$c(x) = \begin{cases} 2, & 3 \ge x > 0 \\ 2 + 6(x-3), & x > 3 \end{cases}$ 求打一通電話之期望費用

B

20. 若二正值 $r.v.X, Y$ 之 pdf 分別為 $f(x)$ 與 $g(x)$ 試證 $E[\ln f(x)] \ge E[\ln g(x)]$

21. （對數常態分配）若 $r.v.X$ 之 pdf 為 $f(x) = \dfrac{1}{\sqrt{2\pi}\sigma x} \exp(-(\ln x - \mu)^2/2\sigma^2)$，$\infty > x > 0$。求

$E(X)$ 與 $V(X)$

22. （Chernoff bound）若 $r.v.X$ 之 mgf $M(t)$ 在 $-h < t < h$ 存在則 $P(x \geq a) \leq e^{-at}M(t)$，$\forall a$，$0 < t < h$

23. 應用 Hölder 不等式，$E(XY) \leq (E|X|^p)^{\frac{1}{p}} (E|Y|^q)^{\frac{1}{q}}$ 證明

    (1) $E|X| \leq (E|X|^p)^{\frac{1}{p}}$，$1 < p < \infty$　　(2) $E(|X|^r)^{\frac{1}{r}} \leq (E|X|^s)^{\frac{1}{s}}$，$1 < r < s < \infty$

★24. 試證 $E\left(\dfrac{1}{X}\right) \geq \dfrac{1}{E(X)}$

★25. 若 $r.v.X$ 之 pdf 為 $f(x) = \dfrac{1}{\sqrt{2\pi}x} e^{-\frac{(\ln x)^2}{2}}$，$\infty > x > 0$，取 $|\varepsilon| \leq 1$ 及 $f_\varepsilon(x) = f(x)[1 + \varepsilon\sin(2\pi\ln x)]$，

    $x > 0$ 試證 $\int_0^\infty x^k f(x)dx = \int_0^\infty x^k f_\varepsilon(x)dx$

26. 已知 $r.v.X$ 之 $E(X) = 0$，$V(X) = \sigma^2$，(1) 先證：若 $x > 0$ 時 $P(X \geq x) \leq \dfrac{\sigma^2}{\sigma^2 + x^2}$，(2) 應用 (1)

    之結果證：若 $E(|X|^4) < \infty$ 且 $E(X) = 0$，$V(X) = \sigma^2$ 則 $P(|X| \geq K\sigma) \leq \dfrac{u_4 - \sigma^4}{u_4 + \sigma^4 K^4 - 2K^2\sigma^4}$，$K > 1$，

    其中 $u_4 = E(X^4)$

2.4 　特徵函數

　　前面之動差母函數有一個缺點，那就是**動差母函數不是恒存在的**，為彌補此一缺點我們引入**特徵函數**（characteristic fundtim）。因特徵函數要用到複變數理論，因此，本書僅大略介紹。

【定義】　設 X, Y 為定義於樣本空間 Ω 之二個隨機變數，若 $Z = X + iY$，$i = \sqrt{-1}$，則定義 $E(Z) = E(X + iY) = EX + iEY$

【定義】　$r.v.X$ 之特徵函數定義為 $E(e^{itx})$，以 $\phi(t)$ 表之。

$$\phi(t) = \begin{cases} \int_{-\infty}^{\infty} e^{itx} f(t)dt & X \text{為連續型 } r.v. \\ \sum_k \exp(itx_k)P(X=k) & X \text{為離散型 } r.v. \end{cases}$$

例 **1.** 若 $r.v.X$ 之 pdf 為

$$f(x) = \begin{cases} \dfrac{e^{-\lambda}\lambda^x}{x!} & , x = 0, 1, 2\cdots \\ 0 & , \text{其它} \end{cases} \quad \text{求特徵函數 } \phi(t)$$

說明	解答
$f(x)$ 是母數為 λ 之 Poisson 分配，其動差母函數為 $M(t) = e^{\lambda(e^t - 1)}$	$\phi(t) = \sum\limits_{x=0}^{\infty} e^{itx}\dfrac{e^{-\lambda}\lambda^x}{x!} = e^{\lambda}\sum\limits_{x=0}^{\infty}\dfrac{(\lambda e^{it})^x}{x!} = e^{-\lambda}e^{\lambda e^{it}} = e^{\lambda(e^{it} - 1)}$

例 **2.** 若 $r.v.X$ 之 pdf 為 $f(x) = \begin{cases} pq^{x-1} & , x = 1, 2\cdots \\ 0 & , \text{其它} \end{cases}$，$p + q = 1, p > 0, q > 0$ 求特徵函數 $\phi(t)$

提示	解答
本例之 $\sum\limits_{i=1}^{\infty}(qe^{it})^x$ 是無窮等比級數求和，它收斂到一個值之條件是 $|qe^{it}| < 1$，故 $|qe^{it}| = |q||e^{it}| = |q||\cos t + i\sin t| = |q| < 1$	$\phi(t) = \sum\limits_{x=1}^{\infty} e^{itx}pq^{x-1} = \dfrac{p}{q}\sum\limits_{i=1}^{\infty} e^{itx}q^x = \dfrac{p}{q}\sum\limits_{i=1}^{\infty}(qe^{it})^x$ $= \dfrac{p}{q}\dfrac{qe^{it}}{1 - qe^{it}} = \dfrac{pe^{it}}{1 - qe^{it}}$

例 **3.** $r.v.X$ 之 pdf 為 $f(x) = \begin{cases} \lambda e^{-\lambda x} & , x > 0 \\ 0 & , \text{其它} \end{cases}$，$x > 0$，求特徵函數 $\phi(t)$

提示	解答
有二個拉氏轉換公式在求特徵函數時很有用： $\mathcal{L}(\cos at)=\int_0^\infty \cos at\, e^{-st}dt=\dfrac{s}{s^2+a^2}$ $\mathcal{L}(\sin at)=\int_0^\infty \sin at\, e^{-st}dt=\dfrac{a}{s^2+a^2}$	$\phi(t)=\int_{-\infty}^\infty e^{itx}\lambda e^{-\lambda x}dx=\int_0^\infty e^{itx}\lambda e^{-\lambda x}dx$ $=\lambda\int_0^\infty(\cos tx)e^{-\lambda x}dx+\lambda i\int_0^\infty(\sin tx)e^{-\lambda x}dx$ $=\lambda\mathcal{L}(\cos tx)+\lambda i\mathcal{L}(\sin tx)$ $=\lambda\left(\dfrac{\lambda}{\lambda^2+t^2}\right)+\lambda i\left(\dfrac{t}{\lambda^2+t^2}\right)=\dfrac{\lambda(\lambda+it)}{\lambda^2+t^2}$

例 4. $r.v.X$ 之 pdf 為 $f(x)=\dfrac{1}{2}e^{-|x|}$，$x\in R$，求特徵函數 $\phi(t)$

提示	解答
1. 在本例要注意的是 $f(x)=\dfrac{1}{2}e^{-|x|}$，$x\in R$ 是偶函數，但 $g(x)=\dfrac{1}{2}e^{itx}\cdot e^{-|x|}$ 既非偶函數亦非奇函數，故需分段積分。	$\phi(t)=\int_{-\infty}^\infty e^{itx}\dfrac{1}{2}e^{-|x|}dx$ $=\int_{-\infty}^0 e^{itx}\dfrac{1}{2}e^{x}dx+\int_0^\infty e^{itx}\dfrac{1}{2}e^{-x}dx$ $=\dfrac{1}{2}\int_0^\infty e^{-(it+1)x}dx+\dfrac{1}{2}\int_0^\infty e^{-(1-it)x}dx$ $=\dfrac{1}{2}\dfrac{1}{1+it}+\dfrac{1}{2}\dfrac{1}{1-it}=\dfrac{1}{1+t^2}$，$t\in R$

預備定理 A1　$e^{ix}=\cos x+i\sin x$

證明見練習題第 1 題。

【定理 A】　$r.v.X$ 之 pdf 為 $f(x)$ 則 X 之特徵函數
$$\phi(t)=\int_{-\infty}^\infty \cos tx f(x)dx+i\int_{-\infty}^\infty \sin tx f(x)dx$$

證　由預備定理 A1，$e^{ixt}=\cos xt+i\sin xt$
$\therefore\ \phi(t)=\int_{-\infty}^\infty e^{itx}f(x)dx=\int_{-\infty}^\infty(\cos tx+i\sin tx)f(x)dx$
$=\int_{-\infty}^\infty \cos tx f(x)dx+i\int\sin tx f(x)dx$
$f(x)$ 具奇偶性時，用定理 A 求特徵函數就很方便。

例 5. $\phi(x)$ 為 $r.v.X$ 之特徵函數，試證 $Re[1-\phi(t)]\geq\dfrac{1}{4}Re[1-\phi(2t)]$

提示	解答
$1°$ 由定理 A，$\phi(t) = \int_{-\infty}^{\infty} \cos tx\, f(x)dx + i\int_{-\infty}^{\infty} \sin tx\, f(x)dx$ $\therefore Re[\phi(t)] = \int_{-\infty}^{\infty} (\cos tx) \cdot f(x)dx$ $2°$ $1 - \cos 2x = 2\sin^2 x = 2(1 + \cos x)(1 - \cos x)$	$\because \phi(x) = \int_{-\infty}^{\infty} \cos tx\, f(x)dx$ $\therefore Re[1 - \phi(2t)] = \int_{-\infty}^{\infty} (1 - \cos 2tx) f(x)dx$ $= 2\int_{-\infty}^{\infty} (\sin^2 tx) f(x)dx$ $= 2\int_{-\infty}^{\infty} (1 + \cos tx)(1 - \cos tx) f(x)dx$ $\leq 4\int_{-\infty}^{\infty} (1 - \cos tx) f(x)dx$ （$\because 1 - \cos tx \leq 2$） $= 4Re[1 - \phi(t)]$ $\therefore Re[1 - \phi(t)] \geq \frac{1}{4} Re[1 - \phi(2t)]$

【定理 B】 設 $\phi(t)$ 為 pdf $f(x)$ 之特徵函數，則
(1) $\phi(0) = 1$　(2) $|\phi(t)| \leq 1$　(3) $\phi(-t) = \phi(t)$
(4) 若 $Y = a + bX$ 則 $\phi_Y(t) = e^{iat}\phi_X(t)$

說明	證明
(2) $\|e^{itX}\| = \|\cos tX + i\sin t\|$ $= 1$ $\left\|\int_A f(x)dx\right\| \leq \int_A \|f(x)\| dx$	(1) $\phi(0) = \int_{-\infty}^{\infty} e^{itX} f(x)dx\big\|_{t=0} = \int_{-\infty}^{\infty} f(x)dx = 1$ (2) $\|\phi(t)\| = \left\|\int_{-\infty}^{\infty} e^{itX} f(x)dx\right\| \leq \int_{-\infty}^{\infty} \|e^{itX} f(x)\| dx = \int_{-\infty}^{\infty} \|e^{itX}\| f(x)dx = \int_{-\infty}^{\infty} f(x)dx = 1$ (3) $\phi(-t) = E(e^{-itX}) = E(\cos(-tX)) + iE(\sin(-tX))$ $= E(\cos(tX)) - iE(\sin tX) = \phi(t)$ (4) $\phi_Y(t) = E(e^{itY}) = E(e^{it(a+bX)}) = e^{iat}E(e^{ibtX}) = e^{iat}\phi(bt)$

應用特徵函數求 $E(X^n)$

【定理 C】 $\phi(t)$ 是 r.v.X 之特徵函數，則 $E(X^k) = i^{-k}\phi^k(0)$，$k = 1, 2, 3\cdots n$

由定理 C 易有

$\mu = E(X) = \dfrac{1}{i}\phi'(0)$，$\sigma^2 = EX^2 - \mu^2 = -\phi''(0) + [\phi'(0)]^2$，證明見習題第 2 題。

例 6. 承例 1，求 $E(X)$ 及 $V(X)$

提示	解答
(2) $E(X) = \dfrac{\phi'(0)}{i}$	(1) $f(x) = \dfrac{e^{-\lambda}\lambda^2}{x!}$，x = 0, 1, 2… 之 $\phi(t) = e^{\lambda(e^{it}-1)}$ $\therefore E(X) = \dfrac{1}{i}\phi'(0) = \dfrac{1}{i}\left[\lambda i e^{it} \cdot e^{\lambda(e^{it}-1)}\right]\big|_{t=0} = \lambda$ (2) $V(X) = -\phi''(0) + [\phi'(0)]^2$ $\phi''(0) = \lambda i \cdot i e^{it} \cdot e^{\lambda(e^{it}-1)} + (\lambda i e^{it})^2 e^{\lambda(e^{it}-1)}\big|_{t=0} = -\lambda - \lambda^2$ $\therefore \sigma^2 = -\phi''(0) + [\phi'(0)]^2 = \lambda + \lambda^2 + \left(\dfrac{\lambda}{i}\right)^2 = \lambda$

例 7. 求均勻分配 $U(a, b)$ 之特徵函數，並以此求 $E(X)$

提示	解答
$\phi'(0)$ 為不定式用 L'Hospital 法則 $X \sim U(a, b) \Rightarrow X$ 之 pdf 為 $f(x) = \dfrac{1}{b-a}$	(1) $\phi(t) = \displaystyle\int_a^b \dfrac{1}{b-a}e^{itx}dx = \dfrac{1}{b-a}\left[\dfrac{1}{it}e^{itx}\right]_a^b = \dfrac{e^{itb} - e^{ita}}{it(b-a)}$ (2) $E(X) = \dfrac{1}{i}\phi'(0) = \dfrac{1}{i(b-a)}\dfrac{t(ibe^{itb} - iae^{ita}) - (e^{itb} - e^{ita})}{t^2}$ $\xrightarrow{\text{L'Hospital}} \dfrac{-1}{(b-a)}\lim_{t\to 0}\dfrac{-b^2te^{itb} + a^2te^{ita}}{2t} = \dfrac{a+b}{2}$

【定理 D】 若 X, Y 為二獨立 $r.v.X$，$\phi_X(t), \phi_Y(t)$ 分別為它們的特徵函數則
$$\phi_{X+Y}(t) = \phi_X(t)\phi_Y(t)$$

提示	證明
X, Y 為二獨立 $r.v.$ 則 (1) $E(XY) = EXEY$ (2) $M_{X+Y}(t) = M_X(t)M_Y(Y)$ (3) $\phi_{X+Y}(t) = \phi_X(t)\phi_Y(t)$	$\phi_{X+Y}(t) = E(e^{it(X+Y)}) = E(e^{itX} \cdot e^{itY}) = E(e^{itX})E(e^{itY}) = \phi_X(t)\phi_Y(t)$　∎

逆轉公式

【定理 E】 $r.v.X$ 之特徵函數 $f(t)$ 若滿足 $\displaystyle\int_{-\infty}^{\infty}|f(t)|dt < \infty$，則 X 之 pdf 為
$$f(x) = \dfrac{1}{2\pi}\int_{-\infty}^{\infty}e^{-itx}f(t)dt$$

定理 E 即有名之逆轉公式，重要的是**透過逆轉公式所得之 pdf 是惟一的**。

例 **8.** 若 $r.v.X$ 之特徵函數 $f(t) = e^{-|t|}$，求 X 之 pdf

解 $f(x) = \dfrac{1}{2\pi} \displaystyle\int_{-\infty}^{\infty} e^{-itx} e^{-|t|} dt = \dfrac{1}{2\pi} \displaystyle\int_{-\infty}^{0} e^{-itx} e^{t} dt + \dfrac{1}{2\pi} \displaystyle\int_{0}^{\infty} e^{-itx} e^{-t} dt$

$= \dfrac{1}{2\pi} \displaystyle\int_{-\infty}^{0} e^{(1-ix)t} dt + \dfrac{1}{2\pi} \displaystyle\int_{0}^{\infty} e^{-(1-ix)t} dt \xlongequal{y=-t} \dfrac{1}{2\pi} \displaystyle\int_{0}^{\infty} e^{-(1-ix)y} dy + \dfrac{1}{2\pi} \displaystyle\int_{0}^{\infty} e^{-(1+ix)t} dt$

$= \dfrac{1}{2\pi} \left[\dfrac{1}{1-ix} + \dfrac{1}{1+ix} \right] = \dfrac{1}{\pi} \dfrac{1}{1+x^2}$, $\infty > x > -\infty$

習題 2-4

A

1. 試證 $e^{ix} = \cos x + i \sin x$ 從而 $|e^{ix}| = 1$

2. $r.v.X$ 之特徵函數為 $\phi(t)$，證 $E(X) = \dfrac{1}{i} \phi(0)$，$V(X) = -\phi''(0) + [\phi'(0)]^2$

3. 求 (1)

x	-1	1
$P(X=x)$	$\dfrac{1}{2}$	$\dfrac{1}{2}$

(2)

x	-1	0	1
$P(X=x)$	$\dfrac{1}{4}$	$\dfrac{1}{2}$	$\dfrac{1}{4}$

之特徵函數

4. 設 $r.v.X$ 之 pdf 為 $f(x) = \dfrac{1}{2} |x| e^{-|x|}$，$\infty > x > -\infty$ 求 X 之特徵函數

B

5. 若 $r.v.X$ 之特徵函數 $\phi_x(t) = e^{-\frac{1}{2}t^2}$，求 X 之 pdf

6. 求 $pdf\, f(x) = 1 - |x|$, $|x| < 1$ 之特徵函數 $\phi(t)$

第3章
多變量隨機變數

3.1 多元隨機變數

前言——一個引例

在談多元隨機變數前，我們不妨先以一個例子勾勒出多變數隨機變數一些基本概念：

假定某系有 200 名學生，其交叉表如下：

	大一	大二	大三	大四
男生	40	35	30	15
女生	20	25	15	20

（表3-1）

顯然，我們由交叉表縱和得到這 200 名學生之年級別分配，同時，由交叉表列和可得到這 200 名學生之性別分配。

	大一	大二	大三	大四		
男生	40	35	30	15	120	} 性別分配
女生	20	25	15	35	80	
	60	60	45	35		

年級分配

（表3-2）

表 3-1 相當於二個變數 (X, Y)（X 表年級，Y 表性別）之結合機率密度分配〔表 3-1 之各元除上總學生數（200 人）〕，經由縱和與列和得到兩個不同分配：年級分配與性別分配，若分別除上總人數 200 人，則可得到年級與性別兩個邊際密度分配，在本例中男生佔 $\frac{120}{200} = 0.6$，女生佔 $\frac{80}{200} = 0.4$，因此 Y（性別）之邊際密度分配為：

y	1	2
$P(Y = y)$	0.6	0.4

（在此 1 表男生，2 表女生）

同法可得到年級分配：

x	1	2	3	4
$P(X=x)$	0.3	0.3	0.225	0.175

（在此 x 表第 x 年級）

由表 3-2，令 $X = 2$ 表大二生，$Y = 1$ 表男生，$Y = 2$ 表女生可得大二男、女生之條件分配：

$$P(\text{男生} \mid \text{大二生}) = \frac{35}{60}，P(\text{女生} \mid \text{大二生}) = \frac{25}{60}$$

即 $P(Y = 1 \mid X = 2) = \dfrac{35}{60}，P(Y = 2 \mid X = 2) = \dfrac{25}{60}$

從而得到給定大二生性別之條件機率密度函數：

y	1	2
$P(Y \mid X = 2)$	$\dfrac{35}{60}$	$\dfrac{25}{60}$

同法可得到 $P(Y \mid X = i)$, $i = 1, 3, 4$ 等三組之條件密度函數。

最後，機率獨立之觀念亦應順便一提：在第一章中，我們知道二個事件 A, B 獨立之條件是 $P(A \cap B) = P(A)P(B)$，因此，可引申出兩個重要結果：(1) 在表列式之聯合機率分配表中，X, Y 獨立之條件為 $P(X = x_i, Y = y_j) = P(X = x_i) = P(Y = y_j)$，$\forall i, j$，如果存在一組 (x_i, y_j) 使得 $P(X = x_i, Y = y_j) \neq P(X = x_i) = P(Y = y_j)$ 則 X, Y 便不獨立。

有了以上有關多元隨機變數之大致輪廓，我們便要討論本節之主題 (1) 結合機率密度函數 (2) 結合機率分配函數 (3) 邊際密度函數 (4) 條件機率密度函數與 (5) 機率獨立。

結合機率密度函數

【定義】　設二個隨機變數 X, Y 滿足下列條件，則函數 $f(x, y)$ 為 X, Y 之**結合機率密度函數**（joing probability density function，簡寫成 $j.p.d.f$）或簡稱結合密度函數

X, Y 為離散型隨機變數：

(A) $f(x, y) \geq 0$　$\forall (x, y)$

(B) $\sum\limits_{x} \sum\limits_{y} f(x, y) = 1$

又對 xy 平面之任一區域 A 而言

$P[(x, y) \in A] = \sum\limits_{A} \sum f(x, y)$

X, Y 為連續型隨機變數：

(A) $f(x, y) \geq 0$

(B) $\int_{-\infty}^{\infty} \int_{-\infty}^{\infty} f(x, y) \, dx \, dy = 1$

又對 xy 平面之任一區域 A 而言

$P[(x, y) \in A] = \iint_A f(x, y) \, dx \, dy$

例 1. 設 X, Y 之結合機率密度函數為

$$f(x, y) = \begin{cases} \dfrac{x+y}{32}, & x = 1, 2, y = 1, 2, 3, 4 \\ 0, & \text{其它 } x, y \text{ 值} \end{cases}$$

求 $(1) P(X > Y)$　$(2) P(Y = 2X)$　$(3) P(X + Y = 3)$　$(4) P(X \leq 3 - Y)$

解　$(1) P(X > Y) = P(X = 2, Y = 1) = \dfrac{3}{32}$

$(2) P(Y = 2X) = P[(X = 1, Y = 2) \cup (X = 2, Y = 4)]$

　　　　　　$= P(X = 1, Y = 2) + P(X = 2, Y = 4) = = \dfrac{3}{32} + \dfrac{6}{32} = \dfrac{9}{32}$

$(3) P(X + Y = 3) = P[(X = 1, Y = 2) \cup (X = 2, Y = 1)]$

　　　　　　$= P(X = 1, Y = 2) + P(X = 2, Y = 1) = \dfrac{3}{32} + \dfrac{3}{32} = \dfrac{3}{16}$

$(4) P(X \leq 3 - Y) = P(X + Y \leq 3)$

　　　　　　$= P[(X = 1, Y = 1) \cup (X = 1, Y = 2) \cup (X = 2, Y = 1)]$

　　　　　　$= P(X = 1, Y = 1) + P(X = 1, Y = 2) + P(X = 2, Y = 1)$

　　　　　　$= \dfrac{2}{32} + \dfrac{3}{32} + \dfrac{3}{32} = \dfrac{1}{4}$

上例中，我們可求出 $P(X=1, Y=1) = \dfrac{1+1}{32} = \dfrac{2}{32}$，$P(X=2, Y=1) = \dfrac{3}{32}$，

$P(X=1, Y=4) = \dfrac{5}{32}$，$P(X=2, Y=4) = \dfrac{6}{32}$……結合機率分配表如下：

x \ y	1	2	3	4
1	$\dfrac{2}{32}$	$\dfrac{3}{32}$	$\dfrac{4}{32}$	$\dfrac{5}{32}$
2	$\dfrac{3}{32}$	$\dfrac{4}{32}$	$\dfrac{5}{32}$	$\dfrac{6}{32}$

在求重積分時可用所謂之「棒子法」，來輕易地決定積定上、下限：

先畫有關 x、y 定義域之概圖，

1. 當我們要求 X 之邊際密度函數，想像有一個垂直於 x 軸之指針在 x 之範圍移動：

   這個指針會和 x 範圍的邊界有兩個交點，上、下交點分別決定了積分上限與下限，我們可由指針在 x 軸移動之範圍決定 X 邊際密度函數之定義域。

2. 當我們要求 Y 之邊際密度函數時，想像有一個平行於 y 軸之指針在 y 之範圍移動：

   這個指針會和 y 範圍的邊界有兩個交點，其左、右交點分別決定了積分下限與下限。

例 2. $f(x,y)=\begin{cases} 1 \ , & 1 \ge x \ge 0 \ , \ 1 \ge y \ge 0 \\ 0 \ , & \text{其它} \end{cases}$ 為隨機變數 $X,\ Y$ 之結合機率密度函數。求 $(1)\,P(X+Y \le 1)$　$(2)\,P\left(\dfrac{1}{3} \le X+Y \le \dfrac{2}{3}\right)$　$(3)\,P(X \ge 2Y)$

解

提示	解答
(1) 	$(1)\ P(X+Y \le 1)=\int_0^1 \int_0^{1-x} 1\,dy\,dx = \int_0^1 (1-x)\,dx$ $\qquad = x - \dfrac{x^2}{2}\Big]_0^1 = \dfrac{1}{2}$
(2) 若讀者嫌重積分麻煩，斜線面積實則二個三角形面積差 $\therefore P = \dfrac{1}{2}\left(\dfrac{2}{3}\right)^2 - \dfrac{1}{2}\left(\dfrac{1}{3}\right)^2 = \dfrac{1}{6}$ 	$(2)\ P\left(\dfrac{1}{3} \le X+Y \le \dfrac{2}{3}\right)$ $= \int_0^{\frac{2}{3}} \int_0^{\frac{2}{3}-x} 1\,dy\,dx - \int_0^{\frac{1}{3}} \int_0^{\frac{1}{3}-x} 1\,dy\,dx$ $= \int_0^{\frac{2}{3}} \left(\dfrac{2}{3}-x\right)dx - \int_0^{\frac{1}{3}} \left(\dfrac{1}{3}-x\right)dx$ $= \dfrac{2}{3}x - \dfrac{x^2}{2}\Big]_0^{\frac{2}{3}} - \left(\dfrac{x}{3} - \dfrac{x^2}{2}\Big]_0^{\frac{1}{3}}\right) = \dfrac{1}{6}$

提示	解答
	$(3)\ P(X \ge 2Y)$ $= \int_0^1 \int_0^{\frac{x}{2}} \bigg|_1^0 dy\,dx = \int_0^1 \frac{x}{2}\,dx = \frac{1}{4}$

例 3. 設隨機變數 X, Y 之 j.p.d.f. 為

$$f(x, y) = \begin{cases} ky & ,\ 2 \ge y \ge x \ge 0 \\ 0 & ,\ \text{其它} \end{cases} \qquad (1)\ 求\ k \quad (2)P(X + Y \le 2)$$

解

提示	解答
$2 \ge y \ge x \ge 0$ 是由 $y \le 2$，$y = x$，$x \ge 0$ 所圍成之區域，故圖形如下： 	$(1) \int_0^2 \int_0^y ky\,dx\,dy = k\int_0^2 xy \Big]_0^y\,dy = k\int_0^2 y^2\,dy = 1$ $\therefore\ k = \dfrac{3}{8}$ (1) 亦可用 $\int_0^2 \int_x^2 ky\,dy\,dx = 1$ 解出 k 值
$P(X + Y \le 2)$ 之 favirabke reguib 是 (1) 之圖形與 $y + x \le 2$ 之交集，故圖形如下： 	$(2)\ P(X + Y \le 2)$ $= k\iint\limits_{R_1} \dfrac{3}{8}\,y\,dx\,dy = \int_0^1 \int_x^{2-x} \dfrac{3}{8}\,y\,dy\,dx$ $= \int_0^1 \dfrac{3}{16} y^2 \Big]_x^{2-x}\,dx = \int_0^1 \dfrac{3}{16}[(2-x)^2 - x^2]\,dx$ $= \int_0^1 \dfrac{3}{4}(1-x)dx = \dfrac{3}{8}$

例 **4.** $r.v.$ X, Y 之 j.p.d.f. 為

$$f(x,y) = \begin{cases} cxy^2 & , \ 2 > x > 0, \ 1 > y > 0 \\ 0 & , \ 其它 \end{cases} \quad 求 \ (1)c \quad (2)P(X, Y 至少有一個大於是 \frac{1}{2})$$

解

提示	解答
$f(x, y) = g(x)h(y)$ 時 $\int_a^b \int_c^d f(x, y)\, dxdy$ $= \int_a^b g(x)dx \int_c^d h(y)dy$ （此即微積分之 Fubini 定理）	$(1) \int_0^2 \int_0^1 cxy^2\, dydx = c \int_0^2 \int_0^1 xy^2\, dydx$ $= c \int_0^2 x\, dx \int_0^1 y^2\, dy = c \cdot \left. \frac{x^2}{2} \right]_0^2 \cdot \left. \frac{1}{3}y^3 \right]_0^1$ $= \frac{2}{3}c = 1 \ \therefore c = \frac{3}{2}$
應用 $P(A \cup B) = 1 - P(\overline{A} \cap \overline{B})$ A, B 分別為 X, Y 中大於 1 之事件	$(2) P\left(X \geq \frac{1}{2} \ 或 \ Y \geq \frac{1}{2}\right) = 1 - P\left(X \leq \frac{1}{2} \ 且 \ Y < \frac{1}{2}\right)$ $= 1 - \frac{3}{2} \int_0^{\frac{1}{2}} \int_0^{\frac{1}{2}} xy^2\, dxdy$ $= 1 - \frac{3}{2} \left[\int_0^{\frac{1}{2}} x\, dx \right]\left[\int_0^{\frac{1}{2}} y^2\, dy \right]$ $= 1 - \frac{3}{2} \cdot \left. \frac{x^2}{2} \right]_0^{\frac{1}{2}} \left. \frac{y^3}{3} \right]_0^{\frac{1}{2}}$ $= 1 - \frac{3}{2} \cdot \frac{1}{8} \cdot \frac{1}{24} = \frac{127}{128}$

例 **5.** X, Y 為二離散型隨機變數，它們的 j.p.d.f 為：

$$f(x, y) = \begin{cases} c(x+y^2) & ; \ x = 1, 4, \quad y = -1, 0, 1, 3 \\ 0 & ; \ 其它 \end{cases}$$

求 $(1)c$ $(2)U = \max\{X, Y\}$ 之機率密度函數

解

提示	解答
離散型之二元結合機率分配，在 x, y 均只有幾個值時，以列表最為清楚。 　　　　　y 　　-1　0　1　3 x　1 $\frac{2}{42}$ $\frac{1}{42}$ $\frac{2}{42}$ $\frac{10}{42}$ 　4 $\frac{5}{42}$ $\frac{4}{42}$ $\frac{5}{42}$ $\frac{13}{42}$	$(1) \sum\limits_{x=1,4} \sum\limits_{y=-1,0,1,3} (x+y^2)$ $= \sum\limits_{x=1,4} c[(x+(-1)^2) + (x+0^2) + (x+1^2) + (x+3^2)]$ $= \sum\limits_{x=1,4} c[4x + 11] = c[(4 \cdot 1 + 11) + (4 \cdot 4 + 11)]$ $= 42c = 1 \quad \therefore c = \frac{1}{42}$ $(2) P(U=1) = P(X=1, Y=-1) + P(X=1, Y=0)$ $+ P(X=1, Y=1) = \frac{5}{42}$ $P(U=3) = P(X=1, Y=3) = \frac{10}{42}$ $P(U=4) = P(X=4, Y=1) + P(X=4, Y=0) +$ $P(X=4, Y=1) + P(X=4, Y=3)$

提示	解答
	$= \dfrac{5}{42} + \dfrac{4}{42} + \dfrac{5}{42} + \dfrac{13}{42} = \dfrac{27}{42}$ ∴ U 之機率密度函數為

u	1	3	4
$P(U = u)$	$\dfrac{5}{42}$	$\dfrac{10}{42}$	$\dfrac{27}{42}$

例 **6.** 若 *r.v.* X, Y, Z 之 jpdf 爲

$$f(x, y, z, u) = \begin{cases} \dfrac{24}{(1+x+y+z+u)^5} & , x, y, z, u > 0 \\ 0 & , \text{其它} \end{cases}$$ 求 $P(X > Y > Z > U)$

解

提示	解答
$x : \infty > x > y > z > u > 0$ $y : \infty > x > \underline{y} > z > u > 0$ $z : \infty > x > y > \underline{z} > u > 0$ $u : \infty > x > y > z > \underline{u > 0}$	$P(X > Y > Z > U)$ $= \int_0^\infty \int_u^\infty \int_z^\infty \int_y^\infty \dfrac{24}{(1+x+y+z+u)^5} dxdydzdu$ $= \int_0^\infty \int_u^\infty \int_z^\infty \dfrac{24}{-4(1+x+y+z+u)^4} \Big]_y^\infty dydzdu$ $= \int_0^\infty \int_u^\infty \int_z^\infty \dfrac{6}{(1+2y+z+u)^4} dydzdu$ $= \int_0^\infty \int_u^\infty \dfrac{1}{(1+2y+z+u)^3} \Big]_z^\infty dzdu$ $= \int_0^\infty \int_u^\infty \dfrac{1}{(1+3z+u)^3} dzdu$ $= \int_0^\infty -\dfrac{1}{6} \dfrac{1}{(1+3z+u)^3} \Big]_u^\infty du$ $= \int_0^\infty \dfrac{1}{3} \dfrac{1}{(1+4u)^2} du = -\dfrac{1}{24} \dfrac{1}{1+4u} \Big]_0^\infty = \dfrac{1}{24}$

結合分配函數

【定義】 二元隨機變數 (X, Y) 之**結合分配函數**（joint distribution function），記做 $F(x, y)$ 定義爲

$$F(x, y) = P(X \le x, Y \le y)$$

由定義：連續型之二元隨機變數 (X, Y) 之結合分配函數爲

$$F(x, y) = \int_{-\infty}^{x} \int_{-\infty}^{y} f(s, t)\, ds\, dt$$

由微積分知識易知　$\dfrac{\partial^2}{\partial x\, \partial y} F(x, y) = f(x, y)$，此即 (X, Y) 之 j.p.d.f. 。

例 7. 設 $f(x, y) = \begin{cases} x+y & 0 \le x \le 1, \quad 0 \le y \le 1 \\ 0 & \text{其它} \end{cases}$ 為隨機變數 X, Y 之 j.p.d.f. 求對應之結合分配函數。

解

提示	解答
1. 2. 由 $1 \ge x \ge 0$，$1 \ge y \ge 0$ 時， $F(x,y) = \dfrac{1}{2}(x^2 y + x y^2)$，那麼 $1 \ge x \ge 0$， $y \ge 1$ 時之 $F(x, y)$ 相當於將 $y = 1$ 代 入 $F(x, y)$；$F(x,y) = \dfrac{1}{2}(x^2 + x)$，$x \ge 1$， $1 \ge y \ge 0$ 與 $x \ge 1$，$y \ge 1$ 時亦然。	$1 \ge x \ge 0, 1 \ge y \ge 0$：（區域 I） $F(x, y) = \int_0^x \int_0^y (s+y)\, ds\, dt = \dfrac{1}{2}(x^2 y + x y^2)$ $x \ge 1, 1 \ge y \ge 0$：（區域 II） $F(x, y) = P(X \le 1, Y \le y)$ $\quad = \int_0^1 \int_0^y (s+t)\, ds\, dt = \dfrac{1}{2}(y + y^2)$ $1 \ge x \ge 0, y \ge 1$：（區域 III） $F(x, y) = P(X \le x, Y \le 1)$ $\quad = \int_0^x \int_0^1 (s+t)\, ds\, dt = \dfrac{1}{2}(x + x^2)$ $x > 1, y > 1$：（區域 IV） $F(x, y) = P(X \le x, Y \le y) = P(X \le 1, Y \le 1)$ $\quad = \int_0^1 \int_0^1 (s+t)\, ds\, dt = 1$ $x < 0, y < 0$（區域 V）：$F(x, y) = 0$

例 8. 二離散 r.v. X, Y 之機率密度函數如下表

		Y	
		0	1
x	0	0.4	0.4
	1	0.1	0.4

求 r.v. X, Y 之分配函數。

解

提示	解答
	Ⅰ $x < 0, y < 0$ 時： $\quad F(x, y) = P(X \leq x, Y \leq y) = 0$ Ⅱ $0 \leq x < 1, 0 \leq y < 1$ 時 $\quad F(x, y) = P(X \leq x, Y \leq y) = P(X = 0, Y = 0) = 0.4$ Ⅲ $x \geq 1, 0 \leq y < 1$ 時 $\quad F(x, y) = P(X \leq x, Y \leq y)$ $\quad = P(X = 0, Y = 0) + P(X = 1, Y = 0)$ $\quad = 0.4 + 0.1 = 0.5$ Ⅳ $0 \leq x < 1, y \geq 1$ 時 $\quad F(x, y) = P(X \leq x, Y \leq y)$ $\quad = P(X = 0, Y = 0) + P(X = 0, Y = 1)$ $\quad = 0.4 + 0.4 = 0.8$ Ⅴ $x > 1, y > 1$ 時 $\quad F(x, y) = P(X \leq x, Y \leq y)$ $\quad = P(X = 0, Y = 0) + P(X = 0, Y = 1)$ $\quad + P(X = 1, Y = 0) + P(X = 1, Y = 1)$ $\quad = 1$

【定理 A】　$P(a \leq X \leq b, c \leq Y \leq d) = F(a, d) - F(b, c) + F(a, c) - F(a, d)$

提示	證明
	$P(a \leq X \leq b, c \leq Y \leq d)$ $= P(X \leq b, c \leq Y \leq d) - P(X \leq a, c \leq Y \leq d)$ $= [P(X \leq b, Y \leq d) - (P(X \leq b, Y \leq c)] -$ $\quad [P(X \leq a, Y \leq d) - P(X \leq a, Y \leq c)]$ $= P(X \leq a, Y \leq d) - P(X \leq b, Y \leq c) -$ $\quad P(X \leq a, Y \leq d) + P(X \leq a, Y \leq c)$ $= F(b, d) - F(b, c) - F(a, d) + F(a, c)$

由定理 A 知，若存在 a, b, c, d 使得 $F(b, d) - F(b, c) + F(a, c) - F(a, d) < 0$，則 $F(x, y)$ 不爲 X, Y 之結合分配函數。

例 10.　問 $F(x, y) = \begin{cases} 1 & , \quad x + y \geq 1 \\ 0 & , \quad x + y < 1 \end{cases}$ 是否可爲 X, Y 之結合分配函數。

解

提示	解答
應用定理 A，若存在一組數如 $x = p$，$y = q$ 使得 $F(p, q) < 0$ 則 $F(x, y)$ 便不為分配函數	取 $a = c = 0$，$b = d = 1$ 則 $F(b, d) - F(b, c) - F(a, d) + F(a, c)$ $= F(1, 1) - F(1, 0) - F(0, 1) + F(0, 0)$ $= 1 - 1 - 1 + 0 = -1 < 0$ $\therefore F(x, y)$ 不可能為 X, Y 之結合分配函數

邊際密度函數

【定義】　設離散隨機變數 X, Y，其結合機率密度函數為 $f(x, y)$，則

(1) X 之**邊際機率密度函數**（marginal probability density function）$f_1(x)$
（或 $f_X(x)$）$= P(X \leq x, Y < \infty)$，在不致混淆之情況下，亦可簡稱邊際密度函數。

即 $f_1(x) = \begin{cases} \sum\limits_{y} f(x, y) \text{或} \\ \int_{-\infty}^{\infty} f(x, y) dy \end{cases}$

(2) Y 之邊際機率密度函數 $f_2(y)$（或 $f_Y(y)$）$= P(X \leq \infty, Y < y)$

即 $f_2(x) = \begin{cases} \sum\limits_{x} f(x, y) \text{或} \\ \int_{-\infty}^{\infty} f(x, y) dy \end{cases}$

例 11. 若 r.v. X, Y 均勻地分布在以 $(1, 0), (0, 1), (-1, 0), (0, -1)$ 為頂點之正方形內，求 X, Y 之邊際密度函數

解

提示	解答
1. 陰影面積為 $(\sqrt{2})^2 = 2$ $\therefore f(x, y) = \dfrac{1}{2}$，$-1 < x \pm y < 1$ $f_1(x)$	依題意 $f(x, y) = \dfrac{1}{2}$，$-1 < x + y < 1$，$-1 < x - y < 1$ $f_X(x) = \begin{cases} \int_{-1+x}^{1-x} \dfrac{1}{2} dy = -x + 1, & 1 > x > 0 \\ \int_{-1-x}^{1-x} \dfrac{1}{2} dy = x + 1, & 0 > x > -1 \end{cases}$

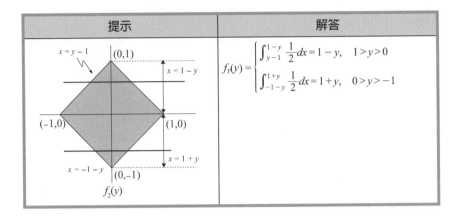

例 **12.** $r.v.\ X,\ Y,\ Z$ 之 j.p.d.f. 為 $f(x, y, z) = \begin{cases} xze^{-(x+xy+z)}, & x, y, z > 0 \\ 0, & \text{其它} \end{cases}$

求 (1) X 之邊際密度函數 f_X (2)Y 之邊際密度函數 f_Y

(3)X, Z 之邊際密度函數 $f_{X, Z}$

解

提示	解答
在有 3 個 $r.v.$ 時，其邊際密度函數： $$f_X(x) = \int_{-\infty}^{\infty} \int_{-\infty}^{\infty} f(x, y, z) dy dz$$ $$f_Y(y) = \int_{-\infty}^{\infty} \int_{-\infty}^{\infty} f(x, y, z) dx dz$$ $$f_Z(z) = \int_{-\infty}^{\infty} \int_{-\infty}^{\infty} f(x, y, z) dx dy$$ $$f_{XZ}(y) = \int_{-\infty}^{\infty} f(x, y, z) dy$$ ……	(1) $f_X(x) = \int_0^\infty \int_0^\infty xz\,e^{-(x+xy+z)} dy dz$ $\qquad = xe^{-x} \int_0^\infty ze^{-z}\,dz \int_0^\infty e^{-xy}\,dy$ $\qquad = xe^{-x} \cdot 1 \cdot \dfrac{1}{x} = e^{-x}, \quad x > 0$ (2) $f_Y(y) = \int_0^\infty \int_0^\infty xz\,e^{-(x+xy+z)} dx dz$ $\qquad = \int_0^\infty xe^{-(1+y)x} dx \int_0^\infty ze^{-z}\,dz = \dfrac{1}{(1+y)^2}, y > 0$ (3) $f_{X,\,Z}(x, z) = \int_0^\infty xz\,e^{-(x+xy+z)} dy$ $\qquad = xz\,e^{-x-z} \int_0^\infty e^{-xy}\,dy$ $\qquad = xz\,e^{-x-z} \cdot \dfrac{1}{x} = ze^{-x-z}, \quad x > 0, z > 0$

機率獨立

【定義】 n 個隨機變數 $X_1, X_2 \cdots X_n$ 之結合密度函數 $f(x_1, x_2 \cdots x_n),\ f_j(x_j),\ j = 1, 2 \cdots n$ 為 X_j 之邊際密度函數，若 $f(x_1, x_2 \cdots x_n) = f_1(x_1)f_2(x_2) \cdots f_n(x_n)$ 則稱 $X_1, X_2 \cdots X_n$ 為獨立。

例 13. 設隨機變數 X, Y 機率表如下：

		y		
		1	2	3
x	1	$\frac{1}{7}$	$\frac{1}{7}$	$\frac{4}{35}$
	2	$\frac{1}{7}$	$\frac{1}{21}$	$\frac{2}{21}$
	3	$\frac{4}{35}$	$\frac{2}{21}$	$\frac{2}{35}$

求 (1)X, Y 之邊際密度函數　(2)X, Y 獨立否？

解 (1)

		y			小計
		1	2	3	
x	1	$\frac{1}{7}$	$\frac{1}{7}$	$\frac{4}{35}$	$\frac{2}{5}$
	2	$\frac{1}{7}$	$\frac{1}{21}$	$\frac{2}{21}$	$\frac{1}{3}$
	3	$\frac{4}{35}$	$\frac{2}{21}$	$\frac{2}{35}$	$\frac{4}{15}$
		$\frac{2}{5}$	$\frac{1}{3}$	$\frac{4}{15}$	1

∴ X 之邊際密度函數：

x	1	2	3
$P(X=x)$	$\frac{2}{5}$	$\frac{1}{3}$	$\frac{4}{15}$

Y 之邊際密度函數：

y	1	2	3
$P(Y=y)$	$\frac{2}{5}$	$\frac{1}{3}$	$\frac{4}{15}$

(2)∵ $P(X=1, Y=1) = \frac{1}{7} \neq P(X=1)P(Y=1) = \frac{2}{5} \times \frac{2}{5} = \frac{4}{25}$

　∴ X, Y 不為獨立。

【定理 A】　若且惟若 $r.v.$ $X_1, X_2 \cdots X_n$ 之 j.p.d.f. $f(x_1, x_2 \cdots x_n) = g_1(x_1)g_2(x_2)\cdots g_n(x_n)$，且 $x_1, x_2 \cdots x_n$ 之定義域為卡氏分割（即均為 $a \leq x_i \leq b$ 之形式，a, b 可為 ∞ 或 $-\infty$）則 $X_1, X_2 \cdots X_n$ 為獨立。

上述定理之 $g_1, g_2 \cdots g_n$ **不需為 p.d.f.**，因此我們可用「視察法」即可判斷出 $X_1, X_2 \cdots X_n$ 是否獨立，例如：

1. $f(x, y) = \begin{cases} \dfrac{x+y}{32} , & x = 1, 2 \\ 0 , & y = 1, 2, 3, 4 \end{cases}$ ，因爲找不到二個函數 $g_1(x), g_2(y)$ 使得 $f(x, y)$

　 $= g_1(x)g_2(y)$ ，故 X, Y 不爲獨立。

2. $f(x, y) = \begin{cases} \dfrac{3}{8}y , & 2 \geq y \geq x \geq 0 \\ 0 , & \text{其它} \end{cases}$ ，因定義域不爲卡氏分割，故 X, Y 不爲獨立。

3. $f(x, y) = \begin{cases} 1 , & 1 \geq x \geq 0, 1 \geq y \geq 0 \\ 0 , & \text{其它} \end{cases}$ ，X, Y 爲獨立。

4. $f(x, y) = \begin{cases} 4xy , & 1 \geq x \geq 0, 1 \geq y \geq 0 \\ 0 , & \text{其它} \end{cases}$ ，X, Y 爲獨立。

例 14. $r.v.\ X, Y$ 之 j.p.d.f. 爲

$$f(x, y) = \begin{cases} \dfrac{1}{4}(1 + xy) , & |x| \leq 1, |y| \leq 1 \\ 0 , & \text{其它} \end{cases}$$ 問 (1) X, Y 是否獨立

(2) X^2, Y^2 是否獨立？

解

提示	解答
本例是說明 $r.v.X, Y$ 不爲獨立，但 X^2, Y^2 爲獨立之著名例子	(1) $f_X(x) = \int_{-1}^{1} \dfrac{1}{4}(1+xy)dy$ $\quad = \int_{-1}^{1} \dfrac{1}{4}dy + \dfrac{1}{4}x\int_{-1}^{1} y\,dy = \dfrac{1}{2} , -1 \leq x \leq 1$ 同法 $f_Y(y) = \dfrac{1}{2} , -1 \leq y \leq 1$ $\because f(x, y) \neq f_X(x)f_Y(y) \quad \therefore X, Y$ 不爲獨立。 (2) $P(X^2 \leq x, Y^2 \leq y) = P(|X| \leq \sqrt{x}, |Y| \leq \sqrt{y})$ $\quad = P(-\sqrt{x} \leq X \leq \sqrt{x}, -\sqrt{y} \leq Y \leq \sqrt{y})$ $\quad = \int_{-\sqrt{x}}^{\sqrt{x}} \int_{-\sqrt{y}}^{\sqrt{y}} \dfrac{1}{4}(1+uv)dudv$ $\quad = \int_{-\sqrt{x}}^{\sqrt{x}} \dfrac{1}{4}u \Big]_{-\sqrt{y}}^{\sqrt{y}} dv = \dfrac{\sqrt{y}}{2}\int_{-\sqrt{x}}^{\sqrt{x}} dv = \sqrt{x}\sqrt{y}$ $\quad = P(X^2 \leq x) P(Y^2 \leq y)$ $\quad \therefore X^2$ 與 Y^2 爲獨立。

例 15. 若連續 $r.v.\ X, Y$ 均獨立服從同一分配函數 $F(\bullet)$ ，及 pdf $f(x)$ ，試用 f 與 F 表示 (1)$S = \max\{X, Y\}$　(2)$T = \min\{X, Y\}$ 之密度函數。

解

提示	解答
$P(\min(X, Y) \le x)$ $= 1 - P(\min(X, Y) \ge x)$	(1) $S = \max\{X, Y\}$ 則 $F_s(x) = P(\max\{X, Y\} \le x)$ $= P(X \le x, Y \le x) = P(X \le x)P(Y \le x) = F^2(x)$ $\therefore f_s(x) = \dfrac{d}{dx}F_s(x) = \dfrac{d}{dx}F^2(x) = 2F(x)f(x)$ (2) $T = \min\{X, Y\}$ $\therefore P_T(x) = \{\min\{X, Y\} \le x\} = 1 -$ 　　$P\{\min\{X, Y\} \ge x\} = 1 - P(X \ge x, Y \ge x)$ $= 1 - (1 - F(x))(1 - F(x)) = 1 - (1 - F(x)^2$ $\therefore f_T(x) = \dfrac{d}{dx}[1 - (1 - F(x))^2]$ 　　$= 2(1 - F(x))f(x)$

條件機率密度函數

【定義】　設隨機變數 X, Y，其結合機率密度函數
　　　　　(1) 已知 Y 出現下，X 之**條件機率密度函數**（conditional probability density function）或稱為條件密度函數為
　　　　　$g(x \mid y) = \dfrac{f(x, y)}{f_2(y)}, f_2(y) \ne 0$
　　　　　(2) 已知 X 出現下 Y 之條件機率密度函數為
　　　　　$h(y \mid x) = \dfrac{f(x, y)}{f_1(x)}, f_1(x) \ne 0$

【定理 B】　若 $r.v. X, Y$ 為獨立，則有
　　　　　(1) $f(x \mid y) = f_1(x)$ 及 (2) $f(y \mid x) = f_2(y)$

證　$\because X, Y$ 獨立　$\therefore f(x \mid y) = \dfrac{f(x, y)}{f_2(y)} = \dfrac{f_1(x)f_2(y)}{f_2(y)} = f_1(x)$
　　同法可證 $f(y \mid x) = f_2(y)$　　　　　　　　　　　　　■

例 16.　若 $r.v. X, Y$ 之 j.p.d.f. 為
　　　　$f(x, y) = \begin{cases} 2e^{-(x+y)} & \infty > x \ge y > 0 \\ 0 & \text{其它} \end{cases}$
　　　　求 (1) $f_1(x), f_2(y)$　(2) 判斷 X, Y 是否獨立？　(3) $f(x \mid y)$ 及 $f(y \mid x)$

解

提示	解答
(1)	(1) $f_1(x) = \int_0^x 2e^{-(x+y)} dy$ $= 2e^{-x} \int_0^x e^{-y} dy = 2e^{-x}(1-e^{-x}),\ \infty > x > 0$ $f_2(x) = \int_y^\infty 2e^{-(x+y)} dy$ $= 2e^{-y} \int_y^\infty e^{-x} dx = 2e^{-y}e^{-y}$ $= 2e^{-2y},\ \infty > y > 0$ (2) $\because f(x,y) \neq f_1(x)f_2(x)$ $\therefore X, Y$ 不為獨立。 (3) $f(x \mid y) = \dfrac{f(x,y)}{f_2(y)} = \dfrac{2e^{-(x+y)}}{2e^{-2y}}$ $= e^{-x+y} \quad \infty > x \geq y \geq 0$ $f(y \mid x) = \dfrac{f(x,y)}{f_1(x)} = \dfrac{2e^{-(x+y)}}{2e^{-x}(1-e^{-x})}$ $= \dfrac{e^{-y}}{1-e^{-x}} \quad x \geq y \geq 0$
(3)	

例 **17.** *r.v. X, Y* 之 j.p.d.f. 為
$$f(x,y) = \begin{cases} 1, & -y < x < y,\ 0 < y < 1 \\ 0, & \text{其它} \end{cases}$$
求 (1) $f_1(x)$ (2) $f_2(y)$ (3) $f(x \mid y)$

解

提示	解答
	(1) $f_1(x) = \begin{cases} \displaystyle\int_x^1 1\, dy = 1-x & 1 > x > 0 \\ \displaystyle\int_{-x}^1 1\, dy = 1+x & 0 > x > -1 \end{cases}$

提示	解答
	$(2) f_2(y) = \int_{-y}^{y} 1\, dx = 2y \quad 1 > y > 0$
	$(3) f(x\mid y) = \dfrac{f(x,y)}{f_2(y)} = \dfrac{1}{2y}\,,\; y > x > -y$

習題 3-1

A

1. $f(x, y) = \begin{cases} k(1-y)\,, & 1 \ge y \ge x \ge 0 \\ 0 & ,\ 其它 \end{cases}$ 為 $r.v.\ X, Y$ 之 j.p.d.f. 求 $(1)k$ 　$(2)\ P(X \le \frac{3}{4}, Y \ge \frac{1}{2})$

2. $f(x, y) = \begin{cases} kxy\,, & 0 < x < 1,\ 0 < y < 1 \\ 0 & ,\ 其它 \end{cases}$ 為 $r.v.\ X, Y$ 之 j.p.d.f. 求 $(1)k$ 　$(2)P(X \ge Y)$

3. $f(x, y) = \begin{cases} kx^2 y\,, & 0 \le x \le 1,\ x^2 \le y \le 1 \\ 0 & ,\ 其它 \end{cases}$ 為 $r.v.\ X, Y$ 之 j.p.d.f. 求 $(1)k$ 　$(2)P(X \ge Y)$

4. 設二元隨機變數 (x, y) 之分配函數為

$F(x, y) = \begin{cases} (1 - e^{-x})(1 - e^{-y})\,, & x > 0,\ y > 0 \\ 0 & ,\ 其它 \end{cases}$ 求 $(1)f(x, y)$ 　$(2)P(X < 1)$ 　$(3)P(X + Y < 2)$

5. 試證 $F(x) + F(y) - 1 \le F(x, y) \le \sqrt{F(x) F(y)}, x, y \in R$

6. 求 $f(x, y) = \begin{cases} \dfrac{1}{8}(6 - x - y)\,, & 0 < x < 2,\ 2 < y < 4 \\ 0 & ,\ 其它 \end{cases}$ 之結合分配函數

7. 問下列 $F(x, y)$ 是否可為 X, Y 之結合分配函數

$F(x, y) = \begin{cases} 1 & x + 3y \le 1 \\ 0 & x + 3y > 1 \end{cases}$

8. $F(x, y)$ 為 $r.v.\ (X, Y)$ 在 (x, y) 處之結合分配函數，若 $a < b, c < d$，試證 $F(a, c) \le F(b, d)$

9. 若 r.v. X, Y 之 j.p.d.f. 如下表所示

x \ y	1	2
1	p_{11}	p_{12}
2	p_{21}	p_{22}

$p_{11} + p_{12} + p_{21} + p_{22} = 1$，且 $p_{11}, p_{12}, p_{21}, p_{22} \geq 0$ 求 $F(x, y)$

10. $f(x, y) = \begin{cases} x^2 + \dfrac{1}{3}xy & , 0 \leq x \leq 1, 0 \leq y \leq 2 \\ 0 & , \text{其它} \end{cases}$ ，(1) 求結合分配函數 $F(x, y)$

(2) $P(0 \leq Y \leq \dfrac{1}{2}, 0 \leq X \leq \dfrac{1}{2})$

11. r.v. X, Y 之結合分配函數為 $F(x, y)$，試用分配函數表達之：

(1) $P(a < x \leq b, Y \leq y)$　(2) $P(X > a, Y > b)$　(3) $P(X = a, Y \leq b)$

12. 承例 5，求 (a) $Z = XY$　(b) $W = |Y| + X$ 之機率函數。

13. 若 r.v. (X, Y) 在 x 軸，y 軸及 $y = 2(1 - x)$ 所圍成區域均勻分佈，求 $f(y \mid x)$。

14. (1) 若二獨立 r.v. X, Y 之邊際分配（如下表），求 X, Y 之 j.p.d.f.

Y \ X	-1	0	1	
1	a	b	c	1/3
2	d	e	f	2/3
	$\dfrac{1}{4}$	$\dfrac{1}{2}$	$\dfrac{1}{4}$	

(2) 若 $e = \dfrac{1}{4}$ 時，X, Y 是否獨立？

15. $f(x, y) = \begin{cases} e^{-(x+y)} & , \infty > x, y > 0 \\ 0 & , \text{其它} \end{cases}$ ，求 $P(X < Y \mid X < 2Y)$

16. X, Y 為 2 個隨機變數，試用 $F_X(a), F_Y(a)$ 與 $F_{XY}(a, a)$ 表示 $P(X \geq a \mid \min(X, Y) \leq a)$

17. 二元隨機變數 X, Y 之 j.p.d.f. 為

$f(x, y) = \begin{cases} ke^{-\lambda y} & , 0 \leq x \leq y \\ 0 & , \text{其它} \end{cases}$ 求 (1) k　(2) Y 之 $M(t)$　(3) X, Y 是否獨立？

18. 二元隨機變數 X, Y 之 j.p.d.f. 為

$f(x, y) = \begin{cases} 2 & 1 < x < y < 2 \\ 0 & \text{其它} \end{cases}$ 求 (1) $f_1(x)$　(2) $E(X)$　(3) X, Y 是否獨立？

19. 二元隨機變數 X, Y 之 j.p.d.f. 為

$f(x, y) = \begin{cases} k & , |y| < x, 0 < x < 1 \\ 0 & , \text{其它} \end{cases}$ 求 (1) k　(2) $f(y \mid x)$　(3) X, Y 是否獨立？

20. 二元隨機變數 X, Y 之 j.p.d.f. 為

$$f(x, y) = \begin{cases} kx, & 0 \le x \le 1, \ 0 \le y \le x \\ 0, & \text{其它} \end{cases}$$

求 (1)k　(2) $P\left(Y \le \dfrac{1}{8} \big| X \le \dfrac{1}{4}\right)$　(3) $P\left(Y \le \dfrac{1}{8} \big| X = \dfrac{1}{4}\right)$

B

21. X, Y, Z 為三 $r.v.$ 其 $jpdf$ 為 $f(x, y, z)$，結合分配函數為 $F(x, y, z)$，試用結合分配函數表示 $P(a \le X \le b, c \le Y \le d; e \le Z \le g)$。

22. 設 X, Y 之結合機率密度函數為

X \ Y	0	1	2	3
0	0.1	0.05	0.05	0.02
1	0	0.2	0	0.18
2	0.3	0	0.1	0

令 $U = \max(X, Y)$，$V = \min(X, Y)$ 求 U，V 之機率分配

23. X, Y 為二獨立隨機變數，$f(x, y)$ 為其 j.p.d.f. 若 $f(x, y) = h(x)h(y)$，求 $P(X > Y)$

24. X, Y, Z 為三獨立隨機變數，$f(x, y, Z)$ 為其 j.p.d.f. 若 $f(x, y, z) = h(x)h(y)h(z)$，求 $P(X > Y > Z)$

25. 設 $r.v.$ X, Y 之分配 pdf 分別為 $f_1(x), f_2(y)$ 而分配函數為 $F_1(x), F_2(y)$，(1) 試證對任一 α，$\alpha \in (-1, 1)$ 而言 $f(x, y) = f_1(x)f_2(y)[1 + \alpha(2F_1(x) - 1)(2F_2(x) - 1)]$ 是一二元結合機率密度函數 (2) 求 X, Y 邊際密度函數。

26. 若 (X, Y) 在 $D = \{(x, y)|0 < x^2 < y < x < 1\}$ 內均勻分布，求 X 之邊際密度函數。

3.2 多變量隨機變數之期望值

隨機變數函數之期望值

【定義】 設 $g(X_1, X_2 \cdots X_n)$ 為 r.v. $X_1, X_2 \cdots X_n$，則 $g(X_1, X_2 \cdots X_n)$ 之期望值 $E[g(X_1, X_2 \cdots X_n)]$ 定義為：

$$E(g(X_1, X_2 \cdots X_n)) = \begin{cases} ① \Sigma \cdots \Sigma g(x_1, x_2 \cdots x_n) f(x_1, x_2 \cdots x_n), \\ \quad 若 X_1 \cdots X_n 為離散型 r.v. \\ ② \int_{-\infty}^{\infty} \cdots \int_{-\infty}^{\infty} g(x_1, x_2 \cdots x_n) \cdot f(x_1, x_2 \cdots x_n) dx_1 x_2 \cdots dx_n, \\ \quad 若 X \cdots X_n 為連續型 r.v. \end{cases}$$

在本定義下，我們有 2 個特例：

$1° \ g(X_1, X_2 \cdots X_n) = X_i$ 時 $E(g(X_1, X_2 \cdots X_n)) = E(X_i) = \mu_i$

$2° \ g(X_1, X_2 \cdots X_n) = (X_i - \mu_i)^2$ 時 $E(g(X_1, X_2 \cdots X_n)) = E(X_i - \mu_i)^2 = V(X_i)$

在求 $E(X_i)$ 時有 2 種算法：

$1°$ 由定義：$E(X_i) = \int_{-\infty}^{\infty} \int_{-\infty}^{\infty} \cdots \int_{-\infty}^{\infty} x_i f(x_1, x_2 \cdots x_i \cdots x_n) dx_1 dx_2 \cdots dx_n$

$2°$ 若 X_i 之邊際密度函數 $f_{x_i}(x_i)$，則 $E(X_i) = \int_{-\infty}^{\infty} x_i f_{x_i}(x_i) dx_i$

$V(X_i)$ 之情況亦然。

多元隨機變數之期望值算子亦保有單一變數期望值算子之特性，如下定理如所述：

【定理 A】 設 X, Y 為二 r.v.，$f(x, y)$ 為彼等之 j.p.d.f.

(1) $E(ag(X, Y)) = aE(g(X, Y))$，$g$ 為 X、Y 之函數，a 為一常數。

(2) $E(g(X, Y) + h(X, Y)) = E(g(X, Y)) + E(h(X, Y))$

(3) 若 X、Y 為獨立時

$\quad E(g(X)h(Y)) = E(g(X))E(h(Y))$

證 (3) 之證明

$$E(g(X)h(Y)) = \int_{-\infty}^{\infty} \int_{-\infty}^{\infty} g(x)h(y) f(x, y) \, dxdy = \int_{-\infty}^{\infty} \int_{-\infty}^{\infty} g(x)h(y) f_1(x) f_2(y) \, dxdy$$

$$\xrightarrow{\text{Fubini 定理}} \int_{-\infty}^{\infty} g(x) f_1(x) \, dx \int_{-\infty}^{\infty} h(y) f_2(y) \, dy = E(g(x))E(h(y)) \quad ■$$

例 1. 求 $f(x, y) = \begin{cases} \dfrac{x+y}{12}, & x = 1, 2, y = 1, 2 \\ 0, & 其它 \end{cases}$ 之 $E(X), E(Y), V(X)$ 及 $V(Y)$

解

		x		
		1	2	$f_2(y)$
y	1	$\frac{2}{12}$	$\frac{3}{12}$	$\frac{5}{12}$
	2	$\frac{3}{12}$	$\frac{4}{12}$	$\frac{7}{12}$
$f_1(x)$		$\frac{5}{12}$	$\frac{7}{12}$	

$$E(X) = 1 \times \frac{5}{12} + 2 \times \frac{7}{12} = \frac{19}{12}$$

$$E(X^2) = 1^2 \times \frac{5}{12} + 2^2 \times \frac{7}{12} = \frac{33}{12}$$

$$\therefore V(X) = E(X^2) - [E(X)]^2 = \frac{33}{12} - (\frac{19}{12})^2 = \frac{35}{144}$$

同法 $E(Y) = \frac{19}{12}, V(Y) = \frac{35}{144}$

例 **2.** 若 $f(x, y) = \begin{cases} k, \ 0 < x < 1, \ 0 < y < x \\ 0, \ 其它 \end{cases}$ 為 X, Y 之 j.p.d.f.

求 (1)k　(2)$E(XY)$　(3)$E(X)$　(4)$E(Y)$

提示	解答
(2) 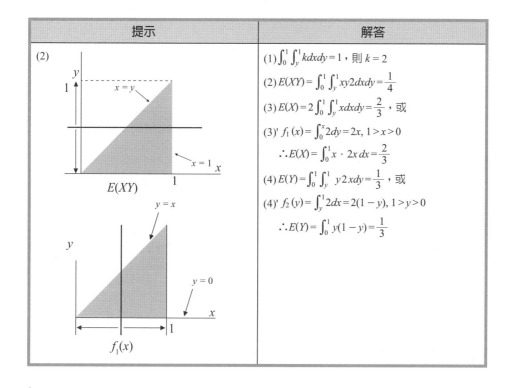	(1) $\int_0^1 \int_y^1 kdxdy = 1$，則 $k = 2$
	(2) $E(XY) = \int_0^1 \int_y^1 xy2dxdy = \frac{1}{4}$
	(3) $E(X) = 2 \int_0^1 \int_y^1 xdxdy = \frac{2}{3}$，或
	(3)' $f_1(x) = \int_0^x 2dy = 2x, \ 1 > x > 0$
	$\quad \therefore E(X) = \int_0^1 x \cdot 2x \, dx = \frac{2}{3}$
	(4) $E(Y) = \int_0^1 \int_y^1 y2xdy = \frac{1}{3}$，或
	(4)' $f_2(y) = \int_y^1 2dx = 2(1 - y), \ 1 > y > 0$
	$\quad \therefore E(Y) = \int_0^1 y(1 - y) = \frac{1}{3}$

例 **3.** r.v. X, Y 之 j.p.d. 為

$$f(x, y) = \begin{cases} \dfrac{1}{\pi(1+x^2+y^2)^2} & , \infty > x > -\infty, \ \infty > y > -\infty \\ 0 & , 其它 \end{cases} \quad 求 \ E(X), \ V(X)$$

解　(1) $E(X) = \displaystyle\int_{-\infty}^{\infty} \int_{-\infty}^{\infty} \dfrac{x}{\pi(1+x^2+y^2)^2} dxdy = 0$

$\left(\because \displaystyle\int_{-\infty}^{\infty} \dfrac{x}{(1+x^2+y^2)^2} dx \ 中 \ f(x) = \dfrac{x}{(1+x^2+y^2)^2} \ 為奇函數，故積分為 \ 0； \right.$

$\left. 同法 \ E(Y) = 0 \right)$

(2) $V(X) = E(X^2) = \displaystyle\int_{-\infty}^{\infty} \int_{-\infty}^{\infty} \dfrac{x^2}{\pi(1+x^2+y^2)^2} dxdy$，取 $x = r\cos\theta, \ y = r\sin\theta, \ |J|$

$= r, \ \infty > r > 0$，

$\therefore E(X^2) = 4 \displaystyle\int_0^{\frac{\pi}{2}} \int_0^{\infty} r \dfrac{r^2\cos^2\theta}{\pi(1+r^2)^2} drd\theta = \int_0^{\frac{\pi}{2}} \cos^2\theta \int_0^{\infty} \dfrac{r^3}{(1+r^2)^2} drd\theta$

但 $\displaystyle\int_0^{\infty} \dfrac{r^3}{(1+r^2)^2} dr$ 為發散，$E(X^2)$ 不存在，即 $V(X)$ 不存在。

【推論 A1】　若 X, Y 為二獨立隨機變數則 $E(XY) = E(X)E(Y)$，（若 $E(X), E(Y),$ $E(XY)$ 均存在）

證　$E(XY) = \displaystyle\int_{-\infty}^{\infty} \int_{-\infty}^{\infty} xyf(x, y) \, dxdy = \int_{-\infty}^{\infty} \int_{-\infty}^{\infty} xyf_1(x)f_2(y) \, dxdy$

$\qquad = \displaystyle\int_{-\infty}^{\infty} xf_1(x)dx \int_{-\infty}^{\infty} yf_2(y)dy = E(X)E(Y)$ ∎

【推論 A2】　X, Y 之二獨立隨機變數則 $E(X^mY^n) = E(X^m)E(Y^n)$（假若 $E(X^mY^n), E(X^m),$ $E(Y^n)$ 均存在）

證　$E(X^mY^n) = \displaystyle\int_{-\infty}^{\infty} \int_{-\infty}^{\infty} x^my^nf(x, y)dxdy = \int_{-\infty}^{\infty} \int_{-\infty}^{\infty} x^my^nf_1(x)f_2(y)dxdy$

$\qquad = \displaystyle\int_{-\infty}^{\infty} x^mf_1(x)dx \cdot \int_{-\infty}^{\infty} y^nf_2(y)dy = E(X^m)E(Y^n)$

例 **4.**　設電流系統中，電流之安培數 I 與電阻歐姆 R 為二獨立隨機變數，I 之 pdf 為 $f(i) = 3i^2, \ 1 > i > 0$，R 之 p.d.f. 為 $g(r) = 6r(1-r), \ 1 > r > 0$，求電壓 $V = IR$ 之期望值與變異數。

解　(a) $E(V) = E(IR) = E(I)E(R)$

$\qquad E(I) = \displaystyle\int_0^1 i \cdot 3i^2 di = \dfrac{3}{4}$

$$E(R) = \int_0^1 r \cdot 6r(1-r)dr = \frac{1}{2}$$

$$\therefore E(V) = E(I)E(R) = \frac{3}{4} \cdot \frac{1}{2} = \frac{3}{8}$$

(b)$V(V) = V(IR) = E(I^2R^2) - (EIR)^2 = E(I^2)E(R^2) - (EI)^2(ER)^2$，其中

$$E(I^2) = \int_0^1 i^2\, 3i^2 di = \frac{3}{5}$$

$$E(R^2) = \int_0^1 r^2\, 6r(1-r)dr = \frac{3}{10}$$

$$\therefore V(V) = \frac{3}{5} \times \frac{3}{10} - (\frac{1}{2})^2 \times (\frac{3}{4})^2 = \frac{63}{1600}$$

多維隨機變數之動差母函數

二維隨機變數之動差母函數定義為 $M(t_1, t_2) = E(e^{t_1X + t_2Y})$，易得：

$$E(X) = \frac{\partial M(t_1, t_2)}{\partial t_1}\bigg|_{(0,0)},\ E(Y) = \frac{\partial M(t_1, t_2)}{\partial t_2}\bigg|_{(0,0)}$$

$$E(XY) = \frac{\partial^2 M(t_1, t_2)}{\partial t_1\, \partial t_2}\bigg|_{(0,0)},\ E(X^2) = \frac{\partial^2 M(t_1, t_2)}{\partial t_1^2}\bigg|_{(0,0)} \cdots\cdots$$

顯然，$M(0, 0) = 1$

【定理 B】 若 $C(t_1, t_2) = \ln M(t_1, t_2)$ 則 $\mu_1 = \frac{\partial}{\partial t_1}C(t_1, t_2)\big|_{(0,0)}$，$\sigma_1^2 = \frac{\partial^2}{\partial t_1^2}C(t_1, t_2)\big|_{(0,0)}$ 及

$\mu_2 = \frac{\partial}{\partial t_2}C(t_1, t_2)\big|_{0,0}$，$\sigma_2^2 = \frac{\partial}{\partial t_2}C(t_1, t_2)\big|_{0,0}$

證明見本節習題第 4 題。定理 B 在求指數族之期望值與變異數（**只限求期望值與變異數**）上極為方便。

例 5. 設 r.v. X, Y 之 j.p.d.f. 為 $f(x, y) = \begin{cases} e^{-y}, & \infty > y > x > 0 \\ 0, & \text{其它} \end{cases}$ 求 (1)$M(t_1, t_2)$

(2)$E(X)$　(3)$E(Y)$。

解 (1) $M(t_1, t_2) = E(e^{t_1X + t_2Y}) = \int_0^\infty \int_x^\infty e^{t_1x + t_2y} \cdot e^{-y}dydx\ = \frac{1}{(1 - t_1 - t_2)(1 - t_2)}$，

其中 $t_1 + t_2 < 1, t_2 < 1$

(2)$E(X) = \frac{\partial M(t_1, t_2)}{\partial t_1}\bigg|_{(0,0)} = 1$

(3)$E(Y) = \frac{\partial M(t_1, t_2)}{\partial t_2}\bigg|_{(0,0)} = 2$

例 6. 設 $r.v.\ X,\ Y$ 之 j.p.d.f. 為 $f(x,y)=\dfrac{1}{2\pi\sigma^2}e^{-\frac{x^2+y^2}{2\sigma^2}}$，$\infty>x,\ y>-\infty$，

求 (1)$M(t_1,t_2)$　(2) 由 (1) 求 $E(X)$ 及 $V(X)$

解

提示	解答
$\displaystyle\int_{-\infty}^{\infty}\frac{1}{\sqrt{2\pi}\,\sigma}e^{t_1x}e^{-\frac{x^2}{2\sigma^2}}dx$ 相當於 $Y\sim n(0,\sigma^2)$ 之 $M_Y(t)=e^{\frac{t^2\sigma^2}{2}}$	(1) $M(t_1,t_2):E(e^{t_1X+t_2Y})=\displaystyle\int_{-\infty}^{\infty}\int_{-\infty}^{\infty}e^{t_1x+t_2y}\frac{1}{2\pi\sigma^2}e^{-\frac{x^2+y^2}{2\sigma^2}}dxdy$ $=\displaystyle\int_{-\infty}^{\infty}\frac{1}{\sqrt{2\pi}\,\sigma}e^{t_1x}e^{-\frac{x^2}{2\sigma^2}}dx\int_{-\infty}^{\infty}\frac{1}{\sqrt{2\pi}\,\sigma}e^{t_2y}e^{-\frac{y^2}{2\sigma^2}}dy$ $=e^{\frac{t_1^2\sigma^2}{2}}\cdot e^{\frac{t_2^2\sigma^2}{2}}=e^{\frac{(t_1^2+t_2^2)\sigma^2}{2}}$ $\therefore C(t_1,t_2)=\ln M(t_1,t_2)=\dfrac{1}{2}(t_1^2+t_2^2)\sigma^2$ (2) $E(X)=\dfrac{\partial}{\partial t_1}C(t_1,t_2)\Big|_{(0,0)}=0$ $V(X)=\dfrac{\partial^2}{\partial t_1^2}C(t_1,t_2)\Big|_{(0,0)}=\sigma^2$

習題 3-3

A

1. $r.v.\ X,\ Y$ 之 j.p.d.f. 為

$f(x,y)=\begin{cases}kx, & 1>x>0,\ 1-x>y>0 \\ 0, & \text{其它}\end{cases}$　(1) 求 k　(2)$f_1(x)$　(3)$f_2(x)$　(4)$E(X)$　(5)$V(X)$

(6)$X,\ Y$ 是否獨立？

2. $r.v.\ X,\ Y$ 之 j.p.d.f. 為

$f(x,y)=\begin{cases}1, & -y<x<y,\ 0<y<1 \\ 0, & \text{其它}\end{cases}$　求 (1)$f_1(x)$　(2)$f_2(y)$　(3)$E(X)$　(4)$E(XY)$　(5)$X,\ Y$ 是否

獨立？

3. 若 $r.v.\ X,\ Y$ 之 j.p.d.f. 為

$f(x,y)=\begin{cases}xe^{-x(1+y)}, & x>0,\ y>0 \\ 0, & \text{其它}\end{cases}$　求 (1)$E(XY)=$? , (2)$E(X)$, (3)$E(Y)$, (4) 由 (1) ～ (3) 你可得

到什麼結論？

4. 若 $r.v.\ X,\ Y$ 之 m.g.f. 為 $M(t_1,t_2)$，取 $c(t_1,t_2)=\ln M(t_1,t_2)$，試證

(1) $\dfrac{\partial}{\partial t_1}c(t_1,t_2)\Big|_{(0,0)}=\mu_1$　　　　(2) $\dfrac{\partial^2}{\partial t_1^2}c(t_1,t_2)\Big|_{(0,0)}=\sigma_1^2$

5. 若 $E(X)<\infty$，$E(Y)<\infty$，問

(1)$E[\max(X,Y)]$ 與 $\max[E(X),E(Y)]$ 孰大？

(2) $E[\min(X, Y)]$ 與 $\min[E(X), E(Y)]$ 孰小？

(3) $E[\max(X, Y) + \min(X, Y)] = E(X + Y)$ 是否成立。

6. 設隨機變數 X, Y 在單位圓上均勻分布，即它們的 j.p.d.f. 為

$$f(x, y) = \begin{cases} \dfrac{1}{\pi} & , x^2 + y^2 \leq 1 \\ 0 & , 其它 \end{cases}$$

求 (1) $f_1(x)$ (2) $f_2(y)$ (3) $E(X)$ (4) $E(Y)$ (5) $E(XY)$

B

7. $r.v. X, Y$ 之 $jpdf$ 為 $f(x, y) = \begin{cases} \dfrac{1}{4}[1 + xy(x^2 - y^2)] & , |x| \leq 1，|y| \leq 1 \\ 0 & , 其它 \end{cases}$

求 X, Y 之邊際密度函數 $f_x(x), f_y(y)$ 及對應之特徵函數 $\phi(x)$ 與 $\phi(y)$

3.3 條件期望值

定義

多變量機率分配之各種期望中以**條件期望值**（conditional expectction）最為重要。

> 【定義】 (X, Y) 為二維隨機變數，則給定 $X = x$ 下，隨機變數 Y 之函數 $g(Y)$ 的條件期望值 $E(g(Y) | X = x)$ 定義為
> $$E(g(Y) | X = x) = \int_{-\infty}^{\infty} g(y) f(y | x)\, dy$$
> 或
> $$E(g(Y) | X = x) = \sum_{all\ y} g(y_i) f(y_j | x)$$

下列二個特例是最重要的：

1. **給定 $X = x$，Y 之之條件期望值**（conditional mean of Y, given $X = x$）記做 $E(Y | x)$ 或 $\mu_{Y|x}$ 定義為 $E(Y | x) = \mu_{Y|x} = \begin{cases} \int_{-\infty}^{\infty} y f(y | x)\, dx \\ \sum_{all\ y} y f(y | x) \end{cases}$

   註：當 $E(Y | x) = a + bx$ 時，a, b 與 $\mu_X, \mu_Y, \sigma_X, \sigma_Y, \rho$（相關係數）有關。

2. **給定 $X = x$，Y 之條件變異數**（conditional variance of Y, given $X = x$），記做 $V(Y | x)$ 或 $\sigma_{Y|x}^2$，定義為：
   $$V(Y | x) = \sigma_{Y|x}^2 = \begin{cases} \int_{-\infty}^{\infty} [y - E(Y | x)]^2 f(y | x)\, dy \text{ 或} \\ \sum_{all\ y} (y - E(Y | x))^2 f(y | x) \end{cases}$$

   $E(Y | X = x) = E(Y | x)$ 其中 x 是 r.v. X 之一個實現值，故 $E(Y | x)$ 或 $E(g(X, Y) | x)$ 都不是隨機變數。但 $E(Y | X)$ 則為隨機變數。

> 【定理 A】 （條件期望值之性質）
> (1) $E[(Y + c) | x] = E(Y | x) + c$
> (2) $E[cY | x] = cE(Y | x)$
> (3) $E(aY_1 + bY_2 | x) = aE(Y_1 | x) + bE(Y_2 | x)$
> (4) X, Y 為獨立則 $E(Y | x) = E(Y)$
> (5) $E(Yg(x) | x) = g(x)E(Y | x)$

解 $(1) E[(Y+c)|x] = \int_{-\infty}^{\infty} (y+c)f(y|x)\,dy = \int_{-\infty}^{\infty} yf(y|x)\,dy + \int_{-\infty}^{\infty} cf(y|x)\,dy$
$= E(Y|x)+c$

$(2) E[cY|x] = \int_{-\infty}^{\infty} cyf(y|x)dy = c\int_{-\infty}^{\infty} yf(y|x)dy = cE(Y|x)$

$(3) E(aY_1+bY_2|x) = a\int_{-\infty}^{\infty} y_1 f(y_1|x)\,dy_1 + b\int_{-\infty}^{\infty} y_2 f(y_2|x)\,dy_2$
$= aE(Y_1|x) + bE(Y_2|x)$

$(4) E(Y|x) = \int_{-\infty}^{\infty} yf(y|x)dy = \int_{-\infty}^{\infty} y \cdot \frac{f(x,y)}{f_1(x)}\,dy$

$= \int_{-\infty}^{\infty} y \cdot \frac{f_1(x)f_2(y)}{f_1(x)}\,dy = \int_{-\infty}^{\infty} yf_2(y)dy = E(Y)$

$(5) E(Yg(x)|x) = \int_{-\infty}^{\infty} yg(x)f(y|x)\,dy = g(x)\int_{-\infty}^{\infty} yf(y|x)\,dy = g(x)E(Y|x)$ ∎

例 1. 設 $f_1(x) = \frac{1}{10}$, $x = 0, 1, 2\cdots9$, $h(y|x) = \frac{1}{10-x}$, $y = x, x+1, \cdots 9$,求 $E(Y|x)$

解

提示	解答
$\sum\limits_{y=x}^{9} y$ 相當於 $a = x$,$n-9-x+1 = 10-x$, $d = 1$ 之等差級數, $S = \frac{n}{2}(2a+(n-1)d) = \frac{10-x}{2}(2x+(9-x))$ $= \frac{10-x}{2}(9+x)$	$E(Y|x) = \sum\limits_{y} yh(y|x) = \sum\limits_{y=x}^{9} y \cdot \frac{1}{10-x} = \frac{1}{10-x}\sum\limits_{y=x}^{9} y$ $= \frac{1}{10-x}\left[\frac{10-x}{2}(2x+(9-x)) \cdot 1\right]$ $= \frac{1}{10-x} \cdot \frac{(10-x)(9+x)}{2} = \frac{x+9}{2}$

例 2. $f(x,y) = \begin{cases} 4y(x-y)e^{-(x+y)} & \infty > x > 0,\ x \geq y \geq 0 \\ 0 & \text{其它} \end{cases}$,求 $E(X|y)$

解

提示	解答
	$f_2(y) = \int_{y}^{\infty} 4y(x-y)e^{-(x+y)}\,dx \xrightarrow{z=x-y} \int_{0}^{\infty} 4yze^{-(z+2y)}dz$ $= 4ye^{-2y}\int_{0}^{\infty} ze^{-z}\,dz = 4ye^{-2y},\ \infty > y > 0$ $f(x|y) = \frac{f(x,y)}{f_2(y)} = \frac{4y(x-y)e^{-(x+y)}}{4ye^{-2y}} = (x-y)e^{-(x-y)},$ $\infty \geq x \geq y \geq 0$ $E(X|y) = \int_{y}^{\infty} xf(x|y)dx = \int_{y}^{\infty} x(x-y)e^{-(x-y)}dx$ $\xrightarrow{t=x-y} \int_{0}^{\infty} (t+y)te^{-t}dt = \int_{0}^{\infty} t^2e^{-t}dt + y\int_{0}^{\infty} te^{-t}dt = 2+y$

例 **3.** $r.v.\ X,\ Y$ 之 j.p.d.f. 為

$$f(x,y) = \begin{cases} \dfrac{1}{y}\,e^{-y-\frac{x}{y}} & ,\ x>0, y>0 \\ 0 & ,\ 其它 \end{cases}$$ 　求 $E(X\mid y)$ 及 $V(X\mid y)$

解

提示	解答
	(1) 先求 $f(y\mid x)$： $f_Y(y) = \int_0^\infty \dfrac{1}{y}e^{-y-\frac{x}{y}}dx = \dfrac{1}{y}e^{-y}\int_0^\infty e^{-\frac{x}{y}}dy$ $\quad = \dfrac{1}{y}e^{-y}\cdot y = e^{-y},\ y>0$ $f(x\mid y) = \dfrac{f(x,y)}{f(y)} = \dfrac{\frac{1}{y}e^{-y-\frac{x}{y}}}{e^{-y}} = \dfrac{1}{y}e^{-\frac{x}{y}},\ \infty>x>0$ $\therefore E(X\mid y) = \int_0^\infty x\cdot\dfrac{1}{y}e^{-\frac{x}{y}}dx = \dfrac{1}{y}\int_0^\infty xe^{-\frac{x}{y}}dx$ $\quad = \dfrac{1}{y}\cdot y^2 = y$
(2) 方法一：用條件變異數定義 $V(X\mid y) = \int_{-\infty}^\infty (x-E(x\mid y))^2 f(x\mid y)dx$ 應用：$\int_0^\infty x^m e^{-\frac{x}{n}}dx = \dfrac{m!}{n^{m+1}}$ $\therefore \int_0^\infty x^2\dfrac{1}{y}e^{-\frac{x}{y}}dx = \dfrac{1}{y}\cdot\dfrac{2!}{\left(\frac{1}{y}\right)^3} = 2y^2$ ……	(2) 由 (1) $f(x\mid y) = \dfrac{1}{y}e^{-\frac{x}{y}},\ \infty>x>0$ $V(X\mid y) = \int_0^\infty (x-E(X\mid y))^2 f(x\mid y)dx$ $\quad = \int_0^\infty (x-y)^2\cdot\dfrac{1}{y}e^{-\frac{x}{y}}dx$ $\quad = \int_0^\infty (x^2-2xy+y^2)\dfrac{1}{y}e^{-\frac{x}{y}}dx$ $\quad = 2y^2-2y^2+y^2 = y^2$（自行驗證之）
方法二：用 $V(X\mid y) = E(X_2\mid y)-[E(X\mid y)]^2$	$E(X^2\mid y) = \int_0^\infty x^2\left(\dfrac{1}{y}e^{-\frac{x}{y}}\right)dx$ $\quad = \dfrac{1}{y}\int_0^\infty x^2 e^{-\frac{x}{y}}dx = \dfrac{1}{y}\cdot 2y^3 = 2y^2$ $\therefore V(X\mid y) = V(X^2\mid y)-[E(X\mid y)]^2 = 2y^2-y^2 = y^2$

【定理 B】　若 $E(h(Y))$ 存在則 $E(h(Y)) = E(E(h(Y))\mid x)$

證　$E(E(h(Y))\mid x) = \sum_y\left[\sum_x h(y)P(Y=y\mid X=x)\right]P(X=x) = \sum_y\sum_x h(y)\dfrac{P(X=x,\ Y=y)}{P(X=x)}P(X=x)$

$\quad = \sum_y h(y)\sum_x P(X=x,Y=y)$

$\quad = E(h(y))$

同理：若 $E(g(X))$ 存在則 $E(g(X)) = E[E(g(X)\mid y)]$

★ **例 4.** 若 r.v. X, Y, Z 之 j.p.d.f. 為 $f(x, y, z)$ 試證 $E\{E[X \mid Y, Z] \mid Y\} = E(X \mid Y)$

解

提示	解答
$E(X\|Y, Z)$ 是 X 之函數， 設 $E(X\|Y, Z) = h(X)$， 那麼 $E[E(X\|Y, Z)\|Y]$ $= E(h(X)\|Y) = \int_{-\infty}^{\infty} h(x) f(x\|y) dx$	$E(X \mid Y=y, Z=z) = \int_{-\infty}^{\infty} x f(x \mid y, z) dx = \int_{-\infty}^{\infty} \frac{x f(x, y, z)}{f_{Y,Z}(y, z)} dx$ $\therefore E\{E[X \mid Y, Z] \mid Y = y\}$ $\quad = \int_{-\infty}^{\infty} E(X \mid Y = y, Z = z) f(z \mid y) dz$ $\quad = \int_{-\infty}^{\infty} \int_{-\infty}^{\infty} \frac{x f(x, y, z)}{f_{Y,Z}(y, z)} \cdot \frac{f_{Y,Z}(y, z)}{f_Y(y)} dx dz$ $\quad = \int_{-\infty}^{\infty} \int_{-\infty}^{\infty} \frac{x f(x, y, z)}{f_Y(y)} dx dz$ $\quad = E(X \mid Y = y)$ $\therefore E\{E[X\|Y, Z]Y\} = E(X\|Y)$

例 5. 若 r.v. X 服從母數為 λ 時之 Poisson 分配，而 λ 為 r.v.$\wedge$ 之實現值，其 p.d.f. 為 $f_\wedge(\lambda) = e^{-\lambda}$, $\lambda > 0$，求 $E(e^{-\wedge} \mid X = 1)$

解

提示	解答
當看到 p.d.f. 之母數為隨機變數時通常要聯想到條件機率分配。 1° $f(x \mid \lambda) = \dfrac{e^{-\lambda}\lambda^x}{x!}$, $x = 0, 1, 2\cdots$ 2° 因我們要求 $E(e^{-\wedge} \mid X = 1)$，第一步要求 $f(x \mid \lambda)$： $f(x \mid \lambda) = \dfrac{f(x, \lambda)}{f_X(x)} = \dfrac{f(x \mid \lambda) f_\lambda(\lambda)}{f_X(x)}$ 其次應用 $E(g(Y) \mid X = x) = \int_{-\infty}^{\infty} g(y) f(y \mid x) dx$ 3° $\int_0^\infty x^m e^{-nx} dx = \dfrac{m! \ (或 \Gamma(m+1))}{n^{m+1}}$	依題意： $f(x \mid \lambda) = \dfrac{e^{-\lambda}\lambda^x}{x!}$, $x = 0, 1, 2\cdots$ $f_\wedge(\lambda) = e^{-\lambda}$ $\therefore f(x, \lambda) = f(x \mid \lambda) f_\wedge(\lambda) = \dfrac{e^{-\lambda}\lambda^x}{x!} e^{-\lambda} = \dfrac{\lambda^x e^{-2\lambda}}{x!}$ 從而 $f(x) = \int_0^\infty f(x, \lambda) d\lambda = \int_0^\infty \dfrac{\lambda^x e^{-2\lambda}}{x!} d\lambda = \dfrac{1}{x!} \int_0^\infty \lambda^x e^{-2\lambda} d\lambda$ $\quad = \dfrac{1}{x!} \cdot \dfrac{x!}{2^{x+1}} = \dfrac{1}{2^{x+1}}$ $f(\lambda \mid x) = \dfrac{f(\lambda, x)}{f_x(x)} = \dfrac{\dfrac{\lambda^x e^{-2\lambda}}{x!}}{\dfrac{1}{2^{x+1}}} = 2^{x+1} \cdot \dfrac{\lambda^x}{x!} e^{-2\lambda}$ $\therefore E(e^{-\wedge} \mid X = 1) = \int_0^\infty e^{-\lambda} \cdot 2^2 \lambda e^{-2\lambda} d\lambda = 4 \int_0^\infty \lambda e^{-3\lambda} d\lambda = \dfrac{4}{9}$

$E(E(Y\|X)) = E(Y)$之應用

【定理 C】　若 $E(Y \mid X)$ 存在則 $E(E(Y \mid X)) = E(Y)$

證　$E(E(Y|X)) = \int_{-\infty}^{\infty} [\int_{-\infty}^{\infty} yg(y|x)\,dy]f_1(x)\,dx = \int_{-\infty}^{\infty}\int_{-\infty}^{\infty} yg(y|x)f_1(x)\,dydx$

$\qquad = \int_{-\infty}^{\infty}\int_{-\infty}^{\infty} yf(x,y)\,dydx = E(Y)$　∎

同法可證若 $E(Y|X)$ 存在則 $E(E(X|Y)) = E(X)$

　　上述定理**僅當 $E(Y|X)$ 存在（即 $E(Y|X) < \infty$）時才有 $E(E(Y|X))$** 結果，換言之，$E(Y|X)$ 不存在時 $E(E(Y|X))$ 未必等於 $E(Y)$。當 X 為離散型 *r.v.* 時，$E(Y) = \sum_{x} E(Y|x)P(X=x)$

例 6. 若 *r.v.* $X \sim U(0,1)$, $f(y|x) = \binom{n}{y}x^y(1-x)^{n-y}$, $y = 0, 1, 2\cdots n$，求 $E(Y)$

解

提示	解答
r.v. $X \sim U(a,b)$ 則 $E(X) = \dfrac{a+b}{2}$	$f(y\|x) = \binom{n}{y}x^y(1-x)^{n-y}$　$\therefore E(Y\|X) = nX$ $E(X) = E(E(Y\|X)) = E(nX) = n\left(\dfrac{1}{2}\right) = \dfrac{n}{2}$

例 7. 某人從甲地到乙到若乘汽車需 a 小時，乘火車需 b 小時，乘船需 c 小時，現某人以擲骰子決定由甲至乙之交通工具：若出現 1, 3, 6 點搭汽車，2, 5 點搭火車，4 點搭船，求某人由甲地到乙地之期望旅行時間

解　令 B：搭汽車之事件，T：搭火車之事件，S：搭船之事件，X：旅行時間，依題意：

$E(X|B) = a,\ P(B) = \dfrac{3}{6}$, $E(X|T) = b,\ P(T) = \dfrac{2}{6}$, $E(X|S) = c,\ P(S) = \dfrac{1}{6}$

$\therefore E(X) = E(X|B)P(B) + E(X|T)P(T) + E(X|S)P(S) = \dfrac{3a}{6} + \dfrac{2b}{6} + \dfrac{1}{6}c$

$\qquad = \dfrac{3a+2b+c}{6}$

例 8. 隨機矩形之長 X 是一個 *rv.*，$X \sim U(0,1)$，其寬亦為 *rv.* $W \sim U(0,X)$，試求此矩形之 (1) 期望週長 (2) 期望面積

提示	解答
$\because W \sim U(0, X)$，即均勻分配內之一個母數為 $r.v.$ $\therefore$ 聯想到條件機率分配，求這類問題之期望值時若可能，可儘量考慮用 $E(E(Y\|X)) = E(X)$ 又 $W \sim U(0, X)$, $E(W \| X) = \dfrac{X}{2}$	(1) $E(2X + 2W) = 2(EX + EW) = 2[EX + E(E(W\|X))]$ $\qquad = 2 \cdot \dfrac{1}{2} + 2E\left(\dfrac{X}{2}\right) = 1 + 2\left(\dfrac{1}{4}\right) = \dfrac{3}{2}$ (2) $E(XW) = E(E(XW\|X)) = E(XE(W\|X))$ $\qquad = E\left(X \cdot \dfrac{X}{2}\right) = \dfrac{1}{2}EX^2 = \dfrac{1}{2}\int_0^1 x^2 \cdot 1 \, dx = \dfrac{1}{6}$

★ **例 9.** 盒中有標有 1, 2⋯n 之 n 個號球，若從中摸取號球，若取得 1 號球則得 1 分，且停止取球，若取 i 號球則得 i 分並將球放回重摸。如此，試求期望分數。

解

提示	解答
請特別注意＊，並與若取得 1 號球則得 1 分，且停止取球，若取 i 號球則得 i 分並將球放回重摸。併在一起，想想看＊設式之理由。	設 X 為第 1 次抽取之號球，Y 為得到總分數，依題意 $P(X=k)=\dfrac{1}{n}$，$k = 1, 2 \cdots n$ $E(Y \| X = 1) = 1$, $E(Y \| X = k) = k + E(Y)$ $\therefore E(Y) = E[E(Y\|X)] = \sum_{k=1}^{n} E(Y \| X = k) \, P(X=k)$ $\qquad = 1\left(\dfrac{1}{n}\right) + \sum_{k=2}^{n}(k + E(Y))\dfrac{1}{n}$ ＊ $\Rightarrow nE(Y) = 1 + (2 + \cdots + n) + (n-1)E(Y)$ $\therefore E(Y) = \dfrac{n(n+1)}{2}$

條件分配在機率求算上之應用

例 10. 若 X, Y 為二獨立之連續隨機變數，試證 $P(X \le Y) = \displaystyle\int_{-\infty}^{\infty} F_X(y) f_Y(y) dy$

解 $P(X \le Y) = \displaystyle\int_{-\infty}^{\infty} P(X \le Y \| Y=y) f_Y(y) dy = \int_{-\infty}^{\infty} P(X \le y) f_Y(y) dy$

$\qquad = \displaystyle\int_{-\infty}^{\infty} F_X(y) f_Y(y) dy$

例 11. 設 X, Y 為獨立服從同一幾何分配 $P(X=k)=pq^k$，$k = 0, 1, 2$，求
(1) $P(X = Y)$ (2) $P(X > 2Y)$

解　(1) $P(X=Y)=\sum\limits_{y=0}^{\infty}P(X=y\,|\,Y=y)\,P(Y=y)=\sum\limits_{y=0}^{\infty}P(X=y)\,P(Y=y)$

$$=\sum\limits_{y=0}^{\infty}pq^y\cdot pq^y=p^2\sum\limits_{y=0}^{\infty}q^{2y}=\frac{p^2}{1-q^2}=\frac{p}{1+q}$$

(2) $P(X\geq 2Y)=\sum\limits_{y=0}^{\infty}P(X\geq 2y\,|\,Y=y)\,P(Y=y)$

$$=\sum\limits_{y=0}^{\infty}P(X=2y)\,P(Y=y)=\sum\limits_{y=0}^{\infty}q^{2y}\cdot pq^y=P\sum\limits_{y=0}^{\infty}q^{3y}$$

$$=\frac{p}{1-q^3}=\frac{1}{1+q+q^2}$$

習題 3-3

1. $r.v.\,X,\,Y$ 之結合機率分配如表

Y ＼ X	0	1
0	$\dfrac{6}{15}$	$\dfrac{4}{15}$
1	$\dfrac{4}{15}$	$\dfrac{1}{15}$

求 (1) $f(y\,|\,X=1)$　(2) $E(Y\,|\,X=1)$　(3) $V(Y\,|\,X=1)$

(4) $E(Y\,|\,X)=h(X)$，$E(h(X))$

2. $r.v.\,X,\,Y$ 之結合機率密度

$$f(x,y)=\begin{cases}6xy(2-x-y)\,, & 0<x<1,\,0<y<1\\ 0 & ,\quad \text{其它}\end{cases}$$ 求 $E(X\,|\,Y=y)$

3. $r.v.\,X,\,Y$ 之結合機率密度函數為

$$f(x,y)=\begin{cases}\dfrac{1}{2} & 0<x\leq y\leq 2\\ 0 & \text{其它}\end{cases}$$ 求 (1) $E(Y\,|\,x)$ 及 (2) $V(Y\,|\,x)$

4. 試證 $E(XY\,|\,Y=y)=yE(X\,|\,Y=y)$

5. 考慮下列給定 x 下 Y 之條件分配表

		$Y\,|\,x$			
		1	2	3	4
x	-1	$\dfrac{1}{3}$	0	$\dfrac{1}{3}$	$\dfrac{1}{3}$
	0	0	$\dfrac{1}{2}$	0	$\dfrac{1}{2}$
	1	$\dfrac{1}{4}$	$\dfrac{1}{4}$	$\dfrac{1}{4}$	$\dfrac{1}{4}$

且 $P(X=-1)=P(X=0)=P(X=1)=\dfrac{1}{3}$

求 (1)$E(Y\mid x)$ (2)Y 之 pdf.   (3)$E(Y)$ (4) 驗證 $E(E(Y\mid X))=E(Y)$

6. 證明 $E(E(g(X,Y))\mid X)=E(g(X,Y))$

7. $r.v.\ X,Y$ 之機率質量密度函數表如下

		x		
		-1	0	1
	-1	$\dfrac{1}{6}$	$\dfrac{1}{9}$	$\dfrac{1}{9}$
y	0	$\dfrac{1}{9}$	0	$\dfrac{1}{6}$
	1	$\dfrac{1}{18}$	$\dfrac{1}{9}$	$\dfrac{1}{6}$

求 $E(Y\mid X=-1),\ V(Y\mid X=-1)$

8. 若二隨機變數 X,Y 之 j.p.d.f. 為

$f(x,y)=\begin{cases} 2 & 2>y>x>1 \\ 0 & \text{其它} \end{cases}$ 求 $E\left(X\mid y=\dfrac{3}{2}\right)$

9. 求 $V(X+Y\mid Y)$ 與 $V(X\mid Y)$ 之關係。

10. 自 1, 2, $\cdots\cdots n$ 中任取一數 X，再由 1, 2, $\cdots\cdots X$ 中抽出一數 Y，求 $E(Y)$

11. X,Y 之 j.p.d.f. 為

$f(x,y)=\begin{cases} \dfrac{e^{-y}}{y}, & 0<x<y<\infty \\ 0, & \text{其它} \end{cases}$ 求 (1)$f_2(y)$ (2) 給定 $Y=y$ 之條件下，X 之條件分配

(3)$E(X^2\mid Y)$

B

12. 若 $E(X^2)<\infty$，(1) 試證 $V(X)=V[E(X\mid Y)]+E[V(X\mid Y)]$ (2) 由 (1) 之結果證明 $V(X)\geq V[E(X\mid Y)]$

3.4 相關係數

共變數

【定義】 令 X 與 Y 為定義於同一機率空間之二個隨機變數，則 X, Y 之**共變數**（covariance）σ_{XY} 或 cov(X, Y) 定義為
$$\sigma_{XY} = \text{cov}(X, Y) = E[(X - \mu_X)(Y - \mu_Y)]$$

由定義顯然可得到以下結果：
(1) 當 $X = Y$ 時 cov$(X, X) = \sigma_X^2$
(2) cov(X, Y) = cov(Y, X)

【定理 A】 cov$(X, Y) = E(XY) - E(X)E(Y)$

證
$$
\begin{aligned}
\text{cov}(X, Y) &= E[(X - \mu_X)(Y - \mu_Y)] \\
&= E[XY - \mu_X \cdot Y - \mu_Y \cdot X + \mu_X\mu_Y] \\
&= E(XY) - \mu_X E(Y) - \mu_Y E(X) + \mu_X\mu_Y \\
&= E(XY) - \mu_X\mu_Y \\
&= E(XY) - E(X)E(Y)
\end{aligned}
$$
∎

由上述定理，我們易知若 **X, Y 為二獨立隨機變數，則 cov$(X, Y) = 0$** 但其逆並不成立。

下面定理是計算二組變線之線性組合間之共變數與相關係數之最重要工具。

【定理 B】 cov$\left(\sum\limits_{i=1}^{n} a_i X_i, \sum\limits_{j=1}^{m} b_j Y_j\right) \sum\limits_{i=1}^{n} \sum\limits_{j=1}^{m} a_i b_j \text{cov}(X_i, X_j)$

例 1. 設 X_1, X_2, X_3 為三獨立隨機變數若 $V(X_i) = \sigma_i^2$，$i = 1, 2, 3$，求 cov$(X_1 - X_2, 2X_1 - X_2 - 3X_3)$

解

提示	解答
本例可圖解如下（不考慮 X_1, X_2, X_3 之係數與正負號）	$\text{cov}(X_1 - X_2, 2X_1 - X_2 - 3X_3)$ $= \text{cov}(X_1, 2X_1) + \text{cov}(X_1, -X_2) + \text{cov}(X_1, -3X_3)$ $+ \text{cov}(-X_2, 2X_1) + \text{cov}(-X_2, -X_2) + \text{cov}(-X_2, -3X_3)$

提示	解答
$\mathrm{cov}(X_1 + X_2, X_1 + X_2 + X_3)$	$= 2\mathrm{cov}\,(X_1, X_1) - \mathrm{cov}\,(X_1, X_2) - 3\mathrm{cov}\,(X_1, X_3)$
	$- 2\mathrm{cov}\,(X_2, X_1) + \mathrm{cov}\,(X_2, X_2) + 3\mathrm{cov}\,(X_2, X_3)$
	$= 2\sigma_1^2 + \sigma_2^2$

【定理 C】　$V(X \pm Y) = V(X) + V(Y) \pm 2\mathrm{cov}(X, Y)$

證　$V(X + Y) = E(X + Y)^2 - [E(X + Y)]^2$
　　　　　　$= EX^2 + 2EXY + EY^2 - (EX)^2 - 2EX\,EY - (EY)^2$
　　　　　　$= V(X) + V(Y) + 2\,\mathrm{cov}(X, Y)$
同法可證
$V(X - Y) = V(X) + V(Y) - 2\mathrm{cov}(X, Y)$ ∎

【定理 D】　$V(X_1 + X_2 + \cdots + X_n) = \sum\limits_{i=1}^{n} V(X_i) + 2\sum\limits_{i>j}\sum \mathrm{cov}\,(X_i, Y_j)$

相關係數

【定義】　二隨機變數 X, Y 之**相關係數**（correlation coefficient）（記做 ρ_{XY}，$\rho(X, Y)$ 或 ρ）定義為

$$\rho = \frac{\mathrm{cov}(X, Y)}{\sigma_X \sigma_Y} = \frac{E[(X - \mu_X)(Y - \mu_Y)]}{\sigma_X \sigma_Y} = \frac{E(XY) - E(X)E(Y)}{\sigma_X \sigma_Y}$$

由相關係數之定義，我們極易得到下列極為重要之結果：
$$V(aX \pm bY) = a^2 V(X) + b^2 V(Y) + 2ab\,\mathrm{cov}\,(X, Y) = a^2 \sigma_X^2 + b^2 \sigma_Y^2 \pm 2ab\,\sigma_X \sigma_Y \rho$$
（ρ 為 X, Y 之相關係數）

例 **2.**　X, Y 為二隨機變數，其中 $\mu_X = 1$，$\mu_Y = 4$，$\sigma_X^2 = 6$，$\sigma_Y^2 = 6$ 若 $\rho = \dfrac{1}{3}$，取 $Z = 2X + Y$ 求 (1)$E(Z)$　(2)$V(Z)$

解　(1) $E(Z) = E(2X + Y) = 2E(X) + E(Y) = 2 \cdot 1 + 4 = 6$
　　(2) $V(Z) = V(2X + Y) = 4V(X) + V(Y) + 4\rho \sigma_X \sigma_Y = 4\sigma_X^2 + \sigma_Y^2 + 4\rho \sigma_X \sigma_Y$
　　　　　$= 4 \times 6 + 6 + 4 \times \dfrac{1}{3} \times \sqrt{6}\sqrt{6} = 38$

例 **3.** 設一盒中有 2 紅球 3 黑球，以抽出不投返方式任取二球，令 X 為抽出紅球個數，Y 為抽出之黑球個數，求 $\rho(X, Y)$。

解 設 R, B 分表抽出為紅球與黑球之事件

$$P(R=2, B=0) = \frac{\binom{2}{2}\binom{3}{0}}{\binom{5}{2}} = \frac{1}{10} \quad P(R=1, B=1) = \frac{\binom{2}{1}\binom{3}{1}}{\binom{5}{2}} = \frac{6}{10}$$

$$P(R=0, B=2) = \frac{\binom{2}{0}\binom{3}{2}}{\binom{5}{2}} = \frac{3}{10}$$

		R			
		0	1	2	
	0	0	0	$\frac{1}{10}$	$\frac{1}{10}$
B	1	0	$\frac{6}{10}$	0	$\frac{6}{10}$
	2	$\frac{3}{10}$	0	0	$\frac{3}{10}$
		$\frac{3}{10}$	$\frac{6}{10}$	$\frac{1}{10}$	

$$E(B) = 0 \times \frac{1}{10} + 1 \times \frac{6}{10} + 2 \times \frac{3}{10} = \frac{12}{10} \; ;$$

$$E(B^2) = 0^2 \times \frac{1}{10} + 1^2 \times \frac{6}{10} + 2^2 \times \frac{3}{10} = \frac{18}{10}$$

$$\therefore V(B) = E(B^2) - E^2(B) = \frac{36}{100}$$

同法

$$E(R) = \frac{8}{10} \; , \; V(R) = \frac{36}{100}$$

$$又 \operatorname{Cov}(B, R) = E(BR) - E(B)E(R) = \frac{6}{10} - \frac{12}{10} \times \frac{8}{10} = \frac{-36}{100}$$

$$\therefore \rho(B, R) = \frac{\operatorname{Cov}(B, R)}{\sigma_B \sigma_R} = \frac{-\dfrac{36}{100}}{\sqrt{\dfrac{36}{100}}\sqrt{\dfrac{36}{100}}} = -1$$

相關係數之重要性質

【定理 D】 $-1 \leq \rho \leq 1$

證 $(1) V\left(\dfrac{X}{\sigma_X}+\dfrac{Y}{\sigma_Y}\right)=\dfrac{V(X)}{\sigma_X^2}+\dfrac{V(Y)}{\sigma_Y^2}+\dfrac{2\,\mathrm{cov}(X,\,Y)}{\sigma_X\sigma_Y}=1+1+2\rho=2(1+\rho)\geq 0$

$\therefore \rho \geq -1$

$(2) V\left(\dfrac{X}{\sigma_X}-\dfrac{Y}{\sigma_Y}\right)=\dfrac{V(X)}{\sigma_X^2}+\dfrac{V(Y)}{\sigma_Y^2}-\dfrac{2\,\mathrm{cov}(X,\,Y)}{\sigma_X\sigma_Y}=1+1-2\rho=2(1-\rho)\geq 0$

$\therefore \rho \leq 1$

由 (1)，(2) 知 $1 \geq \rho \geq -1$ ∎

【定理 E】 若 X, Y 獨立，則 $\rho = 0$

證 $\because$ 若 X, Y 獨立則 $E(XY) = EXEY$

$\therefore \rho = 0$ ∎

上面定理之逆定理不恆成立。**若 $\rho = 0$ 我們只說 X, Y 為不相關**，而不能說 X, Y 為獨立，即「不相關」與「獨立」在意義上並非等值的。**若 X, Y 為獨立，則 X, Y 必為不相關**，即 X, Y 之相關係數 $\rho = 0$。

例 3. X_1, X_2, X_3 為獨立之隨機變數，$V(X_i)=i\sigma^2$，$i = 1, 2, 3$ 求 $\rho(X_1 + 2X_2, X_2 + 3X_3)$

解 $\mathrm{cov}\,(X_1+2X_2, X_2+3X_3) = \mathrm{cov}\,(X_1, X_2) + 3\mathrm{cov}\,(X_1, X_3) + 2\mathrm{cov}\,(X_2, X_2)$
$+ 6\mathrm{cov}\,(X_2, X_3) = 2\sigma_2^2 = 2 \cdot 2\sigma^2 = 4\sigma^2$
$V(X_1 + 2X_2) = V(X_1) + V(2X_2) = \sigma_1^2 + 4\sigma_2^2 = \sigma^2 + 4 \cdot 2\sigma^2 = 9\sigma^2$
$V(X_2 + 3X_3) = V(X_2) + V(3X_3) = \sigma_2^2 + 9\sigma_3^2 = 2\sigma^2 + 9 \cdot 3\sigma^2 = 29\sigma^2$
$\therefore \rho(X_1 + 2X_2, X_2 + 3X_3) = \dfrac{4\sigma^2}{\sqrt{9\sigma^2}\sqrt{29\sigma^2}} = \dfrac{4}{3\sqrt{29}}$

例 4. 若 X, Y 為二獨立隨機變數，試以 X_1, X_2 之平均數 μ_1, μ_2 與變異數 σ_1^2, σ_2^2 表示 $Y = X_1 X_2$ 與 X_1 之相關係數 ρ。

解 $\mathrm{cov}\,(X_1, Y) = \mathrm{cov}\,(X_1, X_1 X_2) = E\,(X_1 \cdot X_1 X_2) - E(X_1)\,E(X_1 X_2)$
$= E(X_1^2 X_2) - E(X_1)E(X_1)E(X_2) = E(X_1^2)\,E(X_2) - [E(X_1)]^2 E(X_2)$
$= \{E(X_1^2) - [E(X_1)]^2\}E(X_2) = \sigma_1^2 \mu_2$

$$V(Y) = V(X_1 X_2) = E(X_1{}^2 X_2{}^2) - [E(X_1 X_2)]^2 = E(X_1^2) E(X_2^2) - (\mu_1 \mu_2)^2$$
$$= (V(X_1) + E^2(X_1))(V(X_2) + E^2(X_2)) - (\mu_1 \mu_2)^2$$
$$= (\sigma_1^2 + \mu_1^2)(\sigma_2^2 + \mu_2^2) - \mu_1^2 \mu_2^2$$
$$= \sigma_1^2 \sigma_2^2 + \mu_1^2 \sigma_2^2 + \mu_2^2 \sigma_1^2$$
$$\therefore \rho = \frac{\text{cov}(X_1, Y)}{\sigma_{X_1} \sigma_Y} = \frac{\mu_2 \sigma_1}{\sqrt{\sigma_1^2 \sigma_2^2 + \mu_1^2 \sigma_2^2 + \mu_2^2 \sigma_1^2}}$$

迴歸方程式與相關係數

若條件期望值滿足：

(1) $E(Y \mid x) = a + bx$ 時稱為 **Y 在 X 之迴歸直線**（regression line of Y on X）

(2) $E(X \mid y) = c + dy$ 時稱為 **X 在 Y 之迴歸直線**（regression line of X on Y）

【定理 E】　(X, Y) 為二維 r.v., $E(X) = \mu_X$, $E(Y) = \mu_Y$, $V(X) = \sigma_X^2$, $V(Y) = \sigma_Y^2$，ρ 為 X, Y 之相關係數，若 $E(Y \mid x) = a + bx$ 則 $E(Y \mid x) = \mu_Y + \rho \dfrac{\sigma_Y}{\sigma_X}(x - \mu_X)$

證　$E(Y \mid x) = \displaystyle\int_{-\infty}^{\infty} y f(y \mid x) dy$

$\qquad = \displaystyle\int_{-\infty}^{\infty} y f(x, y) dy / f_1(x) = a + bx$

$\therefore E(Y \mid x) = (a + bx) f_1(x)$ ‥‥‥‥‥‥‥‥‥‥‥‥‥‥‥‥‥‥‥ (1)

二邊同取期望值：

① 由 (1)：$E(Y) = \displaystyle\int_{-\infty}^{\infty} (a + bx) f_1(x) dx = a + bE(X)$

　即 $\mu_Y = a + b\mu_X$‥‥‥‥‥‥‥‥‥‥‥‥‥‥‥‥‥‥‥‥‥‥‥‥‥ (2)

② 在 (1)：$E(XY \mid x) = xE(Y \mid x) = x(a + bx)$ $\therefore E(XY \mid X) = X(a + bX) =$
$aX + bX^2 \Rightarrow E(XY) = E(XY \mid X) = aE(X) + bE(X^2) = a\mu_X + b(\sigma_X^2 + \mu_X^2)$

或 $\rho\sigma_X \sigma_Y + \mu_X \mu_Y = a\mu_X + b(\sigma_X^2 + \mu_X^2)$ ‥‥‥‥‥‥‥‥‥‥‥‥‥ (3)

解 (2), (3) 之 a, b 值：

$$\begin{cases} a + b\mu_X = \mu_Y \\ a\mu_X + b(\sigma_X^2 + \mu_X^2) = \rho\sigma_X \sigma_Y + \mu_X \mu_Y \end{cases}$$

解之

$$a = \mu_Y - \rho \frac{\sigma_Y}{\sigma_X} \mu_X, \ b = \rho \frac{\sigma_Y}{\sigma_X},$$

即 $E(Y \mid x) = \mu_Y + \rho \dfrac{\sigma_Y}{\sigma_X}(x - \mu_X)$ ∎

由此可得下面極其重要之推論：

【推論 E1】　若 $E(Y|x) = a + bx$，$E(X|y) = a + \beta y$ 則 X, Y 之相關係數 $\rho = \pm\sqrt{b\beta}$ （b, $\beta > 0$ 時 $\rho > 0$, $b, \beta < 0$ 時 $\rho < 0$）

證　$\because b = \rho \dfrac{\sigma_Y}{\sigma_X}, \beta = \rho \dfrac{\sigma_X}{\sigma_Y}$

$\therefore \rho^2 = b\beta \Rightarrow \rho = \pm\sqrt{b\beta}$

$b, \beta > 0$ 時 $\rho > 0$　$b, \beta < 0$ 時 $\rho < 0$，即 ρ 與 b, β 同號

注意：(1) **b, β 必為同號，不可能為異號**。

　　　(2) **若 $E(X|y)$ 或 $E(Y|x)$ 不為線性時就不可用推論 E1**。

例 5. 在 Y 在 X 及 X 在 Y 之迴歸方程式均為線性

$E(Y|x) = -\dfrac{3}{2}x - 2$，$E(X|y) = -\dfrac{3}{5}y - 3$

求 (1)X, Y 之相關係數 (2)$E(X)$ 及 $E(Y)$

解　$(1) \rho = -\sqrt{\left(-\dfrac{3}{2}\right)\left(-\dfrac{3}{5}\right)} = -\dfrac{3}{\sqrt{10}}$

$(2) E(Y) = E(E(Y|X)) = -\dfrac{3}{2}E(X) - 2$

$E(X) = E(E(X|Y)) = -\dfrac{3}{5}E(Y) - 3$

即

$$\begin{cases} E(Y) + \dfrac{3}{2}E(X) = -2 \\[2mm] \dfrac{3}{5}E(Y) + E(X) = -3 \end{cases} \qquad \therefore E(X) = -8, E(Y) = 25$$

例 6. 設 $f(x, y) = \begin{cases} 2 & 0 < x < y, \ 0 < y < 1 \\ 0 & \text{其它} \end{cases}$ 為 r.v. X 及 Y 之 j.p.d.f. 求 X, Y 之相關係數。

解

提示	解答
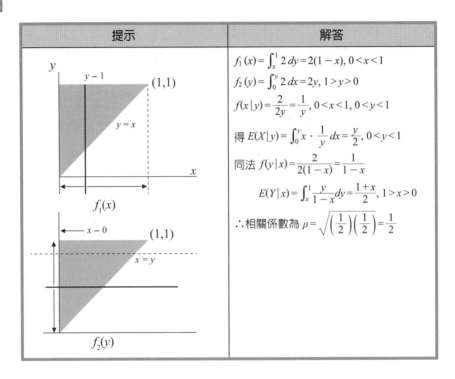	$f_1(x) = \int_x^1 2\,dy = 2(1-x),\ 0 < x < 1$ $f_2(y) = \int_0^y 2\,dx = 2y,\ 1 > y > 0$ $f(x\|y) = \dfrac{2}{2y} = \dfrac{1}{y},\ 0 < x < 1,\ 0 < y < 1$ 得 $E(X\|y) = \int_0^y x \cdot \dfrac{1}{y}\,dx = \dfrac{y}{2},\ 0 < y < 1$ 同法 $f(y\|x) = \dfrac{2}{2(1-x)} = \dfrac{1}{1-x}$ $E(Y\|x) = \int_x^1 \dfrac{y}{1-x}\,dy = \dfrac{1+x}{2},\ 1 > x > 0$ $\therefore$ 相關係數為 $\rho = \sqrt{\left(\dfrac{1}{2}\right)\left(\dfrac{1}{2}\right)} = \dfrac{1}{2}$

【定理 F】 若 X, Y 之相關係數為 ± 1 則 Y 與 X 有直線關係。

提示	證明
$Z_1 = \dfrac{X - \mu_X}{\sigma_X}$ 與 $Z_2 = \dfrac{Y - \mu_Y}{\sigma_Y}$ 時，有 (1) $E(Z_1) = E(Z_2) = 0$ (2) $V(Z_1) = V(Z_2) = 1$ (3) $\mathrm{Cov}(Z_1, Z_2) = \rho_{Z_1 Z_2}$	考慮 $Z_1 = \dfrac{X - \mu_X}{\sigma_X}$, $Z_2 = \dfrac{Y - \mu_Y}{\sigma_Y}$，則 $V(Z_1 \pm Z_2) = V(Z_1) \pm 2\mathrm{Cov}(Z_1 \cdot Z_2) + V(Z_2) = 2 \pm 2\rho = 2(1 \pm \rho)$ (i) $\rho = 1$ 時 $\quad \because V(Z_1 - Z_2) = 2(1 - \rho) = 0 \quad \therefore Z_2 - Z_1 = c$，即 $\dfrac{Y - \mu_Y}{\sigma_Y} - \dfrac{X - \mu_X}{\sigma_X} = c$ $\quad \therefore Y = \dfrac{\sigma_Y}{\sigma_X}X + $ 常數，即 $Y = mX + b$，$m > 0$（斜率為正） (ii) $\rho = -1$ 時 $\quad \because V(Z_1 + Z_2) = 2(1 + \rho) = 0 \quad \therefore Z_2 + Z_1 = c$，即 $\dfrac{Y - \mu_Y}{\sigma_Y} + \dfrac{X - \mu_X}{\sigma_X} = c$ $\quad \therefore Y = -\dfrac{\sigma_Y}{\sigma_X}X + $ 常數，即 $Y = mX + b$，$m < 0$（斜率為負） 綜 (i)，(ii)，X, Y 之相關係數為 ± 1 時，Y 與 X 有直線關係，其逆敘述 亦成立。∎

習題 3-4

A

1. 設三獨立隨機變數 X_1, X_2, X_3 之變異數分別為 $\sigma_1^2, \sigma_2^2, \sigma_3^2$，求 $\rho\,(X_1 - X_2, X_2 + X_3)$。

2. 若 X, Y 間之相關係數為 ρ，證 $g(\alpha) = V(X + \alpha V)$ 之極小值為 $(1 - \rho^2)V(X)$。

3. $X_1, X_2, \cdots X_n$ 為 n 個隨機變數，若 $E(X_i) = m$, $V(X_i) = \sigma^2$, $\forall_i$ 且 $\text{cov}(X_i, Y_j) = \rho\sigma^2$, $\forall_i \neq j$

   證明 (1) $V(\bar{X}) = [1 + (n - 1)\rho]\dfrac{\sigma^2}{n}$　(2) $\dfrac{-1}{n - 1} \leq \rho \leq 1$

4. X, Y, Z 為三個 $r.v.$ 若 $\rho_{XY}, \rho_{XZ}, \rho_{YZ}$ 分表 $X, Y; X, Z; Y, Z$ 間之相關係數，試證

   $\dfrac{-3}{2} \leq \rho_{XY} + \rho_{XZ} + \rho_{YZ} \leq 3$。

5. 設二元 $r.v. X, Y$ 均勻分布於 R 上，$R = \{(x, y) | x^2 + y^2 \leq 1, y \geq 0\}$，求 ρ。

6. (1) 設 X_1, X_2, X_3 三 rv 之變異數分別 $\sigma^2, 3\sigma^2$ 及 σ^2 其中 X_1 與 X_2 為獨立，X_2 與 X_3 為獨立，若 $X_1 - X_2$ 與 $X_2 + X_3$ 之相關係數 -0.8，求 X_1 與 X_2 之相關係數。

   (2) 已知 $E(Y \,|\, x) = 2.25 - 2.25x$, $E(X \,|\, y) = 3 - y$, $\sigma_1\sigma_2 = 2$，求 $\mu_1, \mu_2, \sigma_1^2, \sigma_2^2$ 與 ρ。

7. $r.v.\ X, Y$ 之 j.p.d.f. 為

   $f(x, y) = \begin{cases} e^{-y} & , \infty > y > x > 0 \\ 0 & , \text{其它} \end{cases}$ 　求 ρ

8. 若有關期望值均存在，試證 $\text{cov}(X, Y) = \text{cov}(E(X \,|\, Y), Y)$

9. $r.v.\ X, Y$ 之 j.p.d.f. 為

   $f(x, y) = \begin{cases} 1 & , |y| < x,\ 0 < x < 1 \\ 0 & , \text{其它} \end{cases}$ 　求 ρ。

B

10. 證明 $E(X \,|\, y) = a + by$ 時 $E(X \,|\, y) = \mu_X + \rho\,\dfrac{\sigma_X}{\sigma_Y}\,(y - \mu_Y)$

11. 設二 $r.v.\ X, Y$ 滿足　① $E(X) = E(Y)$　② $\sigma(X) = \sigma(Y)$　及 ③ $\rho(X, Y) = 1$ 試證 $X = Y$

12. 若 $r.v.\ X, Y$ 滿足 (1) $E(X) = E(Y) = 0$，(2) $V(X) = V(Y) = 1$，(3) X, Y 之相關係數為 ρ，試證　(1) $E\{\max(X^2, Y^2)\} \leq 1 + \sqrt{1 - \rho^2}$

   (2) $P(|X - \mu_X| \geq \lambda\sigma_X\ \text{或} |X - \mu_Y| \geq \lambda\sigma_Y) \leq \dfrac{1}{\lambda^2}(1 + \sqrt{1 - \rho^2}) \geq 0$

13. X, Y 為二 $r.v.$ 者 $E(X^2) = E(Y^2) = E(XY)$，試證 $X = Y$。

3.5 隨機變數之函數（二）

我們在上章討論過一元隨機變數之函數，本節將以此爲基礎續研究二元隨機變數之變數變換。我們先考慮一對一轉換之函數：

(1) 將 $x_1 x_2$ 平面上之二維集合 A 透過一對一且映成之轉換 $y_1 = \mu_1(x_1, x_2)$，$y_2 = \mu_2(x_1, x_2)$ 到 $y_1 y_2$ 平面之二維集合 B，

(2) 設 $x_1 = w_1(y_1, y_2)$，$x_2 = w_2(y_1, y_2)$ 則我們可得 Jocobian，記做 $|J|$，其中

$$J = \begin{vmatrix} \dfrac{\partial x_1}{\partial y_1} & \dfrac{\partial x_1}{\partial y_2} \\ \dfrac{\partial x_2}{\partial y_1} & \dfrac{\partial x_2}{\partial y_2} \end{vmatrix}_+ \text{，假設 } J \neq 0$$

(3) X_1, X_2 之 j.p.d.f. 爲 $\phi(x_1, x_2)$，若 $A \subset \mathscr{A}$，且 B 爲透過上述轉換映成之集合，$B \subset \mathscr{B}$，因事件 $(X_1, X_2) \in A, (Y_1, Y_2) \in B$ 爲**等價**（equivalent），

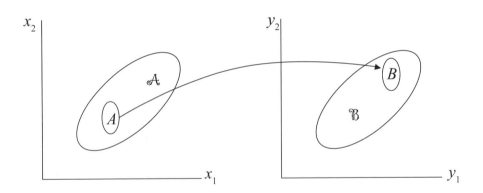

因此可得
$$P[(Y_1, Y_2) \in B] = P[(X_1, X_2) \in A]$$
同時
$$\begin{aligned} P[(X_1, X_2) \in A] &= \int_A \int \phi(x_1, x_2)\, dx_1\, dx_2 \\ &= \int_B \int \phi[w_1(y_1, y_2), w_2(y_1, y_2)] \cdot |J|\, dy_1\, dy_2 \end{aligned}$$

$$\therefore g(y_1, y_2) = \begin{cases} \phi[w_1(y_1, y_2), w_2(y_1, y_2)]|J|, & (y_1, y_2) \in B \\ 0 & \text{其它} \end{cases}$$

有了 Y_1, Y_2 之 j.p.d.f. 我們便可求得 Y_1, Y_2 之邊際密度函數。

若問題是「已知 *r.v.* X_1, X_2 之 **j.p.d.f.** 若 $Y_1 = U_1(X_1, X_2)$，求 Y_1 之 **p.d.f.**」。此時，我們必須另找到一個輔助函數 $Y_2 = U_2(X_1, X_2)$，先求得 Y_1, Y_2 之

j.p.d.f.，從而得到 Y_1 之邊際密度函數 $h(y_1)$。$Y_2 = U_2(X_1, X_2)$ 之建立並無定則可循，以便於求 Y_1 之邊際密度函數是最大原則。

例 1. $r.v.$ X_1, X_2 均獨立服從 $f(x) = \begin{cases} e^{-x}, & x > 0 \\ 0 & 其它 \end{cases}$ 令 $Y_1 = X_1 + X_2$，$Y_2 = \dfrac{X_1}{X_1 + X_2}$，

求 Y_1, Y_2 之 p.d.f. 各為何？

解

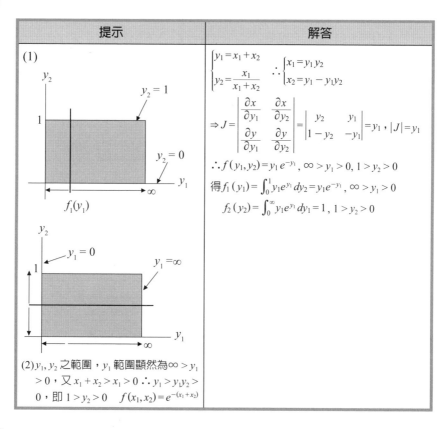

提示	解答
(1)	$\begin{cases} y_1 = x_1 + x_2 \\ y_2 = \dfrac{x_1}{x_1 + x_2} \end{cases} \therefore \begin{cases} x_1 = y_1 y_2 \\ x_2 = y_1 - y_1 y_2 \end{cases}$
	$\Rightarrow J = \begin{vmatrix} \dfrac{\partial x}{\partial y_1} & \dfrac{\partial x}{\partial y_2} \\ \dfrac{\partial y}{\partial y_1} & \dfrac{\partial y}{\partial y_2} \end{vmatrix} = \begin{vmatrix} y_2 & y_1 \\ 1 - y_2 & -y_1 \end{vmatrix} = y_1,\ \lvert J \rvert = y_1$
	$\therefore f(y_1, y_2) = y_1 e^{-y_1},\ \infty > y_1 > 0,\ 1 > y_2 > 0$
	得 $f_1(y_1) = \int_0^1 y_1 e^{y_1}\, dy_2 = y_1 e^{-y_1},\ \infty > y_1 > 0$
	$f_2(y_2) = \int_0^\infty y_1 e^{y_1}\, dy_1 = 1,\ 1 > y_2 > 0$
(2) y_1, y_2 之範圍，y_1 範圍顯然為 $\infty > y_1 > 0$，又 $x_1 + x_2 > x_1 > 0$ $\therefore y_1 > y_1 y_2 > 0$，即 $1 > y_2 > 0$　$f(x_1, x_2) = e^{-(x_1 + x_2)}$	

例 2. $r.v.$ X_1, X_2, X_3 均獨立服從 $f(x) = e^{-x},\ x > 0$ 令 $Y_1 = X_1 + X_2 + X_3$，

$Y_2 = \dfrac{X_1 + X_2}{X_1 + X_2 + X_3}$，$Y_3 = \dfrac{X_1}{X_1 + X_2}$

求 (1) Y_1, Y_2, Y_3 之 jpdf　(2) Y_1, Y_2, Y_3 是否獨立？

解

提示	解答
Jocobian $\begin{cases} y_1 = x_1 + x_2 + x_3 \quad (1) \\ y_2 = \dfrac{x_1 + x_2}{x_1 + x_2 + x_3} \quad (2) \\ y_3 = \dfrac{x_1}{x_1 + x_2} \quad (3) \end{cases}$ 由視察： (1)×(2)×(3) 得 $x_1 = y_1 y_2 y_3$ 由 (2) $y_2 = \dfrac{x_1 + x_2}{y_1}$，又 $x_1 + x_2 = y_1 y_2$ 得 $x_2 = y_1 y_2 - x_1 = y_1 y_2 - y_1 y_2 y_3 = y_1 y_2 (1 - y_3)$ $x_3 = y_1 - x_1 - x_2 = y_1 - y_1 y_2 = y_1 (1 - y_2)$ $\therefore f(x_1, x_2, x_3) = e^{-(x_1 + x_2 + x_3)}$ $\qquad\qquad\qquad\qquad \underset{= y_1}{\uparrow}$ $\|J\| = y_1^2 y_2$ $g(y_1, y_2, y_3) = \|J\| e^{-y_1} = y_1^2 y_2\, e^{-y_1}$ $\therefore$ 現在要看 y_1, y_2, y_3 之範圍： $x_1, x_2, x_3 > 0$ $\therefore y_1 = x_1 + x_2 + x_3 > 0$ $y_2 = \dfrac{x_1 + x_2}{x_1 + x_2 + x_3}$, $0 < x_1 + x_2 < x_1 + x_2 + x_3$ $\Rightarrow \dfrac{0}{x_1+x_2+x_3} < \underset{\underset{y_1}{\|}}{\dfrac{x_1+x_2}{x_1+x_2+x_3}} < \dfrac{x_1+x_2+x_3}{x_1+x_2+x_3}$ $\Rightarrow 0 < y_2 < 1$ 同法 $0 < y_3 < 1$	1. 先求 Jonobian： $\begin{cases} y_1 = x_1 + x_2 + x_3 \\ y_2 = \dfrac{x_1 + x_2}{x_1 + x_2 + x_3} \\ y_3 = \dfrac{x_1}{x_1 + x_2} \end{cases}$ 解之 $x_1 = y_1 y_2 y_3$ $x_2 = y_1 y_2 (1 - y_3)$ $x_2 = y_1 (1 - y_2)$ $J = \begin{vmatrix} \dfrac{\partial x_1}{\partial y_1} & \dfrac{\partial x_1}{\partial y_2} & \dfrac{\partial x_1}{\partial y_3} \\ \dfrac{\partial x_2}{\partial y_1} & \dfrac{\partial x_2}{\partial y_2} & \dfrac{\partial x_2}{\partial y_3} \\ \dfrac{\partial x_3}{\partial y_1} & \dfrac{\partial x_3}{\partial y_2} & \dfrac{\partial x_3}{\partial y_3} \end{vmatrix}$ $= \begin{vmatrix} y_2 y_3 & y_1 y_3 & y_1 y_2 \\ y_2(1-y_3) & y_1(1-y_3) & -y_1 y_2 \\ 1 - y_2 & -y_1 & 0 \end{vmatrix}$ $= \begin{vmatrix} y_1 y_2 & y_1 y_3 & y_1 y_2 \\ y_2 & y_1 & 0 \\ 1-y_2 & -y_1 & 0 \end{vmatrix} = y_1 \begin{vmatrix} y_2 & y_3 & y_2 \\ y_2 & y_1 & 0 \\ 1 & 0 & 0 \end{vmatrix}$ $= y_1(-y_1 y_2) = -y_1^2 y_2$ $\therefore \|J\| = \|-y_1^2 y_2\| = y_1^2 y_2$ $g(y_1, y_2, y_3) = \|J\| e^{-y_1} = y_1^2 y_2 \cdot e^{-y_1}$, $\infty > y_1 > 0,\ 1 > y_2 > 0,\ 1 > y_3 > 0$ 2. $\because g(y_1, y_2, y_3) = h(y_1)h(y_2)\underbrace{h(y_3)}_{1}$, $\infty > y_1 > 0,\ 1 > y_2 > 0,\ 1 > y_3 > 0$ $\therefore Y_1, Y_2, Y_3$ 為獨立。

例 3. $r.v.\ X, Y, Z$ 之 jpdf 為

$$f(x, y, z) = \begin{cases} \dfrac{6}{(1+x+y+z)^4}, & x, y, z > 0 \\ 0 & \text{其它} \end{cases}$$

求 $U = X + Y + Z$ 之 pdf。

解

提示	解答
(1)本例和上例不同處在於本例只有 $U = X + Y + Z$，必須再找二個變數 V, W 否則無法構建 Jacobian，最簡單的方法是再取 $V = X + Y$ $W = X$ 如此構建出 U, V, W 之 jpdf $g(u, v, w)$，再求出 U 之邊際密度函數即可。 (2) $\because x, y, z > 0$ $u = x + y + z > x + y = v > x = w > 0$ （注意：勿寫成 $u > 0, v > 0, w > 0$）	令 $U = X + Y + Z$；$V = X + Y$ $\quad W = X$ 則 $\begin{cases} u = x + y + z \\ v = x + y \\ w = x \end{cases}$ 得 $\begin{cases} x = w \\ y = v - w, \infty > u > v > w > 0 \\ y = u - v \end{cases}$ $\because \begin{vmatrix} \dfrac{\partial x}{\partial u} & \dfrac{\partial x}{\partial v} & \dfrac{\partial x}{\partial w} \\ \dfrac{\partial y}{\partial u} & \dfrac{\partial y}{\partial v} & \dfrac{\partial y}{\partial w} \\ \dfrac{\partial z}{\partial u} & \dfrac{\partial z}{\partial v} & \dfrac{\partial z}{\partial w} \end{vmatrix} = \begin{vmatrix} 0 & 0 & 1 \\ 0 & 1 & -1 \\ 1 & -1 & 0 \end{vmatrix} = -1$ $\therefore \lvert J \rvert = 1$ $g(u, v, w) = 1 \cdot \dfrac{6}{(1+u)^4} = \dfrac{6}{(1+u)^4}, \infty > u > v > w > 0$ $g_u(u) = \displaystyle\int_0^u \int_0^v \dfrac{6}{(1+u)^4} \, dw \, dv = \int_0^u \dfrac{6v}{(1+u)^4} \, dv$ $= \dfrac{3v^2}{(1+u)^4} \Big]_0^u = \dfrac{3u^2}{(1+u)^4}, u > 0$

例 4. $r.\ v.\ X_1, X_2$ 均獨立服從 $n(0, 1)$ 即 $f(x) = \dfrac{1}{\sqrt{2\pi}} e^{-\frac{x^2}{2}}$，$\infty > x > -\infty$，求

$Y = \dfrac{X_1}{X_2}$ 之 pdf。

解　$f(x_1, x_2) = \dfrac{1}{\sqrt{2\pi}} e^{-\frac{x_1^2}{2}} \cdot \dfrac{1}{\sqrt{2\pi}} e^{-\frac{x_2^2}{2}} = \dfrac{1}{2\pi} e^{-\frac{x_1^2 + x_2^2}{2}}, x_1, x_2 \in R$

取 $\begin{cases} y = \dfrac{x_1}{x_2} \\ y_1 = x_2 \end{cases} \therefore \begin{cases} x_1 = y_1 y \\ x_2 = y_1 \end{cases}$，得 $J = \begin{vmatrix} \dfrac{\partial x_1}{\partial y_1} & \dfrac{\partial x_1}{\partial y} \\ \dfrac{\partial x_2}{\partial y_1} & \dfrac{\partial x_2}{\partial y} \end{vmatrix} = \begin{vmatrix} y & y_1 \\ 1 & 0 \end{vmatrix} = y_1$，$\lvert J \rvert = \lvert y_1 \rvert$

$\therefore g(y_1, y) = \dfrac{1}{\sqrt{2\pi}} e^{-\frac{y_1^2 y^2 + y_1^2}{2}} \cdot \lvert J \rvert = \dfrac{\lvert y_1 \rvert}{2\pi} e^{-\frac{(y^2 + 1)y_1^2}{2}}, \infty > y_1, y > -\infty$

得 $g(y) = \displaystyle\int_{-\infty}^{\infty} \dfrac{\lvert y_1 \rvert}{2\pi} e^{-\frac{(y^2+1)y_1^2}{2}} \, dy_1 = 2 \cdot \dfrac{1}{2\pi} \int_0^{\infty} y_1 e^{-\frac{(y^2+1)y_1^2}{2}} \, dy_1$

$= \dfrac{1}{\pi} \dfrac{1}{1+y^2}, \infty > y > -\infty$

（即 $Y \sim$ Cauchy 分配）

r.v. X, Y 之 jpdf $f(x, y)$ 的 $a \leq x \leq b$，$c \leq y \leq d$ 時，變數變換這類問題較爲麻煩，需分段討論。

例 5. r.v. X, Y 均獨立服從 $U(0, 1)$，求 $Z = X - Y$ 之 p.d.f.。

解

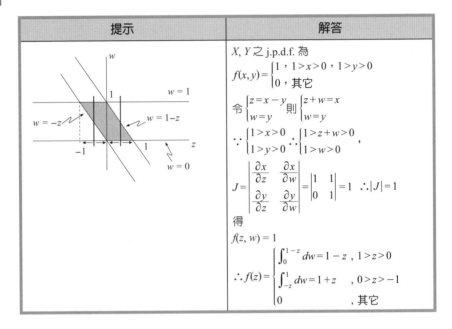

提示	解答
	X, Y 之 j.p.d.f. 為 $$f(x,y)=\begin{cases}1，1>x>0，1>y>0\\0，其它\end{cases}$$ 令 $\begin{cases}z=x-y\\w=y\end{cases}$ 則 $\begin{cases}z+w=x\\w=y\end{cases}$ $\therefore \begin{cases}1>x>0\\1>y>0\end{cases} \therefore \begin{cases}1>z+w>0\\1>w>0\end{cases}$ $$J=\begin{vmatrix}\dfrac{\partial x}{\partial z} & \dfrac{\partial x}{\partial w}\\[2mm]\dfrac{\partial y}{\partial z} & \dfrac{\partial y}{\partial w}\end{vmatrix}=\begin{vmatrix}1 & 1\\0 & 1\end{vmatrix}=1 \quad \therefore |J|=1$$ 得 $f(z, w) = 1$ $$\therefore f(z)=\begin{cases}\int_0^{1-z}dw=1-z，1>z>0\\\int_{-z}^1 dw=1+z，0>z>-1\\0 \qquad\qquad\quad，其它\end{cases}$$

例 6. r.v. X, Y 均獨立服從 $U(0, 1)$，求：$Z = XY$ 之 p.d.f.。

解

提示	解答
	令 $z = xy$，$w = x$ 則 $\begin{cases}x=w \quad 1>x>0 \therefore 1>w>0\\y=\dfrac{z}{w} \quad 1>y>0 \therefore 1>\dfrac{z}{w}>0，即 1>w>z>0\end{cases}$ $$J=\begin{vmatrix}\dfrac{\partial x}{\partial w} & \dfrac{\partial x}{\partial z}\\[2mm]\dfrac{\partial y}{\partial w} & \dfrac{\partial y}{\partial z}\end{vmatrix}=\begin{vmatrix}1 & 0\\-\dfrac{z}{w^2} & \dfrac{1}{w}\end{vmatrix}=\dfrac{1}{w} \quad \therefore |J|=\dfrac{1}{w}$$ $f(z, w) = \dfrac{1}{w}$ $$\therefore f(z)=\begin{cases}\int_z^1 \dfrac{1}{w}dw=-\ln z，1,>z>0\\0 \qquad\qquad\quad，其它\end{cases}$$

★ **例 7.** X_1, X_2, X_3 為三個獨立服從 $U(0, 1)$ 之隨機變數，求 $Y = X_1 + X_2 + X_3$ 之 p.d.f. 。

提示	解答
1. 應用 $Z = X_1 + X_2$ 之 p.d.f. $f_Z(z)$： $f_Z(z) = \begin{cases} z & , 1 \geq z \geq 0 \\ 2-z & , 2 \geq z \geq 1 \\ 0 & , \quad 其它 \end{cases}$ 2. $f_{ZY}(z, y)$：	$Z = X_1 + X_2$ 之 p.d.f. 為 $f_Z(z) = \begin{cases} z & , 1 \geq z \geq 0 \\ 2-z & , 2 \geq z \geq 1 \end{cases}$ $\therefore f_Z(z) = \begin{cases} z & , 1 > z > 0 \\ 2-z & , 2 > z > 1 \end{cases}$（見練習 1(1)） 得 $f_Y(y) = \begin{cases} \int_0^y z\,dz = \dfrac{y^2}{2} & , 0 \leq y \leq 1 \\ \int_{y-1}^1 z\,dz + \int_1^y (2-z)\,dz = -\dfrac{3}{2}y^2 + 3y + 1 & , 1 \leq y \leq 2 \\ \int_{y-1}^2 (2-z)\,dz = \dfrac{1}{2}(y-3)^2 & , 2 \leq y \leq 3 \end{cases}$
  $f_{ZY}(z, y) = \begin{cases} z & , 區域 I，II \\ 2-z & , 區域 III，IV \end{cases}$ 3. $f_Y(y)$ (1) $1 > y > 0$ (2) $2 > y > 1$ 	

提示	解答
(3) $3 > z > 2$	

極坐標之應用

若 $r.v.$ X, Y 之 jpdf 為 $f(x^2 + y^2)$ 的時候,我們便要考慮應用極坐標轉換,常見的是取 $x = r \cos \theta, y = r \sin \theta, 2\pi \geq \theta \geq 0, r > 0$,其對應之 Jacobian 便是 r。

例 **8.** $r.v.$ X, Y 均獨立服從 $n(0, \sigma^2)$,求 $Z = \sqrt{X^2 + Y^2}$ 之 pdf

解

提示	解答
$r.v. X \sim n(0, 1)$,其 pdf 是 $f(x) = \dfrac{1}{\sqrt{2\pi}} e^{-\frac{x^2}{2}}$, $\infty > x > -\infty$	$f(x, y) = \dfrac{1}{2\pi\sigma^2} e^{-\frac{1}{2\sigma^2}(x^2 + y^2)}$, $\infty > x, y > -\infty$ 取 $x = z \cos \theta, y = z \sin \theta, z > 0, 2\pi > \theta > 0$ $J = \begin{vmatrix} \dfrac{\partial x}{\partial z} & \dfrac{\partial x}{\partial \theta} \\ \dfrac{\partial y}{\partial z} & \dfrac{\partial y}{\partial \theta} \end{vmatrix} = \begin{vmatrix} \cos \theta & -z \sin \theta \\ \sin \theta & z \cos \theta \end{vmatrix} = z$ $\therefore f(z, \theta) = |z| \cdot \dfrac{1}{2\pi\sigma^2} e^{-\frac{z^2}{2\sigma^2}}, z > 0, 2\pi > \theta > 0$ 得 $f_2(z) = \int_0^{2\pi} \dfrac{z}{2\pi\sigma^2} e^{-\frac{z^2}{2\sigma^2}} dz$ $= \dfrac{1}{2\pi\sigma^2} z e^{-\frac{z^2}{2\sigma^2}} \cdot 2\pi = \dfrac{1}{\sigma^2} z e^{-\frac{z^2}{2\sigma^2}}, z > 0$

動差母函數法

除了前述方法外,我們還可用動差母函數。在 $X_1, X_2, \cdots, X_n$ 為服從同一 pdf 的獨立隨機變數,我們還可用動差母函數法求 $Z = X_1 + X_2 + \cdots + X_n$ 之 pdf $f_Z(z)$。

例 9. r.v. X, Y 分別獨立服從 $n(\mu_1, \sigma_1^2)$ 與 $n(\mu_2, \sigma_2^2)$ 求 $Z = X + Y$ 之 pdf $f_Z(z)$

解

提示	解答
$r.v.\ X \sim n(\mu, \sigma^2)$ 則 X 之動差母函數 $M(t)$ 為 $M(t) = e^{\mu t + \frac{1}{2}\sigma^2 t^2}$	$E(e^{tZ}) = E(e^{t(X+Y)}) = E(e^{tX}) \quad E(e^{tY}) = e^{\mu_1 + \frac{1}{2}\sigma_1^2 t^2} \cdot e^{\mu_2 + \frac{1}{2}\sigma_2^2 t^2}$ $\qquad = e^{\mu_1 + \mu_2 + \frac{1}{2}(\sigma_1^2 + \sigma_2^2)t^2}$ $\therefore Z \sim n(\mu_1 + \mu_2, \sigma_1^2 + \sigma_2^2)$ 即 $f_Z(z) = \dfrac{1}{\sqrt{2\pi}\sqrt{\sigma_1^2 + \sigma_2^2}} e^{-\frac{(z - \mu_1 - \mu_2)^2}{2(\sigma_1^2 + \sigma_2^2)}},\ \infty > z > -\infty$

分配函數法

例 10. r.v. X, Y 之 jpdf 為 $f(x, y) = \dfrac{xy}{\sigma^4} e^{-\frac{1}{2\sigma^2}(x^2 + y^2)}$，$x; y \geq 0$

　　令 $Z = \dfrac{X}{Y}$ 求 $f_Z(z)$

解 $F_Z(z) = P(Z \leq z) = P\left(\dfrac{X}{Y} \leq z\right)$

$$= \int_0^\infty \int_0^{yz} f_{XY}(x, y)\,dxdy = \int_0^\infty \int_0^{yz} \frac{xy}{\sigma^4} e^{-\frac{x^2 + y^2}{2\sigma^2}}\,dxdy$$

$$= \int_0^\infty \frac{y}{\sigma^2} e^{-\frac{y}{2\sigma^2}} (-e^{-\frac{x}{2\sigma^2}})\Big|_0^{yz}\,dy = \int_0^\infty \frac{y}{\sigma^2} e^{-\frac{y^2}{2\sigma^2}}\left(1 - e^{-\frac{y^2 z^2}{2\sigma^2}}\right)dy$$

$$= \frac{1}{\sigma^2}\left[\int_0^\infty y e^{-\frac{y^2}{2\sigma^2}}\,dy - \int_0^\infty y e^{-\frac{(1 + z^2)y^2}{2\sigma^2}}\,dy\right] = 1 - \frac{1}{1 + z^2}$$

$$\therefore f_Z(z) = \frac{d}{dz} F_Z(z) = \frac{2z}{(1 + z^2)^2},\ \infty > z > 0$$

習題 3-5

A

1. X, Y 均獨立服從 $U(0, 1)$。求 (1) $Z = X + Y$。(2) $Z = \dfrac{X}{Y}$ 之 pdf。

2. $f(x, y) = 3x, 0 < y < x, 0 < x < 1$ 為 r.v. X, Y 之 j.p.d.f.，求 $Z = X - Y$ 之 p.d.f.。

3. X, Y 均獨立服從 $U(0, 1)$ 求 $W = \dfrac{Y}{X^2}$ 之 pdf

4. X, Y 為二獨立 r.v. 它們的 p.d.f. 分別為

$$f_X(x) = \begin{cases} 1, & 1 \geq x \geq 0 \\ 0, & 其它 \end{cases} \quad f_Y(y) = \begin{cases} e^{-y}, & y \geq 0 \\ 0, & y < 0 \end{cases}$$

求 $Z = X + Y$ 之 p.d.f.。

5. 若 r.v. X, Y 之 j.p.d.f. 為

$$f(x,y) = \begin{cases} 4xye^{-(x^2+y^2)} \, , \, x>0, y>0 \\ 0 \qquad\qquad , \, 其它 \end{cases}$$

$Z = \sqrt{X^2 + Y^2}$，求 $f_Z(z)$、$E(Z)$ 及 $V(Z)$

6. 若 r.v. X, Y 之 j.p.d.f. 為

$$f(x,y) = \begin{cases} 2 - x - y \, , \, 0<x<1, 0<y<1 \\ 0 \qquad\quad , \, 其它 \end{cases}$$

求 $Z = X + Y$ 之 p.d.f. $f_Z(z)$

7. r.v. X, Y 之 j.p.d.f. 為 $f(x, y)$，令 $Z = aX + bY, a \neq 0$ 及 $W = Y$，求 Z, Y 之 j.p.d.f. 公式。

8. 若 r.v. X, Y 之 j.p.d.f. 為 $f(x, y)$，試

(1)$Z = X + Y$ (2)$Z = X - Y$ (3)$Z = XY$ (4)$Z = \dfrac{Y}{X}$ 之 p.d.f.

9. r.v. X, Y 為二獨立 r.v.，它們的 p.d.f. 分別為

$$f_X(x) = \frac{x}{\alpha^2} e^{-\frac{x^2}{2\alpha^2}}, x > 0; f_Y(y) = \frac{y}{\beta^2} e^{-\frac{y^2}{2\beta^2}}, y > 0$$

證 $Z = \dfrac{X}{Y}$ 之 p.d.f 為 $f_Z(z) = \dfrac{2\alpha^2}{\beta^2} \dfrac{z}{(z^2 + \alpha^2/\beta^2)^2}$, $z > 0$ (2) 求 $P(X \leq tY)$，$t > 0$

B

★10. r.v. X, Y 均獨立服從 $f(u) = \dfrac{c}{1 + u^4}$，$\infty > u > -\infty$，$c$ 為滿足 $f(u)$ 為 pdf 之常數，求 (1) $Z = \dfrac{Y}{X}$ 之 pdf $f_Z(z)$ (2) $c = ?$

11. r.v. X, Y 為 jpdf 為 $f(x,y) = \dfrac{1}{2}xe^{-y}$，$2 > x > 0$，$y > 0$，令 $Z = X + Y$，求 $f_Z(z)$

12. 若 r.v. X 之 $f(x) = \dfrac{u}{\pi} \dfrac{1}{u^2 + (x - \theta)^2}$，$\infty > x > -\infty$，$u > 0$ 則稱 X 服從母數為 u, θ 之 Cauchy 分配，記做 $X \sim C(u, \theta)$ 若 r.v. X, Y 均獨立服從 $C(1, 0)$ 求 $Z = X + Y$ 之機率函數

13. 若 r.v. X 之 p.d.f. 為 $f(x) = \begin{cases} 2x \, , \, 1 > x > 0 \\ 0 \, , \, 其他 \end{cases}$，r.v. Y 之 p.d.f. 為 $g(y) = \begin{cases} 3y^2 & 0 < y < 1 \\ 0 & 其他 \end{cases}$，令 $Y_1 = \min(X, Y)$，$Y_2 = \max(X, Y)$，求 Y_1, Y_2 之 j.p.d.f.

14. X, Y 為服從 $n(0, 1)$ 之二獨立 r.v. 令 $U = X^2 + Y^2$，$V = \dfrac{Y}{X}$ 求 (1)f_U (2)f_V (3)U, V 是否獨立？

第4章
重要機率分配

前言

我們前曾對二項分配、超幾何分配有所介紹，本章學習重點在於掌握這些重要分配性質，尤其他們間之關聯性。

4.1　超幾何分配

【定理 A】　設一袋中有 r 個紅球 b 個黑球，以**抽出不放回**方式抽取 n 個球，則含有 x 個紅球 $n-x$ 個黑球之機率為

$$\frac{\binom{r}{x}\binom{b}{n-x}}{\binom{a+b}{n}} \quad r \geq x \geq 0 \text{，} b \geq n-x \geq 0$$

證

　　自袋中任取 n 個球之方法有 $\binom{r+b}{n}$ 種，又自 r 個紅球取出 x 個之方法有 $\binom{r}{x}$ 種，自 b 個黑球取出 $n-x$ 個方法有 $\binom{b}{n-x}$ 種，因此所求之機率為 $\dfrac{\binom{r}{x}\binom{b}{n-x}}{\binom{a+b}{n}}$ ∎

下一推論是上一定理之推廣：

【推論 A1】　設一袋中含有 r 個紅球個 b 個黑球 w 個白球，從中以**抽出不放回**之方式任取 n 個球，則此 n 個球中有 x 個紅球，y 個黑球，$n-x-y$ 個白球之機率為

$$\frac{\binom{r}{x}\binom{b}{y}\binom{w}{n-x-y}}{\binom{r+b+w}{n}} \quad r \geq x \geq 0 \text{，} b \geq y \geq 0 \text{，} w \geq n-x-y \geq 0$$

證　證明方法同定理 A。

超幾何分配在古典機率模式中甚為重要，在此有以下幾個重點值得注意：

1. **超幾何分配是一個適用於「抽出後不放回」**（draw without replacement）**之機率模式，與二項分配之「抽出後放回」**（draw with replacement）**不同，但當 n 很大時超幾何分配趨近於二項分配。**

2. 超幾何分配解題之關鍵是**根據問題之意旨而加以「分類」，各分類必須滿足周延及互斥二種要求。**

3. 就外型而言，超幾何分配之特徵如下：

(1) 二分類時：$P(x) = \dfrac{\binom{a}{x}\cdots\binom{\cdots b\cdots}{n-x}}{\binom{a+b}{n}}$ 和

(2) 三分類時：$P(x) = \dfrac{\binom{a}{x}\cdots\binom{b}{y}\cdots\binom{\cdots\cdots c\cdots\cdots}{n-x-y}}{\binom{a+b+c}{n}}$ 和

讀者可推廣到更一般化之情況。

例 1. 設有 10 個號球，其上分別標明 1, 2……10，以抽出不投返方式任取 5 球，求以下事件之機率：
(1) 2 個奇數號球，3 個偶數號球　(2) 7 為最大號

解

提示	解答
(a) 2 4 6 8 10 ∣ 1 3 5 7 9 ↓ ↓ 3 2	$P_1 = \dfrac{\binom{5}{3}\binom{5}{2}}{\binom{10}{5}} = \dfrac{25}{63}$
(b) 1 2 3 4 5 6 ∣ 7 ∣ 8 9 10 ↓ ↓ ↓ 4 1 0	$P_2 = \dfrac{\binom{6}{4}\binom{1}{1}\binom{3}{0}}{\binom{10}{5}} = \dfrac{\binom{6}{4}}{\binom{10}{5}} = \dfrac{5}{84}$

例 **2.** 設一袋中有 3 綠球、2 藍球與 4 紅球,任取 5 球,求有 2 藍球且至少 1 紅球之機率。

解 P(2 藍球且至少 1 紅球)

= P〔(2 藍球 1 紅球 2 綠球)或(2 藍球 2 紅球 1 綠球)或(2 藍球 3 紅球 0 綠球)〕

= P(2 藍球 1 紅球 2 綠球)+ P(2 藍球 2 紅球 1 綠球)+ P(2 藍球 3 紅球 0 綠球)

$$= \frac{\binom{2}{2}\binom{4}{1}\binom{3}{2}}{\binom{9}{5}} + \frac{\binom{2}{2}\binom{4}{2}\binom{3}{1}}{\binom{9}{5}} + \frac{\binom{2}{2}\binom{4}{3}\binom{3}{0}}{\binom{9}{5}} = \frac{34}{126} = \frac{17}{63}$$

例 **3.** 自 3 個紅球 2 個白球 2 個黑球抽出 3 個球,令 X, Y 分表抽出紅、白球個數之 *r.v.*,試求 (1)X, Y 之結合機率密度函數;(2)X, Y 之邊際密度函數;(3)$f(x|y)$ 及 (4)$f(y|x)$。

解

提示	解答
(2) $\sum\limits_{y}\binom{3}{x}\binom{2}{y}\binom{2}{3-x-y}$ 中 x 視為常數,連帶 $\binom{3}{x}$ 亦視為常數, $\therefore \sum\limits_{y}\binom{3}{x}\binom{2}{y}\binom{2}{3-x-y}$ $=\binom{3}{x}\sum\limits_{y}\binom{2}{y}\binom{2}{3-x-y}$ $=\binom{3}{x}\binom{4}{3-x}$ (應用 $\sum\limits_{y}\binom{a}{y}\binom{b}{k-y}=$ $\binom{a+b}{k}$)	(1)X, Y 之結合機率密度函數 $f(x, y)$ 為: $f(x,y)=\dfrac{\binom{3}{x}\binom{2}{y}\binom{2}{3-x-y}}{\binom{7}{3}}$, $0\le x\le 3$, $0\le y\le 2$, $0\le x+y\le 3$ (2) $f_1(x)=\sum\limits_{y}f(x,y)=\sum\limits_{y}\left[\dfrac{\binom{3}{x}\binom{2}{y}\binom{2}{3-x-y}}{\binom{7}{3}}\right]=\dfrac{\binom{3}{x}\sum\limits_{y}\binom{2}{y}\binom{2}{3-x-y}}{\binom{7}{3}}$ $=\dfrac{\binom{3}{x}\binom{4}{3-x}}{\binom{7}{3}}$, $0\le x\le 3$,同法: $f_2(y)=\sum\limits_{x}f(x,y)=\sum\limits_{x}\left[\dfrac{\binom{3}{x}\binom{2}{y}\binom{2}{3-x-y}}{\binom{7}{3}}\right]=\dfrac{\binom{2}{y}\binom{2}{3-y}}{\binom{7}{3}}$, $1\le y\le 2$

提示	解答
y 範圍： $\binom{2}{y} \to 2 \geq y \geq 0$ ① $\binom{2}{3-y} \to 2 \geq 3-y \geq 0$ $\therefore 2 \geq 3-y \to y \geq 1$ ② $3-y \geq 0 \to y \leq 3$ ③ 取①，②，③之交集 得 $1 \leq y \leq 2$ (3)$f(x\|y)$ 之範圍： $\binom{3}{x} \to 3 \geq x \geq 0$ $\binom{2}{3-x-y} \to$ $2 \geq 3-x-y$， 又　$3-x-y \geq 0$ $\therefore x+y \leq 1$ $\binom{5}{3-y} \to \begin{cases} 3-y \geq 0 \\ 5 \geq 3-y \end{cases}$ $\therefore 0 \leq y \leq 3$ 同法可得： $f(x\|y)$ 之範圍	(3)$f(x\|y) = \dfrac{f(x,y)}{f_2(y)} = \dfrac{\dfrac{\binom{3}{x}\binom{2}{y}\binom{2}{3-x-y}}{\binom{7}{3}}}{\dfrac{\binom{2}{y}\binom{5}{3-y}}{\binom{7}{3}}} = \dfrac{\binom{3}{x}\binom{2}{3-x-y}}{\binom{5}{3-y}},$ $\quad 0 \leq x+y \leq 1$ (4) $f(y\|x) = \dfrac{f(x,y)}{f_1(x)} = \dfrac{\dfrac{\binom{3}{x}\binom{2}{y}\binom{2}{3-x-y}}{\binom{7}{3}}}{\dfrac{\binom{3}{x}\binom{4}{3-x}}{\binom{7}{3}}} = \dfrac{\binom{2}{y}\binom{2}{3-x-y}}{\binom{4}{3-x}},$ $1 \leq x+y \leq 3，0 \leq y \leq 2$

例 4. 想像 n 個球中恰含 m 個白球，以抽出不放回方式，每次抽出一球，則總會取出一個為白球，用組合推論證：若 m, n 為正整數，$m < n$ 時，則

$$1 + \frac{n-m}{n-1} + \frac{(n-m)(n-m-1)}{(n-1)(n-2)} + \cdots + \frac{(n-m)\cdots 2 \cdot 1}{(n-1)\cdots m} = \frac{n}{m}$$

解

提示	解答
依第 1, 2 … m 依次討論其機率，並歸納出其間之規律性	(1)第 1 次即抽出白球之機率 $P_1 = \dfrac{m}{n}$ (2)第 2 次才抽出白球之機率 P_2 為 $\quad P_2 = \dfrac{n-m}{n} \cdot \dfrac{m}{n-1} = \dfrac{m}{n}\dfrac{n-m}{n-1}$ (3)第 3 次才抽出白球之機率 P_3 為 $\quad P_3 = \dfrac{n-m}{n}\dfrac{n-m-1}{n-1} \cdot \dfrac{m}{n-2} = \dfrac{m}{n}\dfrac{(n-m)(n-m-1)}{(n-1)(n-2)}$ $\quad\quad\quad\quad\quad \cdots\cdots$

提示	解答
	(m) 第 $n-m+1$ 次才抽出白球之機率 P_m 為 $$P_m = \frac{n-m}{n} \frac{n-m-1}{n-1} \cdots \frac{m}{n-(n-m)} = \frac{m}{n} \cdot \frac{(n-m)\cdots 2 \cdot 1}{(n-1)\cdots m}$$ 但 $P_1 + P_2 + \cdots + P_m = 1$ $$\therefore \frac{m}{n} + \frac{m}{n}\frac{n-m}{n-1} + \frac{m}{n}\frac{(n-m)(n-m-1)}{(n-1)(n-2)} + \cdots + \frac{m}{n}\frac{(n-m)\cdots 2 \cdot 1}{(n-1)\cdots m} = 1$$ $$1 + \frac{n-m}{n-1} + \frac{(n-m)(n-m-1)}{(n-1)(n-2)} + \cdots + \frac{(n-m)\cdots 2 \cdot 1}{(n-1)\cdots m} = \frac{n}{m}$$

超幾何分配之特徵值

【定理 B】 若 r.v.x. 之 p.d.f. 為

$$f(x) = \frac{\binom{a}{x}\binom{b}{n-x}}{\binom{a+b}{n}}, \ x = 0, 1, 2 \cdots n, \ a \geq x, b \geq n-x, a, b, n, x \in N \text{ 則}$$

$$E(X) = n \cdot \frac{a}{a+b}, \ V(X) = \frac{a+b-n}{a+b-1} \cdot n \cdot \frac{a}{a+b} \cdot \frac{b}{a+b}$$

若令 $p = \frac{a}{a+b}$，$q = \frac{b}{q+b}$，$a+b = N$ 則上述結果可寫成 $E(X) = np$，

$$V(X) = \frac{N-n}{N-1}npq$$

證 （只證 $E(X)$ 部分）

	證明
注意 Σ 下標之改變	$$E(X) = \sum_{x=0}^{n} x \frac{\binom{a}{x}\binom{b}{n-x}}{\binom{a+b}{n}} \text{ ；計算分子部分：}$$ $$\sum_{x=0}^{n} x\binom{a}{x}\binom{b}{n-x} = \sum_{x=0}^{n} x \cdot \frac{a!}{x!(a-x)!}\binom{b}{n-x}$$ $$= a\sum_{x=1}^{n} \frac{(a-1)!}{(x-1)!(a-x)!}\binom{b}{n-x} = a\sum_{x=1}^{n}\binom{a-1}{x-1}\binom{b}{n-x}$$ $$= a\binom{a+b-1}{n-1}$$ $$\therefore E(X) = \frac{a\binom{a+b-1}{n-1}}{\binom{a+b}{n}} = \frac{na}{a+b} = \frac{na}{N} = np \quad \blacksquare$$

超幾何分配與二項分配之關係

【定理 C】 $\dfrac{\dbinom{a}{x}\dbinom{b}{n-x}}{\dbinom{a+b}{n}} \xrightarrow[\substack{N\to\infty \\ (N=a+b)}]{p=\frac{a}{a+b}} \dbinom{n}{x}p^x(1-p)^{n-x}$

證

$$\frac{\dbinom{a}{x}\dbinom{b}{n-x}}{\dbinom{a+b}{n}} = \frac{\dfrac{a!}{x!(a-x)!} \cdot \dfrac{b!}{(b-n+x)!(n-x)!}}{\dfrac{(a+b)!}{n!(a+b-n)!}}$$

$$= \frac{n!}{x!(n-x)!} \cdot \frac{(a+b-n)! \, a! \, b!}{(a-x)!(b-n+x)!(a+b)!}$$

$$= \binom{n}{x}\frac{a(a-1)\cdots(a-x+1) \cdot b(b-1)\cdots(b-n+x+1)}{(a+b)(a+b-1)\cdots(a+b-n+1)}$$

$$= \binom{n}{x}\frac{a(a-1)\cdots(a-x+1) \cdot b(b-1)\cdots(b-n+x+1)}{N(N-1)\cdots(N-n+1)}$$

$$= \binom{n}{x}\left[\frac{a}{N} \cdot \frac{a-1}{N-1}\cdots\frac{a-x+1}{N-x+1}\right]\left[\frac{b}{N-x} \cdot \frac{b-1}{N-x-1}\cdots\frac{b-n+x+1}{N-n+1}\right]$$

$$= \binom{n}{x}\left[\frac{a}{N} \, \frac{\frac{a}{N}-\frac{1}{N}}{1-\frac{1}{N}}\cdots\frac{\frac{a}{N}-\frac{x-1}{N}}{1-\frac{x-1}{N}}\right]\left[\frac{\frac{b}{N}}{1-\frac{x}{N}} \, \frac{\frac{b}{N}-\frac{1}{N}}{1-\frac{x+1}{N}}\cdots\frac{\frac{b}{N}-\frac{n-x-1}{N}}{1-\frac{n-1}{N}}\right]$$

$\because N=a+b\to\infty$ 時 $\dfrac{a}{N}\to p$，$\dfrac{b}{N}\to q$，$p+q=1$

$\therefore$ 上式 $= \dbinom{n}{x}p^x q^{n-x}$ ∎

　　上個定理指出：雖然二項分配與超幾何分配之最大差別在於試行進行方式不同，前者係以抽出放回方式而後者則採抽出不放回方式，但當 N 很大時，超幾何分配竟趨近於二項分配，亦即**在 N 很大時超幾何分配之機率值可以用二項分配近似求得，兩者差距極微**。

例 5. 一袋中有 3000 個紅球、2000 個白球，從中任取 3 球，問其中有 2 紅球 1 白球之機率。

解

提示	解答
(1)用超幾何分配：	$P(R=2, W=1) = \dfrac{\dbinom{3000}{2}\dbinom{2000}{1}}{\dbinom{5000}{3}} \doteqdot 0.2160576\cdots$
(2)用二項分配：	令 P 表抽出紅球之機率，$p = \dfrac{3000}{3000+2000} = \dfrac{3}{5}$，則抽出 白球之機率 $q = 1 - p = \dfrac{2}{5}$ $P(R=2, W=1) = \dbinom{3}{2}\left(\dfrac{3}{5}\right)^2\left(\dfrac{1}{5}\right) = \dfrac{27}{125} \doteqdot 0.216$

習題 4-1

A

1. 求 $\dbinom{n}{0} - 2\dbinom{n}{1} + 3\dbinom{n}{2} + \cdots + (-1)^n(n+1)\dbinom{n}{n}$

2. 試證 $\left(\dfrac{m}{m+n}\right)^m \left(\dfrac{n}{m+n}\right)^n \dbinom{m+n}{m} < 1$，$m, n \in Z^+$（提示：考慮 $\left(\dfrac{m}{m+n} + \dfrac{n}{m+n}\right)^{m+n}$）

3. 承例 1 求 (1)7 為第二大之機率　(2)3 為最小且 7 為最大之機率

4. $h(x; n, N, k) = \dfrac{\dbinom{k}{x}\dbinom{N-k}{n-x}}{\dbinom{N}{n}}$，$x = 0, 1, 2\cdots n$，$x \le k$ 且 $n - x \le N - k$

試證 $h(x+1; n, N, k) = \dfrac{(n-x)(k-x)}{(x+1)(N-k-n+x+1)} h(x; n, N, k)$

5. 設有 6 個袋子，其中一個袋子含 8 白球 4 黑球，二個袋子含 6 白球 6 黑球，三個袋子含 4 白球 8 黑球，任取一袋然後從該袋中取 3 球得 2 白球，1 黑球，問所抽之一袋含 8 白球 4 黑球之機率。

6. 利用二項展開式導出：

(1) $\sum\limits_{r=0}^{n} \dbinom{a}{r}\dbinom{b}{n-x} = \dbinom{a+b}{n}$　(2) $\sum\limits_{r=0}^{n} \dbinom{n}{r}\dbinom{n}{n-r} = \dbinom{2n}{n}$　(3) $\sum\limits_{v=0}^{n} \dfrac{(2n)!}{(v!)^2[(n-v)!]^2} = \dbinom{2n}{n}^2$

B

7. 一袋中含有 a 個紅球 b 個黑球，任取 n 個球放於一旁，不計色彩，（$0 < n < \min(a, b)$）然後再從剩下來的 $a + b - n$ 個球中任取 1 球，求其為紅球之機率。

8. 若 $r.v.X$ 之 pdf 為 $f(x) = \dfrac{\dbinom{a}{x}\dbinom{b}{n-x}}{\dbinom{a+b}{n}}$，$x = 0, 1, 2\cdots$ 求 $V(X)$

9. 試利用 Stirling 公式，$n! \approx \sqrt{2n\pi}\, n^n e^{-n}$，$n > 0$ 證明

(1) $\dfrac{1}{2^{2n}}\dbinom{2n}{n} \approx \dfrac{1}{\sqrt{n\pi}}$　　(2) $\dfrac{(a+1)(a+2)\cdots(a+n)}{(b+1)(b+2)\cdots(b+n)} \approx \dfrac{b!}{a!}n^{b-a}$，$a, b \in Z^+$

4.2 Bernoulli試行及其有關之機率分配

像擲銅板這類**試行**（trial），每次試行之結果只有兩種（「正面或反面」）且**每次試行之結果互為獨立，（即每次試行發生之結果均不受上次試行之影響也不會影響到下次試行之結果）**且每次試行發生之機率均不變，對具有這種特質之試行，我們稱之為 Bernoulli 試行。

本節所述之分布，如 Bernoulli 分配、二項分配、**幾何分配**（geometric distribution）及**負二項分配**（negative binomial distribution）均屬 Bernoulli 試行。

Bernoulli 分配

【定義】 若 $r.v.X$ 之 p.d.f 為
$$f(x) = \begin{cases} p^x q^{1-x} & x = 0, 1; p + q = 1, 1 > p, q > 0 \\ 0 & \text{其它} \end{cases}$$
則稱 X 服從母數為 p 之 Bernoulli 分配，以 $b(1, p)$ 表示。

【定理 A】 若 $r.v.X \sim b(1, p)$ 則 $E(e^{tX}) = pe^t + q, \mu = p, \sigma^2 = pq$

證　$M(t) = E(e^{tX}) \sum\limits_{x=0}^{1} e^{tx} p^x (1-p)^{1-x} = (1-p) + pe^t = pe^t + q$

$\mu = M'(0) = pe^t]_{t=0} = p, \ M''(0) = pe^t]_{t=0} = p$

$\therefore \sigma^2 = M''(0) - [M'(0)]^2 = p - p^2 = pq$ ∎

二項分配

【定理 A】 重複進行某實驗 n 次，設每次實驗成功之機率均為 p，失敗之機率為 $1 - p = q$，則此 n 次實驗中恰有 k 個成功之機率為
$$\binom{n}{k} p^k (1-p)^{n-k}$$

證　令 $A = $ 實驗成功之事件
　　$\overline{A} = $ 實驗失敗之事件
　　在 n 次實驗中，若前 k 次是成功而後 $n - k$ 次為失敗，則
$$P \underbrace{[A \cap \cdots \cap A \cdots}_{k \text{個}} \cap \underbrace{\overline{A} \cap \cdots \overline{A}]}_{n-k \text{個}}$$

$$= P(A) \cdots P(A) \cdot P(\overline{A})P(\overline{A}) \cdots P(\overline{A})$$
$$= p^k q^{n-k}, q = 1 - p$$

k 個 A 有 $\binom{n}{k}$ 個選法，故在 n 次實驗中有 k 次成功之機率爲

$$\binom{n}{k}p^k q^{n-k} = \binom{n}{k}p^k(1-p)^{n-k}$$ ∎

【定義】　若 $r.v.X$ 之 p.d.f 爲

$$f(x) = \binom{n}{k}p^k(1-p)^{n-k}, \ x = 0, 1, 2 \cdots n$$

則稱 $r.v.X$ 服從母數爲 n, p 之二項分配，以 $X \sim b(x; n, p)$ 或逕以 $X \sim b(n, p)$ 表之。

【定理 B】　$X_1, X_2, \cdots X_n$ 均獨立服從 $b(1, p)$，則 $Y = X_1 + X_2 + \cdots X_n \sim b(y; n, p)$

證　$\because E(e^{tX}) = \sum\limits_{x=0}^{1} e^{tx}p^x q^{1-x} = pe^t + q$

$$E(e^{tX}) = E(e^{tY}) = E(e^{t\Sigma X_i}) = \prod\limits_{i=1}^{n} E(e^{tX_i}) = (pe^t + q)^n$$

故 $Y \sim b(y; n, p)$ ∎

因此，Bernoulli 分配爲 $n = 1$ 之二項分配，換言之，Bernoulli 分配是二項分配之特例。

二項分配之重要性質

【定理 C】　若 $r.v.X \sim b(n, p)$ 則 $M(t) = (pe^t + q)^n$
$$\mu = np，\sigma^2 = npq$$

證　（見 2.3 節習題第 3 題）

【定理 D】　若 X, Y 爲二獨立 $r.v.$，$X \sim b(n, p)$，$Y \sim b(m, p)$
則 $Z = X + Y \sim b(z; m + n, p)$

證　$E(e^{tZ}) = E(e^{t(X+Y)}) = E(e^{tX})E(e^{tY})$
$$= (pe^t + q)^n \cdot (pe^t + q)^m = (pe^t + q)^{n+m}$$

$$\therefore Z = X + Y \sim b(z; m + n, p) \qquad \blacksquare$$

定理 D 又稱為二項分配之加法性，上述結果可推廣到 n 個二項隨機變數上。

例 1. A, B 二人作擲骰子遊戲，A 連擲 1 粒骰子 6 次，若至少出現 1 次么點則 A 勝，B 連擲 1 粒骰子 12 次，若 B 至少擲出 2 次么點則 B 勝，問 A, B 何者之勝算較大？

解　A 之成功率 $= 1 - P(X=0) = 1 - \binom{6}{0}\left(\frac{1}{6}\right)^0\left(\frac{5}{6}\right)^6 = 1 - \left(\frac{5}{6}\right)^6 \approx 0.6651$

B 之成功率 $= 1 - P(X \le 1) = 1 - \left[\binom{12}{0}\left(\frac{1}{6}\right)^0\left(\frac{5}{6}\right)^{12} + \binom{12}{1}\left(\frac{1}{6}\right)\left(\frac{5}{6}\right)^{11}\right]$

$$= 1 - \left[\left(\frac{5}{6}\right)^{12} + 2\left(\frac{5}{6}\right)^{11}\right] \approx 1 - 0.3814 = 0.6186$$

$\therefore A$ 之勝算較大。

例 2. 擲一骰子 n 次，已知至少出現一次么點下，求么點至少出現 2 次（含）以上之機率。

解　令 $X =$ 出現么點之次數

$(1)\, P(X \ge 2 | X \ge 1) = \dfrac{P(X \ge 1\ \text{且}\ X \ge 2)}{P(X \ge 1)} = \dfrac{P(X \ge 2)}{P(X \ge 1)}$

$$= \frac{1 - P(X=0) - P(X=1)}{1 - P(X=0)}$$

$$= \frac{1 - \left[\binom{n}{0}\left(\frac{1}{6}\right)^0\left(\frac{5}{6}\right)^n + \binom{n}{1}\left(\frac{1}{6}\right)\left(\frac{5}{6}\right)^{n-1}\right]}{1 - \binom{n}{0}\left(\frac{1}{6}\right)^0\left(\frac{5}{6}\right)^n}$$

$$= \frac{1 - \left(\frac{5}{6}\right)^n - n\left(\frac{1}{6}\right)\left(\frac{5}{6}\right)^{n-1}}{1 - \left(\frac{5}{6}\right)^n} = 1 - \frac{n5^{n-1}}{6^n - 5^n}$$

例 3. 若 $r.v. X \sim b(x; n, p)$，求 $E(X | X \ge 2)$

解

提示	解答
$\sum\limits_{k=0}^{n} k \binom{n}{k} p^k (1-p)^{n-k} = 0 \binom{n}{0} p^0 (1-p)^{n-0}$ $+ 1\binom{n}{1} p(1-p)^{n-1} + \sum\limits_{k=2}^{n} \binom{n}{k} p^k (1-p)^{n-k} X$ $\sum\limits_{k=2}^{n} k \binom{n}{k} p^k (1-p)^{n-k}$ $= E(X) - \sum\limits_{k=0}^{1} k\binom{n}{x} p^x (1-p)^{n-x}$ $= np - np(1-p)^{n-1}$	$\because$ 應用定理 $f(x \mid X \geq 2) = \dfrac{f(x)}{1 - F(1)}$，$F(x)$ 為 X 之 分配函數 $\therefore E(X \mid X \geq 2) = \dfrac{\sum\limits_{k=2}^{n} k\binom{n}{k} p^k (1-p)^{n-k}}{1 - \binom{n}{0} p^0 (1-p)^n - \binom{n}{1} p(1-p)^{n-1}}$ $= \dfrac{np - \sum\limits_{k=0}^{1} k\binom{n}{k} p^k (1-p)^{n-k}}{1 - (1-p)^n - np(1-p)^{n-1}}$ $= \dfrac{np - np(1-p)^{n-1}}{1 - (1-p)^n - np(1-p)^{n-1}}$

例 **4.** 若 $r.v.X \sim b(n, p)$，若此二項機率最大值為惟一條件？

解

提示	解答
在求離散型機率分配之最大值時，不能用微分法，此時我們可設 $X = k$ 時為惟一最大值，條件為 $\begin{cases} P(X=k) > P(X=k+1) \\ P(X=k) < P(X=k-1) \end{cases}$	設 $f(x;p) = \binom{n}{x} p^x q^{n-k}$ 在 $X=k$ 處有惟一最大值，則需： (1) $P(X=k) > P(X=k+1)$： $\binom{n}{k} p^k q^{n-k} > \binom{n}{k+1} p^{k+1} q^{n-k-1}$ $\Rightarrow \dfrac{n!}{k!(n-k)!} p^k, q^{n-k} > \dfrac{n!}{(k+1)!(n-k-1)!} p^{k+1} q^{n-k-1}$ $\Rightarrow \dfrac{(k+1)}{n-k} > \dfrac{p}{q}$，則 $k > np - q = (n+1)p - 1$ (2) $P(X=k) > P(X=k-1)$ 時 可法可得　$(n+1)p > k$ ② 由 (1), (2)　$(n+1)p > k > (n+1)p - 1$

★ 例 **5.** 擲一均勻銅板 $2n$ 次，求正面出現之次數比反面多之機率。

解

提示	解答
本例解法精彩之處即在此。	令 X 為 $2n$ 次投擲中出現正面次數之隨機變數 Y 為出現反面次數之隨機變數則 $P(X > Y) + P(Y < X) + P(X = Y) = 1$

提示	解答
	$\because$ 銅板為均勻的，出現正面或反面之機率均為 $\frac{1}{2}$， 且 $P(X>Y)=P(Y<X)$ $\therefore 2P(X>Y)=1-P(X=Y)=1-\binom{2n}{n}\left(\frac{1}{2}\right)^n\left(\frac{1}{2}\right)^n$ $\qquad =1-\binom{2n}{n}\left(\frac{1}{2}\right)^{2n}$ 得 $P(X>Y)=\frac{1}{2}\left[1-\binom{2n}{n}\left(\frac{1}{2}\right)^{2n}\right]$

例 6. 設 X 表電子元件之壽命之隨機變數，若 $r.v.X$ 之中 pdf 為

$$f(x)=\frac{1}{200}e^{-\frac{x}{200}}, x>0$$

若取此電子元件 5 件，求 (1) 至少有 4 件壽命超過 400 小時之機率 (2) 若已知有 3 件壽命超過 400 小時下 5 支之壽命全超過 400 小時之機率。

解　$p=P$（電子元件壽命超過 400 小時）

$\qquad =\int_{400}^{\infty}\frac{1}{200}e^{-\frac{x}{200}}dx=-e^{-\frac{x}{200}}\Big]_{400}^{\infty}=e^{-2}$

令 $Y=$ 電子元件壽命超過 400 小時之件數則

$(1)\,P(Y\geq 4)=\binom{5}{4}(e^{-2})^4(1-e^{-2})+\binom{5}{5}(e^{-2})^5(1-e^{-2})^0=5e^{-8}-4e^{-10}$

$(2)\,P(X=5\,|\,X\geq 4)=\dfrac{P(X=5\;且\;X\geq 4)}{P(X\geq 4)}=\dfrac{P(X=5)}{P(X\geq 4)}=\dfrac{e^{-10}}{5e^{-8}-4e^{-10}}=\dfrac{1}{5e^2-4}$

Bernoulli大數法則

【定理 E】　設 $r.v.Y$ 為在 n 次獨立試行中成功之次數，p 為每次實驗之成功機率，即 $Y\sim b(n,p)$，則

$$\lim_{n\to\infty}P\left(\left|\frac{Y}{n}-P\right|\geq\varepsilon\right)=0$$

證　根據 Chebyshev 不等式

$$P\left(\left|\frac{Y}{n}-p\right|<\varepsilon\right)=P(|Y-np|<n\varepsilon)=P\left(|Y-np|<\frac{\sqrt{n}\varepsilon}{\sqrt{pq}}\cdot\sqrt{npq}\right)$$

$$=P\left(|Y=\mu|<\frac{\sqrt{n}\varepsilon}{\sqrt{pq}}\cdot\sigma\right)\geq 1-\frac{1}{\left(\frac{\sqrt{n}\varepsilon}{\sqrt{pq}}\right)^2}=1-\frac{pq}{n\varepsilon^2}$$

$$\therefore \lim_{n\to\infty} P\left(\left|\frac{Y}{n} - p\right| < \varepsilon\right) = \lim_{n\to\infty}\left(1 - \frac{pq}{n\varepsilon^2}\right) = 1$$

從而 $\lim_{n\to\infty} P\left(\left|\frac{Y}{n} - p\right| \geq \varepsilon\right) = 0$ ▪

Bernoulli　大數法則只是許多著名之大數法則中的一種。

Bernoulli　大數法則亦可用下面這種方式表達：若 $\{X_n\}$ 為獨立 r.v. 敘列，X_n 服從 Bernoulli 分配，則對任意給定之正數 ε 而言

$$P\left(\left|\frac{X_1 + X_2 + \cdots + X_n}{n} - p\right| < \varepsilon\right) = 1$$

亦即 $\dfrac{X_1 + X_2 + \cdots + X_n}{n}$ 機率收斂於 p。

例 7. 若 $r.v.X \sim b(200, p)$ 依 (1) $p = 0.6$ 　(2) p 未知，分別用大數法則求 $P\left(\left|\dfrac{X}{200} - p\right| < 0.05\right)$ 之下界。

解

提示	解答
	(1) $X \sim b(200, 0.6)$，$pq = 0.6 \times 0.4 = 0.24$ 又 $\varepsilon = 0.05$
	$\therefore P\left(\left\|\dfrac{X}{200} - p\right\| < 0.05\right) \geq 1 - \dfrac{pq}{n\varepsilon^2} = 1 - \dfrac{0.24}{200 \times 0.05^2} = 0.52$
(2) $b(x;\ n,\ p)$ 在 p 未知時通常取 $p = \dfrac{1}{2}$	(2) 當 p 未知時，$\varepsilon = 0.05$，$p = q = \dfrac{1}{2}$
	$\therefore P\left(\left\|\dfrac{X}{200} - p\right\| < 0.05\right) \geq 1 - \dfrac{pq}{n\varepsilon^2} = 1 - \dfrac{\frac{1}{2} \times \frac{1}{2}}{200 \times 0.05^2} = 0.5$

我們在第一章知道若 A 為一樣本空間之一事件，則 A 發生之頻率具穩定性，即當實驗次數越多時 A 發生之頻率就越接近某個固定數值，這個固定數值是為 A 發生之機率。當重複獨立試行之次數增加時，這種現象益加明顯，Bernoulli 大數法則即針對上述事實提供了理論依據。

多項分配

【定義】　設實驗之 k 種結果 $E_1, E_2, \cdots E_k$ 發生之機率分別為 $p_1, p_2, \cdots\cdots p_k$ 其中 $p_1 + p_2 + \cdots + p_k = 1$，$X_1, X_2, \cdots X_k$ 分列為發生次數之隨機變數，則 $X_1, X_2, \cdots X_k$ 之聯合機率密度函數為

$$f(x_1, x_2, \cdots x_k) = \binom{n}{x_1, x_2, \cdots x_k} p_1^{x_2} p_2^{x_2} \cdots p_k^{x_k} , \ x_1 + x_2 + \cdots + x_k = n \ 0$$

此分配稱為**多項分配**（multionmial distribution）。

由定義，可導證 $X_i \sim b(x_i, n, p_i)$

例 8. 若 $n \to \infty$，$p_i \to 0$ 且 $np_i \to \lambda_i$，$i = 1, 2$，試證
$$\binom{n}{x_1, x_2, \ n - x_1 - x_2} p_1^{x_1} p_2^{x_2} p_3^{n - x_1 - x_2} \to \frac{\lambda_1^{x_1} \lambda_2^{x_2}}{x_1! \ x_2!} e^{-(\lambda_1 + \lambda_2)} , \ x_1 + x_2 = n$$

解

提示	解答
$\lim_{n \to \infty} \left(1 - \frac{\lambda_1 + \lambda_2}{n}\right)^n (1^\infty)$ $= \exp \lim_{n \to \infty} \left\{ \left(1 - \frac{\lambda_1 + \lambda_2}{n}\right)^{-1} \right\} n$ $= e^{-(\lambda_1 + \lambda_2)}$	$\binom{n}{x_1, x_2, \ n - x_1 - x_2} p_1^{x_1} p_2^{x_2} p_3^{n - x_1 - x_2}$ $= \frac{n!}{x_1! \ x_2! (n - x_1 - x_2)!} \left(\frac{\lambda_1}{n}\right)^{x_1} \left(\frac{\lambda_2}{n}\right)^{x_2} \left(\frac{\lambda_3}{n}\right)^{n - x_1 - x_2}$ $= \frac{n!}{x_1! \ x_2! (n - x_1 - x_2)!} \frac{\lambda_1^{x_1} \lambda_2^{x_2}}{n^{x_1 + x_2}} \left(1 - \frac{\lambda_1 + \lambda_2}{n}\right)^{n - x_1 - x_2}$ $= \frac{n!}{x_1! \ x_2! (n - x_1 - x_2)!} \frac{\lambda_1^{x_1} \lambda_2^{x_2}}{n^{x_1 + x_2}} \left(1 - \frac{\lambda_1 + \lambda_2}{n}\right)^n \left(1 - \frac{\lambda_1 + \lambda_2}{n}\right)^{-(x_1 + x_2)}$ $\lim_{n \to \infty} \frac{\lambda_1^{x_1} \lambda_2^{x_2}}{x_1! \ x_2!} \underbrace{\frac{n(n-1)(n-2) \cdots (n - x_1 - x_2 + 1)}{n \cdot n \cdot n \cdots \cdots n}}_{x_1 + x_2 \text{ 個}} \left(1 - \frac{\lambda_1 + \lambda_2}{n}\right)^n$ $\left(1 - \frac{\lambda_1 + \lambda_2}{n}\right)^{-(x_1 + x_2)}$ $= \frac{\lambda_1^{x_1} \lambda_2^{x_2}}{x_1! \ x_2!} \lim_{n \to \infty} \frac{n}{n} \cdot \frac{n-1}{n} \frac{n-2}{n} \cdots \frac{n - x_1 - x_2 + 1}{n} \cdot \lim_{n \to \infty} \left(1 - \frac{\lambda_1 + \lambda_2}{n}\right)^n \cdot$ $\underbrace{\lim_{n \to \infty} \left(1 - \frac{\lambda_1 + \lambda_2}{n}\right)^{-(x_1 + x_2)}}_{0} = \frac{\lambda_1^{x_1} \lambda_2^{x_2}}{x_1! \ x_2!} e^{-(\lambda_1 + \lambda_2)}$

幾何分配與負二項分配

本子節我們將討論與 Bernoulli 試行有關之另一組機率分配：幾何分配與負二項分配

幾何分配與負二項分配之關係猶如 Bernoulli 分配與二項分配之關係。

幾何分配

獨立重複進行某種試行直到第一次成功為止，若每次試行成功之機率均為 p，失敗之機率為 q, $q = 1 - p$，若 X 表示所需試行之次數，則 X 為一 $r.v.$，

且 $P(X = k) = pq^{k-1}$，$k = 1, 2 \cdots\cdots$ 因此有下列定義

【定義】　設 $r.v.X$ 之 $p.m.f.$ 為 $f(x) = \begin{cases} pq^{x-1}, & x = 1, 2 \cdots\cdots, p + q = 1 \\ 0 & \text{其它} \end{cases}$

則稱 $r.v.X$ 服從母數為 p 之**幾何分配**（geometric distribution），以 $X \sim G(p)$ 表之或 $\{pq^{k-1}\}$ 表示。

幾何分配還有另一種形式，即
$$f(x) = \begin{cases} pq^x, & x = 0, 1, 2 \cdots\cdots, p + q = 1 \\ 0 & \text{其它} \end{cases}$$

當然，這種函數形式之幾何分配與定義中之幾何分配在意義上是不同的。當讀者在別的書本上看到幾何分配時，應按該書之定義。

例 9. $r.v.X \sim G(p)$，試證 $P(X > m + n \mid X > n) = P(X > m)$，此稱為幾何分配之**無記憶性**（memoryless）

解
$$P(X > m + n \mid X \geq n) = \frac{P(X > m + n \text{ 且 } X > n)}{P(X > n)} = \frac{P(X > m + n)}{P(X > n)}$$

$$= \frac{\sum_{x=m+n+1}^{\infty} pq^{x-1}}{\sum_{x=n+1}^{\infty} pq^{x-1}} = \frac{p(q^{m+n} + q^{m+n+1} + \cdots)}{p(q^n + q^{n+1} + \cdots)} = \frac{pq^{m+n}(1 + q + q^2 + \cdots)}{pq^n(1 + q + \cdots)}$$

$$= q^m$$

$$P(X > m) = \sum_{x=m+1}^{8} pq^{x-1} = p(q^m + q^{m+1} + \cdots) = pq^m \left(\frac{1}{1-q}\right) = q^m$$

$$\therefore P(X > m + n \mid X \geq n) = P(X > n)$$

例 9 之逆敘述亦成立，亦即滿足無記憶性之離散分配必為幾何分配。

負二項分配

獨立 Bernoulli 試行，第 r 次成功（r 為固定值）恰於第 n 次試行時發生，假定每次試行成功之機率為 p，失敗之機率為 q，$p + q = 1$ 且 $1 > p > 0$，定義隨機變數 X 為此種試行所需進行之次數，則

$P(X = n) = P$（第 n 次試行成功，且在前 $n - 1$ 次試行中成功了 $r - 1$ 次）

　　　　 $= P$（第 n 次試行成功）P（前 $n - 1$ 次試行中成功了 $r - 1$ 次）

　　　　 $= p \cdot \binom{n-1}{r-1} p^{r-1} q^{n-r} = \binom{n-1}{r-1} p^r q^{n-r}$，$n = r, r + 1, r + 2, \cdots$

因此有下列定義

【定義】 設 $r.v.X$ 其 p.d.f. 為 $f(x)=\begin{cases}\binom{x-1}{r-1}p^rq^{x-r} & , x=r,r+1,r+2\cdots\cdots\\ 0 & ,\text{其它}\end{cases}$

則稱 $r.v.X$ 服從母數為 r、p 之負二項分配。
以 $X\sim NB(x;r,p)$ 表之

【預備定理 F1】設 $f(x)=(1-x)^{-r}$，則 $(1-x)^{-r}=\sum\limits_{k=0}^{\infty}\binom{r+k-1}{r-1}x^k$，$|x|<1$

證 $f(x)=(1-x)^{-r}$
$f'(x)=r(1-x)^{-(r+1)}$
$f''(x)=r(r+1)(1-x)^{-(r+2)}$
如此，我們可得一般化結果 $f^{(n)}(x)=r(r+1)\cdots\cdots(r+n-1)(1-x)^{-(r+n)}$
$\therefore f^{(n)}(0)=r(r+1)\cdots\cdots(r+n-1)=(r+n-1)!/(r-1)!$
由此可得 $f(x)=(1-x)^{-r}=1+\dfrac{(r+1-1)!}{(r-1)!\,1!}x+\dfrac{(r+2-1)!}{(r-1)!\,2!}x^2+\cdots+$
$\dfrac{(r+k-1)!}{(r-1)!\,k!}x^k+\cdots=\sum\limits_{k=0}^{\infty}\binom{r+k-1}{r-1}x^k$ ∎

讀者可由微積分之**比較審斂法**（comparison test）知上述冪級數在 $|x|<1$ 時為收斂。

我們將利用預備定理 F1 證明 $f(x)=\binom{x-1}{r-1}p^rq^{x-r}$，$x=r$，$r+1$，$r+2\cdots\cdots$

滿足 p.d.f. 條件：

① $f(x)\geq0$，$x=r$，$r+1$，$\cdots\cdots$顯然成立。

② $\sum\limits_{x=r}^{\infty}\binom{x-1}{r-1}p^rq^{x-r}\overset{y=x-r}{=\!=\!=\!=}\sum\limits_{y=0}^{\infty}\binom{y+r-1}{r-1}p^rq^{y+r-r}=p^r\sum\limits_{y=0}^{\infty}\binom{y+r-1}{r-1}q^y$

$=p^r(1-q)^{-r}=1$

【定理 F】 若 $r.v.X\sim NB(x;r,p)$ 則

(1) $M(t)=\dfrac{(pe^t)^r}{(1-qe^t)^r}$，$t<-\ln q$；(2) $E(X)=\dfrac{r}{p}$；(3) $V(X)=\dfrac{rq}{p^2}$

提示	解答
(1) $\sum\limits_{x=r}^{\infty}\binom{x-1}{r-1}a^{x-r}=\dfrac{1}{(1-a)^r}$ 　若已求出 $M(t)$，我們可想 　想是否用累差 $C(t)=\ln M(t)$ 　來求 μ 與 σ^2 (2) $E(X)$ 亦可用微分法求出 　（見 2.3 節例 8）	(1) $M(t)=\sum\limits_{x=r}^{\infty}e^{tx}\binom{x-1}{r-1}p^r q^{x-r}=\sum\limits_{x=r}^{\infty}\binom{x-1}{r-1}(pe^t)^r(qe^t)^{x-r}$ 　　$=(pe^t)^r\sum\limits_{x=r}^{\infty}\binom{x-1}{r-1}(qe^t)^{x-r}=\dfrac{(pe^t)^r}{(1-qe^t)^r}$，$t<-\ln q$ (2) 取 $C(t)=\ln M(t)=r\ln p+rt-r\ln(1-qe^t)$ 　　$\therefore\mu=C'(0)=r+\dfrac{rqe^t}{1-qe^t}\Big|_{t=0}=r+\dfrac{rq}{p}=\dfrac{r}{p}$ (3) $\sigma^2=C''(0)=\dfrac{d}{dt}\left[r+\dfrac{rqe^t}{1-qe^t}\right]\Big|_{t=0}=\dfrac{rq}{p^2}$

【定理 G】（負二項分配之加法性）：

若 $r.v.X\sim NB(x;r_1,p)$，$Y\sim NB(y;r_2,p)$ 若 X,Y 獨立則

$Z=X+Y\sim NB(z;r_1+r_2,p)$

證　$M_{X+Y}(t)=E(e^{t(X+Y)})=E(e^{tX})E(e^{tY})=\dfrac{(pe^t)^{r_1}}{(1-qe^t)^{r_1}}\cdot\dfrac{(pe^t)^{r_2}}{(1-qe^t)^{r_2}}=\dfrac{(pe^t)^{r_1+r_2}}{(1-qe^t)^{r_1+r_2}}$

$\therefore Z\sim NB(z;r_1+r_2,p)$ ■

　　定理 G 可一般化成：若 $X_1,X_2,\cdots X_n$ 為服從 $NB(x_i;x_i,p)$ 之獨立隨機變數，則 $Y=X_1+X_2+\cdots X_n\sim NB(y;r_1+r_2+\cdots r_n,p)$

　　負二項分配在應用時，可直接用圖解配合二項分配即可迎刃而解。

例 10.　設一骰子擲出么點之機率為 p

　　　　求 (1) 第一次么點在第 6 次擲出　(2) 第三次么點在第 6 次擲出

解

提示	解答
均未擲出么點　　擲出么點 ├─┼─┼─┼─┼─┤↓ 1　2　3　4　5　6	(1) $P=P$（前5次均未擲出么點且第6次擲出么點） 　　$=P$（前5次均未擲出么點）P（第6次擲出 　　么點） 　　$=\binom{5}{0}p^0(1-p)^5\cdot p=p(1-p)^5$
擲出2個么點　　擲出么點 ├─┼─┼─┼─┼─┤↓ 1　2　3　4　5　6	(2) P（前5次擲出2個么點且第6次擲出么點） 　　$=P$（前5次擲出2個么點）P（第6次擲出么點） 　　$=\binom{5}{2}p^2(1-p)^3\cdot p=10p^3(1-p)^3$

★ 例 11. （Banach 火柴盒問題）某人在衣服左右口袋各有一個火柴盒，每個火柴盒各含 n 支火柴，他每次隨機地選了一個口袋並抽出一支火柴，若一火柴盒空的時候，求另一盒子還有 k 支火柴之機率 p。

解

提示	解答
1. 左口袋是空的而右口袋還有 k 支之情形為： 在第 $n+1$ 次取火柴時，發現左口袋是空的，而右口袋還有 k 支火柴，因此，某人共取了 $(n+1)+(n-k)=2n-k+1$ 次火柴，讀者要思考，這裡為何是 $n+1$ 而不是 n。由此可想到某人在左口袋取了 $n+1$ 次，右口袋取了 $n-k$ 次。	1. 先考慮左口袋是空的而右口袋還有 k 支機率： 因某人在發現右口袋是空時，他已在右口袋做了 $n+1$ 次之取火柴動作，同時他也在右口袋有 $n-k$ 次之取火柴動作。 在此情況下，某人有 $(n+1)+(n-k)=2n-k+1$ 次取火柴動作，因此 (1) 某人在 $2n-k+1$ 次取火柴之可能方式有 2^{2n-k+1} 種 (2) 某人在第 $n+1$ 次是從左袋抽取出的，其方式有 $\binom{2n-k}{n}$ ∴某人左邊口袋之火柴盒是空的之機率為 $\binom{2n-k}{n}\left(\frac{1}{2}\right)^{2n-k}\cdot\frac{1}{2}=\binom{2n-k}{n}\left(\frac{1}{2}\right)^{2n-k+1}$ 同理，某人右邊口袋之火柴盒是空的機率也是 $\binom{2n-k}{n}\left(\frac{1}{2}\right)^{2n-k+1}$ 2. $p=2\binom{2n-k}{n}\left(\frac{1}{2}\right)^{2n-k+1}=\binom{2n-k}{n}\left(\frac{1}{2}\right)^{2n-k}$

負二項分配與幾何分配之關係

【定理 H】 若 $r.v.X_i$, $i=1, 2\cdots n$ 為獨立服從 $\{pq^{x-1}\}$ 母數為 p 之幾何分配，則
$$Y=\sum_{i=1}^{n}X_i\sim NB(y;n,p)$$

證 $r.v.X$ 之 p.d.f. 為 $f(x)=\begin{cases}pq^{x-1}, & x=1,2\cdots\cdots\\ 0 & \text{其它}\end{cases}$ 則 $r.v.X$ 之動差母函數

$$m(t)=\sum_{x=1}^{\infty}e^{tx}pq^{x-1}=\frac{p}{q}\sum_{x=1}^{\infty}(qe^t)^x=\frac{p}{q}\frac{qe^t}{1-qe^t}=\frac{pe^t}{1-qe^t}$$

$$\therefore E(e^{tY})=E(e^{t\sum_{i=1}^{n}X})=\left(\frac{pe^t}{1-qe^t}\right)^n\sim NB(y;n,p)$$ ∎

習題 4-2

A

1. 試證 $b(x; n, p) = b(n - x; n, 1 - p)$。

2. 計算以下各題之機率（假定各試行成功機率均為 p 之 Bernoulli 試行）

   (1) 15 次試行中恰有 3 次成功

   (2) 第 1 次成功恰在第 15 次試行時發生

   (3) 第 5 次成功恰在第 15 次試行時發生

   (4) 前 15 次試行中至少有 4 次成功下，其成功次數有 8 次

   (5) 第 1 次成功發生在第 5 次，第 2 次成功發生在第 15 次試行時

   (6) 15 次試行中至少一次成功之條件下，成功次數之條件期望值

3. 擲一對均勻骰子，$r.v. X$ 為第一次點數和 7 出現所需擲出之次數，求 $E(X)$。

4. 若 $r.v. X$ 之 $M(t) = (0.8 + 0.2e^t)^{100}$，求 $P(8 \leq X \leq 32)$ 之下界。

5. $r.v. X \sim b(n, p)$，求 $E(t^x)$。

6. 若 $r.v. X, Y$ 為二獨立隨機變數，$X \sim b(x; m, p)$，$Y \sim b(y; n, p)$，求 $E(X \mid X + Y = s)$。

7. 設 X, Y 均獨立服從 $f(x) = pq^x$, $x = 0, 1, 2 \cdots$ 之幾何分配，求 $P(X = k \mid X + Y = n)$。

8. 若 $r.v. X$ 服從 $E(X) = 1.8$，$\sigma^2 = 1.26$ 之二項分配，求 $P(X = 6 \mid X \geq 2)$。

9. 若 X, Y 均獨立服從 $g(x) = pq^x$, $x = 0, 1, 2 \cdots$ 求 $Y - X$ 之分配。

10. 若擲一均勻銅板 $2n$ 次，在 n 很大時，利用 stirling 公式證明得到 n 次正面機率近似 於 $\dfrac{1}{\sqrt{n\pi}}$。

B

11. X 為離散型 $r.v.$ 證明滿足無記憶性即 $P(X > m + n \mid X > m) = P(X = n)$ 必為幾何分配。

12. $r.v. X \sim b(n, p)$，令 $B(k; n, p) = \sum\limits_{k=0}^{n} b(k; n, p)$，試證 $B(k; n, p) = (n - k)\dbinom{n}{t} \int_0^q t^{n-k-1}(1 - t)^k dt$

13. $r.v. X \sim b(n, p)$ 求 (1) $E(t^x)$ (2) 用 (1) 結果求 $E\left(\dfrac{1}{1+X}\right)$ (3) 當 $n \to \infty$, $np = \lambda$ 時 $E\left(\dfrac{1}{1+X}\right) \to ?$

★14. X_1, X_2, X_3 分別獨從 $p_i^x p_i^{1-x}$, $p_i + q_i = 1$，$i = 1, 2, 3$，$x = 0, 1$ 之 Bernoulli 分配，求 $U = X_1 + X_2 + X_3$ 之 p.d.f.。

15. $r.v. X \sim b(n, p)$，定義 $Y = (-1)^X$ 求 Y 之 p.d.f.。

16. $r.v. X \sim G(p)$，令 $Y(n) = \begin{cases} 1 & , n \text{ 為偶數} \\ -1 & , n \text{ 為奇數} \end{cases}$，求 $f_Y(y)$。

4.3　卜瓦松分配、指數分配與Gamma分配

> 【定義】　設隨機變數 X 之機率密度函數為下列形式：
>
> $$P(X=x) = \frac{e^{-\lambda}\lambda^x}{x!}, \; x = 0, 1, 2\cdots \text{（以 } P_0(x; \lambda) \text{ 或 } P_0(\lambda) \text{ 表之）}$$
>
> 則稱 X 為服從母數是 λ 之**卜瓦松分配**（Poisson distribution）

卜瓦松分配多應用在稀少事件之機率分配研究上。

卜瓦松分配之重要性質

> 【定理 A】　若 $r.v. X \sim P_0(x; \lambda)$，則 $M(t) = e^{\lambda(e^t - 1)}$ 且 $\mu = \sigma^2 = \lambda$

證明見 2.4 節例 18

例 1. 某工廠每二個月發生一次意外，假定各個意外是獨立發生，求 (1) 一年平均發生意外之次數，(2) 每年意外次數標準差，(3) 對某特定月，無意外發生之機率。

解

提示	解答
1. 卜瓦松分配在應用上必須**先確定 λ 值（$\lambda = np$）後才能求機率。** 2. 平均 2 個月發生一次意外相當於 1 個月發生 0.5 次意外	(1) $\lambda = np = 12 \times \frac{1}{2} = 6$ (2) $\sigma = \sqrt{\lambda} = \sqrt{6}$ (3) $P(X = 0) = 0.0025$（查表）

> 【定理 B】　若 X, Y 為二獨立隨機變數，$r.v. X \sim P_0(x; \lambda)$，$r.v. Y \sim P_0(y; \mu)$，則 $Z = X + Y \sim P_0(z; \lambda + \mu)$。此即卜瓦松分配之加法性

證　$M_Z(t) = E(e^{tZ}) = E(E^{t(X+Y)}) = E(e^{tX})E(e^{tY}) = e^{\lambda(e^t - 1)} \cdot e^{\mu(e^t - 1)}$
　　　$= e^{(\lambda + \mu)(e^t - 1)} \quad \therefore Z \sim P_0(z; \lambda + \mu)$ ∎

例 2. 若 $r.v.X \sim P_0\left(x; \dfrac{1}{2}\right)$，$r.v.Y \sim P_0\left(y; \dfrac{1}{4}\right)$，$X, Y$ 為二獨立隨機變數，求 (1) $Z = X + Y$ 之 p.d.f.　(2)$E(Z)$　(3)$V(Z)$

解 (1)$Z = X + Y \sim P_0\left(z; \dfrac{1}{2} + \dfrac{1}{4}\right) = P_0\left(z; \dfrac{3}{4}\right)$

(2)$E(Z) = \dfrac{3}{4}$（或 $E(Z) = E(X + Y) = E(X) + E(Y) = \dfrac{1}{2} + \dfrac{1}{4} = \dfrac{3}{4}$）

(3)$V(Z) = \dfrac{3}{4}$（或 $V(Z) = V(X + Y) = V(X) + V(Y) = \dfrac{1}{2} + \dfrac{1}{4} = \dfrac{3}{4}$）

例 3. 求卜瓦松分配之眾數（即極大值）為惟一條件？又 $P(X = x) = \dfrac{e^{-3.1}(3.1)^x}{x!}$ 之眾數發生在何處？

解

提示	解答
1. 求眾數（mode）相當於求極大值 2. 卜瓦松分配是離散型隨機變數，眾數需同時滿足 $\begin{cases} P(X=k) > P(X=k-1) \\ P(X=k) > P(X=k+1) \end{cases}$	(1)設眾數發生在 $x = k$ 處，則 ① $P(X=k) > P(X=k-1) \Rightarrow \dfrac{e^{-\lambda}\lambda^k}{k!} > \dfrac{e^{-\lambda}\lambda^{k-1}}{(k-1)!}$ $\quad \therefore \lambda > k$ ② $P(X=k) > P(X=k+1) \Rightarrow \dfrac{e^{-\lambda}\lambda^k}{k!} > \dfrac{e^{-\lambda}\lambda^{k+1}}{(k+1)!}$ $\quad \therefore k+1 > \lambda$ 由①，② $P_0(\lambda)$ 之眾數為惟一之條件為 $k+1 > \lambda > k$，$k \in Z^+$ (2)$P(X=x) = \dfrac{e^{-3.1}(3.1)^x}{x!}$，$x = 0, 1, 2\cdots$ 之眾數在 $x = [3.1] = 3$ 處

例 4. 設 $f(x)$ 在 $x \geq 0$ 時為一 pdf。若 $f(x) = \dfrac{\lambda}{x}f(x-1)$，$\lambda = 1, 2, 3\cdots$ 求 f(x)

解

提示	解答
1. 涉及 $f(x)$ 與 $f(x-1)$ 間關係之問題必須聯想到遞迴關係。 2. 以 $x = 1$, $x = 2\cdots$ 逐一代入，觀察其規則性，尤其是冪次，階乘（千萬不要乘開，因為我們要探知階乘之變化規律）。	$f(1) = \dfrac{\lambda}{1}f(0)$ $f(2) = \dfrac{\lambda}{2}f(1) = \dfrac{\lambda}{2}\left(\dfrac{\lambda}{1}f(0)\right) = \dfrac{\lambda^2}{2 \cdot 1}f(0) = \dfrac{\lambda^2}{2!}f(0)$ $f(3) = \dfrac{\lambda}{3}f(2) = \dfrac{\lambda}{3}\left(\dfrac{\lambda^2}{2!}f(0)\right) = \dfrac{\lambda^3}{3!}f(0)$ ……

提示	解答
3. 猜出 $f(n) = ? f(0)$	$f(n) = \dfrac{\lambda^n}{n!}f(0)$ $\therefore \sum\limits_{n=0}^{\infty} f(n) = \sum\limits_{n=0}^{\infty} \dfrac{\lambda^n}{n!}f(0) = f(0)\sum\limits_{n=0}^{\infty}\dfrac{\lambda^n}{n!} = f(0)e^\lambda = 1$ $\therefore f(0) = e^{-\lambda}$ 即 $f(x) = \dfrac{e^{-\lambda}\lambda^x}{x!}$，$x = 0, 1, 2\cdots$

例 5. 若 r.v.X, Y 為二獨立之卜瓦松隨機變數，$X \sim P_0(x; \lambda)$，$X \sim P_0(y; \mu)$，求 $E(X \mid X + Y = n)$

解 先求 $P(X = k \mid X + Y = n)$
$$P(X = k \mid X + Y = n) = P(X = k \text{ 且 } X + Y = n)/P(X + Y = n)$$
$$= P(X = k, Y = n - k)/P(X + Y = n)$$
$$= P(X = k)P(Y = n - k)/P(X + Y = n)\cdots\cdots\cdots※$$

$Z = X + Y \sim P_0(z; \lambda + \mu)$

$$※ = \frac{\dfrac{e^{-\lambda}\lambda^k}{k!}\dfrac{e^{-\mu}\mu^{n-k}}{(n-k)!}}{\dfrac{e^{-(\lambda+\mu)}(\lambda+\mu)^n}{n!}} = \frac{n!}{k!(n-k)!}\frac{\lambda^k\mu^{n-k}}{(\lambda+\mu)^n} = \binom{n}{k}\left(\frac{\lambda}{\lambda+\mu}\right)^k\left(\frac{\mu}{\lambda+\mu}\right)^{n-k}$$

$$= \binom{n}{k}\left(\frac{\lambda}{\lambda+\mu}\right)^k\left(1 - \frac{\lambda}{\lambda+\mu}\right)^{n-k}，即 b\left(z; n, \frac{\lambda}{\lambda+\mu}\right)$$

得 $E(X \mid X + Y = n) = n \cdot \dfrac{\lambda}{\lambda+\mu} = \dfrac{n\lambda}{\lambda+\mu}$

例 6. 若 r.v.X $\sim P_0(\lambda)g(x)$ 為一實函數，若 $E(g(X)) \in R$，且 $-\infty < g(X-1) < \infty$，試證 $E[\lambda g(X)] = E[Xg(X-1)]$

解

提示	解答
這題只需由左式直攻即可得到右式。	$E[\lambda g(X)] = \sum\limits_{x=0}^{\infty} \lambda g(x) \cdot \dfrac{e^{-\lambda}\lambda^x}{x!} = \sum\limits_{x=0}^{\infty} g(x) \cdot \dfrac{e^{-\lambda}\lambda^{x+1}}{x!}$ $= \sum\limits_{x=0}^{\infty} g(x) \cdot \dfrac{e^{-\lambda}\lambda^{x+1}}{x!} \cdot \dfrac{x+1}{x+1} = \sum\limits_{x=0}^{\infty}(x+1)g(x) \cdot \dfrac{e^{-\lambda}\lambda^{x+1}}{(x+1)!}$ $\underset{y=x+1}{=\!=\!=} \sum\limits_{y=1}^{\infty} yg(y-1)\dfrac{e^{-\lambda}\lambda^y}{y!} = E[Xg(X-1)]$

例 7. X_1、X_2 為獨立服從 $P_o(\lambda)$，$Y_1 = \min(X_1, X_2)$，$Y_2 = \max(X_1, X_2)$ 試證

$$P(Y_2 = l) = \left(\frac{e^{-\lambda}\lambda^l}{l!}\right)^2 + 2\left(\frac{e^{-\lambda}\lambda^l}{l!}\right)\sum_{k=0}^{l-1}\left(\frac{e^{-\lambda}\lambda^l}{k!}\right)，l \in N$$

解

提示	解答
離散 $r.v.X$ 之 $P(X = a) = P(X \le a) - P(X \le a - 1)$	$P(Y_2 = l) = P(Y_2 \le l) - P(Y_2 \le l - 1)$ $= P(\max(X_1, X_2) \le l) - P(\max(X_1, X_2) \le l - 1)$ $= P(X_1 \le l, X_2 \le l) - P(X_1 \le l - 1, X_2 \le l - 1)$ $= P(X_1 \le l)P(X_2 \le l) - P(X_1 \le l - 1)P(X_2 \le l - 1)$ $= \sum_{k=0}^{l}\frac{e^{-\lambda}\lambda^k}{k!} \cdot \sum_{k=0}^{l}\frac{e^{-\lambda}\lambda^k}{k!} - \sum_{k=0}^{l-1}\frac{e^{-\lambda}\lambda^k}{k!}\sum_{k=0}^{l-1}\frac{e^{-\lambda}\lambda^k}{k!}$ $= \left(\frac{e^{-\lambda}\lambda^l}{l!} + \sum_{k=0}^{l-1}\frac{e^{-\lambda}\lambda^k}{k!}\right)^2 - \left(\sum_{k=0}^{l-1}\frac{e^{-\lambda}\lambda^k}{k!}\right)^2$ $= \left(\frac{e^{-\lambda}\lambda^l}{l!}\right)^2 + 2\left(\frac{e^{-\lambda}\lambda^l}{l!}\right)\sum_{k=0}^{l-1}\frac{e^{-\lambda}\lambda^k}{k!}$

【定理C】　當 $n \to \infty$ 時，$np \to \lambda > \infty$ 則二項分配之極限為卜瓦松分配，即

$$\lim_{\substack{n \to \infty \\ np \to \lambda}} \binom{n}{k}p^x(1-p)^{n-x} \approx \frac{e^{-\lambda}\lambda^x}{x!}$$

提示	解答
$\lim_{n \to \infty}\left(1 - \frac{\lambda}{n}\right)^n$ 為 1^∞ 型不定式，有一個這型極限之萬用公式： 若 $\lim_{x \to a}f(x) = 1$，$\lim_{x \to a}g(x) = \infty$（$a$ 可為 ∞ 或 $-\infty$）則 $\lim_{x \to a}f(x)^{g(x)} = \lim_{x \to a}e^{f(x)[g(x)-1]}$ $\therefore \lim_{n \to \infty}\left(1 - \frac{\lambda}{n}\right)^n = e^{\lim_{n \to \infty}\left[\left(1 - \frac{\lambda}{n}\right) - 1\right]n}$ $= e^{-\lambda}$	令 $\lambda = np$，即 $p = \frac{\lambda}{n}$，代入二項分配： $\binom{n}{k}p^x(1-p)^{n-x} = \binom{n}{k}\left(\frac{\lambda}{n}\right)^x\left(1 - \frac{\lambda}{n}\right)^{n-x} = \frac{n!}{x!(n-x)!} \cdot \frac{\lambda^x}{n^x} \cdot \left(1 - \frac{\lambda}{n}\right)^{n-x}$ $= \frac{n \cdot (n-1)\cdots(n-x+1)}{x!} \cdot \frac{\lambda^x}{n^x}\left(1 - \frac{\lambda}{n}\right)^{n-x}$ $\therefore \lim_{n \to \infty}\binom{n}{x}p^x(1-p)^{n-x}$ $= \lim_{n \to \infty}\frac{n \cdot (n-1)\cdots(n-x+1)}{x!} \cdot \frac{\lambda^x}{n^x}\left(1 - \frac{\lambda}{n}\right)^{n-x}$ $= \lim_{n \to \infty}\frac{n(n-1)\cdots(n-x+1)}{n^x} \cdot \frac{\lambda^x}{x!}\left(1 - \frac{\lambda}{n}\right)^n\left(1 - \frac{\lambda}{n}\right)^{-x}$ $= \lim_{n \to \infty}\left[1 \cdot \left(\frac{n-1}{n}\right)\cdots\left(1 - \frac{x-1}{n}\right)\right] \cdot \frac{\lambda^x}{x!} \cdot \lim_{n \to \infty}\left(1 - \frac{\lambda}{n}\right)^n \cdot$ $\lim_{n \to \infty}\left(1 - \frac{\lambda}{n}\right)^{-x} = \frac{\lambda^x e^{-\lambda}}{x!}$ ∎

當 *n* 很大，*p* 很小時，二項分配之機率可用卜瓦松分配求解。就實務上，*n* ≥ 20，*p* ≤ 0.05 之二項分配可近似地以卜瓦松分配來近似求解。在 $n \geq 100$ 及 $np \leq 10$ 時二項分配之機率求算上可用卜瓦松分配近似得出。

例 8. 若某鎮共有 50000 戶，每天每戶火災之機率為 $p = \dfrac{1}{10000}$，求某天該鎮有 2 戶失火之機率。

解

提示	解答
(1) 用二項分配	(1) 用二項分配：$P(X=2) = \dbinom{50000}{2} \left(\dfrac{1}{10000}\right)^2 \left(\dfrac{9999}{10000}\right)^{49998} \approx 0.084$
(2) 應用卜瓦松分配求機率時先要求 λ，$\lambda = np$	(2) 用卜瓦松分配：$\lambda = 50000 \times \dfrac{1}{10000} = 5$ $\therefore P(X=2) = \left.\dfrac{e^{-\lambda}\lambda^x}{x!}\right|_{x=2} = \dfrac{e^{-5}5^2}{2!} = 0.084$（查表）

★卜瓦松過程

卜瓦松過程（Poisson process）是**點隨機過程**（point stochastic process）之一種，點隨機過程是 $\{N(t), t \geq 0\}$ 之集合，*N(t)* 是隨機變數，*t* 通常是時間，故 *N(t)* 是在 *t* 時止到達之個數。

【定理 B】 對一給定連續區間內發生之次數予以計數。若滿足：
(1) 任二個**沒有互相覆蓋區間**（nonoverlapping interval）發生之次數是獨立。
(2) 在一**充分短**（sufticiently short）區間長度 *h*，恰有一個發生之機率近似 λh，λ 為每單位時間內之發生率
(3) 在一充分短區間長度內有二個或二個以上發生之機率為 0。
則 $P(N(t+h) - N(t) = x) = \dfrac{e^{-\lambda t}(\lambda t)^x}{x!}$，$x = 0, 1, 2 \cdots$

本定理之證明超過本書程度，可參考：黃學亮《隨機過程導論》（2013 五南）。

定理 B 中之 *N(t + h) − N(t)*：在 [*t*, *t* + *h*] 發生之個數，它是一個服從母數為 λh 之卜瓦松過程的隨機變數，亦即 [*t*, *t* + *h*] 發生之個數，只和區間長度 *h* 有關，而與什麼時候開始發生無關。

例 **9.** 某公司之總機統計，大約每 10 分鐘便有一通電話打進來，在 t 時止打進來的電話數是服從卜瓦松過程。求下列機率：

求 (1) 在 $0 < t \leq 10$ 分鐘內無電話

(2) 在 $10 < t \leq 15$ 分鐘內有一通電話

(3) 在 $0 < t \leq 10$ 分鐘內無電話且在 $10 < t \leq 15$ 分鐘內有一通電話

解

提示	解答
方法一 假定 [0, 10] 之起點為 t 即 $[t + 0, t + 10]$，則要求 $[t, t + 10]$ 間無電話打進來之機率，現要決定的是 $\lambda h = ?$ 方法二 以小時為單位	(1) 方法一 $\lambda = \dfrac{1}{10}$ 次／分鐘，$h = 10$ 分鐘 $\therefore \lambda h = \dfrac{1}{10} \times 10 = 1$ $\therefore P(N(t+10) - N(t) = 0) = \dfrac{e^{-\lambda h}(\lambda h)^0}{0!} = e^{-1}$ 方法二 若我們以小時為單位，則 $\lambda h = 6 \times \dfrac{1}{6} = 1$ 則 $P(N(t+\dfrac{1}{6}) - N(t) = 0)$ $= \dfrac{e^{-\lambda h}(\lambda h)^0}{0!} = e^{-1}$，不論以分鐘或小時計數均不影響計算結果。
$[t, t + 10]$ 與 $[t + 10, t + 15]$ 為互斥 ⇒ 二個區間發生機率為獨立	(2) $P(N(t+15) - N(t+10) = 1)$ $= P(N(t+5) - N(t) = 1)$，$\lambda h = \dfrac{1}{10} \times 5 = \dfrac{1}{2}$ $= \dfrac{e^{-\lambda h}(\lambda h)^1}{1!} = \dfrac{e^{-\frac{1}{2}}(\frac{1}{2})^1}{1!} = \dfrac{1}{2}e^{-\frac{1}{2}}$ (3) $P(N(t+10) - N(t) = 0)$ 且 $N((t+15) - N(t+10) = 1)$ $= P(N(t+10) - N(t) = 0)P(N(t+15) - N(t+10) = 1)$ $= e^{-1} \cdot \dfrac{1}{2}e^{-\frac{1}{2}} = \dfrac{1}{2}e^{-\frac{3}{2}}$

例 **10.** 台北市竊案平均為每小時 2 起，求今天

(1) 下午 4 時至 5 時無竊案

(2) 下午 3 時至 5 時有 2 起（含）以上竊案

竊案發生之機率分配可用卜瓦松過程描述。

解 (1) 下午 4 至 5 時共歷時 1 小時，$\lambda h = 2$ 起／小時 × 1 小時 = 2 起

$\therefore P(N(17) - N(16) = 0) = P(N(1) - N(0) = 0) = \dfrac{e^{-2} 2^0}{0!} = e^{-2}$

(2) 下午 3 時至 5 時共歷時 2 小時，$\therefore \lambda h = 2$ 起／小時 ×2 小時 4

起
$$P(N(17) - N(15) = 2) = P(N(2) - N(0) \geq 2)$$
$$= 1 - [\{P(N(2) - N(0) = 0\}) + P(N(2) - N(0) = 1)]$$
$$= 1 - \frac{e^{-4}4^0}{0!} - \frac{e^{-4}4^1}{1!} = 1 - 5e^{-4}$$

指數分配

【定義】 若 $r.v.X$ 之 p.d.f. 為 $f(x) = \begin{cases} \dfrac{1}{\lambda} e^{-\frac{x}{\lambda}}, & x > 0 \\ 0, & \text{其它} \end{cases}$
則稱 $r.v.X$ 服從期望值（平均數）為 λ 之**指數分配**（exponential distribution），以 $X \sim Exp(\lambda)$ 表之。

　　指數分配還有一種形式為 $f(x) = \begin{cases} \lambda e^{-\lambda x}, & x > 0 \\ 0, & \text{其它} \end{cases}$，這種形式之指數分配之期望值（平均數）為 $\dfrac{1}{\lambda}$，它常用在卜瓦松過程之等候問題。

【定理 C】 若 $r.v.X \sim Exp(\lambda)$ 則 $\mu = E(X) = \dfrac{1}{\lambda}$，$\sigma^2 = \dfrac{1}{\lambda^2}$，$M(t) = \dfrac{1}{1 - \lambda t}$，$\dfrac{1}{\lambda} > t$

證 $M(t) = E(e^{tX}) = \int_0^\infty e^{tx} \dfrac{1}{\lambda} e^{-\frac{x}{\lambda}} dx = \dfrac{1}{\lambda} \int_0^\infty e^{-\left(\frac{1}{\lambda} - t\right)x} dx = \dfrac{1}{\lambda} \dfrac{\lambda}{1 - \lambda t} = \dfrac{1}{1 - \lambda t}$（上述

積分僅在 $\dfrac{1}{\lambda} - t > 0$ 時收斂），$\dfrac{1}{\lambda} > t$

取累差 $c(t) = \ln M(t) = -\ln|1 - \lambda t|$

$\therefore \mu = \dfrac{d}{dt} c(t) \Big|_{c=0} = \dfrac{d}{dt} (-\ln|1 - \lambda t|) \Big|_{t=0} = \dfrac{1}{\lambda}$

$\sigma^2 = \dfrac{d^2}{dt^2} c(t) \Big|_{t=0} = \dfrac{d^2}{dt^2} (-\ln|1 - \lambda t|) \Big|_{t=0} = \dfrac{1}{\lambda^2}$ ∎

【定義】 若 $r.v.X$ 滿足 $P(X > s + t | X > s) = P(X > t)$，則稱 $r.v.X$ 有**無記憶性**（memoryless）

【定理 D】 若且惟若 $r.v.X \sim Exp(\lambda)$ 則 X 滿足無記憶性

證　充分性：

$$P(X>s+t|X>s) = \frac{P(X>s+t \text{ 且 } X>s)}{P(X>s)} = \frac{P(X>s+t)}{P(X>s)} = \frac{\int_{s+t}^{\infty}\frac{1}{\lambda}e^{-\frac{x}{\lambda}}dx}{\int_{s}^{\infty}\frac{1}{\lambda}e^{-\frac{x}{\lambda}}dx}$$

$$= \frac{-e^{-\frac{x}{\lambda}}\Big]_{s+t}^{\infty}}{-e^{-\frac{x}{\lambda}}\Big]_{s}^{\infty}} = \frac{e^{-(s+t)/\lambda}}{e^{-s/\lambda}} = e^{-t/\lambda}$$

$$P(X>t) = \int_{t}^{\infty}\frac{1}{\lambda}e^{-\frac{x}{2}}dx = -e^{-\frac{x}{\lambda}}\Big]_{t}^{\infty} = e^{-t/\lambda}$$

$$\therefore P(X>s+t|X>s) = P(X>t) \qquad \blacksquare$$

　　本定理之若 $r.v.X$ 滿足無記憶則 $X \sim \text{Exp}(\lambda)$ 之證明因涉及微分方程式，故證明從略。

　　由定理 C 可知：指數分配有無記憶性，同時有無記憶性之機率分配必為指數分配。**若 $r.v.X \sim \text{Exp}(\lambda)$ 則 $P(X>s+t|X>s) = P(X>t)$**，其逆亦成立。

例 11. 若 $r.v.X$ 之 p.d.f. 為

$f(x) = \frac{1}{4}e^{-\frac{x}{4}}$，$x>0$，求 (1) $P(X>2|X>0)$　(2) $P(X=2|X>0)$

(3) $P(X>2|X<1)$　(4) $P(X<2|X>0)$

解

提示	解答
利用指數分配之無記憶性	(1) $P(X>2\|X>0) = P(X>2) = e^{-\frac{2}{4}} = e^{-\frac{1}{2}}$
	(2) $P(X=2\|X>0) = 0$
	(3) $P(X>2\|X<1) = \frac{P(X>2 \text{ 且 } X<1)}{P(X<1)} = \frac{P(\phi)}{P(X<1)} = 0$
	(4) $P(X<2\|X>1) = 1-P(X>2\|X>1) = 1-e^{-1}$

例 12. 一燈泡之壽命服從平均數為 500 小時之指數分配，若該燈泡已使用超過了 400 小時，求燈泡壽命超過 600 小時之機率。

解　令 X 為燈泡使用之壽命，$f(x) = \frac{1}{500}e^{-\frac{x}{500}}$

$$P(X>600|X>400) = P(X>200) = e^{-\frac{200}{500}} = e^{-\frac{2}{5}}$$

例 13. $f(x) = ce^{-|x-a|}$，$x \in R$，$a \in R$（a 為定值）為一 pdf，求 (1)c　(2)EX　(3) 若 $P(|X-EX|<k) = \frac{1}{2}$ 之 $k = $ ？

解

提示	解答
$(2) \therefore f(y) = \frac{1}{2}ye^{-\|y\|} = -f(-y)$ $\forall y \in R$；為奇函數 $\Rightarrow \int_{-\infty}^{\infty} \frac{1}{2}ye^{-\|y\|}dy = 0$	$(1) \int_{-\infty}^{\infty} ce^{-\|x-a\|}dx \xLeftarrow{y=x-a} \int_{-\infty}^{\infty} ce^{-\|y\|}dy$ $= 2\int_0^{\infty} ce^{-y}dy = 2c\int_0^{\infty}e^{-y}dy = 2c = 1 \quad \therefore c = \frac{1}{2}$ $(2) \ EX = \int_{-\infty}^{\infty} x \frac{1}{2}e^{-\|x-a\|}dx$ $= \int_{-\infty}^{\infty}(x-a)\frac{1}{2}e^{-\|x-a\|}dx + \int_{-\infty}^{\infty} a \cdot \frac{1}{2}e^{-\|x-a\|}dx \quad *$ 又 $\int_{-\infty}^{\infty}(x-a)\frac{1}{2}e^{-\|x-a\|}dx \xLeftarrow{y=x-a} \int_{-\infty}^{\infty}\frac{1}{2}ye^{-\|y\|}dy = 0$ $\therefore EX = a$ $(3) \ P(\|X-a\| < k) = \frac{1}{2}$ $\Rightarrow P(-k+a < X < k+a) = \int_{-k+a}^{k+a} \frac{1}{2}e^{-\|x-a\|}dx = \frac{1}{2}$ 即 $1 = \int_{-k+a}^{k+a} e^{-\|x-a\|}dx \xLeftarrow{y=x-a} \int_{-k}^{k} e^{-\|y\|}dy$ $= 2\int_0^k e^{-y}dy = 2(1-e^{-k}) = 1$，解之 $k = \frac{1}{2}$

Gamma分配

【定義】 若 $r.v.X$ 之 p.d.f. 為

$$f(x) = \begin{cases} \dfrac{1}{\beta^a \Gamma(\alpha)} x^{a-1}e^{-x/\beta} & x > 0 \\ 0 & 其它 \end{cases}$$

則稱 $r.v.X$ 服從母數為 $\alpha\beta$ 之 Gamma 分配，$r.v.X \sim G(\alpha, \beta)$ 表之

Gamma 分配之性質

【定理 E】 若 $r.v.X \sim G(\alpha, \beta)$ 則動差母函數 $M(t)$ 為

$$M(t) = E(e^{tX}) = (1-\beta t)^{-\alpha}，t < \frac{1}{\beta}，\mu = \alpha\beta，\sigma^2 = \alpha\beta^2$$

證

$$M(t) = \int_0^{\infty} \frac{e^{tx}}{\Gamma(\alpha)\beta^a} x^{a-1}e^{-\frac{x}{\beta}}dx = \frac{1}{\Gamma(\alpha)\beta^a}\int_0^{\infty} x^{a-1}e^{-\left(\frac{1}{\beta}-t\right)x}dx$$

$$= \frac{1}{\Gamma(\alpha)\beta^a} \cdot \frac{\Gamma(\alpha)}{\left(\frac{1}{\beta}-t\right)^a} = \frac{1}{(1-\beta t)^a}$$

取 $C(t) = \ln \dfrac{1}{(1-\beta t)^\alpha} = -\alpha \ln(1-\beta t)$

$E(X) = C'(0) = \alpha \beta$

$V(X) = C''(0) = \alpha \beta^2$ ∎

例 14. 若 $r.v.X$ 之 $E(X^n) = (n+1)!$ 求 X 服從何分配？

解

提示	解答
由 $EX^n \to$ pdf 之解法過程 $M(t) = \sum\limits_{n=0}^{\infty} E(X^n) \dfrac{t^n}{n!} \to$「猜」 $\to$ pdf. 因此，必須熟悉機率分配 與 $M(t)$ 間之關係，否則很 難判斷出對應之 pdf	$M(t) = \sum\limits_{n=0}^{\infty} E(X^n) \dfrac{t^n}{n!} = \sum\limits_{n=0}^{\infty} (n+1)! \dfrac{t^n}{n!} = \sum\limits_{n=0}^{\infty} (n+1)t^n$ 令 $T = \sum\limits_{n=0}^{\infty} (n+1)t^n = 1 + 2t + 3t^2 + \cdots\cdots$ $\underline{-)\ tT = t + 2t^2 + \cdots\cdots}$ $(1-t)T = 1 + t + t^2 + \cdots\cdots = \dfrac{1}{1+t}$ $\therefore T = \dfrac{1}{(1-t)^2}$，即 $M(t) = \dfrac{1}{(1-t)^2}$ 由定理 D 知 $r.v.X \sim G(2, 1)$

【定理 F】 若 $X_i \sim G(\alpha_i, \beta)$，$i = 1, 2 \cdots n$ 為獨立隨機變數，則 $Y = \sum\limits_{i=1}^{n} X_i \sim G\left(\sum\limits_{i=1}^{n} \alpha_i, \beta\right)$

證　$E(e^{tY}) = E(e^{t(X_1 + X_2 + \cdots + X_n)}) = \prod\limits_{i=1}^{n} E(e^{tX_i}) = \prod\limits_{i=1}^{n} (1-\beta t)^{-\alpha_i} = (1-\beta t)^{\Sigma \alpha_i}$

$\therefore Y \sim G\left(\sum\limits_{i=1}^{n} \alpha_i, \beta\right)$ ∎

此即 Gamma 分配之加法性。

【定理 G】 若 $X_1, X_2, \cdots X_n$ 均獨立服從期望值為 $\dfrac{1}{\lambda}$ 之指數分配，則 $Y = \sum\limits_{i=1}^{n} X_i \sim G(n, \lambda)$。

證　$\because$ 期望值為 $\dfrac{1}{\lambda}$ 之指數分配，相當於 $G(1, \lambda)$

$\therefore \sum\limits_{i=1}^{n} X_i \sim G(n, \lambda)$ ∎

例 15. 試證 $\int_\mu^\infty \dfrac{1}{\Gamma(k)} z^{k-1} e^{-z} dz = \sum\limits_{x=0}^{k-1} \dfrac{e^{-\mu} \mu^x}{x!}$, $x, k \in z^+$

解 利用數學歸納法

(1) $k=1$ 時，左式 $= \int_\mu^\infty e^{-z} dz = e^{-\mu} =$ 右式

(2) $k=p$ 時，令 $\int_\mu^\infty \dfrac{1}{\Gamma(p)} z^{p-1} e^{-z} dz = \sum\limits_{z=0}^{p-1} \dfrac{\mu^x e^{-\mu}}{x!}$ 成立。

(3) $k=p+1$ 時

$$左式 = \int_\mu^\infty \frac{1}{\Gamma(p+1)} z^p e^{-z} dz = \int_\mu^\infty \frac{1}{\Gamma(p+1)} z^p d(-e^{-z})$$

$$= \frac{-z^p e^{-z}}{\Gamma(p+1)} \bigg]_\mu^\infty + \int_\mu^\infty \frac{1}{\Gamma(p+1)} e^{-z} dz^p = \frac{\mu^p e^{-\mu}}{\Gamma(p+1)} + \int_\mu^\infty \frac{1}{\Gamma(p)} z^{p-1} e^{-z} dz$$

$$= \frac{\mu^p e^{-\mu}}{\Gamma(p+1)} + \sum_{z=0}^{p-1} \frac{\mu^x e^{-\mu}}{x!} = \sum_{x=0}^{p} \frac{\mu^x e^{-\mu}}{x!}$$

∴由數學歸納法原理知原關係式在 k 爲任一自然數時均成立。

習題 4-3

1. $r.v. X \sim \text{Exp}\left(\dfrac{1}{\lambda}\right)$，求 $E(X \mid X > 1)$。

2. $r.v. X, Y$ 之結合分配

$$F(x, y) = \begin{cases} 1 - e^{-0.001x} - e^{-0.001y} + e^{0.001(x+y)}, & x \geq 0, y \geq 0 \\ 0 & ,\text{其它} \end{cases}$$

(1) X, Y 是否獨立；(2) 求 $P(X > 500, Y > 500)$；(3) $P(X > 500 \mid Y > 500)$；(4) $P(X \geq Y)$

3. 若 $r.v. X \sim P(\lambda)$, $P(X=0) = \dfrac{1}{4}$，求 $P(X > 2)$。

4. 設 $r.v. X, Y$ 之 j.p.d.f. 爲

$$P(X = m, Y = n) = \frac{\lambda^n p^m (1-p)^{n-m}}{m!(n-m)!} e^{-\lambda}, \lambda > 0, 1 > p > 0, m = 0, 1, 2\cdots, n = 0, 1, 2\cdots m$$

求 X, Y 之邊際密度函數。

5. $r.v. X \sim P_0(x; \lambda)$，求 $E\left(\dfrac{1}{1+X}\right)$

6. 若給定 λ 下 X 之條件分配爲母數是 λ 之卜瓦松分配，又 $h(\lambda) = \dfrac{e^{-\theta\lambda} \theta^n \lambda^{n-1}}{\Gamma(n)}$, $\lambda > 0$，求 $P(X = k)$。

7. 若修理機器所需時間 T 是服從平均數爲 $\dfrac{1}{3}$ 小時之指數分配，T 爲隨機變數，求 (a) 修理時間超過 $\dfrac{1}{3}$ 小時之機率；(b) 若修理時間超過 1 小時下，求修理時間超過 $\dfrac{4}{3}$ 小時之機率。

8. 二獨立 *r.v. X, Y* 分別服從平均數為 $\frac{1}{\lambda}$，$\frac{1}{\mu}$ 之指數分配，求 $P(X < Y)$。

9. *r.v. X_1, X_2* 獨立服從 $\text{Exp}\left(\frac{1}{\lambda}\right)$，求 $Y = \frac{X_1}{X_2}$ 及 $Y_2 = X_1 + X_2$ 之邊際分配。

10. *X, Y* 為二獨立 *r.v.*，*X, Y* 分別服從平均數為 2, 3 之指數分配，求 $Z = X + Y$ 之 p.d.f.。

B

11. $f(x) = P(X = k)$，$k = 1, 2\cdots$ 為離散型隨機變數，令 $P(X = k) = P_k$，$k = 1, 2\cdots$，若 $\frac{P_k}{P_{k-1}} = \frac{\lambda}{k}$，$\lambda > a$ 求 *r.v.X* 之機率分配。

12. *r.v.X* $\sim P_0(\lambda)$，試證

    (a) $P(X = n) = \frac{\lambda}{n} P(X = n - 1)$ (b) $P(X \geq n) < \frac{\lambda^n}{n!}$ (c) $E(X) < e^\lambda$

13. *X* 為非負整數之隨機變數，若 *r.v.X* $\sim P(\lambda)$，$P(X \geq 2\lambda) \leq \left(\frac{e}{4}\right)^\lambda$

14. 設 *r.v.X, Y* 均獨立服從平均數為 $\frac{1}{\lambda_i}$，$i = 1, 2$ 之指數分配，求 $E[\max(X, Y)]$。

4.4 一致分配

一致分配（uniform distribution）又譯等分配、均等分配、矩形分配，分為離散型一致分配與連續型一致分配兩種。

【定義】 (1) X 為連續型隨機變數，若 X 之 p.d.f. 為

$$f(x) = \begin{cases} \dfrac{1}{\beta - \alpha} & \beta \geq x \geq \alpha \\ 0 & \text{其它} \end{cases}$$

則稱 $r.v.X$ 為布於 $[\alpha, \beta]$ 間之一致分配記做 $r.v.X \sim U(\alpha, \beta)$。

(2) X 為離散型隨機變數，若 X 之 p.d.f. 為

$$f(x) = \begin{cases} \dfrac{1}{n} & x = x_1, x_2 \cdots\cdots x_n \\ 0 & \text{其它} \end{cases}$$

則稱 $r.v.X$ 為離散型之一致隨機變數。

例 1. 若 $r.v.X \sim U(\alpha, \beta)$ 則 $M(t) = \begin{cases} \dfrac{e^{\beta t} - e^{\alpha t}}{(\beta - \alpha)t}, & t \neq 0 \\ 0 & , t = 0 \end{cases}$

$$E(X) = \frac{\alpha + \beta}{2} \text{, } V(X) = \frac{(\alpha - \beta)^2}{12}$$

證 $M(t) = \int_\alpha^\beta \dfrac{1}{\beta - \alpha} e^{tx} dx = \dfrac{e^{\beta t} - e^{\alpha t}}{(\beta - \alpha)t}$，$t \neq 0$

$M(0)$ 為不定式 $\therefore$ 利用 L'Hospital 法則，可得：

$$E(X) = \lim_{t \to 0} M'(t) = \lim_{t \to 0} \frac{t(\beta e^{\beta t} - \alpha e^{\alpha t}) - (e^{\beta t} - e^{\alpha t})}{(\beta - \alpha)t^2} = \frac{\alpha + \beta}{2}$$

請自行驗證之

或直接用定義：$E(X) = \int_\alpha^\beta x \left(\dfrac{1}{\beta - \alpha} \right) dx = \dfrac{\alpha + \beta}{2}$

$$V(X) = E(X^2) - [E(X)]^2 = \int_\alpha^\beta x^2 \left(\frac{1}{\beta - \alpha} \right) dx - \left(\frac{\alpha + \beta}{2} \right)^2 = \frac{(\alpha - \beta)^2}{12}$$ ■

例 2. $1, 2, \cdots n$ 中任取一數 X，再由 $1, 2, \cdots X$ 中任取一數 Y，求 $E(Y)$。

解

提示	解答
因 Y 由 $U(1, X)$ 中取出，X 為 rv. 所以本題和條件期望值有關。	$E(Y) = \sum_y yP(Y=k\|X=x)P(X=x) = \sum\limits_{x=1}^{n}\sum\limits_{y=1}^{x} y \cdot \frac{1}{x} \cdot \frac{1}{n}$ $= \sum\limits_{x=1}^{n} \frac{x(x+1)}{2} \cdot \frac{1}{x} \cdot \frac{1}{n} = \frac{1}{2n}\sum\limits_{x=1}^{n}(x+1) = \frac{1}{2n}\left[\frac{n(n+1)}{2}+n\right] = \frac{n+3}{4}$

例 3. 設 A, B 二人約在 12：30PM 在某地見面，若 A 在 12：15PM 至 12：45PM 間到達，B 在 12：00PM 至 13：00PM 間到達，假設他們到達時間均分別獨立服從均等分配求：

(1)二人等候時間不超過 5 分鐘之機率

(2)A 先到之機率

解

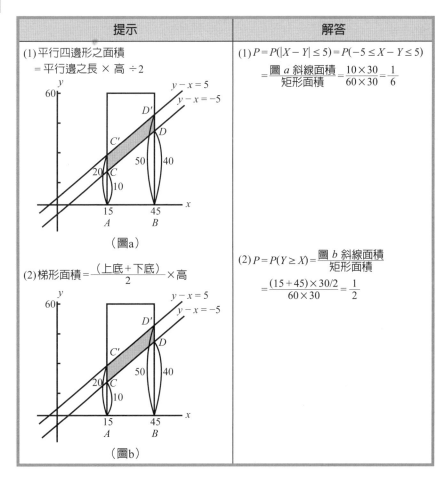

提示	解答
(1)平行四邊形之面積 ＝平行邊之長 × 高 ÷2 （圖a）	(1) $P = P(\|X-Y\| \le 5) = P(-5 \le X-Y \le 5)$ $= \dfrac{圖\ a\ 斜線面積}{矩形面積} = \dfrac{10\times30}{60\times30} = \dfrac{1}{6}$
(2)梯形面積$=\dfrac{(上底＋下底)}{2}×高$ （圖b）	(2) $P = P(Y \ge X) = \dfrac{圖\ b\ 斜線面積}{矩形面積}$ $= \dfrac{(15+45)\times30/2}{60\times30} = \dfrac{1}{2}$

例 4. 若 $r.v.X$ 之 pdf 爲 $f(x) = \lambda^2 x e^{-\lambda x}$，$x > 0$，$r.v.Y \sim U(0, X)$，$x > 0$ 求 $E(Y \mid X)$ 及 $E(Y)$

解

提示	解答
$\int_0^\infty x^m e^{-nx} dx = \dfrac{n!}{n^{m+1}}$ 或 $\dfrac{\Gamma(m+1)}{n^{m+1}}$ $E(E(Y\|X)) = E(Y)$	$\because Y \sim U(0, X)$ $\quad \therefore E(Y \mid x) = \dfrac{x}{2}$ 即 $E(Y \mid X) = \dfrac{X}{2}$ $\therefore E(Y) = E(E(Y \mid X)) = E\left(\dfrac{X}{2}\right) = \dfrac{1}{2}\int_0^\infty x\lambda^2 x e^{-\lambda x} dx$ $= \dfrac{\lambda^2}{2}\int_0^\infty x^2 e^{-\lambda x} dx = \dfrac{\lambda^2}{2} \cdot \dfrac{2}{\lambda^3} = \dfrac{1}{\lambda}$

★ **例 5.** X, Y 爲二獨立隨機變數，X 之分配函數爲 $F_X(x)$，$Y \sim U(0, 1)$，$Z = X + Y$，試證 $f_Z(z) = F_x(z) - F_x(z - 1)$

解

提示	解答
$\because 1 > z - x > 0$ $\therefore 0 > x - z > -1$ 從而 $z > x > z - 1$ 時 $f_Y(z - x) = 1$ 應用摺積公式若 X, Y 為二獨立 $r.v.$，$Z = X + Y$ 則 $f_Z(z) = \int_{-\infty}^{\infty} f_X(x) f_Y(z - x) dx$	又 $Y \sim U(0, 1)$ $\therefore f_Y(z - x) = 1$，$z > x > z - 1$ 從而 $f_Z(z) = \int_{z-1}^{z} f_x(x) dx = F_x(z) - F_x(z - 1)$

習題 4-4

A

1. 若 $r.v.X \sim U(0, a)$，取 $Y = \min\left(X, \dfrac{a}{2}\right)$，求 $E(Y)$。

2. $r.v.X$, Y 均獨立服從 $U(-1, 1)$，求 z 之二次方程式 $z^2 + Xz + Y = 0$ 有實根之機率。

3. $r.v.X$ 之 p.d.f. 爲 $f(x) = \begin{cases} \dfrac{1}{n}, & x = 1, 2, \cdots\cdots n, \\ 0, & 其它 \end{cases}$，

   求證 $E\left[kX^{k-1} + \dbinom{k}{2}X^{k-2} + \cdots\cdots + 1\right] = \dfrac{(n+1)^k - 1}{n}$

4. 設 $r.v.X$ 之 p.d.f. 爲 $f(x) = e^{-x}(1 - e^{-x})^2$，$\infty > x > -\infty$，求 $Y = (1 - e^{-x})^{-1}$ 之 p.d.f.。

5. 設 $r.v.X$ 平均數爲 $\dfrac{1}{\lambda}$ 之指數分配，求 $Y = 1 - e^{-\lambda X}$ 之 p.d.f.。

6. 二獨立 $r.v.X$, Y 均爲服從 $U(0, 1)$，前已導出 $Z = X + Y$ 之 p.d.f. 爲 $f_z(z) = \begin{cases} z & ,0 \leq z < 1 \\ 2 - z & ,1 \leq z < z \\ 0 & ,其它 \end{cases}$

   求分配函數 $F_z(z)$。

B

7. 設 $r.v.X$，平均獨立服從 $U(a, b)$，求 $T = max(X, Y)$ 之 p.d.f.。

8. 承上題求 $W = min(X, Y)$ 之 p.d.f.。

★9. $r.v.X$ 定義於 $[0, 1]$，若 $P(x < X \leq y)$ 只與 $y - x$ 有關，$0 \leq x \leq y \leq 1$，試證 $X \sim U(0, 1)$

10. $Z \sim n(0, 1)$，$N(z) = \int_{-\infty}^{z} \frac{1}{\sqrt{2\pi}} e^{-\frac{x^2}{2}} dx$ 求 $E(N(z))$。

★11. X_1, X_2, X_3 爲三個獨立服從 $U\left(-\frac{1}{2}, \frac{1}{2}\right)$ 之 rv，$Y = X_1 + X_2 + X_3$ 求 $E(Y^4)$

12. $r.v.X_1$, X_2 獨立服從 $U(0, 1)$，令 $Y_2 = max(X_1, X_2)$，$Y_1 = min(X_1, X_2)$

   求 (1) Y_1，Y_2 之 j.p.d.f.　(2) Y_1，Y_2 之邊際密度函數　(3) $E(Y_1)$ 及 $E(Y_2)$

   　　(4) $Z = Y_2 - Y_1$ 之 p.d.f.。

13. 若 X_1, $X_2 \cdots X_n$ 均獨立服從 $U(0, 1)$

   求 (1) $E(X_1^n)$　(2) $E[max(X_1, X_2 \cdots X_n)]$　(3) $E[min(X_1, X_2 \cdots X_n)]$

14. X_1, $X_2 \cdots X_5$ 爲服從 $f(x) = \begin{cases} \frac{1}{6} & ,x = 1, 2, 3, \cdots 6 \\ 0 & ,其它 \end{cases}$ 之獨立隨機變數，$Y_1 = min(X_1, X_2, X_3, X_4,$

   $X_5)$，求 Y_1 之 p.d.f.。

4.5 常態分配

常態分配之定義

【定義】 若 $r.v.X$ 之 p.d.f. 為

$$f(x) = \begin{cases} \dfrac{1}{\sqrt{2\pi}\sigma} e^{-\frac{(x-\mu)^2}{2\sigma^2}}, & x \in R \\ 0 & \text{其它} \end{cases}$$

則稱 X 服從母數為 μ, σ 之 **常態分配**（normao distribution）

通常以 $X \sim n(\mu, \sigma^2)$ 表之。

特別地，$n(0, 1)$ 稱為 **標準常態分配**（standand normal distribution）

常態分配之特徵數

【定理 A】 設 $r.v.X \sim n(\mu, \sigma^2)$ 則

(1) $M(t) = \exp\left(\mu t + \dfrac{1}{2}\sigma^2 t^2\right)$，$\forall t \in R$　(2) $E(X) = \mu$，$V(X) = \sigma^2$

證 （見第 2.4 節例 9）

例 1. 若一 $r.v.X$ 滿足：$E(X^{2n+1}) = 0$，$E(X^{2n}) = \dfrac{(2n)!}{2^n(n!)}$，$n = 0, 1, 2\cdots$，利用 $M_X(t) = \sum\limits_{n=0}^{\infty} E(X^n) \dfrac{t^n}{n!}$ 之性質證明 $X \sim n(0, 1)$

解

提示	解答
由 $E(X^n)$ 推 X 之 pdf，首先聯想到應用 $M(t) = \sum\limits_{n=0}^{\infty} E(X^n) \dfrac{t^n}{n!}$ 求出 $M(t)$，再展開 →最後聯想與那一個 pdf 有關。	$M_X(t) = \sum\limits_{n=0}^{\infty} E(X^n) \dfrac{t^n}{n!}$ $= 1 + E(X)t + E(X^2)\dfrac{t^2}{2!} + E(X^3)\dfrac{t^3}{3!} + E(X^4)\dfrac{t^4}{4!} + \cdots\cdots$ $= 1 + 0 + \dfrac{2!}{2(1!)} \cdot \dfrac{t^2}{2!} + 0 + \dfrac{4!}{2^2(2!)} \cdot \dfrac{t^4}{4!} + 0 + \dfrac{6!}{2^3(3!)} \cdot \dfrac{t^6}{6!} + \cdots\cdots$ $= 1 + \dfrac{1}{1!}\left(\dfrac{t^2}{2}\right) + \dfrac{1}{2!}\left(\dfrac{t^2}{2}\right)^2 + \dfrac{1}{3!}\left(\dfrac{t^2}{2}\right)^3 + \cdots\cdots = e^{\frac{t^2}{2}}$ $\therefore r.v.X. \sim n(0, 1)$

【定理 B】　若 $r.v.X \sim n(0, 1)$ 則

(1) n 為奇數時 $E(X^n) = 0$

(2) n 為偶數時，設 $n = 2k$ 則 $E(X^n) = \dfrac{(2k)!}{2^k k!}$

證

提示	證明
1. 定理 B 之推導純係積分，只不過在求 $\int_{-\infty}^{\infty} \dfrac{x^n}{\sqrt{2\pi}} e^{-\frac{x^2}{2}} dx$ 時要將 n 分奇數、偶數分開討論。 2. 定理 B 之結果為階乘式，要注意到遞迴關係。	$E(X^n) = \int_{-\infty}^{\infty} \dfrac{x^n}{\sqrt{2\pi}} e^{-\frac{x^2}{2}} dx$　　　　(1) (i) n 為奇數時，$h(x) = x^n e^{-\frac{x^2}{2}}$ 在 $(-\infty, \infty)$ 為奇函數，則 (1) $= 0$ (ii) n 為偶數時，令 $n = 2k$ 則 $M_{2k} = E(X^{2k}) = \dfrac{1}{\sqrt{2\pi}} \int_{-\infty}^{\infty} x^{2k} e^{-\frac{x^2}{2}} dx = \dfrac{2}{\sqrt{2\pi}} \int_0^{\infty} x^{2k} e^{-\frac{x^2}{2}} dx$ $= \dfrac{2}{\sqrt{2\pi}} \int_0^{\infty} x^{2k-1} \left(x e^{-\frac{x^2}{2}} \right) dx$ $= \dfrac{2}{\sqrt{2\pi}} \left[\left. \left(-x^{2k-1} e^{-\frac{x^2}{2}} \right) \right|_0^{\infty} + (2k-1) \int_0^{\infty} x^{2k-2} e^{-\frac{x^2}{2}} dx \right]$ $= (2k-1) \int_0^{\infty} x^{2k-2} e^{-\frac{x^2}{2}} dx = (2k-1) M_{2k-2}$ 應用此遞迴關係 $M_{2k} = (2k-1) M_{2k-2}$ $= (2k-1)(2k-3) M_{2k-4}$ $\cdots\cdots$ $= (2k-1)(2k-3) \cdots 3 \cdot 1 \cdot M_0$ $= (2k-1)(2k-3) \cdots 3 \cdot 1 \ (\because M_0 = E(X^0) = 1)$ $= \dfrac{(2k)!}{2^k k!}$

例 2.　**偏態係數**（skew）S_K 定義為 $S_K = \dfrac{E(X-\mu)^3}{\sigma^3}$，若 $r.v.X \sim n(0, 1)$，求 X 之偏態係數 S_K

解　$r.v.X \sim n(0, 1)$　$\therefore E(X) = 0, V(X) = 1 \Rightarrow \sigma = 1$

$E(X-\mu)^3 = EX^3 = 0$　$\therefore S_K = \dfrac{E(X-\mu)^3}{\sigma^3} = 0$

所有連續型 p.d.f. 中以常態分配最為重要，其主要性質有：

1. **標準化之常態分配**（standarized mormal distribution）以 $n(0, 1)$ 表之，其分配函數寫成 $N(x)$，即 $N(x) = \int_{-\infty}^{x} \dfrac{1}{\sqrt{2\pi}} e^{-\frac{t^2}{2}} dt$，若 $r.v.X \sim n(0, 1)$ 則 $\mu = E(X) = 0, \sigma^2 = 1$。

【定理 C】 若 $X \sim n(u, \sigma^2)$ 取 $Z = \dfrac{X - \mu}{\sigma}$ 則 $Z \sim n(0, 1)$

證 $\because Z = \dfrac{X - \mu}{\sigma}$, $\left| \dfrac{dx}{dz} \right| = \sigma \therefore f(z) = \sigma \cdot \dfrac{1}{\sqrt{2\pi}\sigma} e^{-\frac{z^2}{2}} = \dfrac{1}{\sqrt{2\pi}} e^{-\frac{z^2}{2}}$, $\infty > z > -\infty$ ∎

本書所附之常態曲線面積表就是用標準常態分配求出的。

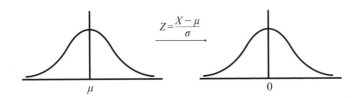

$\because X \sim n(\mu, \sigma^2)$ $\quad \therefore Z = \dfrac{X - \mu}{\sigma} \sim n(0, 1)$

$P(X < x_2) = P\left(\dfrac{X - \mu}{\sigma} < \dfrac{x_2 - \mu}{\sigma} \right) = P\left(Z < \dfrac{x_2 - \mu}{\sigma} \right) = N\left(\dfrac{x_2 - \mu}{\sigma} \right)$

同理 $\quad P(X < x_1) = P\left(Z < \dfrac{x_1 - \mu}{\sigma} \right) = N\left(\dfrac{x_1 - \mu}{\sigma} \right)$

則 $\quad P(x_1 < X < x_2) = P(X < x_2) - P(X < x_1) = N\left(\dfrac{x_2 - \mu}{\sigma} \right) - N\left(\dfrac{x_1 - \mu}{\sigma} \right)$

2. $n(\mu, \sigma^2)$ 為對稱於 $x = \mu$ 之**鐘形分配**（bell-shaped distribution），**$n(0, 1)$ 為對稱於 y 軸之鐘形分配**，因此其分配函數有 $N(-x) = 1 - N(x)$ 之性質，此性質在查表中極具功用。

例 3. 若 $X \sim n(18, 2.5^2)$ 求 (1)$P(X < 15)$，(2)$P(X < K) = 0.2578$ 之 K，(3) $P(17 < X < 21)$。

解 (1) $P(X < 15) = P\left(\dfrac{X - 18}{2.5} < \dfrac{15 - 18}{2.5} \right) = P(Z < -1.2) = N(-1.2) = 0.1151$

(2) $P(X < K) = P\left(\dfrac{X - \mu}{\sigma} < \dfrac{K - 18}{2.5} \right) = P\left(Z < \dfrac{K - 18}{2.5} \right) = 0.2578 = N(-0.65)$

即 $\dfrac{K - 18}{2.5} = -0.65$ $\quad \therefore K = 16.375$

(3) $P(17 < X < 21) = P(X < 21) - P(X < 17)$

$\qquad = P\left(\dfrac{X - 18}{2.5} < \dfrac{21 - 18}{2.5} \right) - P\left(\dfrac{X - 18}{2.5} < \dfrac{17 - 18}{2.5} \right)$

$\qquad = N(1.2) - N(-0.4) = 0.8849 - 0.3446 = 0.5403$

例 **4.** 若隨機變數 X 服從 $\mu = 75$，$\sigma^2 = 25$ 之常態分配，求 $P(X > 80 \mid X > 77)$。

解　$P(X > 80 \mid X > 77) = \dfrac{P(X > 77 \text{ 且 } X > 80)}{P(X > 77)} = \dfrac{P(X > 80)}{P(X > 77)} = \dfrac{1 - P(X < 80)}{1 - P(X < 77)}$

$\qquad\qquad\qquad\qquad = \dfrac{1 - N\left(\dfrac{80 - 75}{5}\right)}{1 - N\left(\dfrac{77 - 75}{5}\right)} = \dfrac{1 - N(1)}{1 - N(0.4)} = \dfrac{1 - 0.841}{1 - 0.655} = 0.461$

例 **5.** $r.v.X \sim n(\mu, \sigma^2)$，且 X 滿足 $y^2 + 4y + X = 0$ 有實根之機率為 $\dfrac{1}{2}$，求 $E(X)$

解

提示	解答
由二次方程式 $ax^2 + bx + c = 0$ 有實根之條件 $b^2 - 4a \geq 0$ 之X範圍。 $\because X \sim n(\mu, \sigma^2)$ $P(X \leq a) = P\left(\dfrac{X - \mu}{\sigma} \leq \dfrac{a - \mu}{\sigma}\right)$ $= \dfrac{1}{2} \Rightarrow \dfrac{a - \mu}{\sigma} = 0 \quad \therefore a = \mu$	二次方程式 $y^2 + 4y + X = 0$ 有實根之條件，由判別式 $\Delta = 4^2 - 4X \geq 0$ 即 $X \leq 4$ $\dfrac{1}{2} = P(X \leq 4)$，由常態分配之性質知$Z = \dfrac{4 - \mu}{\sigma} = 0$ 得 $\mu = E(X) = 4$

例 **6.** 若 $r.v.X \sim n(0, 1)$, $a > 0$，求 $\displaystyle\lim_{x \to \infty} P\left(X > x + \dfrac{a}{x} \,\middle|\, X > x\right)$

解

提示	解答
$\displaystyle\lim_{x \to \infty} \dfrac{1 - N\left(x + \dfrac{a}{x}\right)}{1 - N(x)}$ 為 $\dfrac{0}{0}$ 之不定型，故用 L'Hospital 法則求極限	$r.v.X \sim n(0, 1)$ $\therefore \displaystyle\lim_{x \to \infty} P\left(X > x + \dfrac{a}{x} \,\middle|\, X > x\right)$ $= \displaystyle\lim_{x \to \infty} \dfrac{P\left(X > x + \dfrac{a}{x} \text{ 且 } X > x\right)}{P(X > x)} = \lim_{x \to \infty} \dfrac{P\left(X > x + \dfrac{a}{x}\right)}{P(X > x)}$ $= \displaystyle\lim_{x \to \infty} \dfrac{1 - N\left(x + \dfrac{a}{x}\right)}{1 - N(x)} = \lim_{x \to \infty} \dfrac{-\left(1 - \dfrac{a}{x^2}\right)n\left(x + \dfrac{a}{x}\right)}{-n(x)}$ $= \displaystyle\lim_{x \to \infty} \dfrac{n\left(x + \dfrac{a}{x}\right)}{n(x)} = \lim_{x \to \infty} \dfrac{\dfrac{1}{\sqrt{2\pi}}\exp\left(\dfrac{-1}{2}\left(x + \dfrac{a}{x}\right)^2\right)}{\dfrac{1}{\sqrt{2\pi}}\exp\left(-\dfrac{x^2}{2}\right)}$ $= e^{-a}$

例 **7.** $f(x) = \dfrac{1}{b\sqrt{2\pi x}} \exp\left[-\dfrac{(\ln x - \ln a)^2}{2b^2}\right]$, $x > 0$, $a > 0$, $b > 0$ 時為一 pdf，

$Y = \ln X$，求 $E(Y)$ 與 $V(Y)$

解

提示	解答
有二種方法解本題： 1. 用 $Y = \ln X$ 行變數變換 $\Rightarrow$ 求 $E(Y), V(Y)$ 2. 直接用 $E(\ln X) =$ $\int_0^\infty \ln x \cdot \dfrac{1}{b\sqrt{2\pi}} \exp\left[-\dfrac{1}{2b^2}(\ln x -$ $\ln a)^2\right] dx$ 及 $E(\ln X)^2 =$ $\int_0^\infty (\ln x)^2 \dfrac{1}{b\sqrt{2\pi}} \exp\left[-\dfrac{1}{2b^2}(\ln x -$ $\ln a)^2\right] dx$ 直覺上，方法一較為方便，因此，我們就用方法一。	$y = \ln x$，取 $x = e^y$，$\infty > y > -\infty$ $J = \left|\dfrac{dx}{dy}\right| = e^y$ $\therefore |J| = e^x$ $f_Y(y) = f_X(e^x) \cdot |J| = e^y \dfrac{1}{b\sqrt{2\pi}e^y} \exp\left[-\dfrac{(y - \ln a)^2}{2b^2}\right]$ $= \dfrac{1}{b\sqrt{2\pi}} \exp\left[-\dfrac{(y - \ln a)^2}{2b^2}\right]$ $\infty > y > -\infty$ 因此 $Y \sim n(\ln a, b^2)$，從而 $E(Y) = \ln a$ $V(Y) = b^2$

例 **8.** 若 $r.v. X \sim n(\mu, \sigma^2)$，若 $\lim\limits_{x \to \infty} g(x)$ 與 $\lim\limits_{x \to -\infty} g(x)$ 均為有限值，試證

$E[(X - \mu)g(X)] = \sigma^2 E(g'(X))$

解

提示	解答
直接由左式開始透過分部積分即得	$E[(X - \mu)g(X)]$ $= \int_{-\infty}^{\infty} (x - \mu)g(x) \dfrac{1}{\sqrt{2\pi}\sigma} e^{-\frac{(x-\mu)^2}{2\sigma^2}} dx$ $= \sigma \int_{-\infty}^{\infty} g(x) \left[\dfrac{x - \mu}{\sigma} \cdot \dfrac{1}{\sqrt{2\pi}\sigma} e^{-\frac{(x-\mu)^2}{2\sigma^2}}\right] dx$ $= \sigma^2 \int_{-\infty}^{\infty} g(x) \, d \dfrac{-1}{\sqrt{2\pi}\sigma} e^{-\frac{(x-\mu)^2}{2\sigma^2}}$ $= \sigma^2 g(x) \cdot \dfrac{-1}{\sqrt{2\pi}\sigma} e^{-\frac{(x-\mu)^2}{2\sigma^2}}\Big]_{-\infty}^{\infty} + \sigma^2 \int_{-\infty}^{\infty} \dfrac{1}{\sqrt{2\pi}\sigma} e^{-\frac{(x-\mu)^2}{2\sigma^2}} \, dg(x)$ $= \sigma^2 \int_{-\infty}^{\infty} g'(x) \dfrac{1}{\sqrt{2\pi}\sigma} e^{-\frac{(x-\mu)^2}{2\sigma^2}} dx$ $= \sigma^2 E(g'(X))$

習題 4-5

A

1. 若 $r.v.X \sim n(\mu, \sigma^2)$，求 $E(|X - \mu|)$。

2. 若 $r.v.Y$ 在 $b > y > a$ 時之 p.d.f. 為

$$g(y) = \frac{n(y)}{N(b) - N(a)}，n(y) = \frac{1}{\sqrt{2\pi}} e^{-\frac{y^2}{2}}，\infty > y > -\infty，N(y) = \int_{-\infty}^{y} \frac{1}{\sqrt{2\pi}} e^{-\frac{t^2}{2}} dt$$

試證 $E(Y) = \frac{n(a) - n(b)}{N(b) - N(a)}$

3. 若 X_1, X_2 為服從 $n(0, 1)$ 之二獨立 $r.v.$，令 $Y = X_1^2 + X_2^2$，$Z = \frac{X_1}{\sqrt{X_1^2 + X_2^2}}$，試證 Y, Z 為獨立。

4. $r.v.X \sim n(\mu, \sigma^2)$，則 $Y = e^X$ 之 p.d.f. 為**對數常數分配**（lognormal distribution），求 Y 之 $E(Y)$ 與 $V(Y)$。

B

5. 若 $r.v.X, Y$ 均獨立服從 $n(\mu, \sigma^2)$，試證 $E[\max(X, Y)] = \mu + \frac{\sigma}{\sqrt{\pi}}$

（提示：$\max(X, Y) = (X + Y + |X - Y|)/2$）

B

6. 試證若 $r.v.X \sim n(0,1)$ 則 $P(X \geq a) \leq e^{-\frac{1}{2}a^2}$

7. (1) 先證明 $\frac{-d}{dx}\left(\frac{1}{x} e^{-\frac{x^2}{2}}\right) > e^{-\frac{x^2}{2}}$ 與 $-\frac{d}{dx}\left[\left(\frac{1}{x} - \frac{1}{x^3}\right) e^{-\frac{x^2}{2}}\right] < e^{-\frac{x^2}{2}}$

   (2) 應用 (1) 之結果證明 $\frac{1}{x}\left(1 - \frac{1}{x^2}\right) n(x) < 1 - N(x) < \frac{1}{x} n(x)$

8. 若 $r.v.X \sim n(\mu, \sigma^2)$ 求 $E(X|a < X < b)$。

9. 若 $r.v.Z \sim n(0, 1)$，求證 $P(Z > z) < \frac{f(z)}{z}$，$z > 0$，$f(z)$ 為 Z 之 p.d.f.。

★10. 若 $r.v.Z \sim n(0, 1)$，$f(z)$ 為 Z 之分配函數，求 (1)$E(ZF(Z))$ (2)$E(Z^2F(Z))$

   （提示：應用 $F(z) = f(z)$，$f'(z) = -zf(z)$，$f(z)$ 為標準常態分配）

11. X, Y 為服從 $n(0, \sigma^2)$ 之二獨立 $r.v.$，令 $U = \frac{X^2 - Y^2}{\sqrt{X^2 + Y^2}}$，$V = \frac{2XY}{\sqrt{X^2 + Y^2}}$，試求 (1)$U, V$ 之 p.d.f. (2)$U - V$ 之 p.d.f.。

12. $r.v.X \sim n(0, 1)$，試證 $P(|X| \geq t) \geq \sqrt{\frac{2}{\pi}} \frac{t}{1 + t^2} e^{-\frac{t^2}{2}}$，$t > 0$

13. 設 X_1, X_2 均獨立服從 $n(0, 1)$，若 $Y_1 = \frac{1}{\sqrt{2}}(X_1 + X_2)$，$Y_2 = \frac{1}{\sqrt{2}}(X_1 - X_2)$ 求 Y_1, Y_2 之 j.p.d.f.？又 Y_1, Y_2 是否獨立？

4.6 二元常態分配

【定義】 二元隨機變數 (X, Y) 若其 jpdf 如下式，則稱 (X, Y) 服從**二元常態分配**（bivariate normal distribution）：

$$f(x,y) = \frac{1}{2\pi\sigma_1\sigma_2\sqrt{1-\rho^2}}\exp\left(-\frac{q}{2}\right)$$

$$q = \frac{1}{1-\rho^2}\left[\left(\frac{x-\mu_1}{\sigma_1}\right)^2 - 2\rho\left(\frac{x-\mu_1}{\sigma_1}\right)\left(\frac{y-\mu_2}{\sigma_2}\right) + \left(\frac{y-\mu_2}{\sigma_2}\right)^2\right], \quad \infty > x, y > -\infty \qquad (1)$$

上述二元常態分配以 $n(\mu_1, \mu_2, \sigma_1^2, \sigma_2^2, \rho)$ 表之。

由上述定義我們要導出以下諸基本性質：

【定理 A】 (1) $f(x, y)$ 為 *r.v.* X, Y 之結合機率密度函數。

(2) $X \sim n(\mu_1, \sigma_1^2)$，$Y \sim n(\mu_1, \sigma_2^2)$

提示	證明
	(1) ① 易得 $f(x,y) \geq 0$ ② 證 $\int_{-\infty}^{\infty}\int_{-\infty}^{\infty} f(x,y)dx\,dy = 1$： $\int_{-\infty}^{\infty}\int_{-\infty}^{\infty} f(x,y)dxdy \overset{\substack{u=\frac{x-\mu_1}{\sigma_1}\\v=\frac{y-\mu_2}{\sigma_2}}}{=\!=\!=\!=} \int_{-\infty}^{\infty}\int_{-\infty}^{\infty}\frac{1}{2\pi\sqrt{1-\rho^2}}e^{-\frac{1}{2(1-\rho^2)}[u^2-2\rho uv+v^2]}dudv$ $= \int_{-\infty}^{\infty}\int_{-\infty}^{\infty}\frac{1}{2\pi\sqrt{1-\rho^2}}e^{-\frac{1}{2(1-\rho^2)}[(u-\rho v)^2+(1-\rho^2)v^2]}dudv$ $= \int_{-\infty}^{\infty}\int_{-\infty}^{\infty}\frac{1}{\sqrt{2\pi}\sqrt{1-\rho^2}}e^{-\frac{(u-\rho v)^2}{2(1-\rho^2)}}\frac{1}{\sqrt{2\pi}}e^{-\frac{v^2}{2}}dudv$ $= \int_{-\infty}^{\infty}\frac{1}{\sqrt{2\pi}}e^{-\frac{v^2}{2}}dv = 1$ $\therefore f(x, y)$ 為 X, Y 之 j.p.d.f.
(2) 本定理在導證上仍用 $Z=\frac{X-\mu}{\sigma}$ 變數變換然後積分湊項（湊項之目的在擠出常態分配之積分式，以使得積分結	(2) 在定義式中令 $Z_1=\frac{X-\mu_1}{\sigma_1}$，$Z_2=\frac{X-\mu_2}{\sigma_2}$ 行變數變換則 $f(z_1,z_2) = \frac{1}{2\pi\sqrt{1-\rho^2}}\exp\left\{-\frac{1}{2(1-\rho^2)}[z_1^2-2\rho z_1 z_2+z_2^2]\right\}$ $\infty > z_1 > -\infty$，$\infty > z_2 > -\infty$ $\therefore f_1(z_1) = \int_{-\infty}^{\infty}\frac{1}{2\pi\sqrt{1-\rho^2}}\exp\left\{\frac{1}{2(1-\rho^2)}[(z_2-\rho z_1)^2-\rho^2 z_1^2+z_1^2]\right\}dz_2$

提示	證明
果為 1) 這是二元常態分配 證明問題常用方法。	$$=\frac{1}{\sqrt{2\pi}}e^{-\frac{z_1^2}{2}}\left\{\underbrace{\int_{-\infty}^{\infty}\frac{1}{\sqrt{2\pi}\sqrt{1-\rho^2}}\exp\left[\frac{-(z_2-\rho z_1)^2}{2(1-\rho^2)}\right]dz_2}_{\int_{-\infty}^{\infty}n\left(\rho z_1,\frac{1}{1-\rho^2}\right)dz_2=1}\right\}\cdots\cdots **$$ $$=\frac{1}{\sqrt{2\pi}}e^{-\frac{z_1^2}{2}},\ \infty>z_1>-\infty\ \text{即}\ Z_1\sim n(0,1)$$ 得 $r.v.X\sim n(\mu_1,\sigma_1^2)$ 同法可證 $r.v.Y\sim n(\mu_2,\sigma_2^2)$ ∎

例 1. 若 $r.v.X, Y$ 服從 $n(0, 0, \sigma_1^2, \sigma_2^2, \rho)$ 求 (a)EX^2 (b)EX^3 (c)EX^2Y^2

解 X, Y 服從 $n(0, 0, \sigma_1^2, \sigma_2^2, \rho)$ 則 $X\sim n(0, \sigma_1^2)$

∴ (1) $EX^2=\sigma_1^2$

(2) $EX^3=0$

(3) X, Y 為分別服從 $n(0, \sigma_1^2)$ 與 $n(0, \sigma_2^2)$ 之二獨立 $r.v.$

∴$EX^2Y^2=EX^2EY^2=\sigma_1^2\sigma_2^2$

例 2. $f(x,y)=c\exp[(-x^2+xy-4y^2)/2]$，$\infty>x$，$y>\infty$ 為一 p.d.f. 求 (1)c(2)$f_2(y)$

解

提示	解答
$$\int_0^{\infty}x^m e^{-nx^2}dx=\frac{\left(\frac{m-1}{2}\right)!}{2n^{\frac{m+1}{2}}}$$	(1) $$\int_{-\infty}^{\infty}\int_{-\infty}^{\infty}c\exp\left(-\frac{x^2-xy+4y^2}{2}\right)dx\,dy$$ $$=c\int_{-\infty}^{\infty}\int_{-\infty}^{\infty}\exp\left[-\frac{\left(x-\frac{y}{2}\right)^2+\frac{15}{4}y^2}{2}\right]dx\,dy$$ $$=c\int_{-\infty}^{\infty}\left[\int_{-\infty}^{\infty}\exp\left\{-\frac{\left(x-\frac{y}{2}\right)^2}{2}\right\}dx\right]\exp\left(-\frac{15}{8}y^2\right)dy$$ $$=c\sqrt{2\pi}\int_{-\infty}^{\infty}\exp\left(-\frac{15}{8}y^2\right)dy$$ $$=2\sqrt{2\pi}c\int_{-\infty}^{\infty}e^{-\frac{15}{8}y^2}dy=2\sqrt{2\pi}\cdot\frac{\Gamma\left(\frac{1}{2}\right)}{2\left(\frac{15}{8}\right)^{\frac{1}{2}}}c=\frac{4\pi}{\sqrt{15}}c=1$$ $$\therefore c=\frac{\sqrt{15}}{4\pi}$$ (2) $$f_2(y)=c\int_{-\infty}^{\infty}e^{-\frac{x^2-xy+4y^2}{2}}dx=c\int_{-\infty}^{\infty}e^{-\frac{\left(x-\frac{y}{2}\right)^2+\frac{15}{4}y^2}{2}}dx$$ $$=ce^{-\frac{15}{8}y^2}\int_{-\infty}^{\infty}e^{-\frac{\left(x-\frac{y}{2}\right)^2}{2}}dx=\frac{\sqrt{15}}{4\pi}\cdot e^{-\frac{15}{8}y^2}\sqrt{2\pi}$$ $$=\frac{1}{\sqrt{2\pi}\frac{2}{\sqrt{15}}}e^{-\frac{y^2}{2(4/15)}}\ \text{即}\ Y\sim n\left(0,\frac{4}{15}\right)$$

【定理 B】　若 r.v.X, Y 服從 $n(\mu_1, \mu_2, \sigma_1^2, \sigma_2^2, \rho)$ 則

$$Y|x \sim n\left(\mu_2 + \rho\frac{\sigma_2}{\sigma_1}(x - \mu_1), \sigma_2^2(1 - \rho^2)\right)$$

與 $Y|y \sim n\left(\mu_1 + \rho\frac{\sigma_1}{\sigma_2}(y - \mu_2), \sigma_1^2(1 - \rho^2)\right)$

證　只證 $Y|x$ 部分：

令 $u = \dfrac{x - \mu_1}{\sigma_1}$, $v = \dfrac{y - \mu_2}{\sigma_2}$ 　　　　　　　　　　(1)

則 $f(y|x) = \dfrac{f(x, y)}{f_1(x)}$

$$= \frac{\dfrac{1}{2\pi\sigma_1\sigma_2\sqrt{1 - \rho^2}}\exp\left\{-\dfrac{1}{2(1 - \rho^2)}[u^2 - 2\rho uv + v^2]\right\}}{\dfrac{1}{\sqrt{2\pi}} \cdot \exp\left(-\dfrac{u^2}{2}\right)}$$

$$= \frac{1}{\sqrt{2\pi}\sigma_2\sqrt{1 - \rho^2}}\exp\left\{-\frac{1}{2}\left[\frac{v - \rho u}{\sqrt{1 - \rho^2}}\right]^2\right\} \qquad (2)$$

代 (1) 入 (2) 得

$$(2) = \frac{1}{\sigma_2\sqrt{2\pi}\sqrt{1 - \rho^2}}\exp\left\{\frac{-1}{2}\left[\frac{y - (\mu_2 + \rho\frac{\sigma_2}{\sigma_1}(x - \mu_1))}{\sigma_2\sqrt{1 - \rho^2}}\right]^2\right\}$$

即　$Y|x \sim n\left(\mu_2 + \rho\dfrac{\sigma_2}{\sigma_1}(x - \mu_1), \sigma_2^2(1 - \rho^2)\right)$ ∎

由定理 B 即得下列重要推論

【推論 B1】　$E(Y|x) = \mu_2 + \rho\dfrac{\sigma_2}{\sigma_1}(x - \mu_1)$ 與 $V(Y|x) = \sigma_2^2(1 - \rho^2)$

$E(X|y) = \mu_1 + \rho\dfrac{\sigma_1}{\sigma_2}(y - \mu_2)$ 與 $V(X|y) = \sigma_1^2(1 - \rho^2)$

例 3.　已知 X，Y 為二變量常態分配，其中 $\mu_X = 1$，$\mu_Y = 0$，$\sigma_X = 5$，$\sigma_Y = 3$ 及 $\rho = \dfrac{1}{3}$ 求 (1)$P(3 < X < 8)$，(2)$P(3 < Y < 8 \mid X = 7)$

解　(1)$X \sim n(1, 25)$ ∴ $P(3 < X < 8) = P\left(\dfrac{3 - 1}{5} < \dfrac{X - 1}{5} < \dfrac{8 - 1}{5}\right) = P(0.4 < Z < 1.4)$

$= 0.919 - 0.655 = 0.264$

(2)$Y|x \sim n\left(\mu_Y + \frac{\sigma_Y}{\sigma_X}\rho(x - \mu_X), \sigma_Y^2(1 - \rho^2)\right)$，其中

$$\mu_Y + \frac{\sigma_Y}{\sigma_x}\rho(x - \mu_x) = 0 + \frac{3}{5} \times \frac{1}{3}(7 - 2) = 1$$

$$\sigma_Y^2(1 - \rho^2) = 9\left(1 - \left(\frac{1}{9}\right)\right) = 8$$

$\therefore Y|_{x=7} \sim n(1, 8)$，令 $r.v.\ W \sim n(1, 8)$ 則

$$P(3 < Y < 8 \mid X = 7) = P(3 < W < 8) = P\left(\frac{3 - 1}{\sqrt{8}} < \frac{W - 1}{\sqrt{8}} < \frac{8 - 1}{\sqrt{8}}\right)$$

$$\doteqdot N(2.47) - N(0.71) = 0.9932 - 0.7611 = 0.2321$$

例 4. 若 $r.v.X,\ Y$ 服從 $n(0, 0, \sigma_1^2, \sigma_2^2, \rho)$ 求 $E(XY)$

解

提示	解答
應用條件期望值之性質： 1. $E(XY) = E(E(XY\mid X)) = E(XE(Y\mid X))$ 2. $E(Y\mid x) = \mu_2 + \rho\dfrac{\sigma_2}{\sigma_1}(x - \mu_1)$ $\Rightarrow E(Y\mid X) = \mu_2 + \rho\dfrac{\sigma_2}{\sigma_1}(X - \mu_1)$ **[$E(Y\mid X)$ 與 $E(Y\mid x)$] 之不同處在於 $E(Y\mid X)$ 是隨機變數，$E(Y\mid x)$ 是個實現值。**	$E(XY) = E(E(XY\mid X)) = E(XE(Y\mid X))$ $= E\left[X\left(\mu_2 + \rho\dfrac{\sigma_2}{\sigma_1}(X - \mu_1)\right)\right]$ $= E(X\mu_2) + \rho\dfrac{\sigma_2}{\sigma_1}E(X^2 - \mu_1 X)$ $= E(X)\mu_2 + \rho\dfrac{\sigma_2}{\sigma_1}(\sigma_1^2 - \mu_1 E(X))$ $= 0 + \rho\sigma_1\sigma_2 - 0 = \rho\sigma_1\sigma_2$

例 5. 若 $r.v.X,\ Y$ 服從 $n(0, 0, \sigma_1^2, \sigma_2^2, \rho)$ 求 $E(X^2Y^2)$

解

提示	解答
本例應用之知識點： 1. $E(g(x)h(Y)\mid X) = g(X)E(h(Y)\mid X)$ 2. 若 $r.v.X \sim n(0, \sigma^2)$ 則 $E(X) = \mu = 0$，$E(X^2) = \sigma^2$ $E(X^3) = 0$，$E(X^4) = 3\sigma^4$	$E(X^2Y^2) = E(E(X^2Y^2\mid X)) = E(X^2E(Y^2\mid X))$ $= E[X^2(V(Y\mid X) + E^2(Y\mid X))]$ $= E\left[X^2\left(\sigma_2^2(1 - \rho^2) + \left(\rho\dfrac{\sigma_2}{\sigma_1}X\right)^2\right)\right]$ $= \sigma_2^2(1 - \rho^2)E(X^2) + EX^2\left[\rho^2\dfrac{\sigma_2^2}{\sigma_1^2}X^2\right]$ $= \sigma_2^2(1 - \rho^2)\sigma_1^2 + \rho^2\dfrac{\sigma_2^2}{\sigma_1^2}E(X^4)$ $= \sigma_1^2\sigma_2^2(1 - \rho^2) + \rho^2\dfrac{\sigma_2^2}{\sigma_1^2} \cdot 3\sigma_1^4$ $= \sigma_1^2\sigma_2^2 + 2\rho^2\sigma_1^2\sigma_2^2$

【定理 C】 $f(x, y)$ 為一二元常態分配如定義，則 $M(t_1, t_2) = \exp\left\{\mu_1 t_1 + \mu_2 t_2 + \dfrac{1}{2}(\sigma_1^2 t_1^2 + \sigma_2^2 t_2^2 + 2\rho\sigma_1\sigma_2 t_1 t_2)\right\}$

證 見習題第 4 題

【推論 C1】 隨機變數 (X, Y) 服從二元常態分配，若且惟若 $\rho = 0$ 則 X, Y 為獨立。

證 （我們只證充分性，即 $\rho = 0$ 時 X, Y 為獨立。） 由定理 C，$\rho = 0$ 則

$$M_{XY}(t_1, t_2) = \exp\left\{\mu_1 t_1 + \mu_2 t_2 + \frac{1}{2}(\sigma_1^2 t_1^2 + \sigma_2^2 t_2^2)\right\}$$

$$= \exp\left\{\mu_1 t_1 + \frac{1}{2}\sigma_1^2 t_1^2\right\}\exp\left\{\mu_2 t_2 + \frac{1}{2}\sigma_2^2 t_2^2\right\}$$

$$= M_X(t_1)M_Y(t_2)$$

例 6. $r.v. X, Y \sim n(0, 0, \sigma_1^2, \sigma_2^2, \rho)$ 用定理 C 求 $E(XY)$

解 $\because r.v. X, Y$ 之 jpd 為 $n(0, 0, \sigma_1^2, \sigma_2^2, \rho)$

$\therefore$ 動差母函數 $M(t_1, t_2) = e^{\frac{1}{2}(\sigma_1^2 t_1^2 + \sigma_2^2 t_2^2 + 2\sigma_1\sigma_2\rho t_1 t_2)}$

$$E(XY) = \frac{\partial^2}{\partial t_2 \partial t_1} m(t_1, t_2)\Big|_{(0,0)}$$

$$= \frac{\partial}{\partial t_2}\left(\sigma_1^2 t_1 + \sigma_1\sigma_2\rho t_2\right)e^{\frac{1}{2}(\cdot)}\Big]_{(0,0)}$$

$$= \sigma_1\sigma_2\rho e^{\frac{1}{2}(\cdot)} + (\sigma_1^2 t_1 + 2\sigma_1\sigma_2\rho t_2)(2\sigma_2^2 t_2 + 2\sigma_1\sigma_2\rho t_1)\, e^{\frac{1}{2}(\cdot)}\Big]_{(0,0)}$$

$$= \sigma_1\sigma_2\rho$$

上式中之 $(\cdot)$ 為 $\sigma_1^2 t_1^2 + \sigma_2^2 t_2^2 + 2\sigma_1\sigma_2\rho t_1 t_2$

請讀者比較例 4, 6 之解法。

例 7. 若 $r.v. X, Y$ 服從 $n(0, 0, \sigma_1^2, \sigma_2^2, \rho)$ 求 $Z = \dfrac{Y}{X}$ 之 pdf。

解 $f(x, y) = \dfrac{1}{2\pi\sqrt{1-\rho^2}\sigma_1\sigma_2}\exp\left\{-\left[\dfrac{x^2}{\sigma_1^2} + 2\rho\dfrac{xy}{\sigma_1\sigma_2} + \dfrac{y^2}{\sigma_2^2}\right]\right\} / 2(1-\rho^2)$

取 $\begin{cases} u = x \\ z = \dfrac{y}{x} \end{cases} \Rightarrow \begin{cases} x = u \\ y = uz \end{cases}$ $\begin{vmatrix} \dfrac{\partial x}{\partial u} & \dfrac{\partial x}{\partial z} \\ \dfrac{\partial y}{\partial u} & \dfrac{\partial y}{\partial z} \end{vmatrix} = \begin{vmatrix} 1 & 0 \\ z & u \end{vmatrix} = u$ $\therefore J = |u|$

$$\therefore f_{UZ}(u,z) = \frac{|u|}{2\pi\sqrt{1-\rho^2}\sigma_1\sigma_2}\exp\left\{-\frac{1}{2(1-\rho^2)}\left[\frac{u^2}{\sigma_1^2}-2\rho\frac{u^2z}{\sigma_1\sigma_2}+\frac{u^2z^2}{\sigma_2^2}\right]\right\}$$

$$\Rightarrow f_Z(z) = \int_{-\infty}^{\infty}\frac{|u|}{2\pi\sqrt{1-\rho^2}\sigma_1\sigma_2}\exp\left\{-\frac{1}{2(1-\rho^2)}\left[\frac{u^2}{\sigma_1^2}-2\rho\frac{u^2z}{\sigma_1\sigma_2}+\frac{u^2z^2}{\sigma_2^2}\right]\right\}du$$

$$= \int_0^{\infty}\frac{u}{\pi\sqrt{1-\rho^2}\sigma_1\sigma_2}\exp\left\{-\frac{1}{2(1-\rho^2)}\left[\frac{1}{\sigma_1^2}-\frac{2\rho z}{\sigma_1\sigma_2}+\frac{z^2}{\sigma_2^2}\right]\right\}u^2du$$

$$= \frac{1}{\pi\sqrt{1-\rho^2}\sigma_1\sigma_2}\frac{1-\rho^2}{\left(\frac{1}{\sigma_1^2}-\frac{2\rho z}{\sigma_1\sigma_2}+\frac{z^2}{\sigma_2^2}\right)}$$

$$= \frac{\sqrt{1-\rho^2}\sigma_1\sigma_2}{\pi(\sigma_2^2-2\rho z+\sigma_1^2z^2)}$$

習題 4-6

1. 若一二變量常態分配之 $\mu_1=\mu_2=0$，$\rho=0$，$\sigma_1=\sigma_2=16$，求 (1)$P(X\le 8, Y\le 8)$，(2)$P\{X^2+Y^2\le 64\}$

2. 求例 2 之 $f_1(x)$

3. 若 $\mu_X=-3$，$\mu_Y=4$，$\sigma_X=4$，$\sigma_Y=3$，$\rho=\frac{4}{5}$，求

   (1)$E(Y|x)$ (2)$V(Y|x)$ (3)$f(y|x)$ (4)$f_1(x)$ (5)$P(5>X>-7)$ (6)$f_2(y)$

   (7)$P(16>Y>7)$ (8)$E(X|y)$ (9)$E(X|y)=ay+b$，$E(Y|x)=cx+d$ 驗證 $\rho^2=ac$

   (10) 驗證 $E(E(Y|X))=E(Y)$ (11)$V(E(Y|X))+E(V(Y|X))=\sigma_r^2$

4. 證明定理 C

5. $f(x,y,z)=\left(\frac{1}{2\pi}\right)^{\frac{3}{2}}\exp[-(x^2+y^2+z^2)/2]\{1+xyz\exp[-(x^2+y^2+z^2)/2]\}$，$-\infty<x,y,z<\infty$

   (1)X, Y, Z 是否獨立？(2) 證明：X, Y 爲隨機獨立之常態變數。

6. r.v.X, Y 之 j.p.d.f. 爲 $f(x,y)=\frac{1}{2\pi}\exp\left[-\frac{1}{2}(x^2+y^2)\right]\left\{1+xy\exp\left[-\frac{1}{2}(x^2+y^2)-2\right]\right\}$，$-\infty<x,y<\infty$

   (1)試證 $f(x,y)=f_1(x)f_2(y)$，其中 $X\sim n(0,1)$，$Y\sim n(0,1)$

   (2)能否說明 (1) 之機率上之意義？

7. r.v.X, Y 爲二獨立之隨機變數：r.v.$X\sim n(\mu_X,\sigma_X^2)$，r.v.$Y\sim n(\mu_Y,\sigma_Y^2)$，N($\cdot$) 爲分配函數，

   試證 $P(XY<0)=N\left(\frac{\mu_X}{\sigma_X}\right)+N\left(\frac{\mu_Y}{\sigma_Y}\right)-2N\left(\frac{\mu_X}{\sigma_X}\right)N\left(\frac{\mu_Y}{\sigma_Y}\right)$。

8. X, Y 服從 $\mu_X=-3$，$\mu_Y=10$，$\sigma_X=5$，$\sigma_Y=3$，$\rho=\frac{3}{5}$，求

   (1)$E(Y|x)$ (2)$V(Y|x)$ (3)$f(y|x)$ (4)$f_2(y)$ (5)$E(X|y)$

   (6)$V(X|y)$ (7)$f(x|y)$ (8)$f_1(x)$ (9)$P(-5<X<5)$

$(10)P(-5 < X < 5 \mid Y = 13)$ $(11)P(7 < Y < 16)$ $(12)P(7 < Y < 16 \mid X = 2)$

9. $r.v. X, Y$ 服從 $n(\mu_1, \mu_2, \sigma_1^2, \sigma_2^2, \rho)$，若 $V = aX + b$，$W = cY + d$，$ac \neq 0$ 求 V, W 之 jpdf。

10. 若 X, Y 爲二連續隨機變數，問 $\text{cov}(X, Y) = E[XE(Y \mid X)] - E(E(X \mid Y))E(E(Y \mid X))$ 是否成立？假定相關之條件期望值均存在。

B

★11. (X, Y) 爲一隨機點，$E(X) = \mu_1$，$V(X) = \sigma_1^2$，$E(Y) = u_2$，$V(Y) = \sigma_2^2$，令 D_1 爲 (X, Y) 與直線 $y = u_2 + \dfrac{\sigma_2}{\sigma_1}(x - u_1)$ 之距離，D_2 爲 (X, Y) 與直線 $y = u_2 - \dfrac{\sigma_2}{\sigma_1}(x - u_1)$ 之距離，求 (1) $E(D_1^2)(2)\rho = 1$ 時，(X, Y) 落在何直線上？

★12. X_1, X_2 爲服從 $n(u_1, u_2, \sigma_1^2, \sigma_2^2, \rho)$ 之二元常態分配，試證

$$P(X_1 > u_1, X_2 > u_2) = \frac{1}{4} + \frac{1}{2\pi}\tan^{-1}\frac{\rho}{\sqrt{1 - \rho^2}}，|\rho| \neq 1$$

第5章
極限定理

5.1 機率收斂與分配函數收斂

在機率理論早期發展過程中就有極限理論之出現。Bernolli 曾證明了第一個極限定理,如下例:

例 1. 若 n 個服從 $b(1, p)$ 之 n 個獨立隨機變數 X_1, $X_2 \cdots X_n$,則我們稱 X_1, $X_2 \cdots X_n$ 爲一隨機敘列,令 $S_n = X_1 + X_2 + \cdots + X_n$,那麼對 $\forall \varepsilon > 0$ 均有

$$\lim_{n \to \infty} P\left\{ \left| \frac{S_n}{n_1} - p \right| < \varepsilon \right\} = 1$$

式 (1) 可視爲進行 n 次獨立試行,隨機變數

$$X_j = \begin{cases} 1 \text{,第 } j \text{ 次試行成功} \\ 0 \text{,第 } j \text{ 次試行失敗} \end{cases}$$

由式 (1) 可知當分式行次數很多很多次後,成功機率趨向定值 p。

本節討論二個最基本的收斂 —— 機率收斂與分配函數收斂。

機率收斂

【定義】 (機率收斂) (converge in probability):$\{X_n\}$ 爲隨機變數敘列,若且惟若 $\lim_{n \to \infty} P(|X_n - X| > \varepsilon) \to 0$ 對每一個 $\varepsilon > 0$ 均成立則稱 $\{X_n\}$ **機率收斂列** **$r.v. X$** (X_n converge to X in probability) ,以 $X_n \xrightarrow[n \to \infty]{P} X$ 或 $X_n \xrightarrow{P} X$ 表之。

機率收斂比較抽象,因此,我們就其中一些基本結果以論例方式放在例 3 ~ 4。

例 2. $X_n \xrightarrow[n \to \infty]{P} X$ 試證 $X_n + c \xrightarrow[n \to \infty]{P} X + c$,$c$ 爲任意常數

解 $X_n \xrightarrow[n \to \infty]{P} X$ 即 $n \to \infty$ 時 $P(|X_n - X| > \varepsilon) \to 0$

$\therefore n \to \infty$ 時 $P(|(X_n + c) - (X + c)| > \varepsilon) = P(|X_n - X| > \varepsilon) \to 0$

即 $X_n + c \xrightarrow[n \to \infty]{P} X + c$

由例 2 易得定理 A

【定理 A】 $\{X_n\}$ 爲一隨機敘列,若 $X_n \xrightarrow{P} X$ 則 $aX_n + b \xrightarrow{P} aX + b$

例 3. $X_n \xrightarrow[n\to\infty]{P} X$ 試證 $X_n - X \xrightarrow[n\to\infty]{P} 0$

解 $X_n \xrightarrow[n\to\infty]{P} X$ 即 $n\to\infty$ 時 $P(|X_n - X| > \varepsilon) \to 0$

$\therefore n\to\infty$ 時 $P(|(X_n - X) - 0| > \varepsilon) = P(|X_n - X| > \varepsilon) \to 0$

即 $X_n - X \xrightarrow[n\to\infty]{P} 0$

例 4. $X_n \xrightarrow[n\to\infty]{P} X$, $Y_n \xrightarrow[n\to\infty]{P} Y$ 試證 $X_n + Y_n \xrightarrow[n\to\infty]{P} X + Y$

解

提示	解答
$P(A \cup B)P(A) + P(B)$ $- P(A \cap B) \le P(A) +$ $P(B)$	$n\to\infty$ 時 $P(|(X_n + Y_n) - (X + Y)| > \varepsilon) = P(|(X_n - X) - (Y_n - Y)| > \varepsilon)$ $\le P\left(|X_n - X| > \dfrac{\varepsilon}{2} \text{ 或} |Y_n - Y| > \dfrac{\varepsilon}{2}\right) \le P\left(|X_n - X| > \dfrac{\varepsilon}{2}\right) + \left(|Y_n - Y| > \dfrac{\varepsilon}{2}\right)$ $\le 0 + 0 = 0$ 即 $X_n + Y_n \xrightarrow[n\to\infty]{P} X + Y$

機率收斂進一步定理

【定理 B】 $X_n \xrightarrow[n\to\infty]{P} X$, $g : R \longrightarrow R$ 為連續之實函數，則 $g(X_n) \xrightarrow[n\to\infty]{P} g(X)$ 推廣之，

$X_n \xrightarrow[n\to\infty]{P} X$, $Y_n \xrightarrow[n\to\infty]{P} Y$, $g : R^2 \longrightarrow R$ 為連續實函數，則 $g(X_n, Y_n) \xrightarrow[n\to\infty]{P} g(X, Y)$

由定理 B 可得下列推論

【推論 B1】 若 $X_n \xrightarrow[n\to\infty]{P} X$, $Y_n \xrightarrow[n\to\infty]{P} Y$ 則

(1) $aX_n + bY_n \xrightarrow[n\to\infty]{P} aX + bY$

(2) $X_n Y_n \xrightarrow[n\to\infty]{P} XY$

(3) $\dfrac{X_n}{Y_n} \xrightarrow[n\to\infty]{P} \dfrac{X}{Y}$

證 (1) 取 $g(x, y) = ax + by$

(2) 取 $g(x, y) = xy$ 及

(3) 取 $g(x, y) = \dfrac{x}{y}$ ，應用定理 B 即得。

例 5. 若 $X_n \xrightarrow{P} a$ 則 $X_n^3 \xrightarrow{P} a^3$

$\dfrac{1}{X_n} \xrightarrow{P} \dfrac{1}{a}$ ，若 $a \neq 0$

$\sqrt{X_n} \xrightarrow{P} \sqrt{a}$ ，若 $a \geq 0$

機率分配收斂

【定義】 $\{X_n\}$ 為隨機變數敘列，若 X 與 X_n 之分配函數分別為 $F(x)$ 與 $F(x_n)$。令 $C(F(x))$ 為滿足 $F(x)$ 為連續之所有點所成之集合，若 $\lim\limits_{n\to\infty} F(x_n) = F(x)$ $\forall x \in C(F(x))$ 則稱 X_n 分配**收斂於 X**（X_n converges in distribution to X），記做 $X_n \xrightarrow{d} X$。

★ **例 6.** 自 $U(0, a)$ 抽出 $X_1, X_2 \cdots X_n$ 為一隨機樣本，$Y_n = \max(X_1, X_2 \cdots X_n)$，令 $Z_n = n(a - Y_n)$，Z 之 pdf $f_Z(z) = \dfrac{1}{a} e^{-\frac{z}{a}}$，$\infty > z > 0$ 試證 $Z_n \xrightarrow{d} Z$

解

提示	解答
在求 $Z_n \xrightarrow{d} Z$ 之問題中最常用之極限定理是：若 $\lim\limits_{x\to a} f(x)^{g(x)}$，$\lim\limits_{x\to a} f(x) = 1$ 且 $\lim\limits_{x\to a} g(x) = \infty$ 則 $\lim\limits_{x\to a} f(x)^{g(x)} = \exp\{\lim\limits_{x\to a} g(x) (f(x) - 1)\}$。	Z 之分配函數 $F_Z(z) = \int_0^z \dfrac{1}{a} e^{-\frac{z}{a}} dz = 1 - e^{-\frac{z}{a}}$，又 Z_n 之分配函數 $P(Z_n \leq t) = P(n(a - Y_n) \leq t)$ $= P\left(Y_n \geq a - \dfrac{t}{n}\right) = 1 - P\left(Y_n \leq a - \dfrac{t}{n}\right)$ $= 1 - P\left(Y_1 \leq a - \dfrac{t}{n}, Y_2 \leq a - \dfrac{t}{n}, \cdots, Y_n \leq a - \dfrac{t}{n}\right)$ $= 1 - P\left(Y_1 \leq a - \dfrac{t}{n}\right) P\left(Y_1 \leq a - \dfrac{t}{n}\right) \cdots P\left(Y_n \leq a - \dfrac{t}{n}\right)$ $= 1 - \left(\dfrac{a - \frac{t}{n}}{a}\right)\left(\dfrac{a - \frac{t}{n}}{a}\right) \cdots \left(\dfrac{a - \frac{t}{n}}{a}\right)$ $= 1 - \left(1 - \dfrac{t}{an}\right)^n$ $\therefore n \to \infty$ 時 $P(Z_n \leq t) = \lim\limits_{n\to\infty}\left[1 - \left(1 - \dfrac{z}{an}\right)^n\right] = 1 - e^{-\frac{z}{a}} = F_Z(z)$ $\therefore Z_n \xrightarrow{d} Z$

習題 5.1

A

1. 若 $X_n \xrightarrow[n \to \infty]{P} X$ 試證 $kX_n \xrightarrow[n \to \infty]{P} kX$，$k \neq 0$

2. 若 $X_n \xrightarrow[n \to \infty]{P} X$ 試證 $kX_n + c \xrightarrow[n \to \infty]{P} kX + c$，$k \neq 0$

3. 若 $X_n \xrightarrow[n \to \infty]{P} X$ 且 $X_n \xrightarrow[n \to \infty]{P} Y$，試證 $P(X = Y) = 1$

B

4. 自 $U(0, 1)$ 抽出 $X_1, X_2 \cdots X_n$ 為一組隨機樣本，取 $Y_n = \max(X_1, X_2 \cdots X_n)$，證 $Y_n \xrightarrow[n \to \infty]{P} 1$

5. 若 $X_n \xrightarrow{P} X, Y_n \xrightarrow{P} Y$，試證 $X_n Y_n \xrightarrow{P} XY$，由此結果證明 $X_n \xrightarrow{P} X$ 則 $X_n^k \xrightarrow{P} X^k$

5.2 $\overline{X}$ 與 S^2 之樣本分配

本節之 $\overline{X}$ 與 S^2 都是**統計量**（statistic），它們之機率分配都是**抽樣分配**（sampling distribution）。

> 【定義】　由不含未知母數之隨機樣本所成之函數稱為**統計量**。

例如 $X_1, X_2 \cdots\cdots X_n$ 為一組隨機樣本，則 $X_1 + X_2$，$\dfrac{X_3}{X_4}$，$\dfrac{1}{n}\Sigma X$，$\Sigma X^2 \cdots\cdots$ 均為統計量，只要有一個母數為未知時則上述各式便不為統計量，像 $X_1 - \mu$，X_2^2/σ^2，$\displaystyle\sum_{i=1}^{n}(X_i - \mu)^2$，$\dfrac{X_1 + X_2 - 2\mu}{\sigma}$ 均是。

顯然**統計量為一隨機變數**。統計量之實現值則為一數而非隨機變數，習慣上，統計量以英文大寫表示，其實現值則以英文小寫表之，如 $\overline{X} = \dfrac{1}{3}(X_1 + X_2 + X_3)$，若 $x_1 = 1$，$x_2 = 2$，$x_3 = 3$，則 $\bar{x} = 2$。

> 【定理 A】　自 $p.d.f.\ f(x)$ 中抽出 n 個變量 $X_1, X_2 \cdots\cdots X_n$ 為一組隨機樣本，則
> (1) $E(\overline{X}) = \mu$　　$\overline{X}$ 為樣本平均數，或以 $\mu_{\bar{x}}$ 表之
> (2) $V(\overline{X}) = \dfrac{\sigma^2}{n}$（抽出放回）
> (2) $V(\overline{X}) = \dfrac{N-n}{N-1}\dfrac{\sigma^2}{n}$（抽出不放回）　｝或以 $\sigma_{\bar{x}}^2$ 表之

證　（因抽出不放回之情況導證部分較煩雜，故只證抽出放回部分）

$$E(\overline{X}) = E\left(\frac{X_1 + X_2 + \cdots + X_n}{n}\right) = \frac{1}{n}E(X_1 + X_2 + \cdots + X_n)$$

$$= \frac{1}{n}[E(X_1) + E(X_2) + \cdots + E(X_n)] = \frac{1}{n} \cdot n\mu = \mu$$

$$V(\overline{X}) = V\left(\frac{X_1 + X_2 + \cdots + X_n}{n}\right) = \frac{1}{n^2}V(X_1 + X_2 + \cdots + X_n)$$

$$= \frac{1}{n^2}\Big[\underbrace{V(X_1)}_{\sigma^2}\sigma^2 + \underbrace{V(X_2)}_{\sigma^2} + \cdots + \underbrace{V(X_n)}_{\sigma^2}\Big] = \frac{1}{n^2} \cdot (n\sigma^2) = \frac{\sigma^2}{n} \qquad ■$$

定理中之 $\dfrac{N-n}{N-1}$ 稱為**有限母體校正係數**（finite population correction，簡稱 f.p.c.），**母體大小**（population size）N 已知，且 $\dfrac{N}{n} > 5$ 之情況下，計算

$V(\overline{X})$ 時都要都要考慮到使用 f.p.c.。

例 **1.** 自平均數為 μ，變異數為 σ^2 之 p.d.f. $f(x)$ 中抽出 n 個獨立隨機變數 X_1, $X_2 \cdots X_n$ 為一組隨機樣本，若 $Y = \dfrac{1}{2(n-1)} \sum\limits_{i=2}^{n} (X_i - X_{i-1})^2$，求 $E(Y)$。

解

提示	解答
將式 (1) 展開，再利用 $X_1 \cdots X_n$ 為獨立，則 $E(X_i X_j) = E(X_i) E(X_j)$ $= \mu \cdot \mu = \mu^2$ 化簡即得。	$E(Y) = E\left[\dfrac{1}{2(n-1)} \sum\limits_{i=2}^{n} (X_i - X_{i-1})^2 \right]$ (1) $= \dfrac{1}{2(n-1)} \sum\limits_{i=2}^{n} (X_i - X_{i-1})^2$ $= \dfrac{1}{2(n-1)} E[(X_2 - X_1)^2 + (X_3 - X_2)^2 + \cdots + (X_n - X_{n-1})^2]$ $= \dfrac{1}{2(n-1)} [E(X_2^2 + X_3^2 + \cdots + X_n^2) + E(X_1^2 + X_2^2 + \cdots + X_{n-1}^2)]$ $\quad - 2[E(X_2 X_1) + E(X_3 X_2) + \cdots + E(X_n X_{n-1})]$ $= \dfrac{1}{2(n-1)} [(n-1)(\mu^2 + \sigma^2) + (n-1)(\mu^2 + \sigma^2) - 2(n-1)\mu^2]$ $= \sigma^2$

【定義】　自母體中抽出所有**個數**（size）相同之樣本，其統計量所成之機率分配稱為抽樣分配。

例 **2.** 自 $b(n, p)$，$1 > p > 0$ 抽出 X_1, X_2 為一組樣本，求 $Y = X_1 + X_2$ 之抽樣分配。

解　$Y = X_1 + X_2$，X_1, X_2 均獨立服從 $b(n, p)$ ∴依二項分配之加法性得 $Y \sim b(2n, p)$，即：

$$f(y) = \binom{2n}{y} p^y (1-p)^{2n-y}, \quad y = 0, 1, 2 \cdots\cdots 2n$$

例 **3.** 自 $\{-2, 0, 2, 4\}$ 以抽出不放回方式任抽 3 個數 X_1, X_2, X_3 為一組獨立隨機樣本，求 (a) $\overline{X} = \dfrac{1}{3}(X_1 + X_2 + X_3)$；(b) $E\overline{X}$；(c) $V(\overline{X})$；(d) 並繪出 $\overline{X}$ 之機率分配圖。

解

提示	解答
	(1) (x_1, x_2, x_3) $\overline{x}$ $(-2, 0, 2)$ $\dfrac{1}{3}(-2+0+2)=0$ $(-2, 0, 4)$ $\dfrac{1}{3}(-2+0+4)=\dfrac{2}{3}$ $(-2, 2, 4)$ $\dfrac{1}{3}(-2+2+4)=\dfrac{4}{3}$ $(0, 2, 4)$ $\dfrac{1}{3}(0+2+4)=2$ $\therefore$ $\begin{array}{c\|cccc} \overline{x} & 0 & \dfrac{2}{3} & \dfrac{4}{3} & 2 \\ \hline P(\overline{X}=\overline{x}) & \dfrac{1}{4} & \dfrac{1}{4} & \dfrac{1}{4} & \dfrac{1}{4} \end{array}$
方法一： 直接用定義	(2) $E(\overline{X})=0\times\dfrac{1}{4}+\dfrac{2}{3}\times\dfrac{1}{4}+\dfrac{4}{3}\times\dfrac{1}{4}+2\times\dfrac{1}{4}=1$ (3) $E(\overline{X}^2)=(0)^2\times\dfrac{1}{4}+\left(\dfrac{2}{3}\right)^2\times\dfrac{1}{4}+\left(\dfrac{4}{3}\right)^2\times\dfrac{1}{4}+(2)^2\times\dfrac{1}{4}=\dfrac{14}{9}$ $V(\overline{X})=E(\overline{X}^2)-[E(\overline{X})]^2=\dfrac{14}{9}-1=\dfrac{5}{9}$
方法二： 用定理 A 注意的是，N 已 知下，求 $V(\overline{X})$ 不要忘了 fpc， 即乘上 $\dfrac{N-n}{N-1}$	(4) $E(\overline{X})=\mu=(-2)\times\dfrac{1}{4}+0\times\dfrac{1}{4}+2\times\dfrac{1}{4}+4\times\dfrac{1}{4}=1$ (5) $\sigma^2=E(X^2)-\mu^2=(-2)^2\times\dfrac{1}{4}+0^2\times\dfrac{1}{4}+2^2\times\dfrac{1}{4}+4^2\times\dfrac{1}{4}-1^2=5$ $\therefore V(\overline{X})=\dfrac{N-n}{N-1}\cdot\dfrac{\sigma^2}{n}=\dfrac{4-3}{4-1}\cdot\dfrac{5}{3}=\dfrac{5}{9}$
	(6) $\overline{X}$ 之機率分配圖為

【定理 B】 $E(S^2)=\sigma^2$，$S^2=\dfrac{1}{n-1}\sum\limits_{i=1}^{n}(X_i-\overline{X})^2$

提示	證明
	$E(\Sigma(X-\overline{X})^2)$
	$= \Sigma E(X-\overline{X})^2 = \Sigma E[(X-\mu)+(\mu-\overline{X})]^2$
	$= \Sigma E[(X-\mu)^2 + 2(X-\mu)(\mu-\overline{X})+(\mu-\overline{X})^2]$
	$= \Sigma E(X-\mu)^2 + 2\Sigma E(X-\mu)(\mu-\overline{X}) + \Sigma E(\mu-\overline{X})^2$
	$= n\sigma^2 - 2\Sigma E(X-\mu)(\overline{X}-\mu) + \Sigma E(\overline{X}-\mu)^2 \qquad (1)$
	上式中：
$(1)\Sigma(X-\mu)(\overline{X}-\mu)$	$\Sigma E(\overline{X}-\mu)^2 = \Sigma V(\overline{X}) = n \cdot \dfrac{\sigma^2}{n} = \sigma^2 \qquad (2)$
	$E(X-\mu)(\overline{X}-\mu) = E[(X-E(X))(\overline{X}-E(\overline{X}))]$
$\downarrow$ 關鍵	$= Cov(X,\overline{X}) \qquad (3)$
	關於 (3)，在不失一般性下，我們考察 $Cov(X_i,\overline{X})$：
$Cov(X,\overline{X})$	$Cov(X_i,\overline{X}) = Cov\left(X_i, \dfrac{X_1+X_2+\cdots+X_i+\cdots+X_n}{n}\right)$
	$\qquad = \dfrac{1}{n}Cov(X_i, X_1+X_2+\cdots+X_i+\cdots+X_n)$
	$\qquad = \dfrac{1}{n}\Big[\underset{0}{\underline{Cov(X_i,X_1)}} + \underset{=0}{\underline{Cov(X_i,X_2)}} + \cdots + \underset{\sigma_i^2=\sigma^2}{\underline{Cov(X_i,X_i)}} + \cdots$
(2) 在求 $Cov(X,\overline{X})$ 時，我們只需先看 $X_1\cdots$ X_n 中之某一個變數，如 X_i 與 $\overline{X}$ 之共變數，求出後再以此類推。	$\qquad + \underset{0}{\underline{Cov(X_i,X_n)}}\Big] = \dfrac{\sigma^2}{n}$
	$\therefore \Sigma E(X-\mu)(\overline{X}-\mu) = \Sigma \dfrac{\sigma^2}{n} = n \cdot \dfrac{\sigma^2}{n} = \sigma^2 \qquad (4)$
	代 (2), (4) 結果入 (1) 得，
	$(1) = n\sigma^2 - 2\Sigma E(X-\mu)(\overline{X}-\mu) + \Sigma E(\overline{X}-\mu)^2 = n\sigma^2 - 2\sigma^2 + \sigma^2 = (n-1)\sigma^2$
	$\therefore E(\Sigma(X-\overline{X})^2) = (n-1)\sigma^2$
	$E\left[\dfrac{\Sigma(X-\overline{X})^2}{n-1}\right] = \sigma^2$，即 $E(S^2) = \sigma^2$ ∎

由定理 B 知 S^2 是 σ^2 之 **不偏統計量**（unbiased statistic），這就是我們定義樣本變異數 $S^2 = \dfrac{\Sigma(X-\overline{X})^2}{n-1}$ 而不是 $\dfrac{\Sigma(X-\overline{X})^2}{n-1}$ 的原因。**可證明的是** $E(S) \neq \sigma \therefore S$ **不是** σ **之不偏統計量**。

【定理 C】 自 $n(0, 1)$ 抽出 $X_1, X_2 \cdots X_n$ 為一組隨機樣本，$\overline{X}$ 與 $\sum\limits_{i=1}^{n}(X_i-\overline{X})^2$ 為隨機獨立。

這是一個很漂亮而重要的結果，因為**除了常態分配外，沒有一個機率分配，它的樣本平均數與樣本變異數是獨立的**。

$\overline{X}$ 之抽樣分配

【定理 D】 $X_{11}, X_{12} \cdots X_{1m}$ 抽自平均數為 μ_1，變異數為 σ_1^2 之母體，$X_{21}, X_{22} \cdots X_{2n}$ 抽自平均數為 μ_2，變異數為 σ_2^2 之另一個母體，假設二個母體大小均為無限，且 $X_{11}, X_{12} \cdots X_{1m}, X_{21}, X_{22} \cdots X_{2n}$ 均為獨立，則 $E(\overline{X}_1 \pm \overline{X}_2) = \mu_1 \pm \mu_2$；$V(\overline{X}_1 \pm \overline{X}_2) = \dfrac{\sigma_1^2}{m} + \dfrac{\sigma_2^2}{n}$；其中 $\overline{X}_1 = \sum\limits_{i=1}^{n} X_{1i}/m$，$\overline{X}_2 = \sum\limits_{i=1}^{n} X_{2i}/n$。

證 $E(\overline{X}_1 - \overline{X}_2) = E(\overline{X}_1) - E(\overline{X}_2) = \mu_1 - \mu_2$

$V(\overline{X}_1 - \overline{X}_2) = V(\overline{X}_1) + V(\overline{X}_2) - 2Cov(\overline{X}_1, \overline{X}_2)$

$$= \frac{\sigma_1^2}{m} + \frac{\sigma_2^2}{n} - 2Cov\left(\frac{X_{11} + X_{12} + \cdots + X_{1m}}{m}, \frac{X_{21} + X_{22} + \cdots + X_{2n}}{n}\right)$$

$$= \frac{\sigma_1^2}{m} + \frac{\sigma_2^2}{n} \qquad \blacksquare$$

【定理 E】 自 $n(\mu_1, \sigma_1^2)$ 抽出 $X_1, X_2 \cdots X_m$ 為一組隨機樣本，自 $n(\mu_2, \sigma_2^2)$ 抽出 $Y_1, Y_2 \cdots Y_n$ 為另一組隨機樣本，若此二組樣本為獨立，則

$$Z = \frac{(\overline{X} - \overline{Y}) - (\mu_1 - \mu_2)}{\sqrt{\dfrac{\sigma_1^2}{m} + \dfrac{\sigma_2^2}{n}}} \sim n(0, 1)$$

證 $\overline{X} \sim n\left(\mu_1, \dfrac{\sigma_1^2}{m}\right)$ 且 $\overline{Y} \sim n\left(\mu_2, \dfrac{\sigma_2^2}{N}\right)$

$\therefore \overline{X} - \overline{Y} \sim n\left(\mu_1 - \mu_2, \dfrac{\sigma_1^2}{m} + \dfrac{\sigma_2^2}{n}\right)$

即 $Z = \dfrac{(\overline{X} - \overline{Y}) - (\mu_1 - \mu_2)}{\sqrt{\dfrac{\sigma_1^2}{m} + \dfrac{\sigma_2^2}{n}}} \sim n(0, 1) \qquad \blacksquare$

例 4. 若 $r.v. X$ 服從 $n(\mu, \sigma^2)$ (1) 試求 X 之特徵函數 $\phi(t)$ (2) 若 $X_1, X_2 \cdots X_n$ 均獨立服從 $n(\mu, \sigma^2)$ 求 $Y = \dfrac{1}{n}\sum\limits_{i=1}^{s} X_i$ 之機率函數。

解 $(1)\phi_x(t) = E(e^{itx}) = \displaystyle\int_{-\infty}^{\infty} \frac{e^{itx}}{\sqrt{2\pi}\sigma} e^{-\frac{(x-\mu)^2}{2\sigma^2}} dx \xrightarrow{z = \frac{x-\mu}{\sigma}} \int_{-\infty}^{\infty} \frac{e^{it(\mu + \sigma z)}}{\sqrt{2\pi}} e^{-\frac{z^2}{2}} dz$

$= e^{itu} \displaystyle\int_{-\infty}^{\infty} \frac{1}{\sqrt{2\pi}} e^{it\sigma z - \frac{z^2}{2}} dz = e^{itu} \int_{-\infty}^{\infty} \frac{1}{\sqrt{2\pi}} - \frac{1}{2}(z - it\sigma)^2 + \frac{1}{2}(it\sigma)^2 + d^2 z$

$= e^{itu - \frac{1}{2}t^2\sigma^2} \displaystyle\int_{-\infty}^{\infty} \frac{1}{\sqrt{2\pi}} e^{-\frac{1}{2}(z - it\sigma)^2} dz = e^{iut - \frac{1}{2}\sigma^2 t^2}$

(2) $\phi_Y(t) = E(e^{it(\frac{1}{n}(X_1 + \cdots + X_n))}) = E(e^{it\frac{X_1}{n}})E(e^{it\frac{X_2}{n}})\cdots E(e^{it\frac{X_n}{n}})$

$\qquad = e^{iu\frac{t}{n} - \frac{1}{2}\sigma^2\left(\frac{t}{n}\right)^2} \cdot e^{iu\frac{t}{n} - \frac{1}{2}\sigma^2\left(\frac{t^2}{n}\right)}\cdots e^{iu\frac{t}{n} - \frac{1}{2}\sigma^2\left(\frac{t^2}{n}\right)}$

$\qquad = e^{iut - \frac{1}{2}\frac{\sigma^2}{n}t^2} \qquad \therefore$ 即 $Y \sim n\left(\mu, \frac{\sigma^2}{n}\right)$

例 5. 自 $f(x) = e^{-x}$，$x > 0$ 抽出 $X_1, X_2\cdots, X_n$ 為一組隨機樣本，

$\overline{X}_n = \dfrac{1}{n}(X_1 + X_2 + \cdots + X_n)$

(1) 若 $Y_n = \sqrt{n}(\overline{X}_n - 1)$，求 Y_n 之 mgf

(2) 求 (1) 之**極限分配**（limiting distribution）

解

提示	解答
$f(x) = e^{-x}$ 則 X 之 mgf $M_x(t) = E(e^{tX}) = \int_0^\infty e^{tx}e^{-x}dx$ $= \int_0^\infty e^{-(1-t)x}dx = \dfrac{1}{1-t} \Rightarrow M_{\frac{X}{\sqrt{n}}}(t) = \dfrac{1}{1 - \frac{t}{\sqrt{n}}}$	(1) $f(x) = e^{-x}$， $\quad E(e^{tY_n}) = E(e^{t\sqrt{n}\,(\overline{X}_n - 1)})E(e^{t\sqrt{n}(\frac{X_1 + \cdots + X_n}{n} - 1)})$ $\quad = E'\left(e^{\frac{t}{\sqrt{n}}(X_1 + \cdots + X_n) - \sqrt{n}t}\right)$ $\quad = E'\left(e^{\frac{t}{\sqrt{n}}(X_1 + \cdots + X_n) - \sqrt{n}t}\right)$ $\quad = e^{-\sqrt{n}t}\prod_{i=1}^n E\left(e^{\frac{tX_i}{\sqrt{n}}}\right)e^{-\sqrt{n}t}\left(\dfrac{1}{1 - \frac{t}{\sqrt{n}}}\right)^n$ $\quad = e^{\frac{t}{\sqrt{n}}(-n)} \cdot \left(1 - \dfrac{t}{\sqrt{n}}\right)^{-n} = \left(e^{\frac{t}{\sqrt{n}}\left(1 - \frac{t}{\sqrt{n}}\right)}\right)$ $\quad = \left(e^{\frac{t}{\sqrt{n}}} - \dfrac{t}{\sqrt{n}}e^{\frac{t}{\sqrt{n}}}\right)^{-n}$
(2) 我們應用微積分不定式 若 $\lim_{x\to a}f(x)^{g(x)}$，$\lim_{x\to a}f(x) = 1$且$\lim_{x\to a}g(x) = \infty$ 則 $\lim_{x\to a}f(x)^{g(x)} = \exp\{\lim_{x\to a}g(x)(f(x) - 1)\}$。	(2) $\lim_{n\to\infty}M_{Y_n}(t) = \lim_{n\to\infty}\left(e^{\frac{t}{\sqrt{n}}} - \dfrac{t}{\sqrt{n}}e^{\frac{t}{\sqrt{n}}}\right)^{-n}$ $\overset{m = \frac{1}{\sqrt{n}}}{=\!=\!=}\lim_{m\to 0}(e^{mt} - mte^{mt})^{-\frac{1}{m^2}}$ $= \exp\left(\lim_{m\to 0}\dfrac{-1}{m^2}(e^{mt} - mte^{mt} - 1)\right)$ $= \exp\left(\lim_{m\to 0}\dfrac{e^{mt} - te^{mt} - mt^2e^{mt}}{-2m}\right)$ $= e^{\frac{t^2}{2}}$ $\therefore Y_n \sim n(0, 1)$

例 6. 若 $X_1, X_2, \cdots X_n$ 為獨立服從 $b(1, p)$ 之 n 個獨立隨機變數，$Y_n = X_1 + X_2 + \cdots + X_n$，試證 (1) $\dfrac{Y_n}{n} \overset{P}{\longrightarrow} P$ (2) $1 - \dfrac{Y_n}{n} \overset{P}{\longrightarrow} 1 - p$

(3) $\dfrac{Y}{n}\left(1 - \dfrac{Y_n}{n}\right) \overset{P}{\longrightarrow} p(1 - p)$

解

提示	解答
(1) 應用 Chebyshev 不等式	$\because X_1 \cdots X_n$ 為獨立服從 $b(1,p)$ 之 n 個 $r.v.$ $\therefore Y_n = X_1 + X_2 + \cdots + X_n \sim b(n,p)$ (1) $P\left(\left\lvert\dfrac{Y_n}{n} - p > \varepsilon\right\rvert\right) < \dfrac{V\left(\frac{Y_n}{n}\right)}{\varepsilon^2} = \dfrac{V(Y_n)}{n^2\varepsilon^2} = \dfrac{npq}{n^2\varepsilon^2} = \dfrac{pq}{n\varepsilon^2}$ $\therefore \lim\limits_{n\to\infty} P\left(\left\lvert\dfrac{Y_n}{n} - p > \varepsilon\right\rvert\right) < \lim\limits_{n\to\infty} \dfrac{pq}{n\varepsilon^2} = 0$ $\dfrac{Y_n}{n} \xrightarrow{P} p$
(2) 應用定理 A $X_n \xrightarrow{P} X \Rightarrow aX_n + b \xrightarrow{P} aX + b$ (3) 應用推論 5.1B1(2)	(2) 由 (1) $1 - \dfrac{Y_n}{n} \xrightarrow{P} 1 - p$ (3) $\because \dfrac{Y_n}{n} \xrightarrow{P} P$ 且 $1 - \dfrac{Y_n}{n} \xrightarrow{P} 1 - p$ $\therefore \dfrac{Y}{n}\left(1 - \dfrac{Y}{n}\right) \xrightarrow{P} p(1 - p)$

習題 5.2

1. 自一平均數為 μ，變異數為 σ^2 之母體（設母體大小為 N）抽出 n 個觀測值為一隨機樣本，$\bar{x}$ 是樣本平均數，試證

$$\sigma \geq \sqrt{\dfrac{n}{N}}\,|\bar{x} - \mu|$$

2. 自母體 $\{1, 2, 3\}$ 中以抽出放回方式，每次抽取二個變量為一隨機樣本
   (1) 求樣本平均數 $\overline{X}$ 之機率分配表　　　　(2) 求樣本變異數 S^2 之機率分配表
   (3) 求 $E(\overline{X})$　　　　　　　　　　　　　　(4) 求 $E(S^2)$

3. 以抽出不放回方式重做上題 (2) ～ (5)。

4. 自母數為 λ 之卜瓦松分配抽出 $X_1, X_2 \cdots X_n$ 為一組隨機樣本，求樣本平均數 $\overline{X}$ 之樣本分配。

B

5. 自 $n(\mu, \sigma^2)$ 抽出 $X_1, X_2 \cdots X_n$ 為一組隨機樣本，(1) 求 $E(\Sigma X)^2$。
   (2) $E(\Sigma X^2)$　(3) 由 (1)，(2) 證 $E[(n+1)\Sigma X^2 - 2(\Sigma X)^2] = n(n-1)(\sigma^2 - \mu^2)$

6. 自平均數為 μ，變異數 σ^2 之母體中抽出 n 個獨立隨機變數 $X_1, X_2 \cdots X_n$ 為一組隨機樣本，求 (1) X_i 與 $\overline{X}$ 相關係數，(2) $X_i - \overline{X}$ 與 $X_j - \overline{X}(i \neq j)$ 之相關係數。

7. 自平均數為 μ_1 變異數為 σ^2 之母體抽出 $X_1, X_2 \cdots X_{2n}$ 為一組隨機樣本，設 $\rho(X_i, X_j) = \rho$，$\forall i, j$，令 $Y_1 = X_1 + X_2 + \cdots + X_n$，$Y_2 = X_{n+1} + X_{n+2} + \cdots + X_{2n}$，求 X_1，Y_2 之相關係數。

8. 自 $f(x) = \begin{cases} \lambda e^{-\lambda x} , & x > 0 \\ 0 , & \text{其它} \end{cases}$ 抽出 $X_1, X_2 \cdots X_n$ 為一組隨機樣本，$\overline{X}$ 為樣本平均數，求 $E\left(\dfrac{1}{\overline{X}}\right)$

及 $E\left(\dfrac{1}{\overline{X}}\right)^2$。

9. 自一母體抽出 $X_1, X_2 \cdots X_n$ 為一組隨機樣本，$x_1, x_2 \cdots x_n$ 為對應之實現值，求證

$$S^2 = \frac{1}{n-1}\sum_{i=1}^{n}(X_i - \overline{X})^2 = \frac{1}{2n(n-1)}\sum_{i=1}^{n}\sum_{j=1}^{n}(X_i - X_j)^2 \text{，} \overline{X} = \frac{1}{n}(X_1 + \cdots + X_n)$$

10. 應用 $\dfrac{1}{2}(e^t + e^{-t}) \le e^{\frac{t^2}{2}}$ 證明：若 $X_1, X_2, \cdots X_n$ 為獨立服從 pdf $P(X=1)=P(X=-1)=\dfrac{1}{2}$，

$S_n = \sum\limits_{k=1}^{n} X_k$，則 $P(S_n > a) \le e^{-\frac{a^2}{2n}}$，$\forall a > 0$（有興趣之讀者可自行證明 $\dfrac{1}{2}(e^t + e^{-t}) \le e^{\frac{t^2}{2}}$）

11. $X_1, X_2 \cdots X_n$ 為服從同一分配之正整數獨立之離散隨機變數，若 $E(X_k) = a$，$k = 1, 2 \cdots n$，

取 $S_n = X_1 + X_2 + \cdots + X_n$，試證：

(1) $E\left(\dfrac{S_m}{S_n}\right) = \dfrac{m}{n}$，$1 \le m \le n$，

(2) $E(S_n^{-1})$ 存在。

12. $r.v.X$ 服從 Cauchy 分配 $f(x) = \dfrac{1}{\pi}\dfrac{1}{1+x^2}$，$\infty > x > -\infty$，(1) 由複變理論之留數定理（residue theorem），可得 $\int_0^{\infty}\dfrac{\cos mx}{1+x^2}dx = \pi e^{-m}$，$m > 0$，利用此結果求 $r.v.X$ 之特徵函數 $\phi(t)$ (2) 若 $X_1, X_2 \cdots X_n$ 均獨立服從 Cauchy 分配，求 $Y = \dfrac{1}{n}(X_1 + X_2 + \cdots + X_n)$ 之機率分配。

13. 若隨機變數敘列 $\{X_n\}_{n=1}^{\infty}$ 滿足 $\lim\limits_{n\to\infty}\dfrac{1}{n^2}V\left(\sum\limits_{i=1}^{n}X_i\right) = 0$，試證對任意 $\varepsilon > 0$，

$\lim\limits_{n\to\infty}P\left\{\left|\dfrac{1}{n}\sum\limits_{i=1}^{n}X_i - \dfrac{1}{n}\sum\limits_{i=1}^{n}E(X_i)\right| < \varepsilon\right\} = 1$

5.3 中央極限定理

【定理 A】 （中央極限定理）從一平均數為 μ 變異數為 σ^2, μ, $\sigma^2 < \infty$ 之機率分配抽出 n 個變量 $X_1, X_2 \cdots\cdots X_n$ 之為一組隨機樣本，$\overline{X}_n$ 為其樣本平均數。

取 $Z_n = \dfrac{\overline{X}_n - \mu}{\sigma/\sqrt{n}} = \dfrac{\Sigma X - n\mu}{\sqrt{n}\sigma}$ 則 $\lim\limits_{n \to \infty} Z_n = n(0, 1)$

證 在此我們證明 CLT 之特例，即假設 $r.v.X$ 之 $m.g.f.$ 存在，（CLT 之一般化情況之導出超過一般大學程度從略）

① 設 $r.v.X$ 之 $E(e^{tX})$，$h > t > -h$ 存在，並假設函數 $m(t) = E(e^{t(X-\mu)})$ $= e^{-\mu t}E(e^{tX})$ 亦存在。

② 由 Taylor 定理 $m(t) = m(0) + m'(0)t + \dfrac{m''(\varepsilon)}{2}t^2$，$t > \varepsilon > 0$，其中

$m(0) = E(e^0) = E(1) = 1$ 及 $m'(0) = E[(X - \mu)] = 0$

$\therefore m(t) = 1 + \dfrac{m''(\varepsilon)}{2}t^2 = 1 + \dfrac{\sigma^2 t^2}{2} + \left[\dfrac{m''(\varepsilon) - \sigma^2}{2}\right]t^2$ *

③ $E(e^{tZ_n}) = E\left[\exp\left(\dfrac{\Sigma X_i - n\mu}{\sqrt{n}\sigma}\right)t\right] = \prod\limits_{i=1}^{n} E\left[\exp\left(\dfrac{X_i - \mu}{\sqrt{n}\sigma}t\right)\right] = \left\{E\left[\exp\left(\dfrac{X - \mu}{\sqrt{n}\sigma}t\right)\right]\right\}^n$

$= \left[m\left(\dfrac{t}{\sqrt{n}\sigma}\right)\right]^n$ $-h < \dfrac{t}{\sqrt{n}\sigma} < h$，用 $\dfrac{t}{\sqrt{n}\sigma}$ 代入 * 之 t 得

$= \left\{1 + \dfrac{\sigma^2\left(\dfrac{t}{\sqrt{n}\sigma}\right)^2}{2} + \left[\dfrac{m''(\varepsilon) - \sigma^2}{2}\right] \cdot \left(\dfrac{t}{\sqrt{n}\sigma}\right)^2\right\}^n$

$= \left\{1 + \dfrac{t^2}{2n} + \dfrac{[m''(\varepsilon) - \sigma^2]}{2n\sigma^2}t^2\right\}^n$，$0 < \varepsilon < \dfrac{t}{\sqrt{n}\sigma}$

$\therefore n \to \infty$ 時 $\varepsilon \to 0$ 從而 $\lim\limits_{n \to \infty}[m''(\varepsilon) - \sigma^2] = 0$

④ $\lim\limits_{n \to \infty} E(e^{tZ_n}) = \lim\limits_{n \to \infty}\left\{1 + \dfrac{t^2}{2n} + \dfrac{[m''(\varepsilon) - \sigma^2]}{2n\sigma^2}t^2\right\}^n = e^{\frac{t^2}{2}}$

$\therefore n \to \infty$ 時，$Z_n \to n(0, 1)$

中央極限定理（central limit theorem，簡稱 CLT）在統計推論中極為重要，因為該定理指出，**自任一母體抽出 n 個變量 $X_1, X_2, \cdots X_n$ 為一組隨機樣本，$\overline{X}_n$ 為樣本平均數，在 n 趨近無窮大時，$\overline{X}_n$ 之分配便近似於常態分配。**

例 **1.** 設 $X_1, X_2, \cdots X_{64}$ 之平均數 $E(X_i) = \mu < \infty$，$\sigma^2(X_i) = \sigma^2 = 16$，試利用 CLT 求滿足 $P(|\overline{X}_n - \mu| \le c) = 0.90$ 之 c 值。

解 由 CLT：

$$Zn = \frac{\overline{X}_n - \mu}{\sigma/\sqrt{n}} = \frac{\overline{X}_n - \mu}{4/\sqrt{64}} = 2(\overline{X}_n - \mu) \sim n(0, 1)$$

$$\therefore P(|\overline{X}_n - \mu| \le c) = P(2|\overline{X}_n - \mu| \le 2c)$$

$$= P(|Z_n| \le 2c) = 0.90$$

$$\therefore 2c = 1.64 \qquad 即\ c = 0.82$$

例 **2.** 設 X_i，Y_i，$i = 1, 2, \cdots n$ 為分別抽自平均數為 μ_1，變異數為 σ^2 與平均數為 μ_2，變異數為 σ^2 之二個獨立隨機樣本，

(1) 求 $\dfrac{\sqrt{n}[(\overline{X}_n - \overline{Y}_n) - (\mu_1 - \mu_2)]}{\sigma\sqrt{2}}$ 之分配

(2) 若 $\mu_1 - \mu_2$ 時由 (1) 之結果求滿足 $P\left(|\overline{X}_n - \overline{Y}_n| \le \dfrac{\sigma}{4}\right) = 0.95$ 之 n 值

解 (1) 令 $\overline{W}_n = \overline{X}_n - \overline{Y}_n$

$$E(\overline{W}_n) = E(\overline{X}_n - \overline{Y}_n) = E(\overline{X}_n) - E(\overline{Y}_n) = \mu_1 - \mu_2$$

$$V(\overline{W}_n) = V(\overline{X}_n - \overline{Y}_n) = V(\overline{X}_n) + V(\overline{Y}_n) = \frac{\sigma^2}{n} + \frac{\sigma^2}{n} = \frac{2\sigma^2}{n}$$

由 CLT

$$Z_n = \frac{\overline{W}_n - E(\overline{W}_n)}{\sqrt{V(\overline{W}_n)}} = \frac{(\overline{X}_n - \overline{Y}_n) - (\mu_1 - \mu_2)}{\sqrt{\dfrac{2\sigma^2}{n}}}$$

$$= \frac{\sqrt{n}[(\overline{X}_n - \overline{Y}_n) - (\mu_1 - \mu_2)]}{\sqrt{2}\sigma} \sim n(0, 1)$$

(2) 若 $\mu_1 = \mu_2$ 則 $\dfrac{\sqrt{n}(\overline{X}_n - \overline{Y}_n)}{\sqrt{2}\sigma} \sim n(0, 1)$

$$\because P\left(|\overline{X}_n - \overline{Y}_n| \le \frac{\sigma}{4}\right) = P\left(\frac{\sqrt{n}}{\sqrt{2}\sigma}|\overline{X}_n - \overline{Y}_n| \le \frac{\sqrt{n}}{\sqrt{2}\sigma}\frac{\sigma}{4}\right)$$

$$= P\left(|Z_n| \le \frac{\sqrt{n}}{4\sqrt{2}}\right) = 0.95$$

$$\therefore \frac{\sqrt{n}}{4\sqrt{2}} = 1.96\ 解之\ n \doteqdot 123$$

離散機率之近似

根據 CLT 當 n 很大時，二項機率，卜瓦松機率等都可用常態分配作近似求解，經由前幾章，我們知道若 $r.v.X \sim b(n,p)$ 則 $\mu = np$，$\sigma = \sqrt{npq}$，又若 $r.v.X \sim P_o(\lambda)$ 則，$\mu = \lambda$，$\sigma = \sqrt{\lambda}$，有了 μ，σ，便可用 CLT 求近似機率。因爲二項變數或卜瓦松變數都是離散型 $r.v.$，**要用常態分配（連續型 $r.v.$）近似求解時，習慣上都要將要求的範圍向左或向右移動 0.5，以使得新的範圍足以涵蓋住舊的整個範圍。**

例 3. 若 $r.v.X \sim b(100, 0.8)$，求 $P(78 \leq X \leq 90)$

解
$\because r.v.X \sim b(100, 0.8)$

$\mu = np = 100 \times 0.8 = 80$

$\sigma = \sqrt{npq} = \sqrt{100 \times 0.8 \times 0.2} = 4$

$\therefore P(78 \leq X \leq 90) \approx P(77.5 \leq X \leq 90.5)$

$= \left(\dfrac{77.5 - 80}{4} \leq \dfrac{X - 80}{4} \leq \dfrac{90.5 - 80}{4} \right)$

$= P(-0.625 \leq Z \leq 2.625) = 0.996 - 0.264 = 0.732$

若例 3 求 $P(X \geq 90)$，則 $P(X \geq 90) \approx P(X \geq 89.5)$

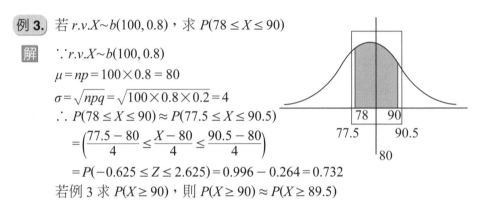

例 4. 大學中有 1000 人是每天中午到校內二家餐廳止 A, B 用餐，每個學生中午用餐餐廳之選擇是獨立的，問每個餐廳應有多少座位，才能保證有座位之機率大於 99%？

解

提示	解答
在不知 $p = ?$ 時，我們通常假設 $p = \dfrac{1}{2}$	不失一般性，假說 A 餐廳需有 n 個座位，才能保證有座位之機率大於 99%， 令 $X_i = \begin{cases} 1，第 i 個學生選 A 餐廳 \\ 0，第 i 個學生選 B 餐廳 \end{cases}$ $\therefore$ 選 A 餐廳之學生數為 $Y = \sum\limits_{i=1}^{n} X_i$ 又 $E(X_i) = \dfrac{1}{2}$，$V(X_i) = \dfrac{1}{4}$，$i = 1, 2 \cdots\cdots 1000$ $\therefore \mu = E(\Sigma X_i) = \dfrac{1000}{2} = 500$ $\quad \sigma^2 = V(X_i) = \dfrac{1000}{4} = 250 \quad \therefore \sigma = 5\sqrt{10}$ 由中央極限定理

提示	解答
	$P(Y \leq n) = P\left\{\dfrac{Y + 0.5 - 500}{5\sqrt{10}} \leq \dfrac{n - 0.5 - 500}{5\sqrt{10}}\right\}$ $= P\left\{Z \leq \dfrac{n - 500.5}{15.81}\right\} \geq 0.99$ 即 $\dfrac{n - 500.5}{15.81} \geq 2.33$，$n \approx 537$（座位）

★ **例 5.** 用 CLT 證明

$$\lim_{n \to \infty} \int_0^n e^{-t} \frac{t^{n-1}}{(n-1)!} dt = \frac{1}{2}, \ n \in N$$

解 自 pdf $f(x) = e^{-x}$，$x > 0$ 抽出 $X_1, X_2 \cdots X_n$ 為一組隨機樣本，$\mu = \sigma^2 = 1$

$X_i \sim G(1, 1)$ 則 $T = \sum_{i=1}^{n} X_i \sim G(n, 1)$

由 CLT：$n \to \infty$ 時，$\dfrac{T - n\mu}{\sqrt{n}\sigma} = \dfrac{T - n}{\sqrt{n}} \to n(0, 1)$

$\therefore n \to \infty$ 時 $\quad P\left(\dfrac{T - n}{\sqrt{n}} \leq 0\right) = \dfrac{1}{2} \quad$ 即 $P(T \leq n) = \int_0^n \dfrac{e^{-t}t^{n-1}}{(n-1)!} dt = \dfrac{1}{2}$

即 $\lim\limits_{n \to \infty} \int_0^n \dfrac{e^{-t}t^{n-1}}{(n-1)!} dt = \dfrac{1}{2}$

m.g.f. 在極限分配（limiting distribution）上之應用

例 6. $r.v.X \sim b(n, p)$，當 n 很大時，若 $np = \lambda$，試證 $b(n, p) \to P_o(\lambda)$。

解 $r.v.X \sim b(n, p)$ 則

$M_X(t) = (pe^t + (1 - p))^n$

$= \left(\dfrac{\lambda}{n}e^t - \dfrac{\lambda}{n} + 1\right)^n = \left(\dfrac{\lambda}{n}(e^t - 1) + 1\right)^n$

$\therefore \lim\limits_{n \to \infty} M_X(t) = \lim\limits_{n \to \infty} \left(\dfrac{\lambda}{n}(e^t - 1) + 1\right)^n = e^{\lambda(e^t - 1)}$

即 n 很大且 $\lambda = np$ 時，則 $b(n, p) \to P_o(\lambda)$

在例 6 中，我們用到一個求極限分配之重要微積分極限求算公式：

若 $\lim\limits_{X \to a} f(x) = 1$，$\lim\limits_{X \to a} g(x) = \infty$ 則 $\lim\limits_{X \to a} f(x)^{g(x)} = e^{\lim\limits_{X \to a} g(x)[f(x) - 1]}$，$a$ 可為 $\infty, -\infty$

例 7. $r.v.X \sim P_o(n)$，試證：n 很大時 $Y = \dfrac{X - n}{\sqrt{n}} \to n(0, 1)$

解　$M_Y(t) = E(e^{tY}) = E\left[e^{t\left(\frac{X-n}{\sqrt{n}}\right)}\right] = e^{-\sqrt{n}t}E\left(e^{\frac{t}{\sqrt{n}}X}\right) = e^{-\sqrt{n}t}e^{n\left(e^{\frac{t}{\sqrt{n}}}-1\right)}$

$\ln M_r(t) = -\sqrt{n}t + n\left[\exp\left(\frac{t}{\sqrt{n}}\right) - 1\right]$

$= -\sqrt{n}t + n\left[\left(1 + \frac{t}{\sqrt{n}} + \frac{1}{2!}\left(\frac{t}{\sqrt{n}}\right)^2 + \frac{1}{3!}\left(\frac{t}{\sqrt{n}}\right)^3 + \cdots\right) - 1\right]$

$= -\sqrt{n}t + \sqrt{n}t + \frac{1}{2}t^2 + \frac{1}{3!}\frac{t^3}{\sqrt{n}} + \cdots$

$\therefore \lim_{n\to\infty}\ln M_Y(t) = \frac{1}{2}t^2$

得 $\lim_{n\to\infty}M_Y(t) = e^{\frac{1}{2}t^2}$，即 $n \to \infty$ 時 $Y \to n(0, 1)$

大數法則

　　大數法則（law of large numbers）為統計學提供了大量觀察之理論基礎，亦即對一個現象之觀察數愈多則其所獲之結論亦愈可靠。它可分**強大數法則**（strong law of large numbers, SLLN）與**弱大數法則**（weak law of large numbers, WLLN）兩種。

> 【定理 B】（WLLN），若 p.d.f $f(x)$ 之 $E(X)=\mu$，$V(X)=\sigma^2 < \infty$，$\overline{X}_n$ 是樣本個數為 n 下之樣本平均數，令 ε，δ 為兩個任意小之正數，（即 $\varepsilon > 0$，$1 > \delta > 0$），n 為大於 $\sigma^2/\varepsilon^2\delta$ 之任意正整數，則
> $P(-\varepsilon < \overline{X}_n - \mu < \varepsilon) \geq 1 - \delta$

證　由 Chebyshev 不等式

$P(|\overline{X}_n - \mu| < \varepsilon) = P\left(|\overline{X}n - \mu| < \frac{\sigma}{\sqrt{n}}\left(\frac{\sqrt{n}}{\sigma}\varepsilon\right)\right) > 1 - \frac{1}{\left(\frac{\sqrt{n}}{\sigma}\varepsilon\right)^2} = 1 - \frac{\sigma}{n\varepsilon^2}$

$\left(\text{取}\delta = \frac{\sigma^2}{n\varepsilon^2}\right) = 1 - \delta$ ∎

　　在求樣本個數時，CLT 可據常態分配求出一個精確之樣本個數，而 WLLN 所得只是一個粗糙結果。

例8.　自一母體抽出 $X_1, X_2 \cdots X_n$ 為一組隨機樣本，試證 $S_n^2 \xrightarrow[n\to\infty]{P} \sigma^2$ 又 $S_n \xrightarrow[n\to\infty]{P} \sigma$ 是否成立？

解

提示	解答
(1) 應用定理 5.1B	(1) $S^2 = \dfrac{\sum X^2}{n} - \left(\dfrac{\sum X}{n}\right)^2$，$E(X^2) = V(X) + \mu^2 = \sigma^2 + \mu^2$ $\therefore \dfrac{\sum X^2}{n} \xrightarrow[n \to \infty]{P} \sigma^2 + \mu^2$ 又 $\overline{X}_n \xrightarrow[n \to \infty]{P} \mu$，取 $g(x) = x^2$ 為一連續函數 $\therefore \overline{X}_n^2 \xrightarrow[n \to \infty]{P} \mu^2$ $\dfrac{1}{n}\sum X^2 - \overline{X}_n^2 \xrightarrow[n \to \infty]{P} (\sigma^2 + \mu^2) - \mu^2 = \sigma^2$ $\therefore S_n^2 \xrightarrow[n \to \infty]{P} \sigma^2$ 若 定義為 $S_n^2 = \dfrac{\sum(X - \overline{X})^2}{n - 1}$，$S_n^2 \xrightarrow[n \to \infty]{P} \sigma^2$ 顯然仍成立。
(2) 應用定理 5.1B	(2) $g(x) = \sqrt{x}$，則 g 為一連續函數　$\therefore \sqrt{S^2} \xrightarrow[n \to \infty]{P} \sqrt{\sigma^2}$ 即 $S \xrightarrow[n \to \infty]{P} \sigma$

★ 強的大數法則

強的大數法則（strong law of large number; SLLN）是機率理論中一個重要的結果。

【定理 C】（SLLN）：設 $X_1, X_2 \cdots X_n$ 均為服從同一分配之獨立隨機變數，若 $E(X_i) = \mu < \infty$，$i = 1, 2, \cdots n$ 則 $n \to \infty$ 時 $\dfrac{X_1 + X_2 + \cdots + X_n}{n} \to \mu$ 之機率為 1，即 $P\left\{ \lim\limits_{n \to \infty}(X_1 + X_2 + \cdots + X_n)/n = \mu \right\} = 1$

證明超過本書程度，故從略。

習題 5.3

A

1. 由變異數爲 σ^2 之母體中抽出二組樣本個數爲 n 之樣本，設樣本平均數分爲 $\overline{X}_1, \overline{X}_2$，若 $P(|\overline{X}_1 - \overline{X}_2| > \sigma) = 0.01$，求 n。

2. 擲一均勻骰子 1200 次，設 X 爲出現么點之次數求 $P(180 < X < 220)$。

3. 若 $r.v.X \sim P_o(9)$，求 (1) $P(8 \leq X \leq 12)$　(2) $P(X \geq 8)$　(3) $P(X \leq 13)$　(4) $P(X = 13)$

4. 自 $U(0, 1)$ 取出 12 個變量爲一隨機樣本，求 $P\left(\dfrac{1}{2} < \overline{X} < \dfrac{2}{3}\right)$

5. 擲均勻銅板 n 次，出現正面之次數 $X_i = \begin{cases} 1 & \text{第 } i \text{ 次出現正面} \\ 0 & \text{第 } i \text{ 次出現反面} \end{cases}$

   (1) 用 Chebyshev 不等式估計 $P(0.5 > \overline{X} > 0.4) = 0.9$ 之 $n = ?$

   (2) 用 CLT 估計 $P(0.6 > \overline{X} > 0.4) = 0.9$ 之 $n = ?$

6. 某民意測驗預測一個人之得票率，假定該候選人之實際得票率爲 52%，該所希望預測此人得票率低於 50% 之機率只有 1%，求樣本個數？

7. 自一母體抽出 n 個變量爲一組隨機樣本，若母體平均數與樣本平均數之差小於母體標準差之 25% 的機率是 0.95，求 n 至少要多少？

B

8. 試證 $\lim\limits_{n \to \infty} \sum\limits_{x=0}^{n} \dfrac{e^{-n} n^x}{x!} = \dfrac{1}{2}$

9. 若 $r.v.X_1, X_2 \cdots X_n$ 均獨立服從 $n(\mu, \sigma^2)$，試用特徵函數法求 (1)X_1 之 $M(t)$(2) 用 (1) 中之結果求 $Y = \overline{X}_n = \dfrac{1}{n}(X_1 + X_2 + \cdots + X_n)$ 之機率分配。

附錄1
χ^2, t 與 F 分配

在統計推論中有四個基本樣本分配,即前節所述之常態分配及本節將要討論之 χ^2 分配,F 分配及 t 分配,這四大基本抽樣分配便構築了統計推論之理論與應用之基礎。

在抽樣分配中**自由度**（degree of freedom,簡記 d.f.）這個名詞常被用到,讀者研讀本節時,**只須把自由度看作與樣本個數有關之正整數**,而不必拘泥自由度之定義。

卡方分配

【定義】 設一隨機變數 X 之機率密度函數為

$$f(x) = \begin{cases} \dfrac{1}{\Gamma\left(\dfrac{n}{2}\right)2^{\frac{n}{2}}} x^{\frac{n}{2}-1} e^{-\frac{x}{2}} & , x>0 \\ 0 & , 其它 \end{cases}$$

則稱此分配為自由度為 n 之**卡方分配**（Chi-square distribution 簡稱 χ^2 分配）以 $\chi^2(n)$ 表之。

在此,我們應注意到 χ^2 整個係一符號,而非 χ 的平方。又 $\chi^2(n)$ 圖型恆在第一象限,它並不是一個對稱圖形,且會因自由度不同而有所不同。χ^2 分配的主要用在常態母體變異數 σ^2 的估計與檢定及適合度檢定、獨立性檢定、無母數統計⋯⋯等。

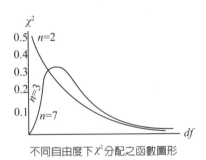

不同自由度下 χ^2 分配之函數圖形

例 1. 若 $r.v.X \sim \chi^2(6)$,則
$$P(3.45 > X > 2.20) = P(\chi^2(6) < 3.45) - P(\chi^2(6) < 2.20) = 0.25 - 0.1 = 0.15$$

【定理 A】 若 $r.v.X \sim \chi^2(n)$,則
(1) X 之 m.g.f. $\quad M(t) = (1-2t)^{-\frac{n}{2}} \quad$ (2) $\mu = n \quad$ (3) $\sigma^2 = 2n$

證
$$M(t) = E(e^{tX}) = \int_0^\infty e^{tx} \cdot \frac{1}{\Gamma\left(\dfrac{n}{2}\right)2^{\frac{n}{2}}} x^{\frac{n}{2}-1} e^{-\frac{x}{2}} dx$$

$$= \int_0^\infty \frac{1}{\Gamma\left(\dfrac{n}{2}\right)2^{\frac{n}{2}}} x^{\frac{n}{2}-1} e^{-\left(\frac{1}{2}-t\right)x} dx$$

$$= \frac{1}{\Gamma\left(\frac{n}{2}\right) 2^{\frac{n}{2}}} \frac{\Gamma\left(\frac{n}{2}\right)}{\left(\frac{1}{2} - t\right)^{\frac{n}{2}}} = \frac{1}{(1-2t)^{n/2}} \quad t < \frac{1}{2}$$

$$C(t) = \ln m(t) = -\frac{n}{2} \ln(1 - 2t)$$

$$\mu = C'(0) = \frac{d}{dt}\left[-\frac{n}{2}\ln(1-2t)\right]\bigg|_{t=0} = \frac{n}{1-2t}\bigg|_{t=0} = n$$

$$\sigma^2 = C''(0) = \frac{d}{dt}\left(\frac{n}{1-2t}\right)\bigg|_{t=0} = \frac{2n}{(1-2t)^2}\bigg|_{t=0} = 2n$$

χ^2 分配之極限分配

【定理 B】　$r.v.X \sim \chi^2(n)$，$n \in N$，n 很大時 $Y = \dfrac{X-n}{\sqrt{2n}} \to n(0,1)$

　　證明由中央極限定理知，若 $r.v.X \sim \chi^2(n)$ 則當 $n \to \infty$ 時 $U = \dfrac{X-n}{\sqrt{2n}} \to n(0,1)$，$\chi^2$ 還有一個根限分配：

【定理 C】　$\displaystyle\lim_{n \to \infty} P(\chi^2(n) \le z) \approx N(\sqrt{2z} - \sqrt{2n-1})$。

　　在實用上當 $n > 30$，χ^2 接近 $n(0, 1)$，由高等統計教材中可證明在 $n > 30$ 時，$Z = \sqrt{2\chi^2} - \sqrt{2n-1}$ 與 $U = \dfrac{\chi^2 - n}{\sqrt{2n}}$ 均趨近於 $n(0, 1)$，但前者之趨近速度較後者為快，故在 **$n > 30$ 時常用 $Z = \sqrt{2\chi^2} - \sqrt{2n-1}$** 進行轉換：

$n > 30$ 時 $Z \approx \sqrt{2\chi^2} - \sqrt{2n-1}$

$z_\alpha = \sqrt{2\chi_\alpha^2} - \sqrt{2n-1}$

$\therefore z_\alpha + \sqrt{2n-1} = \sqrt{2\chi_\alpha^2}$，兩邊同時平方可得下列重要的近似關係：

$$\chi_\alpha^2 = \frac{1}{2}(z_\alpha + \sqrt{2n-1})^2$$

例 2.　求 $\chi_{0.95}^2(61)$。

解　$\chi_\alpha^2 = \dfrac{1}{2}(z_\alpha + \sqrt{2n-1})^2$

$\therefore \chi_{0.95}^2(61) = \dfrac{1}{2}(1.64 + \sqrt{2 \times 61 - 1})^2 = 79.8848$

χ^2 分配與其他機率分配之關係

χ^2 分配與 Gamma 分配之關係

【定理 D】　若 $r.v.X \sim \chi^2(n)$，則 $X \sim G\left(\dfrac{n}{2}, 2\right)$

讀者自行驗證。

χ^2 分配與指數分配之關係

【定理 E】　若 $r.v.X$ 服從平均數 2 之指數分配，則 $r.v.X \sim \chi^2(2)$

此亦由讀者自行驗證。

χ^2 分配與常態分配之關係

【定理 F】　若 $r.v.X \sim n(0,1)$，則 $X^2 \sim \chi^2(1)$

證　$f(x) = \dfrac{1}{\sqrt{2\pi}} e^{-\frac{x^2}{2}}$，$y = x^2$

$\therefore |J| = \left|\dfrac{dx}{dy}\right| = \dfrac{1}{2\sqrt{y}}$，

$\quad x > 0$ 時，$f(y) = \dfrac{1}{\sqrt{2\pi}2\sqrt{y}} e^{-\frac{y}{2}}$，$y > 0$ $\hfill (1)$

$\quad x < 0$ 時，$f(y) = \dfrac{1}{\sqrt{2\pi}2\sqrt{y}} e^{-\frac{y}{2}}$，$y > 0$ $\hfill (2)$

$\quad f(y) = 2 \cdot \dfrac{1}{\sqrt{2\pi}2\sqrt{y}} e^{-\frac{y}{2}} = \dfrac{1}{\sqrt{2\pi y}} e^{-\frac{y}{2}}$，$y > 0$（由 (1) + (2)）

即 $Y = X^2 \sim \chi^2(1)$ ∎

例 3.　若 $r.v.X \sim n(0,4)$，求 $P(X^2 < 5.28)$

解

提示	解答
方法一：用卡方法	$X \sim n(0, 4) \therefore Z = \dfrac{X}{2} \sim n(0, 1)$ $Z^2 = \dfrac{X^2}{4} \sim \chi^2(1)$ $\therefore P(X^2 < 5.28) = P\left(\dfrac{X^2}{4} < 1.32\right) = P(\chi^2(1) < 1.32) = 0.75$
方法二：用常態分配	$P(X^2 < 5.28) = P(-2.30 < X < 2.30)$ $\qquad = P\left(\dfrac{-2.30-0}{2} < \dfrac{X-0}{2} < \dfrac{2.30-0}{2}\right)$ $\qquad = P(-1.15 < Z < 1.15) = 0.75$

【定理 G】　若 $X_1, X_2 \cdots X_n$ 均獨立服從 $n(0, 1)$，則 $Y = \sum\limits_{i=1}^{n} X_i^2 \sim \chi^2(n)$

證　利用動差母函數法：

$\because X \sim n(0, 1)$ 則 $X^2 \sim \chi^2(1)$，又 $\chi^2(1)$ 之 $M(t) = \dfrac{1}{(1-2t)^{\frac{1}{2}}}$

$E(e^{tY}) = E(e^{t(X_1^2 + X_2^2 \cdots + X_n^2)}) = \prod\limits_{i=1}^{n} E(e^{tX_i^2}) = \prod\limits_{i=1}^{n} (1-2t)^{-\frac{1}{2}} = (1-2t)^{-\frac{n}{2}}$

$\therefore Y \sim \chi^2(n)$　　■

【推論 F1】　若 $X_1, X_2 \cdots X_n$ 均獨立服從 $n(\mu, \sigma^2)$，則 $Y = \sum\limits_{i=1}^{n} \left(\dfrac{X_i - \mu}{\sigma}\right)^2 \sim \chi^2(n)$

χ^2 分配之加法性

【定理 H】　若 X_1, X_2 為二獨立 $r.v.$，且 $r.v.X_1 \sim \chi^2(m)$，$r.v.X_2 \sim \chi^2(n)$，
　　　　　則 $Y = X_1 + X_2 \sim \chi^2(m+n)$

證　利用動差母函數：

$M_Y(t) = E(e^{tY}) = E(e^{t(X_1 + X_2)}) = E(e^{tX_1})E(e^{tX_2}) = (1-2t)^{-\frac{m}{2}} \cdot (1-2t)^{-\frac{n}{2}}$

$\qquad = (1-2t)^{-\frac{m+n}{2}}$

$\therefore Y \sim \chi^2(m+n)$　　■

上述定理稱爲卡方分配之加法性。

例 **4.** 若 $r.v.X \sim n(1,6)$，$r.v.Y \sim n(0,9)$，X, Y 為獨立求 $P(3X^2 - 6X + 2Y^2 < 7.35)$

解　$Y = \left(\dfrac{X-1}{\sqrt{6}}\right)^2 + \left(\dfrac{Y-0}{3}\right)^2 \sim \chi^2(2)$，即 $\dfrac{3X^2 - 6X + 2Y^2 + 3}{18} \sim \chi^2(2)$

$\therefore P(3X^2 - 6X + 2Y^2 < 7.35)$

$= P\left(\dfrac{3X^2 - 6X + 2Y^2 + 3}{18} < \dfrac{10.35}{18} = 0.575\right) = P(\chi^2(2) < 0.575) = 0.25$

【定理 I】　若 $X_1, X_2 \cdots X_n$ 均為服從 $n(\mu, \sigma^2)$ 之獨立 $r.v.$，則

① μ 已知時 $Y = \dfrac{\overset{n}{\Sigma}(X - \mu)^2}{\sigma^2} \sim \chi^2(n)$

② μ 未知時 $Y = \dfrac{\Sigma(X - \overline{X})^2}{\sigma^2} \sim \chi^2(n-1)$

證　(1) $\because \dfrac{X_i - \mu}{\sigma} \sim n(0,1)$

$\therefore \overset{n}{\underset{i=1}{\Sigma}}\left(\dfrac{X_i - \mu}{\sigma}\right) \sim \chi^2(n)$

(2) $\because \Sigma(X - \mu)^2 = \Sigma(X - \overline{X})^2 + n(\overline{X} - \mu)^2$

$\Rightarrow \dfrac{\Sigma(X - \mu)^2}{\sigma^2} = \dfrac{\Sigma(X - \overline{X})^2}{\sigma^2} + \dfrac{n(\overline{X} - \mu)^2}{\sigma^2}$

又 $\dfrac{\Sigma(X - \mu)^2}{\sigma^2} \sim \chi^2(n)$ 及 $\dfrac{n(\overline{X} - \mu)^2}{\sigma^2} \sim \chi^2(1)$ 　$\therefore \dfrac{\Sigma(X - \overline{X})^2}{\sigma^2} \sim \chi^2(n-1)$ 　∎

定理 I 在統計推論中極為重要。

例 **5.**　由 $n(\mu, \sigma^2)$（其中 μ 與 σ^2 均未知）中抽出 n 個變量 $X_1, X_2 \cdots X_n$ 為一組隨機樣本，$Y = \dfrac{\Sigma(X - \overline{X})^2}{n}$，求 $E(Y)$ 及 $V(Y)$。

解　$\because X_1, X_2 \cdots X_n$ 均獨立服從 $n(\mu, \sigma^2)$

$\dfrac{\Sigma(X - \overline{X})^2}{\sigma^2} \sim \chi^2(n-1)$

$E\left(\dfrac{\Sigma(X - \overline{X})^2}{\sigma^2}\right) = n - 1$ 或 $E(\Sigma(X - \overline{X})^2) = (n-1)\sigma^2$

$\therefore E(Y) = E\left(\dfrac{\Sigma(X - \overline{X})^2}{n}\right) = E\left(\dfrac{n-1}{n} \cdot \dfrac{\Sigma(X - \overline{X})^2}{n-1}\right) = \dfrac{n-1}{n}\sigma^2$

又 $V\left(\dfrac{\Sigma(X - \overline{X})^2}{\sigma^2}\right) = 2(n-1)$ 或 $V(\Sigma(X - \overline{X})^2) = 2(n-1)\sigma^4$

$$\therefore V(Y) = V\left(\frac{\Sigma(X-\overline{X})^2}{n}\right) = \frac{2(n-1)}{n^2}\sigma^4$$

例 6. 若 $X \sim \chi^2(16)$，求 $P(X < 26.3 < 3.3X)$

解　$P(X < 26.3 < 3.3X) = P\left(1 < \frac{26.3}{X} < 3.3\right) = P\left(1 > \frac{X}{26.3} > \frac{1}{3.3}\right) = P\left(26.3 > X > \frac{26.3}{3.3}\right)$

$= P(26.3 > X > 7.97) = 0.95 - 0.05 = 0.90$

t 分配

【定義】　W, Y 為二獨立隨機變數，且若 $W \sim n(0,1)$，$Y \sim \chi^2(v)$，定義隨機變數 T 為
$$T = \frac{W}{\sqrt{\dfrac{Y}{v}}}$$
則 T 服從自由度為 v 之 t 分配，以 $T \sim t(v)$ 表之。

如同標準常態分配，**t 分配也是一個對稱於 y 軸之機率分配**，因此，有 **$P(T > t) = P(T < -t)$** 之重要性質。

【定理 J】　設隨機變數 T 是服從自由度為 r 之 t 分配，則 T 之 p.d.f. 為
$$f(t) = \frac{\Gamma\left(\dfrac{r+1}{2}\right)}{\Gamma\left(\dfrac{r}{2}\right)\sqrt{\pi r}}\left(1 + \frac{t^2}{r}\right)^{-\frac{r+1}{2}}, \quad \infty > t > -\infty$$

證　（略）

因 t 分配是一對稱於 y 軸之機率分配，故若 $r.v.\,T \sim t(r)$ 則 $E(T) = 0$。
自由度 $v > 30$ 時，t 分配已相當漸近於 $n(0, 1)$，實務上在 $v > 30$ 時，便可用 $v = \infty$ 代替。

【定理 K】　自 $n(\mu, \sigma^2)$ 中抽出 $X_1, X_2 \cdots X_n$ 為一組隨機樣本，則
$$T = \frac{\overline{X} - \mu}{S/\sqrt{n}} \sim t(n-1)$$

證　自 $n(\mu, \sigma^2)$ 抽出 $X_1, X_2 \cdots X_n$ 為隨機樣本，則

(1) $\overline{X} \sim n\left(\mu, \dfrac{\sigma^2}{n}\right) \quad \therefore \dfrac{\overline{X}-\mu}{\sigma/\sqrt{n}} = \dfrac{\sqrt{n}(\overline{X}-\mu)}{\sigma} \sim n(0,1)$

(2) $(n-1)S^2/\sigma^2 \sim \chi^2(n-1)$

$$\therefore T = \dfrac{\sqrt{n}(\overline{X}-\mu)/\sigma}{\sqrt{\dfrac{(n-1)S^2/\sigma^2}{(n-1)}}} = \dfrac{\overline{X}-\mu}{S/\sqrt{n}} \sim t(n-1)$$

例 7. 自 $n(\mu, \sigma^2)$ 中抽出一樣本個數為 17 之隨機樣本，$\overline{X}$、S^2 分別為樣本平均數及樣本變異數。求滿足 $P\left(-c < \dfrac{\sqrt{17}(\overline{X}-\mu)}{S} < c\right) = 0.90$ 之 c 值。

解 $T = \dfrac{\sqrt{17}(\overline{X}-\mu)}{S} \sim t(16)$

$\therefore P(-c < T < c) = 2P(T < c) - 1 = 0.90$，$P(T < c) = 0.95$

得 $c = 1.746$

例 8. 自 $n(\mu, \sigma^2)$ 中抽出 $X_1, X_2 \cdots\cdots X_n$ 為一組隨機樣本，μ, σ 未知，令 $\overline{X}_n = \dfrac{1}{n}\sum\limits_{i=1}^{n} X_i$，$S_n^2 = \dfrac{1}{n}\sum\limits_{i=1}^{n}(X_i - \overline{X})^2$。若 X_{n+1} 為一新的觀測值，且已知 $X_{n+1} \sim n(\mu, \sigma^2)$，求一常數 k，使得 $k(\overline{X}_n - X_{n+1})/S_n$ 服從 t 分配。

解 $\overline{X}_n \sim n\left(\mu, \dfrac{\sigma^2}{n}\right) \quad \therefore \overline{X}_n - X_{n+1} \sim n\left(0, \dfrac{\sigma^2}{n} + \sigma^2\right) = n\left(0, \dfrac{n+1}{n}\sigma^2\right)$，

$\dfrac{\overline{X}_n - X_{n+1}}{\sigma\sqrt{\dfrac{n+1}{n}}} \sim n(0,1)$ 又 $\dfrac{nS_n^2}{\sigma^2} = \dfrac{\sum(X-\overline{X})^2}{\sigma^2} \sim \chi^2(n-1)$

$\therefore \dfrac{\overline{X}_n - X_{n+1}}{\sigma\sqrt{\dfrac{n+1}{n}}} \Bigg/ \sqrt{\dfrac{nS_n^2}{\sigma^2}\Big/(n-1)} = \sqrt{\dfrac{n-1}{n+1}} \dfrac{(\overline{X}_n - X_{n+1})}{S_n} \sim t(n-1)$

即 $k = \sqrt{\dfrac{n-1}{n+1}}$

F 分配

【定義】 F 分配 X, Y 為二獨立隨機變數，若 $X \sim \chi^2(m)$，$Y \sim \chi^2(n)$，則定義 $F(m, n)$ 為
$$F(m, n) = \dfrac{\chi^2(m)/m}{\chi^2(n)/n}$$

由定義，我們知 χ^2 為正值隨機變數，兩個正值隨機變數比仍為正值隨機

變數，因此 $F(m, n)$ 為正值隨機變數。

例 9. 自 $n(0, 1)$ 中抽出 6 個獨立隨機變數 X_1，X_2……X_6，求
$Y = \dfrac{X_1^2 + X_2^2 + X_3^2}{X_4^2 + X_5^2 + X_6^2}$ 之機率分配

解 X_1，X_2……X_6 均獨立取自 $n(0, 1)$
$\therefore X_1^2 + X_2^2 + X_3^2 \sim \chi^2(3)$
$X_4^2 + X_5^2 + X_6^2 \sim \chi^2(3)$
$Y = \dfrac{X_1^2 + X_2^2 + X_3^2}{X_4^2 + X_5^2 + X_6^2} = \dfrac{(X_1^2 + X_2^2 + X_3^2)/3}{(X_4^2 + X_5^2 + X_6^2)/3} \sim F(3, 3)$

【定理 L】 若 $r.v.X \sim F(m, n)$，則 X 之 p.d.f. 為

$$f(x) = \frac{\Gamma\left(\dfrac{m+n}{2}\right)}{\Gamma\left(\dfrac{m}{2}\right)\Gamma\left(\dfrac{n}{2}\right)} \left(\frac{m}{n}\right)^{\frac{m}{2}} x^{\frac{m}{2}-1}\left(1+\frac{m}{n}x\right)^{-\frac{1}{2}(m+n)}, \ x > 0$$

證 $\because X \sim \chi^2(m)$，$Y \sim \chi^2(n)$，且 X, Y 互相獨立
$\therefore f(x, y) = f_X(x) \cdot f_Y(y)$

$$= \frac{x^{\frac{m}{2}-1}e^{-\frac{x}{2}} y^{\frac{n}{2}-1}e^{-\frac{y}{2}}}{2^{\frac{m}{2}}\Gamma\left(\dfrac{m}{2}\right) 2^{\frac{n}{2}}\Gamma\left(\dfrac{n}{2}\right)}$$

令 $z_1 = \dfrac{x/m}{y/n}$，$z_2 = y$，則 $x = \dfrac{m}{n}z_1 z_2$，$y = z_2$

$$J = \begin{vmatrix} \dfrac{\partial x}{\partial z_1} & \dfrac{\partial x}{\partial z_2} \\ \dfrac{\partial y}{\partial z_1} & \dfrac{\partial y}{\partial z_2} \end{vmatrix} = \begin{vmatrix} \dfrac{m}{n}z_2 & \dfrac{m}{n}z_1 \\ 0 & 1 \end{vmatrix} = \frac{m}{n}z_2 \quad \therefore |J| = \frac{m}{n}z_2$$

$$\therefore f(z_1, z_2) = f_X\left(\frac{m}{n}z_1 z_2\right) f_Y(z_2) \cdot |J| = \frac{\left(\dfrac{m}{n}z_1 z_2\right)^{\frac{m}{2}-1}(z_2)^{\frac{n}{2}-1}e^{-\frac{1}{2}z_2\left(\frac{m}{n}z_1+1\right)} \cdot \dfrac{m}{n}z_2}{2^{\frac{m+n}{2}}\Gamma\left(\dfrac{m}{2}\right)\Gamma\left(\dfrac{n}{2}\right)}$$

$$\Rightarrow f(z_1) = \int_0^\infty \frac{\left(\dfrac{m}{n}\right)^{\frac{m}{2}}(z_1)^{\frac{m}{2}-1}z_2^{\frac{m+n}{2}-1}e^{-\frac{1}{2}z_2\left(\frac{m}{n}z_1+1\right)}}{2^{\frac{m+n}{2}}\Gamma\left(\dfrac{m}{2}\right)\Gamma\left(\dfrac{n}{2}\right)}dz_2$$

$$=\frac{\left(\dfrac{m}{n}\right)^{\frac{m}{2}}z_1^{\frac{m}{2}-1}}{2^{\frac{m+n}{2}}\Gamma\left(\dfrac{m}{2}\right)\Gamma\left(\dfrac{n}{2}\right)}\frac{\Gamma\left(\dfrac{m+n}{2}\right)}{\left[\dfrac{1}{2}\left(\dfrac{m}{n}z_1+1\right)\right]^{\frac{m+n}{2}}}$$

$$=\frac{\left(\dfrac{m}{n}\right)\left(\dfrac{m}{n}z_1\right)^{\frac{m}{2}-1}\Gamma\left(\dfrac{m+n}{2}\right)\left(\dfrac{m}{n}z_1+1\right)^{-\frac{m+n}{2}}}{\Gamma\left(\dfrac{m}{2}\right)\Gamma\left(\dfrac{n}{2}\right)}$$

$$=\frac{\Gamma\left(\dfrac{m+n}{2}\right)}{\Gamma\left(\dfrac{m}{2}\right)\Gamma\left(\dfrac{n}{2}\right)}\left(\dfrac{m}{n}\right)^{\frac{m}{2}}(z_1)^{\frac{m}{2}-1}\cdot\left(1+\dfrac{m}{n}z_1\right)^{-\frac{m+n}{2}}\ ,\ z_1>0 \qquad ■$$

【定理 M】 $F_\alpha(m,n)=\dfrac{1}{F_{1-\alpha}(n,m)}$

證 (1) $F(m,n)=\dfrac{\chi^2(m)/m}{\chi^2(n)/n}$ $\therefore F(n,m)=\dfrac{\chi^2(n)/n}{\chi^2(m)/m}=\dfrac{1}{F(m,n)}$

(2) $\alpha=P(F(m,n)>F_\alpha)=P\left(\dfrac{1}{F(m,n)}<\dfrac{1}{F_\alpha}\right)=P\left(F(n,m)<\dfrac{1}{F_\alpha}\right)$

$\therefore 1-\alpha=P\left(F(n,m)>\dfrac{1}{F_\alpha}\right)$

即 $F_\alpha(m,n)=\dfrac{1}{F_{1-\alpha}(n,m)}$ ■

例**10.** 已知 $F_{0.05}(4,3)=6.59$，求 $F_{0.95}(3,4)$

解 $F_{0.95}(3,4)=\dfrac{1}{F_{0.05}(4,3)}=\dfrac{1}{6.59}=0.152$

【定理 N】 若 $r.v.X\sim n(\mu_1,\sigma_1^2)$，$Y\sim n(\mu_2,\sigma_2^2)$ 各抽出 n_1，n_2 個觀測值為一組隨機樣本，則

$$F=\frac{S_1^2/\sigma_1^2}{S_2^2/\sigma_2^2}\sim F(n_1-1,n_2-1)$$

證 $F=\dfrac{\dfrac{(n_1-1)S_1^2}{\sigma_1^2}\Big/(n_1-1)}{\dfrac{(n_2-1)S_2^2}{\sigma_2^2}\Big/(n_2-1)}=\dfrac{\dfrac{S_1^2}{\sigma_1^2}}{\dfrac{S_2^2}{\sigma_2^2}}\sim F(n_1-1,n_2-1)$ ■

例11. 自二變異數相等之二常態母體中取 $n_1 = 6$，$n_2 = 10$ 之二獨立樣本，S_1^2，S_2^2 表其變異數求 $P(S_1^2/S_2^2 < 3.48)$

解 $\dfrac{S_1^2/\sigma_1^2}{S_2^2/\sigma_2^2} = \dfrac{S_1^2}{S_2^2} \sim F(5, 9)$

$\therefore P\left(\dfrac{S_1^2}{S_2^2} < 3.48\right) = P(F(5, 9) < 3.48) = 0.99$

附錄習題

1. $X_1, X_2 \cdots\cdots$ 為服從標準常態分配之獨立隨機變數，用 CLT 求

   $P(X_1^2 + X_2^2 + \cdots\cdots + X_{200}^2 \le 220)$

2. 若 $X_1, X_2 \cdots\cdots X_{10} \sim n(\mu, \sigma^2)$，令 $Y = \sum\limits_{i=1}^{10} (X_i - \mu)^2$，

   求 $P(Y/18.31 < \sigma^2 < Y/3.94)$。

3. $n(0, 1)$ 中抽出 $X_1, X_2 \cdots\cdots X_6$ 為一組隨機樣本，令

   $Y = (2X_1 + 2X_2 + \sqrt{2}X_3)^2 + (\sqrt{3}X_4 + 2X_5 + \sqrt{3}X_6)^2$，若 kY 服從卡方分配，求 k。

4. 若 $X \sim n(9, 4)$，求 $P(15.36 < (X - 9)^2 < 20.08)$

5. 求 $P(\chi^2(25) \le 34.382)$

6. 自 $n(0, 1)$ 抽出 $X_1, X_2 \cdots\cdots X_m$ 為一組隨機樣本，求 $Y = \dfrac{1}{m}\left(\sum\limits_{i=1}^{m} X_1\right)^2 + \dfrac{1}{n-m}\left(\sum\limits_{i=m+1}^{n} X_i\right)^2$ 之分配。

7. n 個獨立 r.v.$X_1, X_2 \cdots\cdots X_n$，若每個 r.v.$X_j$ 之分配函數均為遞增之連續函數 $F_j(X_j)$，試證

   $Y = -\dfrac{1}{2}\sum\limits_{i=1}^{n} \ln(1 - F_i) \sim \chi^2(2n)$。

8. 自 $n(\mu, \sigma^2)$ 抽出 $X_1, X_2 \cdots\cdots X_n$, X_{n+1} 為一組隨機樣本，求

   $Y = \dfrac{X_{n+1} - \overline{X}_n}{S}\sqrt{\dfrac{n}{n+1}}$ 之機率分配。

9. 從常態母體中抽出樣本個數為 10 之一組隨機樣本，$T = \sqrt{10}(\overline{X} - \mu)/S$，求 $P(-2.26 < T < 2.26)$。

10. 自 $n(0, \sigma^2)$ 抽出 $X_1, X_2 \cdots\cdots X_9$ 為一組隨機樣本，

    若 $Y_1 = \dfrac{1}{6}(X_1 + X_2 + \cdots\cdots + X_6)$，$Y_2 = \dfrac{1}{3}(X_7 + X_8 + X_9)$，

    $S^2 = \dfrac{1}{2}\sum\limits_{i=7}^{9}(X_i - Y_2)^2$，問 $Z = \dfrac{\sqrt{2}(Y_1 - Y_2)}{S}$ 服從什麼分配？

11. 計算 (1) $P(F(8, 5) \le 0.1508)$ (2) $P(0.1323 \le F(6, 15) \le 2.79)$

12. 自 $\sigma_1^2 = 10$，$\sigma_2^2 = 15$ 之二個常態母體中分別取 $n_1 = 25$，$n_2 = 31$ 之二獨立樣本，設 S_1^2，S_2^2 分別表其變異數，求 $P(S_1^2/S_2^2 > 1.65)$。

13. 由 $n(64, 10)$ 中抽出 $X_1, X_2 \cdots\cdots X_9$ 為一組隨機樣本，由 $n(61, 12)$ 抽出 $Y_1, Y_2 \cdots\cdots Y_4$ 為

另一組隨機樣本，求

$$P\left(0.546 \leq \frac{\Sigma(X - \overline{X})^2}{\Sigma(Y - \overline{Y})^2} \leq 61.09\right)$$

14. 設 X_1, X_2 均為服從 $n(0,1)$ 之二獨立隨機變數，求下列分配

(1) $\dfrac{1}{\sqrt{2}}(X_1 - X_2)$　　(2) $\dfrac{X_1 + X_2}{\sqrt{(X_1 - X_2)^2}}$　　(3) $\dfrac{X_2^2}{X_1^2}$　　(4) $\dfrac{(X_1 - X_2)^2}{2}$　　(5) $X_1/\sqrt{X_2^2}$

B

15. $r.v.X \sim F(m, n)$，令 $Y = \dfrac{1}{1 + \dfrac{m}{n}X}$ (1) 試證 $Y \sim Be\left(\dfrac{n}{2}, \dfrac{m}{2}\right)$；(2) 由 (1) 證明 $x > 0$ 時 $P(X \leq x) =$

$1 - P\left(Y \leq \left(1 + \dfrac{m}{n}x\right)^{-1}\right)$

16. 若 $r.v.X \sim \chi^2(n)$，試證 n 很大時 $Y = \dfrac{X - n}{\sqrt{2n}} \rightarrow n(0, 1)$

17. 自 $n(\mu, \sigma^2)$ 抽出一組隨機樣本，其大小為 n，樣本變異數為 S^2，求證 $n \rightarrow \infty$ 時 S^2 之 m.g.f. 為 $e^{\sigma^2 t}$

附錄2
統計計算用表

A.1　卜瓦松機率總和 $\sum\limits_{x=0}^{r} p(x\,;\lambda)$

	λ								
r	0.1	0.2	0.3	0.4	0.5	0.6	0.7	0.8	0.9
0	0.9048	0.8187	0.7408	0.6730	0.6065	0.5488	0.4966	0.4493	0.4066
1	0.9953	0.9825	0.9631	0.9384	0.9098	0.8781	0.8442	0.8088	0.7725
2	0.9998	0.9989	0.9964	0.9921	0.9856	0.9769	0.9659	0.9256	0.9371
3	1.0000	0.9999	0.9997	0.9992	0.9982	0.9966	0.9942	0.9909	0.9865
4		1.0000	1.0000	0.9999	0.9998	0.9996	0.9992	0.9986	0.9977
5				1.0000	1.0000	1.0000	0.9999	0.9998	0.9997
6							1.0000	1.0000	1.0000

	λ								
r	1.0	1.5	2.0	2.5	3.0	3.5	4.0	4.5	5.0
0	0.3679	0.2231	0.1353	0.0821	0.0498	0.0302	0.0183	0.0111	0.0067
1	0.7358	0.5578	0.4060	0.2873	0.1991	0.1359	0.0916	0.0611	0.0404
2	0.9197	0.8088	0.6767	0.5438	0.4243	0.3208	0.2331	0.1736	0.1247
3	0.9810	0.9344	0.8571	0.7576	0.6472	0.5366	0.4335	0.3423	0.2650
4	0.9963	0.9814	0.9473	0.8912	0.8153	0.7254	0.6288	0.5321	0.4405
5	0.9994	0.9955	0.9834	0.9580	0.9161	0.8576	0.7851	0.7029	0.6160
6	0.9999	0.9991	0.9955	0.9858	0.9665	0.9347	0.8893	0.8311	0.7622
7	1.0000	0.9998	0.9989	0.9958	0.9881	0.9733	0.9489	0.9134	0.8666
8		1.0000	0.9998	0.9989	0.9962	0.9901	0.9786	0.9597	0.9319
9			1.0000	0.9997	0.9989	0.9967	0.9919	0.9829	0.9682
10				0.9999	0.9997	0.9990	0.9972	0.9933	0.9863
11				1.0000	0.9999	0.9997	0.9991	0.9976	0.9945
12					1.0000	0.9999	0.9997	0.9992	0.9980
13						1.0000	0.9999	0.9997	0.9993
14							1.0000	0.9999	0.9998
15								1.0000	0.9999
16									1.0000

A.1　卜瓦松機率總和 $\sum\limits_{x=0}^{r} p(x ; \lambda)$ （續）

r	λ								
	5.5	6.0	6.5	7.0	7.5	8.0	8.5	9.0	9.5
0	0.0041	0.0025	0.0015	0.0009	0.0006	0.0003	0.0002	0.0001	0.0001
1	0.0266	0.0174	0.0113	0.0073	0.0047	0.0030	0.0019	0.0012	0.0008
2	0.0884	0.0620	0.0430	0.0296	0.0203	0.0138	0.0093	0.0062	0.0042
3	0.2017	0.1512	0.1118	0.0818	0.0591	0.0424	0.0301	0.0212	0.0149
4	0.3575	0.2851	0.2237	0.1730	0.1321	0.0996	0.0744	0.0550	0.0403
5	0.5289	0.4457	0.3690	0.3007	0.2414	0.1912	0.1496	0.1157	0.0885
6	0.6860	0.6063	0.5265	0.4497	0.3782	0.3134	0.2562	0.2068	0.1649
7	0.8095	0.7440	0.6728	0.5987	0.5246	0.4530	0.3856	0.3239	0.2687
8	0.8944	0.8472	0.7916	0.7291	0.6620	0.5925	0.5231	0.4557	0.3918
9	0.9462	0.9161	0.8774	0.8305	0.7764	0.7166	0.6530	0.5874	0.5218
10	0.9747	0.9574	0.9332	0.9015	0.8622	0.8159	0.7634	0.7060	0.6453
11	0.9890	0.9799	0.9661	0.9466	0.9208	0.8881	0.8487	0.8030	0.7520
12	0.9955	0.9912	0.9840	0.9730	0.9573	0.9362	0.9091	0.8758	0.8364
13	0.9983	0.9964	0.9929	0.9872	0.9784	0.9658	0.9486	0.9261	0.8981
14	0.9994	0.9986	0.9970	0.9943	0.9897	0.9827	0.9726	0.9585	0.9400
15	0.9998	0.9995	0.9988	0.9976	0.9954	0.9918	0.9862	0.9780	0.9665
16	0.9999	0.9998	0.9996	0.9990	0.9980	0.9963	0.9934	0.9889	0.9823
17	1.0000	0.9999	0.9998	0.9996	0.9992	0.9984	0.9970	0.9947	0.9911
18		1.0000	0.9999	0.9999	0.9997	0.9994	0.9987	0.9976	0.9957
19			1.0000	1.0000	0.9999	0.9997	0.9995	0.9989	0.9980
20					1.0000	0.9999	0.9998	0.9996	0.9991
21						1.0000	0.9999	0.9998	0.9996
22							1.0000	0.9999	0.9999
23								1.0000	0.9999
24									1.0000

A.1 卜瓦松機率總和 $\sum_{x=0}^{r} p(x ; \mu)$ （續）

					μ				
r	10.0	11.0	12.0	13.0	14.0	15.0	16.0	17.0	18.0
0	0.0000	0.0000	0.0000						
1	0.0005	0.0002	0.0001	0.0000					
2	0.0028	0.0012	0.0005	0.0002	0.0000				
3	0.0103	0.0049	0.0023	0.0010	0.0001	0.0000	0.0000		
4	0.0293	0.0151	0.0076	0.0037	0.0005	0.0002	0.0001	0.0000	0.0000
5	0.0671	0.0375	0.0203	0.0107	0.0018	0.0009	0.0004	0.0002	0.0001
6	0.1301	0.0786	0.0458	0.0259	0.0055	0.0028	0.0014	0.0007	0.0003
7	0.2202	0.1432	0.0895	0.0540	0.0142	0.0076	0.0040	0.0021	0.0010
8	0.3328	0.2320	0.1550	0.0998	0.0316	0.0180	0.0100	0.0054	0.0029
9	0.4579	0.3405	0.2424	0.1658	0.0621	0.0374	0.0220	0.0126	0.0071
10	0.5830	0.4599	0.3472	0.2517	0.1094	0.0699	0.0433	0.0261	0.0154
11	0.6968	0.5793	0.4616	0.3532	0.1757	0.1185	0.0774	0.0491	0.0304
12	0.7916	0.6887	0.5760	0.4631	0.2600	0.1848	0.1270	0.0847	0.0549
13	0.8645	0.7813	0.6815	0.5730	0.3585	0.2676	0.1931	0.1350	0.0917
14	0.9165	0.8540	0.7720	0.6751	0.4644	0.3632	0.2745	0.2009	0.1426
15	0.9513	0.9074	0.8444	0.7636	0.5704	0.4657	0.3675	0.2808	0.2081
16	0.9730	0.9441	0.8987	0.8355	0.6694	0.5681	0.4667	0.3715	0.2867
17	0.9857	0.9678	0.9370	0.8905	0.7559	0.6641	0.5660	0.4677	0.3750
18	0.9928	0.9823	0.9626	0.9302	0.8272	0.7489	0.6593	0.5640	0.4686
19	0.9965	0.9907	0.9787	0.9573	0.8826	0.8195	0.7423	0.6550	0.5622
20	0.9984	0.9953	0.9884	0.9750	0.9235	0.8752	0.8122	0.7363	0.6509
21	0.9993	0.9988	0.9939	0.9859	0.9521	0.9170	0.8682	0.8055	0.7307
22	0.9997	0.9990	0.9970	0.9924	0.9712	0.9469	0.9108	0.8615	0.7991
23	0.9999	0.9995	0.9985	0.9960	0.9833	0.9673	0.9418	0.9047	0.8551
24	1.0000	0.9998	0.9993	0.9980	0.9907	0.9805	0.9633	0.9367	0.8989
25		0.9999	0.9997	0.9990	0.9950	0.9888	0.9777	0.9594	0.9317
26		1.0000	0.9999	0.9995	0.9974	0.9938	0.9869	0.9748	0.9554
27			0.9999	0.9998	0.9987	0.9967	0.9925	0.9848	0.9718
28			1.0000	0.9999	0.9994	0.9983	0.9959	0.9912	0.9827
29				1.0000	0.9997	0.9991	0.9978	0.9950	0.9897
30					0.9999	0.9996	0.9989	0.9973	0.9941
31					0.9999	0.9998	0.9994	0.9986	0.9967
32					1.0000	0.9999	0.9997	0.9993	0.9982
33						1.0000	0.9999	0.9996	0.9990
34							0.9999	0.9998	0.9995
35							1.0000	0.9999	0.9998
36								1.0000	0.9999
37									1.0000

A.2 常態曲線下之面積

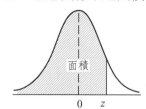

面積

0　z

z	0.00	0.01	0.02	0.03	0.04	0.05	0.06	0.07	0.08	0.09
−3.4	0.0003	0.0003	0.0003	0.0003	0.0003	0.0003	0.0003	0.0003	0.0003	0.0002
−3.3	0.0005	0.0005	0.0005	0.0004	0.0004	0.0004	0.0004	0.0004	0.0004	0.0003
−3.2	0.0007	0.0007	0.0006	0.0006	0.0006	0.0006	0.0006	0.0005	0.0005	0.0005
−3.1	0.0010	0.0009	0.0009	0.0009	0.0008	0.0008	0.0008	0.0008	0.0007	0.0007
−3.0	0.0013	0.0013	0.0013	0.0012	0.0012	0.0011	0.0011	0.0011	0.0010	0.0010
−2.9	0.0019	0.0018	0.0017	0.0017	0.0016	0.0016	0.0015	0.0015	0.0014	0.0014
−2.8	0.0026	0.0025	0.0024	0.0023	0.0023	0.0022	0.0021	0.0021	0.0020	0.0019
−2.7	0.0035	0.0034	0.0033	0.0032	0.0031	0.0030	0.0029	0.0028	0.0027	0.0026
−2.6	0.0047	0.0045	0.0044	0.0043	0.0041	0.0040	0.0039	0.0038	0.0037	0.0036
−2.5	0.0062	0.0060	0.0059	0.0057	0.0055	0.0054	0.0052	0.0051	0.0049	0.0048
−2.4	0.0082	0.0080	0.0078	0.0075	0.0073	0.0071	0.0069	0.0068	0.0066	0.0064
−2.3	0.0107	0.0104	0.0102	0.0099	0.0096	0.0094	0.0091	0.0089	0.0087	0.0084
−2.2	0.0139	0.0136	0.0132	0.0129	0.0125	0.0122	0.0119	0.0116	0.0113	0.0110
−2.1	0.0197	0.0174	0.0170	0.0166	0.0162	0.0158	0.0154	0.0150	0.0146	0.0143
−2.0	0.0228	0.0222	0.0217	0.0212	0.0207	0.0202	0.0197	0.0192	0.0188	0.0183
−1.9	0.0287	0.0281	0.0274	0.0268	0.0262	0.0256	0.0250	0.0244	0.0239	0.0233
−1.8	0.0359	0.0352	0.0344	0.0336	0.0329	0.0322	0.0314	0.0307	0.0301	0.0294
−1.7	0.0146	0.0436	0.0427	0.0418	0.0409	0.0401	0.0392	0.0384	0.0375	0.0367
−1.6	0.0548	0.0537	0.0526	0.0516	0.0505	0.0495	0.0485	0.0475	0.0465	0.0455
−1.5	0.0668	0.0655	0.0643	0.0630	0.0618	0.0606	0.0594	0.0582	0.0571	0.0559
−1.4	0.0808	0.0793	0.0778	0.0764	0.0749	0.0735	0.0722	0.0708	0.0694	0.0681
−1.3	0.0968	0.0951	0.0934	0.0918	0.0901	0.0885	0.0869	0.0853	0.0838	0.0823
−1.2	0.1151	0.1131	0.1112	0.1093	0.1075	0.1056	0.1038	0.1020	0.1003	0.0985
−1.1	0.1357	0.1335	0.1314	0.1292	0.1271	0.1251	0.1230	0.1210	0.1190	0.1170
−1.0	0.1587	0.1562	0.1539	0.1515	0.1492	0.1469	0.1446	0.1423	0.1401	0.1379
−0.9	0.1841	0.1814	0.1788	0.1762	0.1736	0.1711	0.1685	0.1660	0.1635	0.1611
−0.8	0.2119	0.2090	0.2061	0.2033	0.2005	0.1977	0.1949	0.1922	0.1894	0.1867
−0.7	0.2420	0.2389	0.2358	0.2327	0.2296	0.2266	0.2236	0.2206	0.2177	0.2148
−0.6	0.2743	0.2709	0.2676	0.2643	0.2611	0.2578	0.2546	0.2514	0.2483	0.2451
−0.5	0.3085	0.3050	0.3015	0.2981	0.2946	0.2912	0.2877	0.2843	0.2810	0.2776
−0.4	0.3446	0.3409	0.3372	0.3336	0.3300	0.3264	0.3228	0.3192	0.3156	0.3121
−0.3	0.3821	0.3783	0.3745	0.3717	0.3669	0.3632	0.3594	0.3557	0.3520	0.3483
−0.2	0.4207	0.4168	0.4129	0.4090	0.4052	0.4013	0.3974	0.3936	0.3897	0.3859
−0.1	0.4602	0.4562	0.4522	0.4483	0.4443	0.4404	0.4364	0.4325	0.4286	0.4247
−0.0	0.5000	0.4960	0.4920	0.4880	0.4840	0.4801	0.4761	0.4721	0.4681	0.4641

A.2　常態曲線下之面積（續）

0.0	0.5000	0.5040	0.5080	0.5120	0.5160	0.5199	0.5239	0.5279	0.5319	0.5359
0.1	0.5398	0.5438	0.5478	0.5517	0.5557	0.5596	0.5636	0.5675	0.5714	0.5753
0.2	0.5793	0.5832	0.5871	0.5910	0.5948	0.5987	0.6026	0.6064	0.6103	0.6141
0.3	0.6179	0.6217	0.6255	0.6293	0.6331	0.6368	0.6406	0.6443	0.6430	0.6517
0.4	0.6554	0.6591	0.6628	0.6664	0.6700	0.6736	0.6772	0.6806	0.6844	0.6879
0.5	0.6915	0.6950	0.6985	0.7019	0.7054	0.7088	0.7123	0.7157	0.7190	0.7224
0.6	0.7257	0.7291	0.7324	0.7357	0.7389	0.7422	0.7454	0.7486	0.7517	0.7549
0.7	0.7580	0.7611	0.7642	0.7673	0.7704	0.7734	0.7764	0.7794	0.7823	0.7852
0.8	0.7881	0.7910	0.7939	0.7967	0.7995	0.8023	0.8051	0.8078	0.8106	0.8133
0.9	0.8159	0.8186	0.8212	0.8238	0.8264	0.8289	0.8315	0.8340	0.8365	0.8389
1.0	0.8413	0.8438	0.8461	0.8485	0.8508	0.8531	0.8554	0.8577	0.8599	0.8621
1.1	0.8643	0.8665	0.8686	0.8708	0.8729	0.8749	0.8770	0.8790	0.8810	0.8830
1.2	0.8849	0.8869	0.8888	0.8907	0.8925	0.8944	0.8962	0.8980	0.8997	0.9015
1.3	0.9032	0.9049	0.9066	0.9082	0.9099	0.9115	0.9131	0.9147	0.9162	0.9177
1.4	0.9192	0.9207	0.9222	0.9236	0.9251	0.9265	0.9278	0.9292	0.9306	0.9319
1.5	0.9332	0.9345	0.9357	0.9370	0.9382	0.9394	0.9406	0.9418	0.9429	0.9441
1.6	0.9452	0.9463	0.9474	0.9484	0.9495	0.9505	0.9515	0.9525	0.9535	0.9545
1.7	0.9554	0.9564	0.9573	0.9582	0.9591	0.9599	0.9608	0.9616	0.9625	0.9633
1.8	0.9641	0.9649	0.9656	0.9664	0.9671	0.9678	0.9686	0.9693	0.9699	0.9706
1.9	0.9713	0.9719	0.9726	0.9732	0.9738	0.9744	0.9750	0.9756	0.9761	0.9767
2.0	0.9772	0.9778	0.9783	0.9788	0.9793	0.9798	0.9803	0.9808	0.9812	0.9817
2.1	0.9821	0.9826	0.9830	0.9834	0.9818	0.9842	0.9846	0.9850	0.9854	0.9857
2.2	0.9861	0.9864	0.9868	0.9871	0.9875	0.9878	0.9881	0.9884	0.9887	0.9890
2.3	0.9893	0.9896	0.9898	0.9901	0.9904	0.9906	0.9909	0.9911	0.9913	0.9916
2.4	0.9918	0.9920	0.9922	0.9923	0.9927	0.9929	0.9931	0.9932	0.9934	0.9936
2.5	0.9930	0.9940	0.9941	0.9943	0.9945	0.9946	0.9948	0.9949	0.9951	0.9952
2.6	0.9953	0.9955	0.9956	0.9957	0.9959	0.9960	0.9961	0.9962	0.9963	0.9964
2.7	0.9963	0.9966	0.9967	0.9968	0.9969	0.9970	0.9971	0.9972	0.9973	0.9974
2.8	0.9974	0.9975	0.9976	0.9977	0.9977	0.9978	0.9979	0.9979	0.9980	0.9981
2.9	0.9981	0.9982	0.9982	0.9983	0.9984	0.9984	0.9985	0.9985	0.9980	0.9986
3.0	0.9987	0.9987	0.9987	0.9988	0.9988	0.9989	0.9989	0.9989	0.9990	0.9990
3.1	0.9990	0.9991	0.9991	0.9991	0.9992	0.9992	0.9992	0.9992	0.9993	0.9993
3.2	0.9993	0.9993	0.9994	0.9994	0.9994	0.9994	0.9994	0.9995	0.9995	0.9995
3.3	0.9995	0.9995	0.9995	0.9996	0.9996	0.9996	0.9996	0.9996	0.9996	0.9997
3.4	0.9997	0.9997	0.9997	0.9997	0.9997	0.9997	0.9997	0.9997	0.9997	0.9998

A.3 t 分配之臨界值

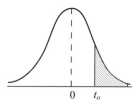

	α				
ν	0.10	0.05	0.025	0.01	0.005
1	3.078	6.314	12.706	31.821	63.657
2	1.886	2.920	4.303	6.965	9.925
3	1.638	2.353	3.182	4.541	5.841
4	1.533	2.132	2.776	3.747	4.604
5	1.476	2.015	2.571	3.365	4.032
6	1.440	1.943	2.447	3.143	3.707
7	1.415	1.895	2.365	2.998	3.499
8	1.397	1.860	2.306	2.896	3.355
9	1.383	1.833	2.262	2.821	3.250
10	1.372	1.812	2.228	2.764	3.169
11	1.363	1.796	2.201	2.718	3.106
12	1.356	1.782	2.179	2.681	3.055
13	1.350	1.771	2.160	2.650	3.012
14	1.345	1.761	2.145	2.624	2.977
15	1.341	1.753	2.131	2.602	2.947
16	1.337	1.746	2.120	2.583	2.921
17	1.333	1.740	2.110	2.567	2.898
18	1.330	1.734	2.101	2.552	2.878
19	1.328	1.729	2.093	2.539	2.861
20	1.325	1.725	2.086	2.528	2.845
21	1.323	1.721	2.030	2.518	2.831
22	1.321	1.717	2.074	2.508	2.819
23	1.319	1.714	2.069	2.500	2.807
24	1.318	1.711	2.064	2.492	2.797
25	1.316	1.708	2.060	2.485	2.787
26	1.315	1.706	2.056	2.479	2.779
27	1.314	1.703	2.052	2.473	2.771
28	1.313	1.701	2.048	2.467	2.763
29	1.311	1.699	2.045	2.462	2.756
inf.	1.282	1.645	1.960	2.326	2.576

A.4　卡方分配之臨界值

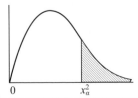

v	α							
	0.995	0.99	0.975	0.95	0.05	0.025	0.01	0.005
1	0.0^4393	0.0^3157	0.0^3982	0.0^2383	3.841	5.024	6.635	7.879
2	0.0100	0.0201	0.0506	0.103	5.991	7.378	9.210	10.597
3	0.0717	0.115	0.216	0.352	7.815	9.348	11.345	12.838
4	0.207	0.297	0.484	0.711	9.488	11.143	13.277	14.860
5	0.412	0.554	0.831	1.145	11.070	12.832	15.086	16.750
6	0.676	0.872	1.237	1.635	12.592	14.449	16.812	18.548
7	0.989	1.239	1.690	2.167	14.067	16.013	18.475	20.278
8	1.344	1.646	2.180	2.733	15.507	17.535	20.090	21.955
9	1.735	2.088	2.700	3.325	16.919	19.023	21.666	23.589
10	2.156	2.558	3.247	3.940	18.307	20.483	23.209	25.188
11	2.603	3.053	3.816	4.575	19.675	21.920	24.725	26.757
12	3.074	3.571	4.404	5.226	21.026	23.337	26.217	28.300
13	3.565	4.107	5.009	5.892	22.362	24.736	27.688	29.819
14	4.075	4.660	5.629	6.571	23.685	26.119	29.141	31.319
15	4.601	5.229	6.262	7.261	24.996	27.488	30.578	32.801
16	5.142	5.812	6.908	7.962	26.296	28.845	32.000	34.267
17	5.697	6.408	7.564	8.672	27.587	30.191	33.409	35.718
18	6.265	7.015	8.231	9.390	28.869	31.526	34.805	37.156
19	6.844	7.633	8.907	10.117	30.144	32.852	36.191	38.582
20	7.434	8.260	9.591	10.851	31.410	34.170	37.566	39.997
21	8.034	8.897	10.283	11.591	32.671	35.479	38.932	41.401
22	8.643	9.542	10.982	12.338	33.924	36.076	40.289	42.796
23	9.260	10.196	11.689	13.091	33.172	38.076	41.638	44.181
24	9.886	10.856	12.401	13.848	36.415	39.364	42.980	45.558
25	10.520	11.524	13.120	14.611	37.652	40.646	44.314	46.928
26	11.160	12.198	13.844	15.379	38.885	41.923	45.642	48.290
27	11.808	12.879	14.573	16.151	40.113	43.194	46.963	49.645
28	12.461	13.565	15.308	16.928	41.337	44.461	48.278	50.993
29	13.121	14.256	16.047	17.708	42.557	45.722	49.588	52.336
30	13.787	14.953	16.791	18.493	43.773	46.979	50.892	53.672

A.5 F 分配之臨界值

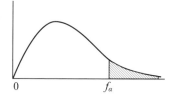

$$f_{0.05}(v_1, v_2)$$

v_2	\multicolumn{9}{c}{v_1}								
	1	2	3	4	5	6	7	8	9
1	161.4	199.5	215.7	224.6	230.2	234.0	236.8	238.9	240.5
2	18.51	19.00	19.16	19.25	19.30	19.33	19.35	19.37	19.38
3	10.13	9.55	9.28	9.12	9.01	8.94	8.89	8.85	8.81
4	7.71	6.94	6.59	6.39	6.26	6.16	6.09	6.04	6.00
5	6.61	5.79	5.41	5.19	5.05	4.95	4.88	4.82	4.77
6	5.99	5.14	4.76	4.53	4.39	4.28	4.21	4.15	4.10
7	5.59	4.74	4.35	4.12	3.97	3.87	3.79	3.73	3.68
8	5.32	4.46	4.07	3.84	3.69	3.58	3.50	3.44	3.39
9	5.12	4.26	3.86	3.63	3.48	3.37	3.29	3.23	3.18
10	4.96	4.10	3.71	3.48	3.33	3.22	3.14	3.07	3.02
11	4.84	3.98	3.59	3.36	3.20	3.09	3.01	2.95	2.90
12	4.75	3.89	3.49	3.26	3.11	3.00	2.91	2.85	2.80
13	4.67	3.81	3.41	3.18	3.03	2.92	2.83	2.77	2.71
14	4.60	3.74	3.34	3.11	2.96	2.85	2.76	2.70	2.65
15	4.56	3.68	3.29	3.06	2.90	2.79	2.71	2.64	2.59
16	4.49	3.63	3.24	3.01	2.85	2.74	2.66	2.59	2.54
17	4.45	3.59	3.20	2.96	2.81	2.70	2.61	2.55	2.49
18	4.41	3.55	3.16	2.93	2.77	2.66	2.58	2.51	2.46
19	4.38	3.52	3.13	2.90	2.74	2.63	2.54	2.48	2.42
20	4.35	3.49	3.10	2.87	2.71	2.60	2.51	2.45	2.39
21	4.32	3.47	3.07	2.84	2.68	2.57	2.49	2.42	2.37
22	4.30	3.44	3.05	2.82	2.66	2.55	2.46	2.40	2.34
23	4.28	3.42	3.03	2.80	2.64	2.53	2.44	2.37	2.32
24	4.26	3.40	3.01	2.78	2.62	2.51	2.42	2.36	2.30
25	4.24	3.39	2.99	2.76	2.60	2.49	2.40	2.34	2.28
26	4.23	3.37	2.98	2.74	2.59	2.47	2.39	2.32	2.27
27	4.21	3.35	2.96	2.73	2.57	2.46	2.37	2.31	2.25
28	4.20	3.34	2.95	2.71	2.56	2.45	2.36	2.29	2.24
29	4.18	3.33	2.93	2.70	2.55	2.43	2.35	2.28	2.22
30	4.17	3.32	2.92	2.69	2.53	2.42	2.33	2.27	2.21
40	4.08	3.23	2.94	2.61	2.45	2.34	2.25	2.18	2.12
60	4.00	3.15	2.76	2.53	2.37	2.25	2.17	2.10	2.04
120	3.92	3.07	2.68	2.45	2.29	2.17	2.09	2.02	1.96
∞	3.84	3.00	2.60	2.37	2.21	2.10	2.01	1.94	1.88

A.5 F 分配之臨界值（續）

$$f_{0.05}(v_1, v_2)$$

v_2	v_1									
	10	12	15	20	24	30	40	60	120	∞
1	241.9	243.9	245.9	248.0	249.1	250.1	251.1	252.2	253.3	254.3
2	19.40	19.41	19.43	19.45	19.45	19.46	19.47	19.48	19.49	19.50
3	8.79	8.74	8.70	8.66	8.64	8.62	8.59	8.57	8.55	8.53
4	5.96	5.91	5.86	5.80	5.77	5.75	5.72	5.69	5.66	5.63
5	4.74	4.68	4.62	4.56	4.53	4.50	4.46	4.43	4.40	4.36
6	4.06	4.00	3.94	3.87	3.84	3.81	3.77	3.74	3.70	3.67
7	3.64	3.57	3.51	3.44	3.41	3.38	3.34	3.30	3.27	3.23
8	3.35	3.28	3.22	3.15	3.12	3.08	3.04	3.10	2.97	2.93
9	3.14	3.07	3.01	2.94	2.90	2.86	2.83	2.79	2.75	2.71
10	2.98	2.91	2.85	2.77	2.74	2.70	2.66	2.62	2.58	2.54
11	2.85	2.79	2.72	2.65	2.61	2.57	2.53	2.49	2.45	2.40
12	2.75	2.69	2.62	2.54	2.51	2.47	2.43	2.38	2.34	2.30
13	2.67	2.60	2.53	2.46	2.42	2.38	2.34	2.30	2.25	2.21
14	2.60	2.53	2.46	2.39	2.35	2.31	2.27	2.22	2.18	2.13
15	2.54	2.48	2.40	2.33	2.29	2.25	2.20	2.16	2.11	2.07
16	2.49	2.42	2.35	2.28	2.24	2.19	2.15	2.11	2.06	2.01
17	2.45	2.38	2.31	2.23	2.19	2.15	2.10	2.06	2.01	1.96
18	2.41	2.34	2.27	2.19	2.15	2.11	2.06	2.02	1.97	1.92
19	2.38	2.31	2.23	2.16	2.11	2.07	2.03	1.98	1.93	1.88
20	2.35	2.28	2.20	2.12	2.08	2.04	1.99	1.95	1.90	1.84
21	2.32	2.25	2.18	2.10	2.05	2.01	1.96	1.92	1.87	1.81
22	2.30	2.23	2.15	2.07	2.03	1.98	1.94	1.89	1.84	1.78
23	2.27	2.20	2.13	2.05	2.01	1.96	1.91	1.86	1.81	1.76
24	2.25	2.18	2.11	2.03	1.98	1.94	1.89	1.84	1.79	1.73
25	2.24	2.16	2.09	2.01	1.96	1.92	1.87	1.82	1.77	1.71
26	2.22	2.15	2.07	1.99	1.95	1.90	1.85	1.80	1.75	1.69
27	2.20	2.13	2.06	1.97	1.93	1.88	1.84	1.79	1.73	1.67
28	2.19	2.12	2.04	1.96	1.91	1.87	1.82	1.77	1.71	1.65
29	2.18	2.10	2.03	1.94	1.90	1.85	1.81	1.75	1.70	1.64
30	2.16	2.09	2.01	1.93	1.89	1.84	1.79	1.74	1.68	1.62
40	2.08	2.00	1.92	1.84	1.79	1.74	1.96	1.64	1.58	1.51
60	1.99	1.92	1.84	1.75	1.70	1.65	1.59	1.53	1.47	1.39
120	1.91	1.83	1.75	1.66	1.61	1.55	1.50	1.43	1.35	1.25
∞	1.83	1.75	1.67	1.57	1.52	1.46	1.39	1.32	1.22	1.00

A.5 F 分配之臨界值

$$f_{0.01}(v_1, v_2)$$

v_2	v_1								
	1	2	3	4	5	6	7	8	9
1	4052	4999.5	5403	5625	5764	5859	5928	5981	6022
2	98.50	99.00	99.17	99.25	99.30	99.33	99.36	99.37	99.39
3	34.12	30.82	29.46	28.71	28.24	27.91	27.67	27.49	27.35
4	21.20	18.00	16.69	15.98	15.52	15.21	14.98	14.80	14.66
5	16.26	13.27	12.06	11.39	10.97	10.67	10.46	10.29	10.16
6	13.75	10.92	9.78	9.15	8.75	8.47	8.26	8.10	7.98
7	12.25	9.55	8.45	7.85	7.46	7.19	6.99	6.84	6.72
8	11.26	8.65	7.59	7.01	6.63	6.37	6.18	6.03	5.91
9	10.56	8.02	6.99	6.42	6.06	5.80	5.61	5.47	5.35
10	10.04	7.56	6.55	5.99	5.64	5.39	5.20	5.06	4.94
11	9.65	7.21	6.22	5.67	5.32	5.07	4.89	4.74	4.63
12	9.33	6.93	5.95	5.41	5.06	4.82	4.64	4.50	4.39
13	9.07	6.70	5.74	5.21	4.86	4.62	4.44	4.30	4.19
14	8.86	6.51	5.56	5.04	4.69	4.46	4.28	4.14	4.03
15	8.68	6.36	5.42	4.89	4.56	4.32	4.14	4.00	3.89
16	8.53	6.23	5.29	4.77	4.44	4.20	4.03	3.89	3.78
17	8.40	6.11	5.18	4.67	4.34	4.10	3.93	3.79	3.68
18	8.29	6.01	5.09	4.58	4.25	4.01	3.84	3.71	3.60
19	8.18	5.93	5.01	4.50	4.17	3.94	3.77	3.63	3.52
20	8.10	5.85	4.94	4.43	4.10	3.87	3.70	3.56	3.46
21	8.02	5.78	4.87	4.37	4.04	3.81	3.64	3.51	3.40
22	7.95	5.72	4.82	4.31	3.99	3.76	3.59	3.45	3.35
23	7.88	5.66	4.76	4.26	3.94	3.71	3.54	3.41	3.30
24	7.82	5.61	4.72	4.22	3.90	3.67	3.50	3.36	3.25
25	7.77	5.57	4.68	4.18	3.85	3.63	3.46	3.32	3.22
26	7.72	5.53	4.64	4.14	3.82	3.59	3.42	3.29	3.18
27	7.68	5.49	4.60	4.11	3.78	3.56	3.39	3.26	3.15
28	7.64	5.45	4.57	4.07	3.75	3.53	3.36	3.23	3.12
29	7.60	5.42	4.54	4.04	3.73	3.50	3.33	3.20	3.09
30	7.56	5.39	4.51	4.02	3.70	3.47	3.30	3.17	3.07
40	7.31	5.18	4.31	3.83	3.51	3.29	3.12	2.99	2.89
60	7.08	4.98	4.13	3.65	3.34	3.12	2.95	2.82	2.72
120	6.85	4.79	3.95	3.48	3.17	2.96	2.79	2.66	2.56
∞	6.63	4.61	3.78	3.32	3.02	2.80	2.64	2.51	2.41

A.5 F 分配之臨界值（續）

$$f_{0.05}\,(v_1, v_2)$$

v_2	v_1									
	10	12	15	20	24	30	40	60	120	∞
1	6056	6106	6157	6209	6235	6261	6287	6313	6339	6366
2	99.40	99.42	99.43	99.45	99.46	99.47	99.47	99.48	99.49	99.50
3	27.23	27.05	26.87	26.69	26.60	26.50	66.41	26.32	26.22	26.13
4	14.55	14.37	14.20	14.02	13.93	13.84	13.75	13.65	13.56	13.46
5	10.05	9.89	9.72	9.55	9.47	9.38	9.29	9.20	9.11	9.02
6	7.87	7.72	7.56	7.40	7.31	7.23	7.14	7.06	6.97	6.88
7	6.62	6.47	6.31	6.16	6.07	5.99	5.91	5.82	5.74	5.65
8	5.81	5.67	5.52	5.36	5.28	5.20	5.12	5.03	4.95	4.86
9	5.26	5.11	4.96	4.81	4.73	4.65	4.57	4.48	4.40	4.31
10	4.85	4.71	4.56	4.41	4.33	4.25	4.17	4.08	4.00	3.91
11	4.54	4.40	4.25	4.10	4.02	3.94	3.86	3.78	3.69	3.60
12	4.30	4.16	4.01	3.86	3.78	3.70	3.62	3.54	3.45	3.36
13	4.10	3.96	3.82	3.66	3.59	3.51	3.43	3.34	3.25	3.17
14	3.94	3.80	3.66	3.51	3.43	3.35	3.27	3.18	3.09	3.00
15	3.80	3.67	3.52	3.37	3.29	3.21	3.13	3.05	2.96	2.87
16	3.69	3.55	3.41	3.26	3.18	3.10	3.02	2.93	2.84	2.75
17	3.59	3.46	3.31	3.16	3.08	3.00	2.92	2.83	2.75	2.65
18	3.51	3.37	3.23	3.08	3.00	2.92	2.84	2.75	2.66	2.57
19	3.43	3.30	3.15	3.00	2.92	2.84	2.76	2.67	2.58	2.49
20	3.37	3.23	3.09	2.94	2.86	2.78	2.69	2.61	2.52	2.42
21	3.31	3.17	3.03	2.88	2.80	2.72	2.64	2.55	2.46	2.36
22	3.26	3.12	2.98	2.83	2.75	2.67	2.58	2.50	2.40	2.31
23	3.21	3.07	2.93	2.78	2.70	2.62	2.54	2.45	2.35	2.26
24	3.17	3.03	2.89	2.74	2.66	2.58	2.49	2.40	2.31	2.21
25	3.13	2.99	2.85	2.70	2.62	2.54	2.45	2.36	2.27	2.17
26	3.09	2.96	2.81	2.66	2.58	2.50	2.42	2.33	2.23	2.13
27	3.06	2.93	2.78	2.63	2.55	2.47	2.38	2.29	2.20	2.10
28	3.03	2.90	2.75	2.60	2.52	2.44	2.35	2.26	2.17	2.06
29	3.00	2.87	2.73	2.57	2.49	2.41	2.33	2.23	2.14	2.03
30	2.98	2.84	2.70	2.55	2.47	2.39	2.30	2.21	2.11	2.01
40	2.80	2.66	2.52	2.37	2.29	2.20	2.11	2.02	1.92	1.80
60	2.63	2.50	2.35	2.20	2.12	2.03	1.94	1.84	1.73	1.60
120	2.47	2.34	2.19	2.03	1.95	1.86	1.76	1.66	1.53	1.38
∞	2.32	2.18	2.04	1.88	1.79	1.70	1.59	1.47	1.32	1.00

解　答

習題 1-1

1. $|A \cup B \cup C| = |A \cup (B \cup C)| = |A| + |B \cup C| - |A \cap (B \cup C)|$
$= |A| + |B \cup C| - |(A \cap B) \cup (A \cap C)|$
$= |A| + |B| + |C| - |B \cap C| - (|A \cap B| + |A \cap C| - |(A \cap B) \cap (A \cap C)| = |A| + |B| + |C| - |A \cap B| - |A \cap C| - |B \cap C| + |A \cap B \cap C|$

2. (1) $|A \cup B| = |A| + |B| - |A \cap B| = |A| + |B| \quad \therefore |A \cap B| = 0 \Rightarrow A \cap B = \phi$
   (2) $|A \cap B| = \min \{|A|, |B|\}$ 假設 $\min\{|A|, |B|\} = |A|$ 則
   $|A| = |A \cap B| + |A \cap \overline{B}|$，$\therefore |A| = |A \cap B| \quad \therefore |A \cap \overline{B}| = 0 \Rightarrow A \cap \overline{B} = \phi \Rightarrow A \subseteq B$
   同法 $\min\{|A|, |B|\} = |B|$ 時，$B \subseteq A \quad \therefore |A \cap B) = \min\{|A|, |B|\}$ 之條件爲 $A \subseteq B$ 或 $B \subseteq A$
   (3) $|A \cup B| = |A| + |B| - |A \cap B| = |B| \Rightarrow |A| = |A \cup B| = B \quad \therefore A \subseteq B$（由 (2)）

3. $|A \cup B| = |A| + |B| - |A \cap B| \quad \therefore |A| + |B| \geq |A \cup B|$，即 $\alpha + \beta \geq |A \cup B|$
   又 $|A \cup B| = |A| + |B| - |A \cap B| \leq |A| + |B| - \min\{|A|, |B|\} = \alpha + \beta - \min\{\alpha, \beta\}$
   即 $|A \cup B|$ 之極小值爲 $\alpha + \beta - \min\{\alpha, \beta\}$，極大值爲 $\alpha + \beta$

4. (1) $(A \cup B) - (A \cap B) = (A \cup B) \cap (\overline{A \cap B}) = (A \cup B) \cap (\overline{A} \cup \overline{B})$
   $= [(A \cup B) \cap \overline{A}] \cup [(A \cup B) \cap \overline{B}] = [(B \cup A) \cap \overline{A}] \cup [(A \cap \overline{B}) \cup (B \cap \overline{B})]$
   $= [(B \cap \overline{A}) \cup (A \cap \overline{A})] \cup [(A \cap \overline{B}) \cup (B \cap \overline{B})]$
   $= (B \cap \overline{A}) \cup (A \cap \overline{B}) = (B - A) \cup (A - B)$
   (2) 結合律
   $A \in (A \cap B) \cap C \Leftrightarrow x \in (A \cap B)$ 且 $x \in C \Leftrightarrow (x \in A$ 且 $x \in B)$ 且 $x \in C$
   $\Leftrightarrow x \in A$ 且 $(x \in B$ 且 $x \in C) \Leftrightarrow x \in A \cap (B \cap C)$
   $\therefore (A \cap B) \cap C = A \cap (B \cap C)$
   由對偶性：$(A \cup B) \cup C = A \cup (B \cup C)$

5. 至少有二科不及格人數 = 恰有一科及格人數 + 三科均不及格人數 $= 9 + 13 = 22$ 人

6. (1) 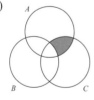   (2)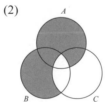

7. $A \cap (B \triangle C) = A \cap [(B \cap \overline{C}) \cup (C \cap \overline{B})] = [A \cap (B \cap \overline{C})] \cup [A \cap (C \cap \overline{B})]$
   $= [(A \cap B) \cap \overline{C}] \cup [(A \cap C) \cap \overline{B}] \qquad (1)$
   另 $(A \cap B) \triangle (A \cap C) = ((A \cap B) - (A \cap C)) \cup ((A \cap C) - (A \cap B))$
   $= ((A \cap B) \cap \overline{A \cap C}) \cup (A \cap C \cap \overline{A \cap B})$
   $= ((A \cap B) \cap (\overline{A} \cup \overline{C})) \cup ((A \cap C) \cap (\overline{A} \cup \overline{B}))$

$$= \{[(A \cap B) \cap \overline{A}] \cup [(A \cap B) \cap \overline{C}] \cup [(A \cap C) \cap \overline{A}] \cup [(A \cap C) \cap \overline{B}]\}$$

$$= [(A \cap B) \cap \overline{C}] \cup [(A \cap C) \cap \overline{B}] \tag{2}$$

比較 (1), (2) 得證。

8.

提示	解答
(1) 本題不易直改，故可試反證法	(1) 設 $A \neq \phi$ 則存在一個 $x \in A$ $\therefore \|A\| = \|(A - \{x\}) \cup \{x\}\|$ $\quad = \|A - \{x\}\| + \|\{x\}\|$ $\quad = \|A - \{x\}\| + 1 \neq 0$ $\Rightarrow A = \phi$
(2) p, q 為二個原子命題，若 p 則 q（if p then q），記做 $p \to q$，其中 p 稱為**前提**（antecedent），q 為**結果**（concequent）。$p \to q$ 成立時 p 為 q 之充分條件（sufficient condition），q 為 p 之必要條件（necessary condition）。	(2) 充要

習題 1-2

1. 略

2. (1) $S = \{($ 正, 正, 正 $), ($ 正, 正, 反 $), ($ 正, 反, 正 $), ($ 正, 反, 反 $),$
　　$($ 反, 正, 正 $), ($ 反, 正, 反 $), ($ 反, 反, 正 $), ($ 反, 反, 反 $)\}$

正	正	正
正	正	反
正	反	正
正	反	反
反	正	正
反	正	反
反	反	正
反	反	反

(2) $E_1 = \{($ 正, 正, 正 $), ($ 正, 正, 反 $), ($ 反, 正, 正 $), ($ 反, 正, 反 $)\}$

$\therefore P(E_1) = \dfrac{4}{8} = \dfrac{1}{2}$

(3) $E_2 = \{($ 正, 反, 正 $), ($ 反, 正, 反 $)\} \quad \therefore P(E_2) = \dfrac{2}{8} = \dfrac{1}{4}$

(4) $E_4 = \phi \quad \therefore P(E_3) = 0$

(5) $E_5 = \{($ 正, 正, 正 $), ($ 正, 正, 反 $), ($ 正, 反, 正 $), ($ 反, 正, 正 $)\} \quad \therefore P(E_4) = \dfrac{4}{8} = \dfrac{1}{2}$

3. (1) $S = \{(1, 1), (1, 2) \cdots (6, 5), (6, 6)\}$
（如右表，共 36 個元素）

(2) $E_1 = \{(2, 6), (3, 5), (4, 4), (5, 3), (6, 2)\}$

$\therefore P(E_1) = \dfrac{5}{36}$

(3) $E_2 = \{(1, 1), (1, 2), (1, 3), (2, 1), (2, 2),$
$(2, 3), (2, 4), (3, 1), (3, 2), (3, 3), (3, 4),$
$(3, 5), (4, 2), (4, 3), (4, 4), (4, 5), (4, 6),$
$(5, 3), (5, 4), (5, 5), (5, 6), (6, 4), (6, 5), (6, 6)\}$

$\therefore P(E_2) = \dfrac{24}{36} = \dfrac{2}{3}$

	1	2	3	4	5	6
1	(1, 1)	(1, 2)	(1, 3)	(1, 4)	(1, 5)	(1, 6)
2	(2, 1)	(2, 2)	(2, 3)	(2, 4)	(2, 5)	(2, 6)
3	(3, 1)	(3, 2)	(3, 3)	(3, 4)	(3, 5)	(3, 6)
4	(4, 1)	(4, 2)	(4, 3)	(4, 4)	(4, 5)	(4, 6)
5	(5, 1)	(5, 2)	(5, 3)	(5, 4)	(5, 5)	(5, 6)
6	(6, 1)	(6, 2)	(6, 3)	(6, 4)	(6, 5)	(6, 6)

4. (1) 眞；(2) 眞（∵若 $A = \phi$ 則 $P(A) = 0$　∴若 $P(A) \neq 0$ 則 $A \neq \phi$ 成立）

　　(3) 不眞（此相當於若 $A = \phi$ 則 $P(A) \neq 0$）；(4) 不眞

　　（例 $S = \{a, b, c, d\}$，$A = \{a, b\}$，$B = \{c, d\}$，$P(A) = P(B) = \dfrac{1}{2}$ 但 $A \neq B$）

5. (1) 0.3　(2) 0.2　(3) 0.7　(4) 0.8

6. (1) $\dfrac{1}{3}$　(2) $\dfrac{1}{2}$

　　(3) $P(A_1 \cap \overline{A_2} \cap \overline{A_3}) = P[(A_1 \cap \overline{A_2}) \cap \overline{A_3}] = P(A_1 \cap \overline{A_2}) - P(A_1 \cap \overline{A_2} \cap A_3)$

　　　　　　　　　　　　　$= [P(A_1) - P(A_1 \cap A_2)] - [P(A_1 \cap A_3) - P(A_1 \cap A_2 \cap A_3)]$

　　　　　　　　　　　　　$= [P(A_1) - P(A_1)] - [P(A_1) - P(A_1))] = 0$

　　(4) $\dfrac{1}{3}$

7. ∵ $\begin{cases} A \cap B \subseteq A \\ A \cap B \subseteq B \end{cases} \Rightarrow \begin{cases} P(A \cap B) \leq P(A) \\ P(A \cap B) \leq P(B) \end{cases}$

　　∴ $\min\{P(A), P(B)\} \geq P(A \cap B)$ ⋯⋯⋯⋯⋯⋯⋯⋯⋯⋯⋯⋯⋯⋯⋯⋯①

　　又 $P(A \cap B) \geq P(A) + P(B) - 1$

　　$= (1 - P(\overline{A})) + (1 - P(\overline{B})) - 1 = 1 - P(\overline{A}) - P(\overline{B})$

　　又 $P(A \cap B) \geq 0$　∴ $P(A \cap B) \geq \max\{0, 1 - P(\overline{A}) - P(\overline{B})\}$ ⋯⋯⋯⋯⋯⋯⋯②

　　由①，②即得。

8. (1) ∵ $P(A \cap B) \leq P(A)$ 且 $P(A \cap B) \leq P(B)$　∴ $P^2(A \cap B) \leq P(A)P(B)$

　　(2) $\dfrac{1}{2}[P(A) + P(B)] \geq \sqrt{P(A)P(B)} \geq \sqrt{P^2(A \cap B)} = P(A \cap B)$

9. 利用數學歸納法

　　① $i = 1$ 時顯然成立。② $i = k$ 時，設 $P\left(\overset{k}{\underset{i=1}{\cap}} E_i\right) \geq \overset{k}{\underset{i=1}{\sum}} P(E_i) - (k-1)$ 成立

　　③ $i = k + 1$ 時

　　　　$P\left(\overset{k+1}{\underset{i=1}{\cap}} E_i\right) = P\left[\left(\overset{k}{\underset{i=1}{\cap}} E_i\right) \cap E_{k+1}\right] \geq P\left(\overset{k}{\underset{i=1}{\cap}} E_i\right) + P(E_{k+1}) - 1$

　　　　$\geq \overset{k}{\underset{i=1}{\sum}} P(E_i) - (k-1) + P(E_{k+1}) - 1 = \overset{n+1}{\underset{i=1}{\sum}} P(E_i) - k$

10. 應用數學歸納法

　　(1) $n = 1$ 時 $P(A_1) = 1 - P(\overline{A_r})$ 顯然成立。

　　(2) $n = k$ 時，設 $P\left(\overset{k}{\underset{i=1}{\cap}} A_i\right) \geq 1 - \overset{k}{\underset{i=1}{\sum}} P(\overline{A_i})$ 成立。

　　(3) $n = k + 1$ 時 $P\left(\overset{k+1}{\underset{i=1}{\cap}} A_i\right) \geq P\left(\overset{k}{\underset{i=1}{\cap}} A_i\right) + P(A_{k+1}) - 1$

　　　　　　　　$= 1 - \overset{k}{\underset{i=1}{\sum}} P(\overline{A_i}) + (1 - P(\overline{A_{k+1}})) = 1 - \overset{k}{\underset{i=1}{\sum}} P(\overline{A_i}) - P(\overline{A_{k+1}}) = 1 - \overset{k+1}{\underset{i=1}{\sum}} P(\overline{A_i})$

11. (1) $1 \geq P(A \cup B) = P(A) + P(B) - P(A \cap B) = 2 - P(A \cap B)$

　　　∴ $P(A \cap B) \geq 1$　但 $1 \geq P(A \cap B)$　∴ $P(A \cap B) = 1$

　　(2) 令 $A \cap B = E$，$P(E) = P(C) = 1$　∴ $P(E \cap C) = 1 \Rightarrow P(A \cap B \cap C) = 1 \Rightarrow P(A \cap B) = 1$

且 $P(C) = 1 \Rightarrow P(A) = P(B) = P(C) = 1$

12.應用數學歸納法

(1) $n = 1$ 時原式顯然成立

(2) $n = k$ 時　設 $P\left(\overset{n}{\underset{i=1}{\cup}} A_k\right) = \overset{n}{\underset{i=1}{\sum}} P(A_k) - \underset{1 \le i < j \le n}{\sum} P(A_i \cap A_j)$

$\quad + \underset{1 \le i < j < k \le n}{\sum} P(A_i \cap A_j \cap A_k) \cdots\cdots + (-1)^{n-1} P(A_1 \cap A_2 \cdots A_n)$

(3) $n = k + 1$ 時：

$$P\left(\overset{k+1}{\underset{i=1}{\cup}} A_i\right) = P\left[\left(\overset{k}{\underset{i=1}{\cup}} A_i\right) \cup A_{k+1}\right] = P\left(\overset{k}{\underset{i=1}{\cup}} A_i\right) + P(A_{k+1}) - P\left[\left(\overset{k}{\underset{i=1}{\cup}} A_i\right) \cap A_{k+1}\right]$$

$$= \overset{k+1}{\underset{i=1}{\sum}} P(A_i) + \underset{1 \le i < j \le k+1}{\sum} P(A_i \cap A_j) - \cdots + (-1)^n P\left(\overset{k+1}{\underset{i=1}{\cap}} A_i\right)$$

習題 1-3

1. b 位男生 g 位女生全取直線排列之排列數為 $(b + g)!$，第 j 個位置是小美，其他 $b + (g-1)$ 人做直線排列之排列數為 $(b+g-1)!$

$\therefore p = \dfrac{(b+g-1)!}{(b+g)!} = \dfrac{1}{b+g}$

2. n 對夫婦之直線排列數為 $(2n)!$，令 $A = \{$ 至少有一對夫婦不相鄰 $\}$，則 $P(\overline{A}) = P($ 所有夫婦均相鄰 $) = \dfrac{n! \cdot 2^n}{(2n)!}$　$\therefore P(A) = 1 - \dfrac{n! \, 2^n}{(2n)!}$

3. n 對夫婦圍圓桌而坐之坐法有 $(2n-1)!$ 種，令 $A = \{$ 至少有一對夫婦不相鄰 $\}$，則 $P(\overline{A}) = P($ 所有夫婦均相鄰 $) = \dfrac{(n-1)! \, 2^n}{(2n-1)!}$　$\therefore P(A) = 1 - P(\overline{A}) = 1 - \dfrac{(n-1)! \, 2^n}{(2n-1)!}$

4. $f : A \to B$，$|A| = m$，$|B| = n$

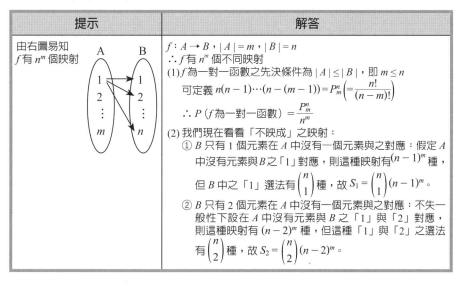

提示	解答
由右圖易知 f 有 n^m 個映射	$f : A \to B$，$|A| = m$，$|B| = n$ $\therefore f$ 有 n^m 個不同映射 (1) f 為一對一函數之先決條件為 $|A| \le |B|$，即 $m \le n$ $\quad$ 可定義 $n(n-1)\cdots(n-(m-1)) = P_m^n \left(= \dfrac{n!}{(n-m)!}\right)$ $\quad \therefore P\,(f \text{為一對一函數}) = \dfrac{P_m^n}{n^m}$ (2) 我們現在看看「不映成」之映射： $\quad$① B 只有 1 個元素在 A 中沒有一個元素與之對應：假定 A 中沒有元素與 B 之「1」對應，則這種映射有 $(n-1)^m$ 種，但 B 中之「1」選法有 $\dbinom{n}{1}$ 種，故 $S_1 = \dbinom{n}{1}(n-1)^m$。 $\quad$② B 只有 2 個元素在 A 中沒有一個元素與之對應：不失一般性下設在 A 中沒有元素與 B 之「1」與「2」對應，則這種映射有 $(n-2)^m$ 種，但這種「1」與「2」之選法有 $\dbinom{n}{2}$ 種，故 $S_2 = \dbinom{n}{2}(n-2)^m$。

提示	解答
	$\therefore$ 由排容原理得 $f : A \to B$ 之映成有 $n^m - (S_1 - S_2 + S_3 + \cdots + (-1)^{n-1} S_{n-1}) =$ $n^m - \binom{n}{1}(n-1)^m - \binom{n}{2}(n-2)^m + \cdots + (-1)^{n-1}\binom{n}{n-1}1^m$ 個。 $\therefore P\,(f\,$為映成函數$)$ $= \dfrac{1}{n^m}\left(n^m - \left[\binom{n}{1}(n-1)^m - \binom{n}{2}(n-2)^m + \cdots \right.\right.$ $\left.\left. + (-1)^{n-1}\binom{n}{n-1}\right]\right)$ $= 1 - \dfrac{\binom{n}{1}(n-1)^m - \binom{n}{2}(n-2)^m + \cdots + (-1)^{n-1}\binom{n}{m-1}}{n^m}$ (3) f 為一對一且映成函數：其先決條件為 $|A| = |B| = n$，可定義 $n!$ 種一對一且映成函數。 $\therefore P\,(f\,$為一對一且映成函數$) = \dfrac{n!}{n^n} = \dfrac{(n-1)!}{n^{n-1}}$
(4) $|B| = m$，$|C| = p$ 則 $|B \times C| = np$	(4) $B \times C$ 有 np 個元素 $\therefore f : A \to B \times C$ 有 m^{np} 個映射 又 $\because A \cap B = \phi$　$\therefore |A \cup B| = |A| + |B| = m + n$ $\Rightarrow f$ 有 $(m+n)^{np}$ 個映射。

5. (1) $\dfrac{\binom{4}{4}\binom{48}{1}}{\binom{52}{5}} = \dfrac{48}{\binom{52}{5}}$　　(2) $\dfrac{\binom{13}{2}\binom{13}{1}\binom{13}{1}\binom{13}{1}}{\binom{52}{5}}$

(3) $p = P(4\ $黑桃，其他花色 1 張$) + P(4\ $梅花，其他花色 1 張$) + P(4\ $方塊，其他花色 1 張$) + P(4\ $紅心，其他花色 1 張$)$

$= \dfrac{\binom{13}{4}\binom{39}{1}}{\binom{52}{5}} + \dfrac{\binom{13}{4}\binom{39}{1}}{\binom{52}{5}} + \dfrac{\binom{13}{4}\binom{39}{1}}{\binom{52}{5}} + \dfrac{\binom{13}{4}\binom{39}{1}}{\binom{52}{5}} = \dfrac{4\binom{13}{4}\binom{39}{1}}{\binom{52}{5}}$

(4) $p = P(5\ $黑桃，其他花色 0 張$) + \cdots + P(5\ $紅心，其他花色 0 張$)$

$= \dfrac{\binom{13}{5}\binom{39}{0}}{\binom{52}{5}} + \dfrac{\binom{13}{5}\binom{39}{0}}{\binom{52}{5}} \cdots \dfrac{\binom{13}{5}\binom{39}{0}}{\binom{52}{5}} = \dfrac{4\binom{13}{5}\binom{39}{0}}{\binom{52}{5}}$

6. $\because A \cap B \subseteq C \therefore P(A \cap B) \leq P(C) \Rightarrow 1 - P(A \cap B) \geq 1 - P(C)$ 即 $P(\overline{A} \cup \overline{B}) \geq P(\overline{C})$，
又 $P(\overline{A}) + P(\overline{B}) \geq P(\overline{A} \cup \overline{B}) \Rightarrow P(\overline{A}) + P(\overline{B}) \geq P(\overline{C})$

7. 先將 n 個號球任取 m 個放入第 1 個盒子，其法有 $\binom{n}{m}$，然後由其餘 $n - m$ 個球投入 $2 \cdots N$ 號箱子，其法有 $(N-1)^{n-m}$ 種

$$\therefore p = \frac{\binom{n}{m}(N-1)^{n-m}}{N^n}$$

8. n 個相異球放入 n 個相異盒子之方法有 n^m 種

(1) $P(\text{沒有空盒}) = \dfrac{n!}{n^n}$

(2) $P(1 \text{ 號盒空的}) = \dfrac{1}{n^n}(n-1)^n = \left(1 - \dfrac{1}{n}\right)^n$

(3) ① n 個球放入 n 個盒子有 n^n 種方法。

　　② 恰有 1 盒是空的，則除 1 盒含 0 個球外必有 1 盒含 2 個球，餘均爲 1 個球：
　　　故先選 2 個球放入一盒，0 個球放入另一盒，最後 $(n-2)$ 個球以直線排列放

　　　入 $n-2$ 個盒中，其排法有 $\binom{n}{2} \cdot n(n-1) \cdot (n-2)! = \binom{n}{2}n!$

$$\therefore p = \frac{\binom{n}{2}n!}{n^n} = \frac{\binom{n}{2}(n-1)!}{n^{n-1}}$$

9. 我們不易直接解本題，但可用餘事件之角度解之

令 $A_i = $ 第 i 點不出現之事件，$i = 1$，2，$\cdots 6$

則

只有一點 i 不出現之機率 $P(A_i) = \left(\dfrac{5}{6}\right)^n$

有二點 i，j 不出現之機率 $P(A_i \cap A_j) = \left(\dfrac{4}{6}\right)^n$

……

$$\therefore P = 1 - \left[\sum_i P(A_i) - \sum_{i<j} P(A_i \cap A_j) + \sum_{i<j<k} P(A_i \cap A_j \cap A_k) \cdots \sum P(A_i \cap A_j \cap A_k \cap A_i \cap A_m)\right]$$

$$= 1 - \left[\binom{6}{1}\left(\frac{5}{6}\right)^n - \binom{6}{2}\left(\frac{4}{6}\right)^n + \binom{6}{3}\left(\frac{3}{6}\right)^n - \binom{6}{4}\left(\frac{2}{6}\right)^n + \binom{6}{5}\left(\frac{1}{6}\right)^n\right]$$

$$= 1 - \left[6\left(\frac{5}{6}\right)^n - 15\left(\frac{4}{6}\right)^n + 20\left(\frac{3}{6}\right)^n - 15\left(\frac{2}{6}\right)^n + 6\left(\frac{1}{6}\right)^n\right]$$

$$= 1 - 6\left(\frac{5}{6}\right)^n + 15\left(\frac{4}{6}\right)^n - 20\left(\frac{3}{6}\right)^n + 15\left(\frac{2}{6}\right)^n - 6\left(\frac{1}{6}\right)^n$$

10. 生成函數 $A(x) = (x + x^2 + \cdots + x^6)^3 = x^3(1 + x + \cdots + x^5)^3 = x^3\left(\dfrac{1-x^6}{1-x}\right)^3 = x^3(1-x^6)^3(1 + x + x^2$

$+ \cdots)^3$ 之 x^5 係數，此相當於求 $(1-x^6)^3(1 + x + x^2 + \cdots)^3 = (1 - 3x^6 + 3x^{12} - x^{18})(1 + x +$

$x^2 + \cdots)^3$ 之 x^2 係數，又 $(1 + x + x^2 + \cdots)^3$ 之 x^2 係數爲 $\binom{3+2-1}{2} = \dfrac{4!}{2!\,2!} = 6$

$\therefore$ 擲 3 粒骰子之點數和爲 5 之機率 $p = \dfrac{6}{6^3} = \dfrac{1}{36}$

11. 生成函數 $= \left(x + \dfrac{x^2}{2!} + \dfrac{x^3}{3!} + \cdots\right)^3 = (e^x - 1)^3 = e^{3x} - 3e^{2x} + 3e^x - 1$

$$= \left(\sum_{n=0}^{\infty} \frac{(3x)^n}{n!} - 3\sum_{n=0}^{\infty} \frac{(2x)^n}{n!} + 3\sum_{n=0}^{\infty} \frac{x^n}{n!}\right) - 1 = \left[\sum_{n=0}^{\infty} (3^n - 3 \cdot 2^n + 3)\frac{x^n}{n!}\right] - 1$$

$\therefore x^r$ 係數為 $3^r - 3 \cdot 2^r + 3$　$\therefore p = \dfrac{3^r - 3 \cdot 2^r + 3}{3^r} = 1 - \dfrac{2^r - 1}{3^{r-1}}$

12. m 有一個 $\therefore$ 對應之生成函數為 $(1 + x)$，i 與 s 各有 4 個，故對應之生成函數均為 $(1 + x + x^2 + x^3 + x^4)$，$p$ 有 2 個，故對應之生成函數為 $(1 + x + x^2)$

又 $(1 + x)(1 + x + x^2 + x^3 + x^4)^2(1 + x + x^2)$ 之 x^4 係數為 $(1 + x)(1 + x + x^2 + x^3 + x^4)^2(1 + x + x^2) = \dfrac{1 - x^2}{1 - x}\left(\dfrac{1 - x^5}{1 - x}\right)^2 \cdot \dfrac{1 - x^3}{1 - x} = (1 - x^2)(1 - x^5)^2(1 - x^3)(1 - x)^{-4} = (1 - x^2)(1 - x^5)^2$

$(1 - x^3)(1 + x + \cdots)^4 = (1 - x^2 - x^3 - \cdots)(1 + x + \cdots)^4$

x^4 係數 $= 1 \cdot (1 + x + x^2 + \cdots)^4$ 之 x^4 係數 $- 1(1 + x + x^2 + \cdots)^4$ 之 x^2 係數 $- (1 + x + \cdots)^4$ 之 x 係數 $= \dbinom{4 + 4 - 1}{4} - \dbinom{4 + 2 - 1}{2} - \dbinom{4 + 1 - 1}{1} = 35 - 10 - 4 = 21$

13.

提示	解答
1. 這是幾何概型，首先依題意繪出示意圖，陰影區域為二人碰頭之 favorable region 2. 陰影面積為正方形面積減去二個三角形面積	設 x, y 分別為 A, B 到達時間，依題意：我們令 $A = \{(x, y) \mid \|x - y\| \le t\}$ 又 $S = \{(x, y) \mid 0 \le x \le T, 0 \le y \le T\}$ $\therefore P(A) = P(\|x - y\| \le t)$ $= \dfrac{T^2 - 2 \cdot \dfrac{1}{2}(T - t)^2}{T^2} = 1 - \left(1 - \dfrac{t}{T}\right)^2$

習題 1-4

1. (1) $P(A\|B) > P(A) \Rightarrow \dfrac{P(A \cap B)}{P(B)} > P(A)$　$\therefore \dfrac{P(A \cap B)}{P(A)} > P(B)$ 即 $P(B\|A) > P(B)$

(2) $P(A\|B) = \dfrac{P(A \cap B)}{P(B)}$，$P(A \cap B) \le P(A)$ 且 $P(A \cap B) \le P(B)$

$\therefore P(A \cap B) \le \min(P(A), P(B))$，又 $P(A \cup B) = P(A) + P(B) - P(A \cap B) \le 1$

$\therefore P(A \cap B) \ge P(A) + P(B) - 1$

綜上 $P(A)+P(B)-1 \le P(A \cap B) \le \min\{P(A),P(B)\}$ 同除 $P(B)$ 即得

$$\frac{P(A)+P(B)-1}{P(B)} \le P(A|B) \le \frac{\min\{P(A),P(B)\}}{P(B)}$$

(3) $\because P(A \cap B) \ge P(A)+P(B)-1 = P(B)-P(\overline{A}) \Rightarrow \frac{P(A \cap B)}{P(B)} \ge 1 - \frac{P(\overline{A})}{P(B)}$,

即 $P(A|B) \ge 1 - \frac{P(\overline{A})}{P(B)}$

(4) $\because P(A|C) > P(B|C) \Rightarrow P(A \cap C) > P(B \cap C)$　(1)

$\quad P(A|\overline{C}) > P(B|\overline{C}) \Rightarrow P(A \cap \overline{C}) > P(B \cap \overline{C})$　(2)

$\quad$ (1) + (2) 得 $P(A) > P(B)$

2. $P(A|B \cap C) + P(C) + P(A|B \cap \overline{C})P(\overline{C}) = \frac{P(A \cap B \cap C)}{P(B \cap C)}P(C) + \frac{P(A \cap B \cap \overline{C})}{P(B \cap C)}P(\overline{C})$

$= \frac{P(A \cap B \cap C)}{P(B)P(C)}P(C) + \frac{P(A \cap B \cap \overline{C})}{P(B) P(\overline{C})}P(\overline{C}) = \frac{P(A \cap B \cap C)+P(A \cap B \cap \overline{C})}{P(B)} = \frac{P(A \cap B)}{P(B)} = P(A|B)$

3. $P[A \cap (B \cup C)] = P[(A \cap B) \cup (A \cap C)] = P(A \cap B) + P(A \cap C) - P(A \cap B \cap C)$

$= P(A)P(B) + P(A)P(C) = P(A)[P(B)+P(C)] = P(A)P(B \cup C)$

$\therefore A$ 與 $B \cup C$ 為二獨立事件。

4. $\because P(B|A) = P(B|\overline{A})$

$\therefore \frac{P(A \cap B)}{P(A)} = \frac{P(\overline{A} \cap B)}{P(\overline{A})} = \frac{P(B)-P(A \cap B)}{1-P(A)}$ 即 $(1-P(A))P(A \cap B) = P(A)[P(B)-P(A \cap B)]$

化簡得 $P(A \cap B) = P(A) \cdot P(B)$

$\therefore A, B$ 為二獨立事件。

5.

提示	解答
本題可分下列四種情況： 白 —— 黑 —— 白 　　　　 白 —— 白 黑 —— 黑 —— 白 　　　　 白 —— 白	本題可分下列四種情況： (1) 甲袋取一白球放入乙袋再由乙袋取出一黑球放入甲袋，最後再由甲袋抽出一球為白球： 　$P_1 = \dfrac{n}{n+m} \times \dfrac{M}{(N+1)+M} \times \dfrac{n-1}{(n-1)+(m+1)}$ (2) 甲袋取一白球放入乙袋，再由乙袋取出一白球放入甲袋，最後再由甲袋抽出一白球 　$P_2 = \dfrac{n}{n+m} \times \dfrac{N+1}{(N+1)+M} \times \dfrac{n}{(n-1+1)+m}$ (3) 甲袋取一黑球放入乙袋，再由乙袋取出一黑球放入甲袋，最後再由甲袋抽出一白球： 　$P_3 = \dfrac{m}{n+m} \times \dfrac{M+1}{N+(M+1)} \times \dfrac{n}{n+(m-1+1)}$ (4) 甲袋取一黑球放入乙袋，再由乙袋取出一白球放入甲袋，最後再由甲袋抽出一白球： 　$P_4 = \dfrac{m}{n+m} \times \dfrac{N}{N+(M+1)} \times \dfrac{n+1}{(n+1)+(m-1)}$ 　$\therefore P = P_1 + P_2 + P_3 + P_4$

提示	解答
	$= \dfrac{n}{n+m} \times \dfrac{M}{N+M+1} \times \dfrac{n-1}{n+m} + \dfrac{n}{n+m} \times \dfrac{N+1}{N+M+1} \times \dfrac{n}{n+m}$ $+ \dfrac{m}{n+m} \times \dfrac{M+1}{N+M+1} \times \dfrac{n}{n+m} + \dfrac{m}{n+m} \times \dfrac{N}{N+M+1} \times \dfrac{n+1}{n+m}$ $= \dfrac{n}{m+n} + \dfrac{mN-nM}{(m+n)^2(M+N+1)}$ （請自行化簡）

6.

提示	解答
	$P(A) = P(B) = P(C) = \dfrac{1}{4} + \dfrac{1}{4} = \dfrac{1}{2}$ $P(A \cap B) = P(A \cap C) = P(B \cap C) = 0 + \dfrac{1}{4} = \dfrac{1}{4}$ $\therefore P(A \cap B) = P(A)P(B), \cdots P(B \cap C) = P(B)P(C)$ 但 $P(A \cap B \cap C) = \dfrac{1}{4} \ne P(A)P(B)P(C) = \dfrac{1}{8}$ $\therefore A, B, C$ 為對對獨立，但非獨立。

7.

提示	解答
應用： $1-x \le e^{-x}，x > 0$	$P = (1-p_1)(1-p_2) \cdots (1-p_n)$ $\le e^{-p_1} \cdot e^{-p_2} \cdots\cdots e^{-p_n} = e^{-\Sigma p_i}$

8. $\because A, B, C$ 為三獨立事件

$\therefore P(\overline{A} \cap \overline{B}) = P(\overline{A})P(\overline{B})，P(\overline{A} \cap \overline{C}) = P(\overline{A})P(\overline{C})，P(\overline{B} \cap \overline{C}) = P(\overline{B})P(\overline{C})$

現只需再證 $P(\overline{A} \cap \overline{B} \cap \overline{C}) = P(\overline{A})P(\overline{B})P(\overline{C})$：

$P(\overline{A} \cap \overline{B} \cap \overline{C}) = 1 - P(A \cup B \cup C) = 1 - P(A) - P(B) - P(C) + P(A)P(B) + P(A)P(C)$

$+ P(B)P(C) - P(A)P(B)P(C)$

$= [1 - P(A)] - [P(B) - P(A)P(B)] - [P(C) - P(A)P(C)] + (1 - P(A))[P(B)P(C)] = P(\overline{A}) -$

$P(\overline{A})P(B) - P(\overline{A})P(C) + P(\overline{A})P(B)P(C)$

$= P(\overline{A})[1 - P(B)] - P(\overline{A})P(C)[1 - P(B)] = P(\overline{A})P(\overline{B}) - P(\overline{A})P(C)P(\overline{B}) = P(\overline{A})P(\overline{B})P(\overline{C})$

9. (1) 設 $P(A \cap B) = x$，因 A, B 為獨立

$\therefore P(A \cap B) = P(A)P(B) \Rightarrow x = \left(\dfrac{1}{4} + x\right)\left(\dfrac{1}{4} + x\right)$，

$x^2 - \dfrac{x}{2} + \dfrac{1}{16} = \left(x - \dfrac{1}{4}\right)^2 = 0$ 得 $x = \dfrac{1}{4}$

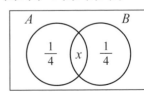

$$\therefore P(A \cup B) = P(A) + P(B) - P(A \cap B) = \frac{1}{4} + \frac{1}{4} - \frac{1}{4} = \frac{1}{4}$$

(2)

提示	解答
求 $f(p) = P(A \cup B \cup C)$，$1 \geq p \geq 0$ 之極值，$\because [0, 1]$ 為閉區間，故 $f(p)$ 之極大值發生在 f 端點，臨界點，找 $f(p)$ 中取最大者	$P(A \cup B \cup C) = P(A) + P(B) + P(C) - P(A \cap B) - P(A \cap C) - P(B \cap C) + P(A \cap B \cap C)$ $= P(A) + P(B) + P(C) - P(A)P(B) - P(A)P(C) - P(B)P(C) + P(A \cap B \cap C) = 3p - 3p^2$ 令 $f(p) = 3p - 3p^2$，$1 \geq p \geq 0$ (1) 令 $f'(p) = 3 - 6p = 0$ 得 $p = \frac{1}{2}$ 比較 $f(0) = 0$，$f(\frac{1}{2}) = \frac{3}{4}$，$f(1) = 0$，知 $p = \frac{1}{2}$ 時 $f(A \cup B \cup C)$ 有極大值 $\frac{3}{4}$（代 $p = \frac{1}{2}$ 入 (1)）

10. $1 \geq P(A \cup B) = P(A) + P(B) - P(A \cap B)$ $\therefore P(A \cap B) \geq P(A) + P(B) - 1 > 0$

$$1 - \frac{P(\overline{B})}{P(A)} = \frac{P(A) - P(\overline{B})}{P(A)} = \frac{P(A) - [1 - P(B)]}{P(A)} = \frac{P(A) + P(B) - 1}{P(A)} \leq \frac{P(A \cap B)}{P(A)} = P(B \mid A)$$

11. ① A, B 互斥，$P(A)P(B) = 0 \Rightarrow A, B$ 獨立：

$\because A, B$ 互斥 $P(A \cap B) = 0$ 又已知 $P(A)P(B) = 0$ $\therefore P(A \cap B) = P(A)P(B)$，即 $A,$ B 為獨立。

② A, B 互斥，且 A, B 獨立 $\Rightarrow P(A)P(B) = 0$：

$\because A, B$ 獨立 $\therefore P(A \cap B) = P(A)P(B)$，又 A, B 互斥，$P(A \cap B) = 0$

得 $P(A)P(B) = 0$

12.

提示	解答

1. 如果你覺得
    $P(B - C \mid A) \Rightarrow$
    $P(B \mid A) - P(B \cap C \mid A)$
    困難的話，那就試
    $P(B \mid A) - P(B \cap C \mid A)$
    $= P(B - C \mid A)$
 2. 應用 $P(X) = P(X - Y) + P(X \cap Y)$
 	
	$P(B \mid A) - P(B \cap C \mid A) = \dfrac{P(A \cap B) - P(A \cap B \cap C)}{P(A)}$
	
	 $= \dfrac{P(A \cap B \cap \overline{C})}{P(A)} = \dfrac{P(A \cap (B \cap \overline{C}))}{P(A)} = \dfrac{P(A \cap (B - C))}{P(A)} = P(B - C \mid A)$

13.

提示	解答
(4) 若用 $h(p)=(2-p)^n-(2-p^n)$ 之遞增性來證明 $R_{S_2} \geq R_{S_1}$ 並不可行，因此，我們考慮利用函數之凹性，取 $f(p)=p^n$ ∵ $f''(p)=n(n-1)p^{n-2}>0$ ∴ $f(p)$ 為上凹函數，利用上凹函數之性質 $f(\lambda a+(1-\lambda)b)\leq \lambda f(a)+(-\lambda)f(b)$，取 $\lambda=\dfrac{1}{2}$ 得 $\dfrac{(2-p)^n+p^n}{2}\geq \left(\dfrac{(2-p)+p}{2}\right)^n=1$	(1) $R_{S_1}=1-(1-p^n)(1-p^n)=p^n(2-p^n)$ (2) $R_{S_2}=[1-(1-p)(1-p)]^n=p^n(2-p)^n$ (3) $R_{S_2}\geq R_{S_1}$，因為在系統 S_2 下，水（電流）能流到終點（sinking point）之機率較系統 S_1 大 (4) 由 (1), (2) 我們只需證 $(2-p)^n\geq 2-p^n$ 考慮 $f(p)=p^n$，$f''(p)=n(n-1)p^{n-2}\geq 0$，$n\geq 2$ ∴ $f(p)$ 為上凹函數 $\dfrac{(2-p)^n+p^n}{2}\geq \left(\dfrac{(2-p)+p}{2}\right)^2=1$ ∴ $(2-p)^n+p^n\geq 2$ $\Rightarrow (2-p)^n\geq 2-p^n$ ∴ $R_{S_2}=p^n(2-p)^n\geq p^n(2-p^n)=R_{S_2}$

14.

提示	解答
令 A 為說出真話之事件，則 $\overline{A}$ 為 A 未說出真話之事件，B, C, D 可類推 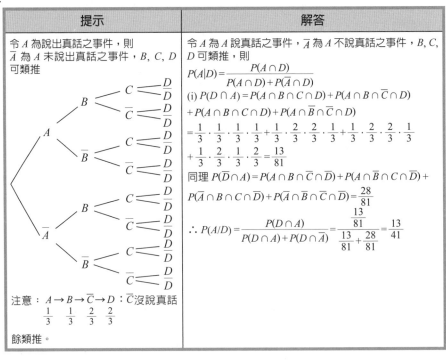 注意：$A \to B \to \overline{C} \to D$：$\overline{C}$ 沒說真話 $\quad\frac{1}{3}\quad \frac{1}{3}\quad \frac{2}{3}\quad \frac{2}{3}$ 餘類推。	令 A 為 A 說真話之事件，$\overline{A}$ 為 A 不說真話之事件，B, C, D 可類推，則 $P(A\mid D)=\dfrac{P(A\cap D)}{P(A\cap D)+P(\overline{A}\cap D)}$ (i) $P(D\cap A)=P(A\cap B\cap C\cap D)+P(A\cap B\cap \overline{C}\cap D)$ $+P(A\cap B\cap C\cap D)+P(A\cap \overline{B}\cap \overline{C}\cap D)$ $=\dfrac{1}{3}\cdot\dfrac{1}{3}\cdot\dfrac{1}{3}\cdot\dfrac{1}{3}+\dfrac{1}{3}\cdot\dfrac{2}{3}\cdot\dfrac{2}{3}\cdot\dfrac{1}{3}+\dfrac{1}{3}\cdot\dfrac{2}{3}\cdot\dfrac{2}{3}\cdot\dfrac{1}{3}$ $+\dfrac{1}{3}\cdot\dfrac{2}{3}\cdot\dfrac{1}{3}\cdot\dfrac{2}{3}=\dfrac{13}{81}$ 同理 $P(\overline{D}\cap A)=P(A\cap B\cap \overline{C}\cap \overline{D})+P(A\cap \overline{B}\cap C\cap \overline{D})+$ $P(\overline{A}\cap B\cap C\cap \overline{D})+P(\overline{A}\cap B\cap \overline{C}\cap \overline{D})=\dfrac{28}{81}$ ∴ $P(A/D)=\dfrac{P(D\cap A)}{P(D\cap A)+P(D\cap \overline{A})}=\dfrac{\dfrac{13}{81}}{\dfrac{13}{81}+\dfrac{28}{81}}=\dfrac{13}{41}$

15.

提示	解答
令 $P(E_i)=$ 第 i 次擲出起連續出 m 次正面之機率逐次討論：	我們依第一，壩，…$n+1$ 次投擲起連續擲出 m 次正面。 令 $P(E_i)=$ 第 i 次擲出起連續出 m 次正面之機率，則 $P(E_1)=$（第一次擲出起連續出現 m 個正面）$=\dfrac{1}{2^m}$ $P(E_2)=P$（第一次出現反面，且第 2 次起連續擲出 m 個正面） $=\dfrac{1}{2}\cdot\dfrac{1}{2^m}=\dfrac{1}{2^{m+1}}$ …… $P(E_r)=P$（第 $r-1$ 次擲出反面且第 r 次起連續擲出 m 次正面） $=\dfrac{1}{2}\cdot\dfrac{1}{2^m}=\dfrac{1}{2^{m+1}}$；$r=2,3,\cdots n+1$ $\therefore\ p=P(E_1)+P(E_2)+\cdots+P(E_{n+1})=\dfrac{1}{2^m}+\dfrac{n}{2^{m+1}}=\dfrac{2+n}{2^{m+1}}$

16.

提示	解答
1. 設 $p_n=$ 第 n 次抽出為白球之機率，則 $p_{n-1}=$ 第 $n-1$ 次抽出為白球之機率，依題意： 第 $n-1$ 次抽出白球之機率 p_{n-1}，連帶地，第 n 次要從甲袋抽球，其抽出白球之機率為 $\dfrac{a}{a+b}$，另，第 $n-1$ 次抽出的是黑球，機率 $1-p_{n-1}$，那麼第 n 次從乙袋抽出白球之機率為 $\dfrac{b}{a+b}$，如此便建立遞迴關係式。 2. $x=\dfrac{\beta}{1-\alpha}=\dfrac{\dfrac{b}{a+b}}{1-\dfrac{a-b}{a+b}}=\dfrac{1}{2}$	設 $p_n=$ 第 n 次抽出為白球之機率，則 $p_{n-1}=$ 第 $n-1$ 次抽出為白球之機率，依題意： $p_n=p_{n-1}\cdot\dfrac{a}{a+b}+(1-p_{n-1})\dfrac{b}{a+b}=\dfrac{a-b}{a+b}p_{n-1}+\dfrac{b}{a+b}$ $p_n-\dfrac{1}{2}=\dfrac{a-b}{a+b}p_{n-1}+\dfrac{b}{a+b}-\dfrac{1}{2}=\dfrac{a-b}{a+b}\left(p_{n-1}-\dfrac{1}{2}\right)$ 令 $y_n=p_n-\dfrac{1}{2}$ 則上式變為 $y_n=\dfrac{a-b}{a+b}y_{n-1}$，此為 $r=\dfrac{a-b}{a+b}$ 之等比級數。 $\therefore\ y_n=\left(\dfrac{a-b}{a+b}\right)^{n-1}y_1$ $p_n-\dfrac{1}{2}=\left(\dfrac{a-b}{a+b}\right)^{n-1}\left(p_1-\dfrac{1}{2}\right)$，$p_1=\dfrac{a}{a+b}$ 得 $p_n=\dfrac{1}{2}+\left(\dfrac{a-b}{a+b}\right)^{n-1}\left(\dfrac{a}{a+b}-\dfrac{1}{2}\right)=\dfrac{1}{2}\left(1+\left(\dfrac{a-b}{a+b}\right)^n\right)$

17.

提示	解答
(1) $P(X\|\overline{E})$：相當於移除 E 及與 E 相連之路徑： 　　L ——［A］——［B］—— R 　　　　　［C］——［D］ (2) $P(X\|E)$：L 經由 E 連通 R 之路徑： 　　L ——E——［B］—— R 　　　　　　　　［D］	（仿例 14 之解法）condition on E 設 X 為 L 流通到 R 之事件則 $P(X)=P(X\|E)P(E)+P(X\|\overline{E})P(\overline{E})=pP(X\|E)+(1-p)P(X\|\overline{E})$ * (1) $P(X\|\overline{E})=P[(A\cap B)\cup(C\cap D)\|\overline{E}]$ 　　$=P[(A\cap B)\|\overline{E}]+P[(C\cap D)\|\overline{E}]-P[(A\cap B\cap C\cap D)\|\overline{E}]$ 　　$=P[(A\cap B)+P(C\cap D)-P(A\cap B\cap C\cap D)]=2p^2-p^4$　(1) (2) $P(X\|E)=P(B\cup D\|E)=P(B\|E)+P(D\|E)-P(B\cap D\|E)$ 　　$=P(B)+P(D)-P(B\cap D)$ 　　$=2p-p^2$　(2) 代 (1),(2) 入 * $P(X)=pP(B\|E)+(1-p)P(B\|\overline{E})=p(2p-p^2)+(1-p)(2p^3-p^4)$ 　　$=4p^2-3p^3-p^4+p^5$

18.

提示	解答
(1) 應用全機率定理與 $$\sum_{x=0}^{\infty}\binom{k+x}{x}\beta^x = (1-\beta)^{-(k+1)}$$	(1) 令 $X =$ 家中有男孩之事件，Y 為家中有女孩之事件，則 $$P(X=k)=P(X=k\cap Y=0)+P(X=k\cap Y=1)+P(X=k\cap Y=2)+\cdots$$ $$=P(x=k\mid X+Y=k)P(X+Y=k)+P(X=k\mid X+Y=k+1)P(X+Y=k+1)+$$ $$P(X=k\mid X+Y=k+2)P(X+Y=k+2)+\cdots\cdots$$ $$=\binom{k}{k}\left(\frac{1}{2}\right)^k\cdot\alpha p^k+\binom{k+1}{k}\left(\frac{1}{2}\right)^k\left(\frac{1}{2}\right)\cdot\alpha p^{k+1}+\binom{k+2}{k}\left(\frac{1}{2}\right)^k\left(\frac{1}{2}\right)^{k+2}\cdot\alpha p^{k+2}+\cdots$$ $$=\alpha\binom{k}{k}\left(\frac{p}{2}\right)^k+\alpha\binom{k+1}{k}\left(\frac{p}{2}\right)^{k+1}+\alpha\binom{k+2}{k}\left(\frac{p}{2}\right)^{k+2}+\cdots$$ $$=\alpha\left(\frac{p}{2}\right)^k\left[\binom{k}{k}+\binom{k+1}{k}\left(\frac{p}{2}\right)+\binom{k+2}{k}\left(\frac{p}{2}\right)^2+\cdots\right]$$ $$=\alpha\left(\frac{p}{2}\right)^k\sum_{x=0}^{\infty}\binom{k+x}{k}\left(\frac{p}{2}\right)^x=\alpha\left(\frac{p}{2}\right)^k\left(1-\frac{p}{2}\right)^{-(k+1)}=\frac{2\alpha p^k}{(2-p)^{k+1}}$$ (2) $$P(X_k\geq2\mid X_k\geq1)=\frac{P(X_k\geq2)}{P(X_k\geq1)}=\frac{\sum_{k=2}^{\infty}\frac{2\alpha p^k}{(2-p)^{k+1}}}{\sum_{k=1}^{\infty}\frac{2\alpha p^k}{(2-p)^{k+1}}}$$ ∗ ∗分子部分：$$\sum_{k=2}^{\infty}\frac{2\alpha p^k}{(2-p)^{k+3}}=\frac{2\alpha}{2-p}\sum_{k=2}^{\infty}\left(\frac{p}{2-p}\right)^k=\frac{2\alpha}{2-p}\cdot\frac{\left(\frac{p}{2-p}\right)^2}{1-\frac{p}{2-kp}}$$ $$=\frac{\alpha p^2}{(2-p)^2(1-p)}$$ 同法 分母部分：$$\sum_{k=1}^{\infty}\frac{2\alpha p^k}{(2-p)^{k+1}}=\frac{\alpha p}{(2-p)(1-p)}\quad\therefore*=\frac{p}{2-p}$$

19.

提示	解答
Craps 遊戲是古典機率問題，在解題時必須系統地解出並應用優勝比即可解出。	某人贏之情況：
	(1) 先擲出點數和為 7 或 11，其機率分別為 $p_7=\frac{6}{36}$，$p_{11}=\frac{2}{36}$
	(2) 擲出點數和 4, 5, 6, 8, 9, 10 後續擲，在擲出點數和為 7 前再擲出點數和 i 之事件 p_i
	①擲出點數和 4 後擲出點數和為 7 前再擲出點數為 4 之機率 p_4：（即 $4\to7\to4$）
	$p_4=P$（擲出點數和4）$\cdot P$（擲出點數和為7前再擲出點數和為4）
應用優勝比	$$p_4=\frac{3}{36}\cdot\frac{\frac{3}{36}}{\frac{6}{36}+\frac{3}{36}}=\frac{1}{36}$$
	②擲出點數和為 5 後擲出點數和為 7 前再擲出點數和為 5 之機率 p_5：（即 $5\to7\to5$）
	$p_5=P$（擲出點數和為5）$\cdot P$（擲出點數和為7前再擲出點數和）
應用優勝比	$$p_5=\frac{4}{36}\cdot\frac{\frac{4}{36}}{\frac{6}{36}+\frac{4}{36}}=\frac{2}{45}$$
	同法 $p_9=\frac{2}{45}$，$p_{10}=\frac{1}{36}$，$p_6=\frac{25}{396}=p_8$
	∴此人贏的機率為 p_9
	$$p_4+p_5+p_6+p_7+p_8+p_9+p_{10}+p_{11}=\frac{244}{495}$$

20.

提示	解答
將系統劃分成Ⅰ，Ⅱ二個子系統再求串聯後之可靠度	我們將系統分成Ⅰ，Ⅱ二部分： $R_1 = [1-(1-p)^2]p = (2p^2-p^3)$ $R_2 = 1-(1-p)(1-p^2) = p+p^2 = p^3$ ∴整個系統連通之機率 $R_S = 1-[1-(2p^2-p^3)][1-(p+p^2-p^3)]$ $= p+3p^2-4p^3-p^4+3p^5-p^6$

習題 2-1

1. (i) $\dfrac{1+3c}{4}+\dfrac{1-c}{4}+\dfrac{1+2c}{4}+\dfrac{1-4c}{4}=1$

(ii) $\dfrac{1+3c}{4}\ge 0$，$\dfrac{1-c}{4}\ge 0$，$\dfrac{1+2c}{4}\ge 0$，$\dfrac{1-4c}{4}\ge 0$

$\therefore c \ge \dfrac{1}{3}$，$c \le 1$，$c \le -\dfrac{1}{2}$，$c \le \dfrac{1}{4}$

取上述區間之交集得 c 之範圍爲 $-\dfrac{1}{3}\le c \le \dfrac{1}{4}$

2. (1) $P(X\ge 2)=P(X=2)+P(X=3)=\dfrac{1}{12}+\dfrac{1}{8}=\dfrac{5}{24}$

(2) $P(X>2)=P(X=3)=\dfrac{1}{8}$

(3) $P(-1.6\le X<2.3)=P(X=-1)+P(X=0)+P(X=1)+P(X=2)$

$=\dfrac{1}{3}+\dfrac{5}{24}+\dfrac{1}{6}+\dfrac{1}{12}=\dfrac{19}{24}$

(4) $P(|X|<2)=P(-2<X<2)=P(X=-1)+P(X=0)+P(X=1)$

$=\dfrac{1}{3}+\dfrac{5}{24}+\dfrac{1}{6}=\dfrac{17}{24}$

(5) $P(X^2\le 2)=P(-\sqrt{2}\le X\le\sqrt{2})=P(X=-1)+P(X=0)+P(X=1)$

$=\dfrac{1}{3}+\dfrac{5}{24}+\dfrac{1}{6}=\dfrac{17}{24}$

(6) $P(X(X+1)<2)=P(X^2+X-2<0)=P((X+2)(X-1)<0)$

$=P(-2<X<1)=P(X=-1)+P(X=0)=\dfrac{1}{3}+\dfrac{5}{24}=\dfrac{13}{24}$

3. $\because$ r.v.X 之機率表爲

x	2	3	4	5	6	7	8	9	10	11	12
$P(X=x)$	$\dfrac{1}{36}$	$\dfrac{2}{36}$	$\dfrac{3}{36}$	$\dfrac{4}{36}$	$\dfrac{5}{36}$	$\dfrac{6}{36}$	$\dfrac{5}{36}$	$\dfrac{4}{36}$	$\dfrac{3}{36}$	$\dfrac{2}{36}$	$\dfrac{1}{36}$

$\therefore f(x)=\dfrac{6-|x-7|}{36}$，$x=2, 3 \cdots\cdots 12$

4. $f(x)=\dfrac{d}{dx}F(x)=\dfrac{d}{dx}\left(\dfrac{1}{1+e^{-(ax+b)}}\right)=\dfrac{d}{dx}[(1+e^{-(ax+b)})]^{-1}=-\dfrac{-ae^{-(ax+b)}}{(1+e^{-(ax+b)})^2}=\dfrac{ae^{-(ax+b)}}{(1+e^{-(ax+b)})^2}$

$\therefore \alpha F(x)(1 - F(x)) = \dfrac{\alpha}{1 + e^{-(ax+b)}} \cdot \dfrac{e^{-(ax+b)}}{1 + e^{-(ax+b)}} = f(x)$

5. (1) $\displaystyle\int_{-\infty}^{\infty} \dfrac{dx}{1+x^2} = 2\int_{0}^{\infty} \dfrac{dx}{1+x^2} = 2\tan^{-1}x]_{0}^{\infty} = 2 \cdot \dfrac{\pi}{2} = \pi$ $\therefore k = \dfrac{1}{\pi}$

(2) $F(x) = \dfrac{1}{4}$，即 $\displaystyle\int_{-\infty}^{x} \dfrac{1}{\pi(1+x^2)}\,dt = \dfrac{1}{\pi}\tan^{-1}t]_{-\infty}^{x} = \dfrac{1}{\pi}\left(\tan^{-1}x + \dfrac{\pi}{2}\right) = \dfrac{1}{4}$ $\therefore \tan^{-1}x = -\dfrac{\pi}{4}$，

$x = -1$

6.

提示	解答
$F(X)$ 有反函數 $F^{-1}(X)$	$P(a \leq F(X) \leq b) = P(F^{-1}(a) \leq X \leq F^{-1}(b)) = F(F^{-1}b) - F(F^{-1}(a)) = b - a$

7. $x < 0$ 時，$F(x) = \displaystyle\int_{-\infty}^{x} \dfrac{1}{2}e^t\,dt = \dfrac{1}{2}e^x$

$0 \leq x < 2$ 時，$F(x) = \displaystyle\int_{-\infty}^{0} \dfrac{1}{2}e^t\,dt + \int_{0}^{x} \dfrac{1}{4}\,dt = \dfrac{1}{2} + \dfrac{x}{4}$，

$x \geq 2$ 時，$F(x) = \displaystyle\int_{-\infty}^{0} \dfrac{1}{2}e^t\,dt + \int_{0}^{2} \dfrac{1}{4}\,dt + \int_{2}^{x} 0\,dt = 1$。

$\therefore F(x) = \begin{cases} \dfrac{1}{2}e^x \text{，} x < 0 \text{；} \\[2mm] \dfrac{1}{2} + \dfrac{x}{4} \text{，} 0 \leq x < 2 \text{；} \\[2mm] 1 \text{，} \qquad x \geq 2 \text{。} \end{cases}$

8. (1) $P(X = 2) = F(2) - F(2-) = \dfrac{3}{4} - \dfrac{1}{2} = \dfrac{1}{4}$

(2) $P(X = 3) = 0$

(3) $P(X > 0) = 1 - P(X \leq 0) = 1 - F(0) = 1 - \dfrac{1}{8} = \dfrac{7}{8}$

(4) $P(X < 2) = \dfrac{1}{2}$

(5) $P(1 < X < 3) = F(3-) - F(1) = \left(\dfrac{3}{8} + \dfrac{1}{2}\right) - \dfrac{1}{2} = \dfrac{3}{8}$

(6) $P(X < 3 \mid X > 1) = \dfrac{P(X < 3 \text{ 且 } X > 1)}{P(X > 1)}$

$= \dfrac{P(3 > X > 1)}{1 - P(X \leq 1)} = \dfrac{\dfrac{3}{8}}{1 - \dfrac{1}{2}} = \dfrac{3}{4}$

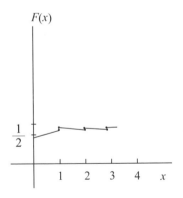

9. (1) $c\displaystyle\int_{1}^{\infty} x^{-b}\,dx = c \cdot \dfrac{1}{1-b}x^{-b+1}]_{1}^{\infty} = \begin{cases} \text{不存在，} b \leq 1 \\[2mm] \dfrac{c}{1-b} \text{，} b > 1 \end{cases}$

又 $b > 1$ 時，$f(x) > 0$ $\therefore c = 1 - b$ 時 $f(x)$ 爲 pdf.

(2) $c\displaystyle\int_{-\infty}^{\infty} \dfrac{e^x}{(1+e^x)^2}\,dx = c\int_{-\infty}^{\infty} \dfrac{d(1+e^x)}{(1+e^x)^2} = \dfrac{-1}{1+e^x}\Big]_{-\infty}^{\infty} = 1$，$c = 1$ 時 $f(x)$ 爲 pdf.

10. $A = \{x \mid x \leq b\}$，$B = \{x \mid x \geq a\}$ 則 $P(b \geq X \geq a) = P(A \cap B) \leq P(A) + P(B) - 1 = (1 - \alpha)$ $+ (1 - \beta) + 1$

11. (1) $P(X^3 - X^2 - X - 2 < 0) = P[(X - 2)(X^2 - X + 1) < 0] = P(X - 2 < 0) = P(X < 2)$
$$= \int_0^2 \frac{1}{2} e^{-|x|} dx = \frac{1}{2}(1 - e^{-2})$$

(2) $P(1 \leq |X| \leq 2) = P(1 \leq X \leq 2$ 或 $-2 \leq X \leq -1) = \int_1^2 \frac{1}{2} e^{-|x|} dx + \int_{-2}^{-1} \frac{1}{2} e^{-|x|} dx$
$$= \frac{1}{2}[-e^{-x}]_1^2 + \frac{1}{2}[-e^x]_{-2}^{-1} = e^{-1} - e^{-2}$$

(3) $P(|X| \leq 2) = P(-2 \leq X \leq 2) = \int_{-2}^2 \frac{1}{2} e^{-|x|} dx = 2\int_0^2 \frac{1}{2} e^{-x} dx = 1 - e^{-2}$

(4) $P(X \geq 0 \cup |X| \leq 2) = P[(X \geq 0) \cup (0 \geq X \geq -2)] = P(X \geq -2)$
$$= \int_{-2}^{\infty} \frac{1}{2} e^{-|x|} dx = \frac{1}{2} \int_{-2}^0 e^x dx + \frac{1}{2} \int_0^{\infty} e^{-x} dx = 1 - \frac{1}{2} e^{-2}$$

12. $x \leq 0$ 時 $F(x) = P(X \leq x) = P(X \leq 0) = 0$

$0 < x \leq 1$ 時 $F(x) = \int_0^x \frac{1}{3} dt = \frac{x}{3}$

$1 < x \leq 2$ 時 $F(x) = \int_0^x f(x) dx = \int_0^1 \frac{1}{3} dx + \int_1^x 0 dx = \frac{1}{3}$

$2 < x \leq 4$ 時 $F(x) = \int_0^x f(x) dx = \int_0^1 \frac{1}{3} dx + \int_1^2 0 dx + \int_2^x \frac{1}{3} dx = \frac{x-1}{3}$

$x > 4$ 時 $F(x) = 1$

$$\therefore F(x) = \begin{cases} 0 & x < 0 \\ \dfrac{x}{3} & 0 \leq x < 1 \\ \dfrac{1}{3} & 1 \leq x < 2 \\ \dfrac{x-1}{3} & 2 \leq x < 4 \\ 1 & x > 4 \end{cases}$$

13. $P(X \leq x) = \sum_{k=0}^{x} p q^k = p \cdot \frac{1 - q^x}{1 - q} = 1 - q^x = 1 - (1 - p)^x$

$$\therefore P(Y \leq a) = P\left(\frac{X}{n} \leq a\right) = P(X \leq na) = 1 - (1 - p)^{na} = 1 - \left(1 - \frac{\lambda}{n}\right)^{na} \approx 1 - e^{-\lambda a}$$

14. (3) 不是分配函數

15.

提示	解答
先建立條件機率， $P(t < X \leq t + h \mid X > t)$ 　　t 時後未故障， 　　即 t 時前未故障 　　在 $(t, t+h)$ 間故障 2. $A = \{x \mid x > t\} \supseteq B = \{x \mid t < x \leq t + h\}$ $\therefore A \cap B = B = \{x \mid x \geq t + h\}$	依題意 $P(t < X \leq t + h \mid X > t) = \lambda(t)h + 0(h)$ $\therefore P(X > t + h \mid X > t) = 1 - P(t < X \leq t + h \mid X > t)$ $= 1 - \lambda(t)h - 0(h)$ $\Rightarrow \dfrac{P(X > t + h)}{P(X > t)} = 1 - \lambda(t)h - 0(h)$ $\therefore P(X > t + h) = P(X > t)[1 - \lambda(t)h - 0(h)]$

提示	解答
$f(0) = P(X > 0) = 1$	令 $P(X > t) = f(t)$ 則上式可寫成 $f(t + h) = f(t)[1 - \lambda(t)h - 0(h)]$ 移項得： $f(t + h) - f(t) = (-\lambda(t)h - 0(h))f(t)$ $\Rightarrow \lim_{h \to 0} \dfrac{f(t + h) - f(t)}{h} = f(t)\lim_{h \to 0} \dfrac{-\lambda(t)h - 0(h)}{h} \Rightarrow f'(t) = -\lambda(t)f(t)$ $\dfrac{f'(t)}{f(t)} = -\lambda(t)$，二邊同時積分得： $\ln f(t) = -\int_0^t \lambda(x)\,dx + c \Rightarrow f(x) = c' \exp\left\{-\int_0^t \lambda(x)dx\right\}$ 利用初始條件 $f(0) = 1$ 得 $c' = 1$ 即 $f(t) = \exp\left\{-\int_0^t \lambda(x)dx\right\}$ $\therefore F(t) = P(X \le t) = \begin{cases} 1 - \exp\left\{\int_0^t \lambda(x)dx\right\} & t \ge 0 \\ 0, & t < 0 \end{cases}$

16.

提示	解答
$f(t_1) = f(t_0)[1 - F(t_1)]$ $\therefore \dfrac{f(t_1)}{1 - F(t_1)} = f(t_0)$，因 $f(t_0)$ 為常數， 故令 $f(t_0) = c$	$P(t_0 \le T \le t_1 + t_0 \mid T \ge t_0) = \dfrac{P(t_0 \le T \le t_1 + t_0 \text{ 且 } T \ge t_0)}{P(T \ge t_0)}$ $= \dfrac{P(t_0 \le T \le t_1 + t_0)}{P(T \ge t_0)} = \dfrac{F(t_1 + t_0) - F(t_0)}{1 - F(t_0)} = P(T \le t_1) = F(t_1)$ 即 $F(t_1 + t_0) - F(t_0) = (1 - F(t_0))F(t_1)$ $\therefore F(t_1 + t_0) - F(t_1) = F(t_0)[1 - F(t_1)]$ $\lim_{t_0 \to 0} \dfrac{F(t_1 + t_0) - F(t_1)}{t_0} = \lim_{t_0 \to 0} \dfrac{F(t_0)}{t_0}[1 - F(t_1)]$ $\therefore f(t_1) = f(t_0)[1 - F(t_1)]$，令 $f(t_0) = c$，則 $\dfrac{f(t_1)}{1 - F(t_1)} = c$，二時同時積分： $-\ln(1 - F(t_1)) = ct_1 \quad \therefore 1 - F(t_1) = e^{-ct_1} \Rightarrow F(t_1) = 1 - e^{-ct_1}$ 即 $P(T \le t_1) = 1 - e^{-ct_1}$

17.

提示	解答
$\|x\| + \|x - 3\| \le 3$ 之解 	$x \le 0$	$3 \ge x \ge 0$	$x \ge 3$
---	---	---
$\|x\| + \|x - 3\|$	$\|x\| + \|x - 3\|$	$\|x\| + \|x - 3\|$
$= -x + 3 - x$	$= x + 3 - x = 3$	$= x + x - 3$
$= 3 - 2x \le 3$	≤ 3（成立）	$\not\le 3$ | $\therefore x \ge 0$ 綜上 $\|x\| + \|x - 3\| \le 3$ 之解為 $3 \ge x \ge 0$ (2) $\sin y \ge 0$ 之解為 $(2k + 1)\pi \ge y \ge 2k\pi$，取 $y = \pi x$，則 $(2k + 1)\pi \ge \pi x \ge 2k\pi \Rightarrow 2k + 1 \ge$ $x \ge 2k$，k 為整數。	(1) $P(\|X\| + \|X - 3\| \le 3)$ $= P(3 \ge X \ge 0)$ $= \int_0^3 \dfrac{1}{2} e^{-\|x\|} dx = -\dfrac{1}{2} e^{-x}\Big]_0^3 = \dfrac{1}{2}(1 - e^{-3})$ (2) $P(e^{\sin \pi x} \ge 1) = P(\sin \pi x \ge 0)$ $= \sum_{k=0}^{\infty} P(2k + 1 \ge X \ge 2k)$ $= P(0 \le X \le 1) + P(1 \le X \le 2) + P(2 \le X \le 3)$ $+ P(3 \le X \le 4) + \cdots$ $= P(X \ge 0) = \dfrac{1}{2}$

18.

提示	解答
改變積分順序（即應用 Fubini 定理）	$\int_{-\infty}^{\infty}(F(a+x)-F(x))dx$ $=\int_{-\infty}^{\infty}\left[\int_a^{a+x}f(y)dy\right]dx=\int_{-\infty}^{\infty}\left[\int_{a-y}^{y}f(y)dx\right]dy$ $=\int_{-\infty}^{\infty}xf(y)\Big\|_{a-y}^{y}dy=\int_{-\infty}^{\infty}af(y)dy=a$

習題 2-2

1.

x	-3	-2	-1	1	2	3
$P(X=x)$	$\dfrac{3}{12}$	$\dfrac{2}{12}$	$\dfrac{1}{12}$	$\dfrac{1}{12}$	$\dfrac{2}{12}$	$\dfrac{3}{12}$

$y=x^4$	81	16	1	1	16	81
$P(Y=y)$	$\dfrac{3}{12}$	$\dfrac{2}{12}$	$\dfrac{1}{12}$	$\dfrac{1}{12}$	$\dfrac{2}{12}$	$\dfrac{3}{12}$

合併

$\therefore$

y	1	16	8
$P(Y=y)$	$\dfrac{1}{6}$	$\dfrac{1}{3}$	$\dfrac{1}{2}$

2. $r.v.X \sim P_0(\lambda)$ 則 $f(x)=\dfrac{e^{-\lambda}\lambda^x}{x!}$，$x=0, 1, 2\cdots\cdots$

　　又 $y=2x^3+1$ 為一個一對一函數 $x=f^{-1}(y)=\sqrt[3]{\dfrac{y-1}{2}}$

　　$\therefore f(y)=\dfrac{e^{-\lambda}\lambda^{3}\sqrt{\dfrac{y-1}{2}}}{\left(\sqrt[3]{\dfrac{y-1}{2}}\right)!}$　　$y=1, 3, 17\cdots\cdots$

3. (1) $\dfrac{1}{3}>x>0$，$x=\sqrt{y}\therefore |J|=\left|\dfrac{dx}{dy}\right|=\dfrac{1}{2\sqrt{y}}$，$f(y)=\dfrac{1}{2\sqrt{y}}$，$\dfrac{1}{9}>y>0$ 　　　(1)

　　(2) $0>x>-\dfrac{1}{3}$，$x=-\sqrt{y}$

　　　　$\therefore |J|=\left|\dfrac{dx}{dy}\right|=\dfrac{1}{2\sqrt{y}}$，$f(y)=\dfrac{1}{2\sqrt{y}}$，$\dfrac{1}{9}>y>0$ 　　　(2)

　　　　由 (1)，(2) 相加 $f(y)=\dfrac{1}{\sqrt{y}}$，$\dfrac{1}{9}>y>0$

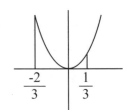

$(3)-\dfrac{1}{3}>x>-\dfrac{2}{3}$，$x=-\sqrt{y}$

$\therefore |J|=\left|\dfrac{dx}{dy}\right|=\dfrac{1}{2\sqrt{y}}$，$f(y)=\dfrac{1}{2\sqrt{y}}$，$\dfrac{4}{9}>y>\dfrac{1}{9}$

$\therefore f(y)=\begin{cases}\dfrac{1}{\sqrt{y}}, & \dfrac{1}{9}>y>0 \\[2mm] \dfrac{1}{2\sqrt{y}}, & \dfrac{4}{9}>y>\dfrac{1}{9} \\[2mm] 0 & \text{其它}\end{cases}$

4. $y=1+\dfrac{1}{x}$，$x>2$，爲一單值函數，$x=\dfrac{1}{y-1}$

$|J|=\left|\dfrac{dx}{dy}\right|=\left|-\dfrac{1}{(y-1)^2}\right|=\dfrac{1}{(y-1)^2}$，$\dfrac{3}{2}>y>1$

$\therefore f(y)=\begin{cases}8(y-1)^3\cdot\left(\dfrac{1}{(y-1)^2}\right)=8(y-1), & \dfrac{3}{2}>y>1 \\[2mm] 0 & ，\text{其它}\end{cases}$

5. $G(y)=P(Y\le y)=P\left(-\dfrac{1}{\lambda}\ln(1-X)\le y\right)=P(\ln(1-X)\ge -\lambda y)=P(1-e^{-\lambda y}\ge X)$

$P(X\le 1-e^{-\lambda y})=\displaystyle\int_0^{1-e^{-\lambda y}}dx=1-e^{-\lambda y}$，$y>0$

$\therefore g(y)=\dfrac{d}{dy}G(y)=\dfrac{d}{dy}(1-e^{-\lambda y})=\lambda e^{-\lambda y}$，$y>0$

6. $P(Y=m)=P(m\le X<m+1)=\displaystyle\int_m^{m+1}\lambda e^{-\lambda x}\,dx=-e^{-\lambda x}\Big]_m^{m+1}=e^{-\lambda m}-e^{-\lambda(m+1)}$

$\qquad =e^{-\lambda m}(1-e^{-\lambda})$，$m=0,1,2\cdots\cdots$

7. $v=\dfrac{4}{3}\pi x^3$，$\left|\dfrac{dx}{dv}\right|=\left|\dfrac{1}{dv/dx}\right|=4\pi x^2$ $\qquad\left|\dfrac{dx}{dv}\right|=\left|\dfrac{1}{\dfrac{dv}{dx}}\right|$

$\therefore f(v)=f(x)\cdot\left|\dfrac{dx}{dv}\right|=6x(1-x)/4\pi x^2=\dfrac{3}{2\pi}\left(\dfrac{1}{x}-1\right)=\dfrac{3}{2\pi}\left[\left(\dfrac{3v}{4\pi}\right)^{-\frac{1}{3}}-1\right]$，$\dfrac{4}{3}\pi>v>0$

8. 令 $W=F_X(x)\sim U(0,1)$，即 $f(w)=1$，$1>w>0$，$Y=3W+7$

$\therefore w=\dfrac{y-7}{3}$，$\left|\dfrac{dw}{dy}\right|=\dfrac{1}{3}$，得 $f_Y(y)=\dfrac{1}{3}$，$10>y>7$

9. $P(X\le 0.29)=P(1-X\ge 0.71)=P(Y\ge 0.71)=0.75$ $\therefore P(Y\le 0.71)=0.25$ 得 $K=0.71$

10. $y=x^2$ 在 R 中不爲單調函數，但在 $\infty>x\ge 0$ 或 $0\ge x>-\infty$ 中爲單調函數，即

$(1)\infty>x\ge 0$，$x=\sqrt{y}$，$|J|=\left|\dfrac{dx}{dy}\right|=\dfrac{1}{2\sqrt{y}}$，$\infty>y>0$

$(2)0\ge x>\infty$，$x=-\sqrt{y}$，$|J|=\left|\dfrac{dx}{dy}\right|=\dfrac{1}{2\sqrt{y}}$，$\infty>y>0$

$$\therefore f_Y(y) = \begin{cases} \dfrac{1}{2\sqrt{y}}(f(\sqrt{y}) + f(-\sqrt{y})), & y > 0 \\ 0, & \text{其它} \end{cases}$$

11. (1) $\beta(x) = f(x \mid X > t)$ $\quad \therefore F(x \mid X > t) = \dfrac{P(X \le x, X > t)}{P(X > t)} = \dfrac{P(x \ge X > t)}{1 - P(X \le t)} = \dfrac{F(x) - F(t)}{1 - F(t)}$

$\Rightarrow \beta(x) = f(x \mid X > t) = \dfrac{F'(x)}{1 - F(t)}$ ，$x > t$，

即 $\beta(t) = f(t \mid X > t) = \dfrac{F'(t)}{1 - F(t)}$

(2) 由 (1) $\beta(t) = \dfrac{F'(t)}{1 - F(t)}$，兩邊同時對 t 積分

$\displaystyle \int_0^x \beta(t)dt = \int_0^x \dfrac{F'(t)}{1 - F(t)}dt = -\ln[1 - F(t)]\Big|_0^x = -\ln(1 - F(x))$

$\therefore F(x) = 1 - \exp\left[-\int_0^x \beta(t)dt\right] \Rightarrow f(x) = \beta(x)\exp\left[-\int_0^x \beta(t)dt\right]$

(3) $F(\infty) = 1 - \exp\left[-\int_0^\infty \beta(t)dt\right]$，又 $F(\infty) = 1$

$\therefore F(\infty) = 1 - \exp\left[-\int_0^\infty \beta(t)dt\right] = 1 \Rightarrow \int_0^\infty \beta(t)dt = \infty$（或不存在）

(4) $f(x) = \lambda e^{-\lambda x}$，$x > 0$ 對應之 $F(x) = 1 - e^{-\lambda x}$

$\therefore \beta(t) = \dfrac{F'(t)}{1 - F(t)} = \dfrac{\lambda e^{-\lambda t}}{1 - (1 - e^{-\lambda t})} = \lambda$

12.

提示	解答
(1) $z < 0$，$z = 0$，$z > 0$ 分段討論。 (2) $x \ge 0$ 與 $x < 0$ 分段討論。	(1) $F_Z(z)$： ① $z < 0$，$P(Z \le z) = 0$ ② $z = 0$，$P(Z \le 0) = P(Z = 0) = P(X \le 0) = 0$ ③ $z > 0$，$P(Z \le z) = P(X \le z) = F_X(z)$ 即 $F(z) = \begin{cases} 0, & z < 0 \\ F_X(z), & z \ge 0 \end{cases}$ (2) $F_W(w) = P(W \le w) = P(max(0, \mid X \mid) \le w)$： ① $x \ge 0$：$P(W \le w) = P(X \le w) = F(w)$ ② $x < 0$：$P(W \le w) = P(-X \le w) = P(X \ge -w)$ $= 1 - P(X \le -w) = 1 - F_X(-w)$ 即 $F_W(w) = \begin{cases} F_X(w), & w \ge 0 \\ 1 - F_X(-w), & w < 0 \end{cases}$

習題 2-3

1. (1) $\mu = \displaystyle\int_0^\infty x \cdot \lambda e^{-\lambda x}\,dx = \lambda \int_0^\infty x e^{-\lambda x}\,dx = \lambda \cdot \dfrac{1}{\lambda^2} = \dfrac{1}{\lambda}$

$E(X^2) = \displaystyle\int_0^\infty x^2 \cdot \lambda e^{-\lambda x}\,dx = \lambda \int_0^\infty x^2 e^{-\lambda x}\,dx = \lambda \cdot \dfrac{2!}{x^3} = \dfrac{2}{\lambda^2}$

$$\sigma^2 = E(X^2) - \mu^2 = \frac{2}{\lambda^2} - \left(\frac{1}{\lambda}\right)^2 = \frac{1}{\lambda^2} \text{ , } \sigma = \sqrt{\sigma^2} = \frac{1}{\lambda}$$

(2) $P(\mu - \sigma < X < \mu + \sigma) = P\left(\frac{1}{\lambda} - \frac{1}{\lambda} < X < \frac{1}{\lambda} + \frac{1}{\lambda}\right) = P\left(0 < X < \frac{2}{\lambda}\right) = \int_0^{\frac{2}{\lambda}} \lambda e^{-\lambda x}\, dx$

$$= -e^{-\lambda x}\Big]_0^{\frac{2}{\lambda}} = 1 - e^{-2}$$

2. $P(\mu - 2\sigma < X < \mu + 2\sigma) = P(-2\sigma < X - \mu < 2\sigma) = P(|X - \mu| < 2\sigma) \geq 1 - \frac{1}{4} = \frac{3}{4}$

∴不可能存在一個 $r.v. X$ 滿足 $P(\mu - 2\sigma < X < \mu + 2\sigma) = 0.7$

3. $M(t) = E(e^{tX}) = \sum_{x=0}^{n} e^{tx} \binom{n}{x} p^x (1-p)^{n-x} = \sum_{x=0}^{n} \binom{n}{x} (p\,e^t)^x q^{n-x} = (pe^t + q)^n \quad q = 1 - p$

$$\therefore \mu = \frac{dC(t)}{dt}\Big|_{t=0} = \frac{d}{dt}\left[\ln(pe^t + q)^n\right]\Big|_{t=0} = \frac{npe^t}{pe^t + q}\Big|_{t=0} = np$$

$$\sigma^2 = \frac{d^2}{dt^2}C(t)\Big|_{t=0} = \frac{d^2}{dt^2}\left[\ln(pe^t + q)^n\right]\Big|_{t=0} = \frac{d}{dt}\left(\frac{npe^t}{pe^t + q}\right)\Big|_{t=0} = \frac{(pe^t + q)(npe^t) - npe^t \cdot pe^t}{(pe^t + q)^2}\Big|_{t=0}$$

$$= np - np^2 = npq$$

4. $M(t) = E(e^{tX}) = \int_0^\infty e^{tx} \frac{1}{\Gamma(\alpha)\beta^\alpha} x^{\alpha-1} e^{-\frac{x}{\beta}} dx = \frac{1}{\Gamma(\alpha)\beta^\alpha} \int_0^\infty x^{\alpha-1} e^{-(\frac{1}{\beta} - t)x} dx = \frac{1}{\Gamma(\alpha)\beta^\alpha} \frac{\Gamma(\alpha)}{\left(\frac{1}{\beta} - t\right)^\alpha}$

$$= \frac{1}{(1 - \beta t)^\alpha} \text{ , } t < \frac{1}{\beta}$$

$$\therefore c(t) = -\alpha \ln(1 - \beta t)$$

$$\mu = c'(t)\Big|_{t=0} = \frac{d}{dt}\left[-\alpha\ln(1 - \beta t)\right]\Big|_{t=0} = \alpha\beta$$

$$\sigma^2 = c''(t)\Big|_{t=0} = \frac{d}{dt}\left(\frac{\alpha\beta}{1 - \beta t}\right)\Big|_{t=0} = \frac{-\alpha\beta(-\beta)}{(1 - \beta t)^2}\Big|_{t=0} = \alpha\beta^2$$

5. (1) $\begin{cases} 1 - x, & 1 > x > 0 \\ 1 + x, & 0 > x > -1 \end{cases}$ （驗證它是個 pdf）

(2) $\int_0^1 x(1 - x)dx + \int_{-1}^0 x(1 + x)dx = 0$

(3) $\int_0^1 x^2(1 - x)dx + \int_{-1}^0 x^2(1 + x)dx = \frac{1}{6}$

(4)

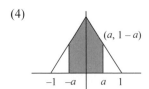

$P(|X| \leq a) = \int_{-a}^a f(x)dx = 2\int_0^a f(x)dx$

$= 2\int_0^a (1 + x)dx = a^2 + 2a = \frac{1}{2}$

$\therefore 2a^2 + 4a - 1 = 0$ 解之 $a = \frac{1}{2}(-2 + \sqrt{6})$

6. (1) $(Y \leq y) = P((X - 1)^2 \leq y) = P(-\sqrt{y} \leq X - 1 \leq \sqrt{y}) - \sqrt{y} \leq X \leq 1 + \sqrt{y})$

$$= \int_{1 - \sqrt{y}}^{1 + \sqrt{y}} \frac{t}{2} dt$$

$\therefore g(y) = \frac{d}{dy}\left[\frac{1}{4}(1 + \sqrt{y})^2 - \frac{1}{4}(1 - \sqrt{y})^2\right] = \frac{1}{2\sqrt{y}}$, $1 \geq y \geq 0$

(2) $E(Y) = \int_0^1 y \frac{1}{2\sqrt{y}} dy = \frac{1}{3}$ 或

$\quad E(Y) = E((X-1)^2) = \int_0^2 (x-1)^2 \frac{x}{2} dx = \frac{1}{3}$

7. $C(t) = c[M_X(t) - 1] \therefore E(Y) = c(M_X'(0)) = c\mu$ 及 $V(Y) = cM_X''(0) = cE(X_X^2) = c(\sigma^2 + \mu^2)$

8. $m_n = \int_{-\infty}^{\infty} x^n f(x) dx = \int_{-\infty}^{\infty} [(x-\mu)+\mu]^n f(x) dx = \int_{-\infty}^{\infty} \sum\limits_{k=1}^{n} \binom{n}{k} (x-\mu)^k \mu^{n-k} f(x) dx$

$\quad = \sum\limits_{k=1}^{n} \binom{n}{k} \int_{-\infty}^{\infty} (x-\mu)^k f(x) dx \cdot \mu^{n-k} = \sum\limits_{k=1}^{n} \binom{n}{k} M_k \mu^{n-k}$

9. (1) $\sum\limits_{j=1}^{\infty} P(X \geq j) = P(X \geq 1) + P(X \geq 2) + P(X \geq 3) + \cdots\cdots$

$\quad = P(X=1) + P(X=2) + P(X=3) + \cdots$

$\quad + \qquad\qquad\ P(X=2) + P(X=3) + \cdots$

$\quad + \qquad\qquad\qquad\qquad\quad P(X=3) + \cdots$ *

$\quad \therefore * = P(X=1) + 2P(X=2) + 3P(X=3) + \cdots\cdots = E(X)$

(2) $E(X) = P(X=1) + 2P(X=2) + 3P(X=3) + \cdots\cdots$

$\quad \geq 2[P(X=1) + P(X=2) + P(X=3) + \cdots\cdots] - P(X=1) = 2 - P(X=1)$

(3) $E(X) = 3[P(X=1) + P(X=2) + P(X=3) + \cdots\cdots] - 2P(X=1) - P(X=2)$

$\quad + [P(X=4) + 2P(X=5) + \cdots\cdots] \geq 3 - 2P(X=1) - P(X=2)$

10.(1)

x	-1	1	3
$P(X=x)$	$\frac{1}{5}$	$\frac{2}{5}$	k

，$k = \frac{2}{5}$

(2) $E(X) = (-1) \times \frac{1}{5} + 1 \times \left(\frac{2}{5}\right) + 3 \times \left(\frac{2}{5}\right) = \frac{7}{5}$

(3) $P(-1 < X < 2.7) = P(X=1) = \frac{2}{5}$

11.(1) $M(t) = \int_0^{\infty} e^{tx} e^{-x} dx = \frac{1}{1-t}$

(2) $M(t) = \sum\limits_{n=0}^{\infty} (EX^n) \frac{t^n}{n!} = \sum\limits_{n=0}^{\infty} t^n = \frac{1}{1-t}$ $\therefore f(x) = e^{-x}$, $x \geq 0$（由 (1)）

12. $r.v. X$ 之 m.g.f. 為 $M(t) = (1-t)^{-s} = \sum\limits_{n=0}^{\infty} E(X^n) \cdot \frac{t^n}{n!}$

但 $(1-t)^{-1} = 1 + t + t^2 + \cdots\cdots$ $|t| < 1$，兩邊同時對 t 微分：

$\quad (1-t)^{-2} = 1 + 2t + 3t^2 + 4t^3 + \cdots\cdots$

$\quad 2(1-t)^{-3} = 2 + 3 \cdot 2t + 4 \cdot 3t^2 + \cdots\cdots + (n+2)(n+1)t^n + \cdots\cdots$

$\quad \therefore (1-t)^{-3} = \frac{1}{2}\sum(n+2)(n+1)t^n = \sum \frac{(n+2)(n+1)n!}{2} \frac{t^n}{n!} = \sum \frac{(n+2)!}{2} \cdot \frac{t^n}{n!}$

$\quad \therefore E(X^n) = \frac{(n+2)!}{2}$

13. $\because M(0) = 0 \neq 1$ $\therefore$ 不存在一個 $r.v. X$，其 $M(t) = \frac{te^t}{1+t^2}$

14. $\sum\limits_{n=1}^{\infty} nP(X \geq n) = \sum\limits_{n=1}^{\infty} n\left(\sum\limits_{x=n}^{\infty} P(X=x)\right) = \sum\limits_{x=1}^{\infty} P(X=x)\sum\limits_{n=1}^{x} n = \sum\limits_{n=1}^{\infty} P(X=x) \cdot \frac{x(x+1)}{2} = E\left(\frac{X(X+1)}{2}\right)$

15. $P(|X-10| \geq c) = P((X-10)^2 \geq c^2) \leq \frac{E(X-10)^2}{c^2} = \frac{4}{c^2} = \frac{1}{25}$ $\quad \therefore c = 10$

16. $P(X \geq 6) \leq \frac{E(X)}{6}$ $\quad \therefore \frac{1}{2} \leq \frac{E(X)}{6}$ 得 $E(X) \geq 3$

17. $P(11 \geq X \geq 5) = 0.5$ $\quad \therefore 0.5 = P(11 \geq X \geq 5) = P(3 \geq X-8 \geq -3) = P(|X-8| \leq 3)$

   即 $P(|X-8| \geq 3) = \frac{1}{2}$

   由 Chebyshev 不等式：$\frac{1}{2} = P(|X-10| \geq 3) = P((X-10)^2 \geq 9) \leq \frac{E(X-10)^2}{9}$

   $\therefore E(X-10)^2 \geq \frac{9}{2}$ 即 $V(X) \geq \frac{9}{2}$

18. (1) $E(X-p)^2 = \sum\limits_{x=0}^{1} (x-p)^2 p^x (1-p)^{1-x} = p^2(1-p) + (1-p^2)p = p(1-p) = -(p-\frac{1}{2})^2$

   $+ \frac{1}{4} \leq \frac{1}{4}$ 或 $X \sim b(1,p)$ $\therefore \mu = p$，$\sigma^2 = pq = p(1-p)$，又 $f(p) = p(1-p)$

   $f'(p) = 1 - 2p = 0$ $\therefore p = \frac{1}{2}$，$f''(p) = -2 < 0 \Rightarrow f(p)$ 在 $p = \frac{1}{2}$ 時有極大值 $f\left(\frac{1}{2}\right) = \frac{1}{4}$

   (2) $P(|X-p| \geq a) = P(|X-p|^2 \geq a^2) \leq \frac{E(X-p)^2}{a^2} \leq \frac{1}{4a^2}$

19.

提示	解答
本例要用部分分式求 $\int xe^{-x}dx$ 與 $\int x^2 e^{-x}dx$ 我們可用 $6x^2 - 16x \quad + \quad e^{-x}$ $12x - 16 \quad - \quad -e^{-x}$ $12 \quad + \quad e^{-x}$ $0 \quad -e^{-x}$ $\therefore \int_0^{\infty} (6x-16)xe^{-x}\,dx$ $= (-6x^2+4x+4)e^{-x}\Big]_3^{\infty} = 38e^{-3}$	$E(c(x)) = \int_0^3 2xe^{-x}dx + \int_3^{\infty} [2+6(x-3)]xe^{-x}dx$ $= 2(1-4e^{-3}) + 38e^{-3}$ $= 2 + 30e^{-3}$

20.

提示	解答
1. 取 $h(x) = \ln x$，$h''(x) = -\frac{1}{x^2} < 0$ $\therefore h(x) = \ln x$ 為一凸函數 應用 Jensen 不等式 $\Rightarrow h(E(x)) \leq E(h(x))$	取 $h(x) = \ln x$，$h''(x) = -\frac{1}{x^2} < 0$ $\therefore h(x)$ 為凸函數由 Jensen 不等式，$\ln E\left(\frac{f(x)}{g(x)}\right) \leq E\left(\ln \frac{f(x)}{g(x)}\right)$ 又 $\ln E\left(\frac{f(x)}{g(x)}\right) = \ln \int_0^{\infty} \frac{f(x)}{g(x)} \cdot g(x)dx = \ln\left(\int_0^{\infty} f(x)dx\right) = \ln 1 = 0$ $\Rightarrow 0 = \ln E\left(\frac{f(x)}{g(x)}\right) \leq E\left(\ln\left(\frac{f(x)}{g(x)}\right)\right) = E[\ln f(x)] - E[\ln g(x)]$ $\therefore E(\ln f(x)) > E(\ln g(x))$

21.

提示	解答
1. 對數常態分配在計算／論證時，通常第一步要令 $y = \ln x$ 行變數變換成常態分配。 2. 由 $\int_{-\infty}^{\infty} x^t \dfrac{1}{\sqrt{2\pi}\sigma}\exp\left(-\dfrac{1}{2\sigma^2}(y-\mu)^2\right)dy$ 著手。	$E(X^t) = \int_0^{\infty} x^t \dfrac{1}{\sqrt{2\pi}\sigma x}\exp\left(-\dfrac{1}{2\sigma^2}(\ln x - u)^2\right)dx$ $\xrightarrow{y=\ln x} \int_{-\infty}^{\infty} e^{ty}\dfrac{1}{\sqrt{2\pi}\sigma}\exp\left(-\dfrac{1}{2\sigma^2}(y-u)^2\right)dy = e^{ut+\frac{1}{2}\sigma^2 t^2}$ (1) $\therefore E(X) = E(X^t)|_{t=1} = e^{u+\frac{1}{2}\sigma^2}$ $E(X^2) = E(X^t)|_{t=2} = e^{2u+2\sigma^2}$ 得 $V(X) = E(X^2) - [E(X)]^2 = e^{2u+2\sigma^2} - \left(e^{u+\frac{1}{2}\sigma^2}\right)^2 = e^{2u+2\sigma^2} - e^{2u+\sigma^2}$

22. $M(t) = \int_{-\infty}^{\infty} e^{tx}f(x)dx = \int_{-\infty}^{a} e^{tx}f(x)dx + \int_{a}^{\infty} e^{tx}f(x)dx \geq \int_{a}^{\infty} e^{tx}f(x)dx \geq \int_{a}^{\infty} e^{ta}f(x)dx = e^{ta}\int_{a}^{\infty} f(x)dx$

$\qquad = e^{tx}P(X \geq a)$

$\quad \therefore P(X \geq a) \leq e^{-at}M(t)$

23.(1) 在 Hölder 不等式 $E(XY) \leq (E|X|^p)^{\frac{1}{p}}(E|Y|^q)^{\frac{1}{q}}$ 中取 $Y = 1$ 即得 $E|X| \leq E(|X|^p)^{\frac{1}{p}}$

$\quad$(2) 由 (1) $E|X|^r \leq (E|X|^{rp})^{\frac{1}{p}}$，$p > r > 1$ 取 $s = rp$，則 $E(|X|^r) \leq E(|X|^s)^{\frac{r}{s}} \Rightarrow (E|X|^r)^{\frac{1}{r}} = (E|X|^s)^{\frac{1}{s}}$

24. 取 $h(x) = \dfrac{1}{x}$，則 $h''(x) = \dfrac{2}{x^2} > 0$ 為 convex $\quad \therefore E\left(\dfrac{1}{X}\right) \geq \dfrac{1}{E(X)}$

25.

提示	解答
由題目： $\int_0^{\infty} x^k f(x)dx = \int_0^{\infty} x^k f_\varepsilon(x)dx =$ $\int_0^{\infty} x^k f(x)[1+\varepsilon\sin(2\pi\ln x)]dx$ 因此只要證 $\int_0^{\infty} f(x)[\varepsilon\sin(2\pi\ln x)]dx = 0$ $\sin(2\pi(z+k)) = \sin(2k\pi + 2\pi z) = \sin 2\pi z$ $h(z) = \exp\left(-\dfrac{1}{2}z^2\right)\sin 2\pi z$ 在 R 中為 z 之奇函數	$\int_0^{\infty} x^k f(x)[1+\varepsilon\sin(2\pi\ln x)]dx$ $= \int_0^{\infty} x^k f(x)dx + \int_0^{\infty} x^k \dfrac{1}{\sqrt{2\pi}x}\exp\left[-\dfrac{1}{2}(\ln x)^2\right](\varepsilon\sin(2\pi\ln x))dx$ 但 $\int_0^{\infty} x^k \dfrac{1}{\sqrt{2\pi}x}\exp\left[-\dfrac{1}{2}(\ln x)^2\right]\varepsilon\sin(2\pi\ln x)dx$ $\xrightarrow{y=\ln x} \varepsilon\int_{-\infty}^{\infty} e^{ky}\dfrac{1}{\sqrt{2\pi}}\exp\left(\dfrac{1}{2}y^2\right)\sin(2\pi y)dy$ $= \dfrac{1}{\sqrt{2\pi}}\varepsilon\int_{-\infty}^{\infty}\exp\left(-\dfrac{1}{2}(y-k)^2 + \dfrac{1}{2}k^2\right)\sin(2\pi y)dy$ $= \dfrac{\varepsilon}{\sqrt{2\pi}}e^{\frac{1}{2}k^2}\int_{-\infty}^{\infty}\exp\left(-\dfrac{1}{2}(y-k)^2\right)\sin(2\pi y)dy$ $\xrightarrow{z=y-k} \dfrac{\varepsilon}{\sqrt{2\pi}}e^{-\frac{k^2}{2}}\int_{-\infty}^{\infty}\exp\left(-\dfrac{1}{2}z^2\right)\sin(2\pi(z+k))dz$ $= \dfrac{\varepsilon}{\sqrt{2\pi}}e^{-\frac{k^2}{2}}\int_{-\infty}^{\infty}\exp\left(-\dfrac{1}{2}z^2\right)\sin(2\pi(z+k))dz$ $= \dfrac{\varepsilon}{\sqrt{2\pi}}e^{-\frac{t^2}{2}}\int_{-\infty}^{\infty}\exp\left(-\dfrac{1}{2}z^2\right)\sin 2\pi z dz = 0$ $\therefore \int_0^{\infty} x^k f(x)dx = \int_0^{\infty} x^k f_Z(x)dx$

26.

提示	解答
(2) 題目有提示，我們就按提示走。	(1) 令 $h(t)=(t+c)^2$，$c>0$，則 $h(t) \geq (a+c)^2$，$\forall t>a>0$ 由 Chebyshev 不等式 $P(X>a) \leq P(h(X) \geq (a+c)^2) \leq \dfrac{E(X+c)^2}{(a+c)^2}$ $= \dfrac{\sigma^2+b^2}{(a+c)^2}$ (1) (1) 式為 c 之函數，即 $h(c)=\dfrac{\sigma^2+b^2}{(a+c)^2}$，令 $h'(c)=0$ 得 $c=\dfrac{\sigma^2}{a}$（讀者可驗證其對應相對極小值）。 代之入 (1) 即得
注意，σ^2 為常數，$\therefore V(X^2-\sigma^2)=V(X^2)$，又 $EX=0$ $\therefore EX^2=\sigma^2$	(2) $P(\lvert X \rvert \geq K\sigma)$ $= P(X^2 \geq K^2\sigma^2) = P(X^2-\sigma^2 \geq K^2\sigma^2-\sigma^2)$ $= P\left(\dfrac{X^2-\sigma^2}{K^2\sigma^2-\sigma^2} \geq 1\right) \leq \dfrac{V\left(\dfrac{X^2-\sigma^2}{K^2\sigma^2-\sigma^2}\right)}{V\left[\dfrac{X^2-\sigma^2}{K^2\sigma^2-\sigma^2}\right]+1}$ $= \dfrac{V(X^2-\sigma^2)/(K^2\sigma^2-\sigma^2)^2}{V[(X^2-\sigma^2)/(K^2\sigma^2-\sigma^2)^2]+1} = \dfrac{V(X^2)}{V(X^2)+(K^2\sigma^2-\sigma^2)^2}$ $= \dfrac{E(X^4)-(E(X^2))^2}{E(X^4)-(E(X^2))^2+K^4\sigma^4-2K^2\sigma^4+\sigma^4}$ $= \dfrac{u_4-\sigma^4}{u_4-\sigma^4+K^4\sigma^4-2K^2\sigma^4+\sigma^4} = \dfrac{u_4-\sigma^4}{u_4+\sigma^4K^4-2K^2\sigma^4}$

習題 2-4

1. $\lvert e^{ix} \rvert = \lvert \cos x + i\sin x \rvert = \sqrt{\cos^2 + \sin^2 x} = 1$

2. $(1)\ \phi'(t)\big|_{t=0} = \dfrac{d}{dt}E(e^{itX}) = E(iXe^{itX})\big|_{t=0} = 0 = E(iX) = iE(X) \therefore E(X) = \dfrac{1}{i}\phi'(0)$

   $(2)\ \phi''(t)\big|_{t=0} = \dfrac{d^2}{dt^2}E(e^{itX})\big|_{t=0} = \dfrac{d}{dt}(E(iXe^{itX}))\big|_{t=0}$

       $= E(-X^2e^{itX})\big|_{t=0} = -E(X^2)$ 即 $E(X^2) = -\phi''(0)$

   $\therefore V(X) = E(X^2) - [E(X)]^2 = -\phi''(0) - \left(\dfrac{1}{i}\phi'(0)\right)^2$

       $= \phi''(0) + [\phi'(0)]^2$

3.

提示	解答
1. $\cos t = \dfrac{1}{2}(e^{it}+e^{it})$	(1) $E(e^{itX}) = \dfrac{1}{2}e^{-it} + \dfrac{1}{2}e^{it} = \dfrac{1}{2}(e^{-it}+e^{it}) = \cos t$ (2) $E(e^{itX}) = \dfrac{1}{4}e^{-it} + \dfrac{1}{2} + \dfrac{1}{4}e^{it} = \dfrac{1}{2}\left(1+\dfrac{1}{2}(e^{-it}+e^{it})\right) = \dfrac{1}{2}(1+\cos t)$

4. $\phi(t) = E(e^{itX}) = \int_{-\infty}^{\infty} e^{itx} \frac{1}{2} |x| e^{-|x|} dx = \frac{-1}{2} \int_{-\infty}^{0} e^{itx} x e^{x} dx + \frac{1}{2} \int_{0}^{\infty} e^{itx} x e^{-x} dx$

$= \frac{-1}{2} \int_{\infty}^{0} e^{-ity} (-y) e^{-y} d(-y) + \frac{1}{2} \int_{0}^{\infty} x e^{-(1-it)x} dx = \frac{1}{2} \int_{0}^{\infty} y e^{-(1+it)y} dy + \frac{1}{2} \int_{0}^{\infty} x e^{-(1-it)x} dx$

$= \frac{1}{2} \frac{1}{(-1+it)^2} + \frac{1}{2} \frac{1}{(1+it)^2} = \frac{1-t^2}{(1+t^2)^2}$

5. $f(x) = \frac{1}{2\pi} \int_{-\infty}^{\infty} e^{-itx} \cdot e^{-\frac{t^2}{2}} dt = \frac{1}{2\pi} \int_{-\infty}^{\infty} e^{-\frac{1}{2}[(t-ix)^2+x^2]} dx = \frac{1}{\sqrt{2\pi}} e^{-\frac{x^2}{2}} \int_{-\infty}^{\infty} \frac{1}{\sqrt{2\pi}} e^{-\frac{1}{2}(t-ix)^2} dt$

$= \frac{1}{\sqrt{2\pi}} e^{-\frac{x^2}{2}}$ ，$\infty > x > -\infty$

即 r.v.X $\sim$ $n(0, 1)$

6.

提示	解答
$\cos tx = \frac{1}{2}(e^{it} + e^{-it})$	$\phi(t) = \int_{1}^{1} 1 \cdot e^{itx}(1-|x|) dx$
	$= \int_{-1}^{0} e^{itx}(1+x)dx + \int_{0}^{1} e^{itx}(1-x)dx$
	$= \left[\frac{(1+x)e^{itx}}{it} + \frac{e^{itx}}{t^2} \right]_{-1}^{0} + \left(\frac{(1-x)}{it} e^{itx} - \frac{1}{t^2} e^{itx} \right)\Big]_{0}^{1}$
	$= \frac{1}{it} + \frac{1}{t^2} - \frac{e^{-it}}{t^2} - \frac{1}{t^2} e^{it} - \frac{1}{it} + \frac{1}{t^2}$
	$= \frac{1}{t^2}(2 - e^{it} - e^{-it}) = \frac{2}{t^2}(1 - \cos t)$

習題 3-1

1.

提示	解答
(2)	$(1)\ k \int_0^1 \int_x^1 (1-y) dy\, dx = k \int_0^1 \left(\frac{1}{2} - x + \frac{x^2}{2} \right) dx = \frac{1}{6} k = 1 \quad \therefore\ k = 6$ $(2)\ P\left(X \leq \frac{3}{4}, Y \geq \frac{1}{2}\right) = \int_{\frac{1}{2}}^{\frac{3}{4}} \int_0^y 6(1-y) dx\, dy + \int_{\frac{3}{4}}^{1} \int_0^{\frac{3}{4}} 6(1-y) dx\, dy$ $= \int_{\frac{1}{2}}^{\frac{3}{4}} 6(1-y)y\, dy + \int_{\frac{3}{4}}^{1} \frac{9}{2}(1-y) dy = \frac{19}{64}$

2.

提示	解答
(2)	(1) $\int_0^1 \int_0^1 kxy\,dx\,dy = \frac{k}{2}\int_0^1 y\,dy = \frac{k}{4} = 1$ $\therefore k = 4$ (2) $P(X \geq Y) = \int_0^1 \int_0^x 4xy\,dy\,dx = \int_0^1 2x^3\,dx = \frac{1}{2}$

3.

提示	解答
(1)	(1) $\int_0^1 \int_{x^2}^1 kx^2 y\,dy\,dx = \frac{k}{2}\int_0^1 x^2(1-x^4)\,dx = \frac{2}{21}k = 1$ $\therefore k = \frac{21}{2}$
(2)	(2) $P(X \geq Y) = \int_0^1 \int_{x^2}^x \frac{21}{2}x^2 y\,dy\,dx = \frac{21}{4}\int_0^x x^2(x^2 - x^4)\,dx$ $= \frac{21}{4}\int_0^1 (x^4 - x^6)\,dx = \frac{3}{10}$

4. (1) $f(x,y) = \frac{\partial^2}{\partial x \partial y}F(x,y) = \frac{\partial}{\partial x}\left[\frac{\partial}{\partial y}(1-e^{-x})(1-e^{-y})\right] = \frac{\partial}{\partial x}[(1-e^{-x})e^{-y}] = e^{-(x+y)}$,

  $x > 0$，$y > 0$

  (2) $P(X < 1) = P(X < 1, Y < \infty) = \int_0^1 \int_0^\infty e^{-(x+y)}dy\,dx = \int_0^1 e^{-x}\,dx = 1 - \frac{1}{e}$

  (3) $P(X + Y < 2) = \int_0^2 \int_0^{2-x} e^{-(x+y)}dy\,dx = \int_0^2 e^{-x}(1 - e^{-(2-x)})\,dx = \int_0^2 (e^{-x} - e^{-2})\,dx = 1 - 3e^{-2}$

5.

提示	解答
1. $P(A \cap B) \leq P(A) + P(B) - 1$ 2. $P(A \cap B) \leq P(A)$	$F(x, y) = P(X \leq x, Y \leq y) \leq P(X \leq x) + P(Y \leq y) - 1$ 又 $P(X \leq x, Y \leq y) \leq P(X \leq x)$ 及　　　　　　(1) $P(X \leq x, Y \leq y) \leq P(X \leq x)$　　　　　　　　(2) 由 (1), (2) $P^2(X \leq x, Y \leq y) \leq P(X \leq x)P(Y \leq y)$ $\Rightarrow P(X \leq x, Y \leq y) \leq \sqrt{P(X \leq x)P(Y \leq y)}$

6.

提示	解答
	① $x \leq 0$，$y \leq 2$ 時：$F(x, y) = 0$ ② $2 \geq x \geq 0$，$4 \geq y \geq 2$ 時（在區域 A 中） 　$F(x, y) = \int_4^x \int_2^y \frac{1}{8}(6 - s - t)\,dt\,ds$ 　$= \int_0^s \frac{1}{8}\left[(6 - s)(y - 2) - \frac{y^2}{2} + 2\right]ds = \frac{x}{16}(y - 2)(10 - y - x)$ ③ $2 \geq x \geq 0$，$y \geq 4$（在區域 B 中）： 　$F(x, y) = \int_0^x \int_2^4 f(s, t)\,dt\,ds = \frac{1}{8}x(6 - x)$ ④ $2 \leq y \leq 4$，$x \geq 2$（在區域 C 中）： 　$F(x, y) = \int_0^2 \int_2^y f(s, t)\,dt\,ds = \frac{1}{8}(y - 2)(8 - y)$ ⑤ $x \geq 2$，$y \geq 4$（在區域 D 中）：$F(x, y) = \int_0^2 \int_2^4 f(s, t)\,dt\,ds = 1$

7. $F(1, 1) - F(1, -1) - F(-1, -1) + F(-1, 1) = 0 - 1 - 1 + 0 = -2$　$\therefore F(x, y)$ 不可為結合分配函數

8. $F(a, c) = P(X \leq a, Y \leq c)$
$F(b, d) = P(X \leq b, Y \leq d)$
$\because a < b$，$c < d$　$\therefore \{(x, y) \mid X \leq a, Y \leq c\} \subseteq \{(x, y) \mid X \leq b, Y \leq d\}$
$\Rightarrow F(a, c) \leq F(b, d)$

9.

提示	解答
	(1) $x < 1$，$y < 1$：$F(x, y) = 0$ (2) $1 \leq x < 2$，$1 \leq y < 2$：$F(x, y) = p_{11}$ (3) $1 \leq x < 2$，$y \geq 2$：$F(x, y) = p_{11} + p_{12}$ (4) $x \geq 2$，$1 \leq y < 2$：$F(x, y) = p_{11} + p_{21}$ (5) $x > 2$，$y > 2$：$F(x, y) = 1$

10.

提示	解答
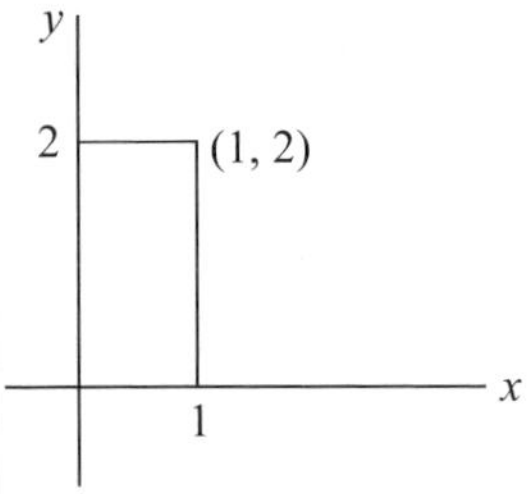	(1) ① $x<0$，$y<0$：$F(x,y)=0$ ② $0\le x<1$，$0\le y<2$：$F(x,y)=\frac{1}{3}x^3y+\frac{1}{12}x^2y^2$ ③ $x\ge 1$，$0\le y<2$：$F(x,y)=\int_0^1\int_0^y(x^2+\frac{1}{3}xy)\,dydx=\frac{y}{3}+\frac{y^2}{12}$ ④ $0\le x<1$，$y\ge 2$：$F(x,y)=\int_0^x\int_0^2(x^2+\frac{1}{3}xy)\,dydx=\frac{2}{3}x^3+\frac{1}{3}x^2$ ⑤ $x\ge 1$，$y\ge 2$，$F(x,y)=\int_0^1\int_0^2(x^2+\frac{1}{3}xy)\,dydx=1$ (2) $P(0\le X\le\frac{1}{2}, 0\le Y\le\frac{1}{2})=\int_0^{\frac{1}{2}}\int_0^{\frac{1}{2}}(x^2+\frac{1}{3}xy)\,dydx=\frac{5}{192}$

11. (1) $P(a<X\le b, Y\le y)=F(b,y)-F(a,y)$

(2) $P(X>a, Y>b)$

$=1-P(X\le a\cup Y\le b)$

$=1-(F(a,\infty)+F(\infty,b)-F(a,b))$

$=1-F(a,\infty)-F(\infty,b)+F(a,b)$

(3) $P(X=a, Y\le b)$

$=P(X\le a, Y\le b)-P(x=a-, y\le b)$

$=F(a,b)-F(a-,b)$

12.

提示

r.v.X, Y 之 jpdf：

x \ y	-1	0	1	3
1	$\frac{2}{42}$	$\frac{1}{42}$	$\frac{2}{42}$	$\frac{10}{42}$
4	$\frac{5}{42}$	$\frac{4}{42}$	$\frac{5}{42}$	$\frac{13}{42}$

解答

(1) $Z=XY$

$P(Z=-1)=P(X=1, Y=-1)=\frac{2}{42}$

$P(Z=-4)=P(X=4, Y=-1)=\frac{5}{42}$

$P(Z=0)=P(X=1, Y=0)+P(X=4, Y=0)=\frac{1}{42}+\frac{4}{42}=\frac{5}{42}$

$P(Z=1)=P(X=1, Y=1)=\frac{2}{42}$

$P(Z=3)=P(X=1, Y=3)=\frac{10}{42}$

$P(Z=4)=P(X=4, Y=1)=\frac{5}{42}$

$P(Z=12)=P(X=3, Y=4)=\frac{13}{42}$

z	-4	-1	0	1	3	4	12
$P(Z=z)$	$\frac{5}{42}$	$\frac{2}{42}$	$\frac{5}{42}$	$\frac{2}{42}$	$\frac{10}{42}$	$\frac{5}{42}$	$\frac{13}{42}$

提示	解答
	$(2) W = |Y| + X$ $P(W=1) = P(|Y|=0, X=1) = P(Y=0, X=1) = \dfrac{1}{42}$ $P(W=2) = P(X=1, |Y|=1)$ $\qquad = P(X=1, Y=1) + P(X=1, Y=-1) = \dfrac{4}{42}$ $P(W=4) = P(X=1, Y=3) = P(X=4, Y=0) = \dfrac{14}{42}$ 同法可得 $P(W=5) = \dfrac{10}{42}$ ， $P(W=7) = \dfrac{13}{42}$ <table><tr><td>w</td><td>1</td><td>2</td><td>4</td><td>5</td><td>7</td></tr><tr><td>$P(W=w)$</td><td>$\frac{1}{42}$</td><td>$\frac{4}{42}$</td><td>$\frac{14}{42}$</td><td>$\frac{10}{42}$</td><td>$\frac{13}{42}$</td></tr></table>

13.

提示	解答
	$f(x,y) = \begin{cases} 1 , & x, y \in R \\ 0 , & \text{其它} \end{cases}$ $f_X(x) = \begin{cases} \int_0^{2(1-x)} 1 \, dy = 2(1-x) , & 0 \le x < 1 \\ 0 & , \text{其它} \end{cases}$ $\therefore 0 \le x < 1$ 時 $f_{Y|X}(y|x) = \begin{cases} \dfrac{f(x,y)}{F_X(x)} = \dfrac{1}{2(1-x)} , & 0 \le y \, 2(1-x) \\ 0 & , \text{其它} \end{cases}$

14. $(1) a = \dfrac{1}{4} \times \dfrac{1}{3} = \dfrac{1}{12}$ ； $b = \dfrac{1}{2} \times \dfrac{1}{3} = \dfrac{1}{6}$ ； $c = \dfrac{1}{4} \times \dfrac{1}{3} = \dfrac{1}{12}$ ； $d = \dfrac{1}{4} \times \dfrac{2}{3} = \dfrac{1}{6}$

$\quad e = \dfrac{1}{2} \times \dfrac{2}{3} = \dfrac{1}{3}$ ； $f = \dfrac{1}{4} \times \dfrac{2}{3} = \dfrac{1}{6}$

$\quad (2) e = \dfrac{1}{4} \ne \dfrac{1}{2} \times \dfrac{2}{3}$ 即 $P(X=0, Y=2) \ne P(X=0)P(Y=2)$ 　 $\therefore X, Y$ 不爲獨立。

15. $P(X<Y | X<2Y) = \dfrac{P(X<Y \text{ 且 } X<2Y)}{P(X<2Y)} = \dfrac{P(X<Y)}{P(X<2Y)} = \dfrac{\int_0^\infty \int_0^y e^{-(x+y)} dx dy}{\int_0^\infty \int_0^{2y} e^{-(x+y)} dx dy} = \dfrac{\frac{1}{2}}{2/3} = \dfrac{3}{4}$

16. $P(X \ge a | \min(X,Y) \le a) = \dfrac{P(X \ge a \cap \min(X,Y) \le a)}{P(\min(X,Y) \le a)} = \dfrac{P(X \ge a \cap Y \le a)}{1 - P(\min(X,Y) \ge a)}$

$\quad = \dfrac{P(Y \le a) - P(X \le a, Y \le a)}{1 - [P(X \ge a \cap Y \ge a)]} = \dfrac{F_Y(a) - F_{XY}(a,a)}{1 - [P(X \ge a) + P(Y \ge a) - P(X \ge a \cup Y \ge a)]}$

$$= \frac{F_Y(a) - F_{XY}(a,a)}{1 - [(1 - F_x(a)) + (1 - F_Y(a)) - (1 - P(X \le a \cap Y \le a))]} = \frac{F_Y(a) - F_{XY}(a,a)}{F_X(a) + F_Y(a) - F_{XY}(a,a)}$$

17.

提示	解答
(1) (2) $\int_0^\infty e^{ty} e^{-\lambda y} dy = \int_0^\infty e^{-(\lambda - t)y} dy$ 存在之條件為 $\lambda - t > 0 \therefore \lambda > t$， 又 $t > 0$ 知 t 之範圍為 $\lambda > t > 0$	(1) $\int_0^\infty \int_0^y ke^{-\lambda y} dxdy = \int_0^\infty kye^{-\lambda y} dy = k\lambda^{-2} = 1 \quad \therefore k = \lambda^2$ (2) $f_2(y) = \int_0^y \lambda^2 e^{-\lambda y} dx = \lambda^2 ye^{-\lambda y}$，$\infty > y > 0$ $E(e^{tY}) = \int_0^\infty e^{ty} \lambda^2 ye^{-\lambda y} dy = \left(\frac{\lambda}{\lambda - t}\right)^2$，$0 \le t < \lambda$ 視察法 X, Y 不為獨立。

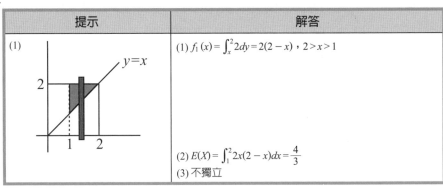

18.

提示	解答
(1)	(1) $f_1(x) = \int_x^2 2dy = 2(2 - x)$，$2 > x > 1$ (2) $E(X) = \int_1^2 2x(2 - x)dx = \frac{4}{3}$ (3) 不獨立

19.

提示	解答
	(1) $\int_0^1 \int_{-x}^x kdydx = k\int_0^1 2xdx = k \quad \therefore k = 1$ (2) $f_1(x) = \int_{-x}^x 1dy = 2x$ $\therefore f(y\|x) = \begin{cases} \dfrac{f(x,y)}{f_1(x)} = \dfrac{1}{2x}，& -x < y < x \\ 0，& \text{其它} \end{cases}$ (3) 否。

20.

提示	解答
	(1) $k\int_0^1\int_0^x xdy\,dx = k\int_0^1 x^2\,dx = \dfrac{k}{3} = 1$　　$\therefore k = 3$ (2) $f_1(x) = \int_0^x 3xdy = 3x^2$，$1 \geq x > 0$ 　　$\therefore P(Y \leq \dfrac{1}{8} \mid X \leq \dfrac{1}{4}) = \dfrac{P(X \leq \dfrac{1}{4}, Y \leq \dfrac{1}{8})}{P(X \leq \dfrac{1}{4})} = \dfrac{\int_0^{\frac{1}{4}}\int_0^{\frac{1}{8}} 3xdydx}{\int_0^{\frac{1}{4}} 3x^2\,dx} = \dfrac{11}{16}$ (3) $f(y\mid x) = \dfrac{f(x,y)}{f_1(x)} = \dfrac{3x}{3x^2} = \dfrac{1}{x}$，$x > y > 0$，$\therefore f(y\mid \dfrac{1}{4}) = \dfrac{1}{x}\Big|_{x=\frac{1}{4}} = 4$ 　　$P(Y \leq \dfrac{1}{8} \mid X = \dfrac{1}{4}) = \int_0^{\frac{1}{8}} 4\,dy = \dfrac{1}{2}$

21.

提示	解答
仿定理 A 之證明。	$P(a \leq X \leq b, c \leq Y \leq d, e \leq Z \leq y)$ $= [P(X \leq b, c \leq Y \leq d, e \leq Z \leq g) - P(X \leq a, c \leq Y \leq d, e \leq Z \leq g)]$ $= [P(X \leq b, Y \leq d, e \leq Z \leq g) - P(X \leq b, Y \leq c, e \leq Z \leq g)] + [P(X \leq a, Y \leq d,$ 　$e \leq Z \leq g) - P(X \leq a, Y \leq c, e \leq Z \leq g)]$ $= [P(X \leq b, Y \leq d, Z \leq g) - P(X \leq b, Y \leq c, Z \leq e)] - [P(X \leq b, Y \leq c, Z \leq g) -$ 　$P(X \leq b, Y \leq c, Z \leq e)] + [P(X \leq a, Y \leq d, Z \leq g) - P(X \leq a, Y \leq d, Z \leq e)] - [P(X \leq a,$ 　$Y \leq c, Z \leq g) - P(X \leq a, Y \leq c, Z \leq e)]$ $= F(b, d, g) - F(b, d, e) - F(b, c, g) + F(b, c, e) + F(a, d, g) - F(a, d, e) - F(a, c,$ 　$g) + F(a, c, e)$

22.(1) $U = \max(X, Y)$ 之機率分配：

$P(U = 0) = P(\max(X, Y) = 0) = P(X = 0, Y = 0) = 0.1$

$P(U = 1) = P(\max(X, Y) = 1) = P(X = 1, Y = 0) + P(X = 0, Y = 1) + P(X = 1, Y = 1)$

$\qquad = 0.05 + 0.2 = 0.25$

$P(U = 2) = P(\max(X, Y) = 2) = P(X = 2, Y = 0) + P(X = 2, Y = 1) + P(X = 0, Y = 2)$

$\qquad + P(X = 1, Y = 2) + P(X = 2, Y = 2) = 0.3 + 0 + 0.05 + 0 + 0.1 = 0.45$

$P(U = 3) = P(\max(X, Y) = 3) = P(X = 0, Y = 3) + P(X = 1, Y = 3) + P(X = 2, Y = 3)$

$\qquad = 0.02 + 0.18 + 0 = 0.2$

(2) $V = \min(X, Y)$ 之機率分配

$P(V = 0) = P(\min(X, Y) = 0) = P(X = 0, Y = 0) + P(X = 0, Y = 1) + P(X = 0, Y = 2) +$

$\qquad P(X = 0, Y = 3) + P(X = 1, Y = 0) + P(X = 2, Y = 0) = 0.52$

$P(V = 1) = P(\min(X, Y) = 1) = P(X = 1, Y = 1) + P(X = 1, Y = 2) + P(X = 1, Y = 3)$

$\qquad + P(X = 2, Y = 1) = 0.38$

$P(V = 2) = P(\min(X, Y) = 2) = P(X = 2, Y = 2) + P(X = 2, Y = 3) = 0.1$

即

u	0	1	2	3
$P(U = u)$	0.1	0.25	0.45	0.2

v	0	1	2
$P(V = v)$	0.52	0.38	0.10

23. $P(X>Y) = \int_{-\infty}^{\infty}\int_{-\infty}^{x} f(x,y)\,dy\,dx = \int_{-\infty}^{\infty}\int_{-\infty}^{x} h(x)h(y)\,dy\,dx$

$\quad = \int_{-\infty}^{\infty} h(x)H(y)\Big]_{-\infty}^{x}\,dx = \int_{-\infty}^{\infty} h(x)H(x)\,dx = \int_{-\infty}^{\infty} H(x)\,dH(x) = \frac{1}{2}H^2(x)\Big]_{-\infty}^{\infty} = \frac{1}{2}$

24. $P(X>Y>Z) = \int_{-\infty}^{\infty}\int_{-\infty}^{x}\int_{-\infty}^{y} f(x,y,z)\,dz\,dy\,dx$

$\quad = \int_{-\infty}^{\infty}\int_{-\infty}^{x}\int_{-\infty}^{y} h(x)h(y)h(z)\,dz\,dy\,dx = \int_{-\infty}^{\infty}\int_{-\infty}^{x} h(x)h(y)H(z)\Big]_{-\infty}^{y}\,dy\,dx$

$\quad = \int_{-\infty}^{\infty}\int_{-\infty}^{x} h(x)h(y)H(y)\,dy\,dx = \int_{-\infty}^{\infty}\int_{-\infty}^{x} h(x)H(y)\,dH(y)\,dx$

$\quad = \int_{-\infty}^{\infty} \frac{H^2(y)}{2}\Big]_{-\infty}^{x}\,h(x)\,dx = \int_{-\infty}^{\infty} \frac{H^2(x)}{2}\,dH(x) = \frac{1}{2\cdot 3}H^3(x)\Big]_{-\infty}^{\infty} = \frac{1}{3!}$

25.

提示	解答
(1) 先證 ① $0 \le f(x,y)$ ② $\int_{-\infty}^{\infty}\int_{-\infty}^{\infty} f(x,y) \overset{?}{=} 1$ (2) 求 $f_1(x)$	① $\because 1 + \alpha(2F_1(x)-1)(2F_2(y)-1) \ge 0$ $\therefore f(x,y) = f_1(x)f_2(y) + [1+(\alpha(2F_1(x)-1)(2F_2(y)-1)] \ge 0$ ② $\int_{-\infty}^{\infty}\int_{-\infty}^{\infty} f_1(x)f_2(y)[1+\alpha(2F_1(x)-1)(2F_2(y)-1]\,dx\,dy$ $\quad = \int_{-\infty}^{\infty}\int_{-\infty}^{\infty} f_1(x)f_2(y)\,dx\,dy + \alpha\int_{-\infty}^{\infty}\int_{-\infty}^{\infty} (2F_1(x)-1)f_1(x)(2F_2(y)-1)f_2(y)\,dx\,dy$ $\quad = 1 + \alpha\int_{-\infty}^{\infty}(2F_1(x)-1)\,dF_1(x)\int_{-\infty}^{\infty}(2F_2(y)-1)\,dF_2(y)$ $\quad = 1 + \alpha(F^2(x)-F_1(x))\big]_{-\infty}^{\infty}\cdot(F_2^2(y)-F_2(y))\big]_{-\infty}^{\infty} = 1$ 由①，② $f(x,y)$ 為 r.v.X, Y 之 jpdf. (2) $\int_{-\infty}^{\infty} f_1(x)f_2(y)[1+\alpha(2F_1(x)-1)][2F_2(y)-1]\,dy$ $\quad = \int_{-\infty}^{\infty} f_1(x)f_2(y)\,dy + \alpha\int_{-\infty}^{\infty} f_1(x)f_2(y)(2F_1(x)-1)\cdot(2F_2(y)-1)\,dy$ $\quad = f_1(x)\int_{-\infty}^{\infty} f_2(y)\,dy + \alpha f_1(x)(2F_1(x)-1)\int_{-\infty}^{\infty} f_2(y)\cdot$ $\quad\quad (2F_2(y)-1)\,dy = f_1(x) + \alpha f_1(x)(2F_1(x)-1)\cdot\int_{-\infty}^{\infty}(2F_2(y)-1)\,dF_2(y)$ $\quad = f_1(x) + \alpha f_1(x)(2F_1(x)-1)[F_2^2(y)-\underbrace{F_2(y)-F_2(y))\big]_{-\infty}^{\infty}}_{0} = f_1(x)$ 得 X 之邊際密度函數為 $f_1(x)$，$\infty > x > -\infty$ 同法可得 Y 之邊際密度函數為 $f_2(y)$，$\infty > y > -\infty$

26.

提示	解答
 $f(x,y) = \dfrac{1}{\text{斜線面積}}$	斜線區域之面積為 $\int_0^1\int_{x^2}^{x} dy\,dx = \int_0^1 (x-x^2)\,dx = \frac{1}{6}$ $\therefore f(x,y) = 6$，$1 > x > y > x^2 > 0$ $\Rightarrow f_1(x) = \int_{x^2}^{x} 6\,dy = 6x(1-x)$，$1 > x > 0$

習題 3-2

1.

提示	解答
	(1) $k \int_0^1 \int_0^{1-x} x\,dy\,dx = \dfrac{k}{6} = 1$ $\quad \therefore k = 6$
	(2) $f_1(x) = 6 \int_0^{1-x} x\,dy = 6x(1-x)$，$1 > x > 0$
	(3) $f_2(y) = 6 \int_0^{1-y} x\,dx = 3(1-y)^2$，$1 > y > 0$
	(4) 方法一：$E(X) = 6 \int_0^1 x \cdot x(1-x)dx = \dfrac{1}{2}$
	$\quad$ 方法二：$E(X) = \int_0^1 \int_0^{1-x} 6x \cdot x\,dy\,dx = \dfrac{1}{2}$
	(5) $E(X^2) = 6 \int_0^1 x^2 \cdot x(1-x)dx = \dfrac{3}{10}$
	$\quad \therefore V(X) = E(X^2) - [E(X)]^2 = \dfrac{3}{10} - \left(\dfrac{1}{2}\right)^2 = \dfrac{1}{20}$
	(6) 否〔$\because f(x,y) \neq f_1(x) f_2(y)$〕或由 $f(x,y)$ 之定義域不為卡氏分割。$\therefore X, Y$ 不為獨立。

2.

提示	解答
	(1) $f_1(x) = \begin{cases} \int_{-x}^1 dy = 1 = x & -1 < x < 0 \\ \int_x^1 dy = 1 - x & 0 < x < 1 \end{cases}$
(3)	(2) $f_2(y) = \int_{-y}^y dx = 2y$，$0 < y < 1$
	(3) $E(X) = \int_{-1}^0 x(1+x)dx + \int_0^1 x(1-x)dx = 0$
	(4) $E(XY) = \int_0^1 \int_{-y}^y xy\,dx\,dy = 0$
	(5) X, Y 不獨立。

3.

提示	解答
(1) 應用 $\int_0^\infty x^m e^{-nx} dx = \dfrac{m!}{n^{m+1}}$	(1) $E(XY) = \int_0^\infty \int_0^\infty xy\, xe^{-x(1+y)} dx\, dy = \int_0^\infty y \left[\int_0^\infty x^2 e^{-x(1+y)} dx \right] dy$ $= \int_0^\infty y \cdot \dfrac{2}{(1+y)^3} dy = 2 \int_0^\infty \dfrac{y+1-1}{(1+y)^3} dy = 2 \left[\int_0^\infty \dfrac{1}{(1+y)^2} - \dfrac{1}{(1+y)^3} dy \right]$ $= 2 \left[-\dfrac{1}{1+y} + \dfrac{1}{2(1+y)^2} \right]\Big|_0^\infty = 1$ (2) $E(X) = \int_0^\infty \int_0^\infty x \cdot xe^{-x(1+y)} dx\, dy = \int_0^\infty \int_0^\infty x^2 e^{-x(1+y)} dx\, dy$ $= \int_0^\infty \dfrac{2}{(1+y)^3} dy = -\dfrac{1}{(1+y)^2}\Big|_0^\infty = 1$ (3) $E(Y) = \int_0^\infty \int_0^\infty yx\, e^{-x(1+y)} dx\, dy = \int_0^\infty y \left[\int_0^\infty x e^{-x(1+y)} dx \right] dy$ $= \int_0^\infty y \cdot \dfrac{1}{(1+y)^2} dy$ 發散（即不存在）
(4) X, Y 為二獨立 r.v.，$E(XY)$ $= E(X)E(Y)$ 存在之前提是 $E(XY)$, $E(X)$, $E(Y)$ 均要存在	(4) 即使為二獨立隨機變數，但因 $E(Y)$ 不存在，$\therefore E(XY) = E(X)$ $E(Y)$ 亦就不存在

4.　(1) $\dfrac{\partial}{\partial t_1} \ln M(t_1, t_2) = \dfrac{\frac{\partial}{\partial t_1} M(t_1, t_2)}{M(t_1, t_2)}\Bigg|_{(0,0)} = \dfrac{\frac{\partial}{\partial t_1} M(t_1, t_2)\big|_{(0,0)}}{M(0,0)} = \mu_1$

(2) $\dfrac{\partial^2}{\partial t_1^2} \ln M(t_1, t_2)\Big|_{(0,0)} = \dfrac{\partial^2}{\partial t_1^2} \left[\dfrac{\frac{\partial}{\partial t_1} M(t_1, t_2)}{M(t_1, t_2)} \right]\Bigg|_{(0,0)}$

$= \dfrac{M(t_1, t_2)\frac{\partial^2}{\partial t_1^2} M(t_1, t_2) - \frac{\partial}{\partial t_1} M(t_1, t_2) \cdot \frac{\partial}{\partial t_1} M(t_1, t_2)}{M^2(t_1, t_2)}\Bigg|_{(0,0)}$

$= \dfrac{\partial^2}{\partial t_1^2} M(t_1, t_2)\Big|_{(0,0)} - \left(\dfrac{\partial}{\partial t_1} M(t_1, t_2)\Big|_{(0,0)} \right)^2 = E(X^2) - [E(X)]^2 = \sigma_1^2$

5.

提示	解答
	(1) $X \le \max(X, Y)$，$Y \le \max(X, Y)$　$\therefore E(X) \le E[\max(X, Y)]$， $E(Y) \le E[\max(X, Y)] \Rightarrow \max[E(X), E(Y)] \le E[\max(X, Y)]$ (2) 仿 (1) 得，$E(X) \ge E[\min(X, Y)]$，$E(Y) \ge E[\min(X, Y)]$ $\therefore \min[E(X), E(Y)] \ge E[\min(X, Y)]$
(3) $\max(X, Y) + \min(X, Y) = X + Y$ 之明顯事實	(3) $\max(X, Y) + \min(X, Y) = X + Y$ $\therefore E[\max(X, Y) + \min(X, Y)] = E(X + Y) = E(X) + E(Y)$

6.

提示	解答
(1) (3) 在 $\int_{-a}^{a} f(x) dx$ 時，要注意 $f(x)$ 之奇偶性。	(1) $f_1(x) = \begin{cases} \int_{-\sqrt{1-x^2}}^{\sqrt{1-x^2}} \dfrac{1}{\pi} dy = \dfrac{2}{\pi}\sqrt{1-x^2} \, , \; -1 \le x \le 1 \\ 0 \, , \text{其他} \end{cases}$ (2) 同法： $\qquad f_2(y) = \begin{cases} \dfrac{2}{\pi}\sqrt{1-y^2} \, , \; -1 \le y \le 1 \\ 0 \, , \text{其他} \end{cases}$ (3) $E(X) = \int_{-1}^{1} x \dfrac{2}{\pi}\sqrt{1-x^2}\, dx = 0$ $\qquad (\because g(x) = x\sqrt{1-x^2}$ 在 $-1 \le x \le 1$ 為奇函數，$\therefore \int_{-1}^{1} g(x) dx = 0)$ (4) 同 (3) $E(Y) = 0$ (5) $E(XY) = \iint\limits_{x^2+y^2 \le 1} \dfrac{xy}{\pi} dxdy = 0$

7.

提示	解答
$\int_{-1}^{1}(x^3y - xy^3) dy$，對 y 而言，$f(y) = x^3y - xy^3$ 在 $[-1, 1]$ 為奇函數 $\therefore$ 積分值為 0	$f_x(x) = \int_{-1}^{1} \dfrac{1}{4}[1 + xy(x^2 - y^2)]\, dy = \dfrac{y}{4}\Big]_{1}^{-1} + \int_{-1}^{1}(x^3y - xy^3) dy$ $\qquad = \dfrac{1}{2} \, , \; -1 \le x \le 1$ $\phi_x(x) = \int_{-1}^{1} e^{itx} \dfrac{1}{2} dx = \dfrac{1}{2t}(e^{it} - e^{-it}) = \dfrac{\sin t}{t}$ 同法 $f_Y(y) = \dfrac{1}{2} \, , \; -1 \le y \le 1$ 及 $\phi_Y(y) = \dfrac{\sin t}{t}$

習題 3-3

1.

提示	解答
先做一完整表 <table><tr><td>y＼x</td><td>0</td><td>1</td><td></td></tr><tr><td>0</td><td>$\frac{6}{15}$</td><td>$\frac{4}{15}$</td><td>$\frac{10}{15}$</td></tr><tr><td>1</td><td>$\frac{4}{15}$</td><td>$\frac{1}{15}$</td><td>$\frac{5}{15}$</td></tr><tr><td></td><td>$\frac{10}{15}$</td><td>$\frac{5}{15}$</td><td></td></tr></table>	(1) $P(Y=0 \mid X=1) = \dfrac{P(X=1, Y=0)}{P(X=1)} = \dfrac{\frac{4}{15}}{\frac{5}{15}} = \dfrac{4}{5}$ ； $\qquad P(Y=1 \mid X=1) = \dfrac{P(X=1, Y=1)}{P(X=1)} = \dfrac{\frac{1}{15}}{\frac{5}{15}} = \dfrac{1}{5}$ $\therefore$ <table><tr><td>y</td><td>0</td><td>1</td></tr><tr><td>$f(y\mid x=1)$</td><td>$\frac{4}{5}$</td><td>$\frac{1}{5}$</td></tr></table> (2) $E(Y \mid X=1) = \sum_y y f(y \mid x=1) = 0 \times \dfrac{4}{5} + 1 \times \dfrac{1}{5} = \dfrac{1}{5}$

提示	解答
	(3) $E(Y^2\|X=1)=\sum\limits_y y^2 f(y\|x=1)=0^2 \times \dfrac{4}{5}+1^2 \times \dfrac{1}{5}=\dfrac{1}{5}$ $\therefore V(Y\|X=1)=E(Y^2\|X=1)-[E(Y\|X=1)]^2=\dfrac{1}{5}-(\dfrac{1}{5})^2=\dfrac{24}{25}$ (4) $E(h(X))=E[E(Y\|X)]=E(Y)=0 \times \dfrac{10}{15}+1 \times \dfrac{5}{15}=\dfrac{1}{3}$

2. $f_2(y)=\int_0^1 6xy(2-x-y)\,dx=4y-3y^2$，$0<y<1$

  $\therefore E(X\|Y=y)=\int_0^1 \dfrac{yf(x,y)}{f_2(y)}\,dy=\int_0^1 \dfrac{y \cdot 6xy(2-x-y)}{4y-3y^2}\,dx=\dfrac{5-4y}{8-6y}$

3. $f_1(x)=\int_x^2 \dfrac{1}{2}\,dy=1-\dfrac{x}{2}$，$0 \le x \le 2$

  $f(y\|x)=\dfrac{f(x,y)}{f_1(x)}=\dfrac{\dfrac{1}{2}}{1-\dfrac{x}{2}}=\dfrac{1}{2-x}$，$x \le y \le 2$

  (1) $E(Y\|X=x)=\int_x^2 y \cdot f(y\|x)\,dy=\int_x^2 y \cdot \dfrac{1}{2-x}\,dy=1+\dfrac{x}{2}$

  (2) $E(Y^2\|X=x)=\int_x^2 y^2 f(y\|x)=\int_x^2 y^2 \cdot \dfrac{dy}{2-x}=\dfrac{4+2x+x^2}{3}$

  $\therefore V(Y\|x)=E(Y^2\|x)-E(Y\|x)=\dfrac{(x-2)^2}{12}$

4. $E(XY\|Y=y)=\int_{-\infty}^{\infty} xyf(x\|y)\,dx=y\int_{-\infty}^{\infty} xf(x\|y)\,dx=yE(X\|Y=y)$

5. (1) $E(Y\|X=-1)=\sum\limits_y yP(Y=y\|x=-1)=1 \times \dfrac{1}{3}+3 \times (\dfrac{1}{3})+4 \times (\dfrac{1}{3})=\dfrac{8}{3}$

  $E(Y\|X=0)=\sum\limits_y yP(Y=y\|x=0)=2 \times \dfrac{1}{2}+4 \times \dfrac{1}{2}=3$

  $E(Y\|X=1)=\sum\limits_y yP(Y=y\|x=1)=1 \times \dfrac{1}{4}+2 \times \dfrac{1}{4}+3 \times \dfrac{1}{4}+4 \times \dfrac{1}{4}=\dfrac{5}{2}$

  (2) $P(X=-1, Y=1)=P(Y=1\|X=-1)P(X=-1)=\dfrac{1}{3} \times \dfrac{1}{3}=\dfrac{1}{9}$

  $P(X=1, Y=2)=P(Y=2\|X=1)P(X=1)=\dfrac{1}{4} \times \dfrac{1}{3}=\dfrac{1}{12}$

  ……

從而我們可得

x \ y	1	2	3	4
−1	$\dfrac{1}{9}$	0	$\dfrac{1}{9}$	$\dfrac{1}{9}$
0	0	$\dfrac{1}{6}$	0	$\dfrac{1}{6}$
1	$\dfrac{1}{12}$	$\dfrac{1}{12}$	$\dfrac{1}{12}$	$\dfrac{1}{12}$

$$\therefore P(Y=1)=P(X=-1, Y=1)+P(X=0, Y=1)+P(X=1, Y=1)=\frac{1}{9}+0+\frac{1}{12}=\frac{7}{36}$$

$$P(Y=2)=P(X=-1, Y=2)+P(X=0, Y=2)+P(X=1, Y=2)=0+\frac{1}{6}+\frac{1}{12}=\frac{9}{36}$$

同理可得：$P(Y=3)=\dfrac{7}{36}$，$P(Y=4)=\dfrac{13}{36}$

$\therefore Y$ 之 p.d.f. 綜合如下：

y	1	2	3	4
$P(Y=y)$	$\dfrac{7}{36}$	$\dfrac{9}{36}$	$\dfrac{7}{36}$	$\dfrac{13}{36}$

(3) $E(Y)=\sum\limits_{y} y P(Y=y)=1\times\dfrac{7}{36}+2\times\dfrac{9}{36}+3\times\dfrac{7}{36}+4\times\dfrac{13}{36}=\dfrac{98}{36}=\dfrac{49}{18}$

(4) $E(E(Y|X))=\sum\limits_{x} E(Y|x) P(X=x)=\dfrac{8}{3}\times\dfrac{1}{3}+3\times\dfrac{1}{3}+\dfrac{5}{2}\times\dfrac{1}{3}=\dfrac{49}{18}$

6. $E(g(X, Y))=\displaystyle\int_{-\infty}^{\infty}\int_{-\infty}^{\infty} g(x,y) f(x,y)\, dxdy=\int_{-\infty}^{\infty}\int_{-\infty}^{\infty} g(x,y) f(y|x) f_1(x)\, dxdy$

$\qquad =\displaystyle\int_{-\infty}^{\infty} f_1(x)\int_{-\infty}^{\infty} g(x,y) f(y|x)\, dydx=\int_{-\infty}^{\infty} g(x,y) f(y|x)\, dy=E(g(X, Y)|X)$

7.

		x			$P(Y=y)$
		-1	0	1	
	-1	$\dfrac{1}{6}$	$\dfrac{1}{9}$	$\dfrac{1}{9}$	$\dfrac{7}{18}$
y	0	$\dfrac{1}{9}$	0	$\dfrac{1}{6}$	$\dfrac{5}{18}$
	1	$\dfrac{1}{18}$	$\dfrac{1}{9}$	$\dfrac{1}{6}$	$\dfrac{6}{18}$
$P(X=x)$		$\dfrac{6}{18}$	$\dfrac{4}{18}$	$\dfrac{8}{18}$	1

$P(Y|x=-1)$ 之條件分配為：

$P(Y=-1|x=-1)=\dfrac{1}{6}\Big/\dfrac{6}{18}=\dfrac{1}{2}$；$P(Y=0|x=-1)=\dfrac{1}{9}\Big/\dfrac{6}{18}=\dfrac{1}{3}$

$P(Y=1|x=-1)=\dfrac{1}{18}\Big/\dfrac{6}{18}=\dfrac{1}{6}$

(1) $E(Y|x=-1)=\sum\limits_{y} yP(Y=y|X=-1)=(-1)\times\dfrac{1}{2}+0\times\dfrac{1}{3}+1\times\dfrac{1}{6}=-\dfrac{1}{3}$

$\quad E(Y^2|x=-1)=\sum\limits_{y} y^2 P(Y=y|X=-1)=(-1)^2\times\dfrac{1}{2}+0^2\times\dfrac{1}{3}+1^2\times\dfrac{1}{6}=\dfrac{4}{6}$

(2) $V(Y|x=-1)=E(Y^2|X=-1)-[E(Y|X=-1)]^2=\dfrac{4}{6}-\left(-\dfrac{1}{3}\right)^2=\dfrac{5}{9}$

8.

提示	解答
	$f_2(y) = \int_1^y 2dx = 2(y-1)$ ， $2 > y > 1$ $\therefore f(x\mid y) = \dfrac{f(x,y)}{f_2(y)} = \dfrac{2}{2(y-1)} = \dfrac{1}{y-1}$ ， $y > x > 1$ $E\left(X\mid Y = \dfrac{3}{2}\right) = \int_1^{\frac{3}{2}} x \cdot \dfrac{1}{\frac{3}{2}-1}\,dx = x^2\Big]_1^{\frac{3}{2}} = \dfrac{9}{4} - 1 = \dfrac{5}{4}$

9. $V(X+Y\mid Y) = E((X+Y)^2\mid Y) - [E(X+Y\mid Y)]^2$

(1) $E(X+Y\mid Y=y) = \int_{-\infty}^{\infty}(x+y)f(x\mid y)dx = \int_{-\infty}^{\infty}xf(x\mid y)dx + \int_{-\infty}^{\infty}yf(x\mid y)dx = E(X\mid Y=y) + y$

(2) $E[(X+Y)^2\mid Y=y] = \int_{-\infty}^{\infty}(x+y)^2 f(x\mid y)dx = \int_{-\infty}^{\infty}(x^2 + 2xy + y^2)f(x\mid y)dx$

$= \int_{-\infty}^{\infty}x^2 f(x\mid y)dx + 2y\int_{-\infty}^{\infty}xf(x\mid y)\,dx + y^2\int_{-\infty}^{\infty}xf(x\mid y)\,dx = E(X^2\mid Y=y) + 2yE(X\mid Y=y)$
$+ y^2 E(X\mid Y=y)$

$\therefore V(X+Y\mid Y=y) = E[(X+Y)^2\mid Y=y] - E[(X+Y)\mid Y=y]^2 = E(X^2\mid Y=y)$
$+ 2yE(X\mid Y=y) + y^2 - [E(X\mid Y=y) + y]^2 = V(X\mid Y=y)$

10. $P(X=x) = \dfrac{1}{n}$ ， $x = 1, 2, \cdots n$ ，則

$E(Y) = E[E(Y\mid x)] = \overset{n}{\underset{x=1}{\Sigma}} E(Y\mid x)P(X=x)$ ，但 $E(Y\mid x) = \overset{x}{\underset{y=1}{\Sigma}} yf(y\mid x) = \overset{x}{\underset{y=1}{\Sigma}} y \cdot \dfrac{1}{x} = \dfrac{x+1}{2}$

$\therefore E(Y) = \overset{n}{\underset{x=1}{\Sigma}} E(Y\mid x)P(X=x) = \overset{n}{\underset{x=1}{\Sigma}} \dfrac{x+1}{2} \cdot \dfrac{1}{n} = \dfrac{1}{n}\overset{n}{\underset{x=1}{\Sigma}} \dfrac{x+1}{2} = \dfrac{1}{n}\left[\dfrac{n(n+1)}{4} + \dfrac{n}{2}\right] = \dfrac{3n+1}{4}$

11. (1) $f_2(y) = \int_0^y \dfrac{e^{-y}}{y}dx = e^{-y}$ ， $\infty > y > 0$

(2) $f(x\mid y) = \dfrac{f(x,y)}{f_2(y)} = \dfrac{1}{y}$ ， $y > x > 0$

(3) $E(X^2\mid y) = \int_0^y x^2 f(x\mid y)\,dx = \int_0^y \dfrac{x^2}{y}\,dx = \dfrac{1}{3}y^2$

$\therefore E(X^2\mid Y) = \dfrac{1}{3}Y^2$

12. (1) $V[E(X\mid Y)] + E[V(X\mid Y)]$
$= E[E^2(X\mid Y)] - \{E[E(X\mid Y)]\}^2 + E[E(X^2\mid Y) - E[(E^2(X\mid Y))]$
$= E[E^2(X\mid Y)] - [E(X)]^2 + E(X^2) - E[E^2(X\mid Y)]$
$= E(X^2) - E^2(X) = V(X)$

(2) 由 (1) 即得。

習題 3-4

1. $Cov(X_1 - X_2, X_2 + X_3) = -\sigma_2^2 ; V(X_1 - X_2) = \sigma_1^2 + \sigma_2^2 ; V(X_2 + X_3) = \sigma_2^2 + \sigma_3^2$

$\therefore \rho(X_1 - X_2, X_2 + X_3) = \dfrac{-\sigma_2^2}{\sqrt{\sigma_1^2 + \sigma_2^2}\sqrt{\sigma_2^2 + \sigma_2^2}}$

2. 令 $g(\alpha) = V(X + \alpha Y) = V(X) + \alpha^2 V(Y) + 2\alpha Cov(X, Y) = V(X) + \alpha^2 V(Y) + 2\alpha\sigma_X\sigma_Y\rho$，則

$g'(\alpha) = \dfrac{d}{d\alpha} V(X + \alpha Y) = 2\alpha V(Y) + 2\sigma_X\sigma_Y\rho = 0$ 　得 $\alpha = -\dfrac{\sigma_X\sigma_Y\rho}{V(Y)} = -\dfrac{\sigma_X}{\sigma_Y}\rho$

又 $\dfrac{d^2}{d\alpha^2} V(X + \alpha Y) = 2V(Y) > 0$

$\therefore$ 當 $\alpha = -\dfrac{\sigma_x}{\sigma_y}\rho$ 時 $g(\alpha)$ 有相對極小值 $g\left(-\dfrac{\sigma_X}{\sigma_Y}\rho\right) = V(X) + \left(-\dfrac{\sigma_X}{\sigma_Y}\rho\right)^2 V(Y) + 2\left(-\dfrac{\sigma_X}{\sigma_Y}\rho\right)$

$\sigma_X\sigma_Y\rho = V(X) + \sigma_X^2\rho^2 - 2\sigma_X^2\rho^2 = (1 - \rho^2)\sigma_X^2$

3. (1) $V(\overline{X}) = \dfrac{1}{n^2} V(X_1 + X_2 + \cdots\cdots + X_n) = \dfrac{1}{n^2}\left[\sum\limits_{i=1}^{n} V(X_i) + 2\sum\sum\limits_{i>j}\text{cov}(X_i, X_j)\right]$

$= \dfrac{1}{n^2}\left[n\sigma^2 + 2\binom{n}{2}\rho\sigma^2\right] = [1 + (n-1)\rho]\dfrac{\sigma^2}{n}$

(2) 由 (1) $V(\overline{X}) \geq 0$ 　$\therefore [1 + (n-1)\rho]\dfrac{\sigma^2}{n} \geq 0 \Rightarrow 1 + (n-1)\rho \geq 0$ 即 $\rho \geq -\dfrac{1}{n-1}$ ，

又 $1 \geq \rho \geq 0$ 　$\therefore 1 \geq \rho \geq -\dfrac{1}{n-1}$

4. $V\left(\dfrac{X - \mu_X}{\sigma_X} + \dfrac{Y - \mu_Y}{\sigma_Y} + \dfrac{Z - \mu_Z}{\sigma_Z}\right) = V\left(\dfrac{X - \mu_X}{\sigma_X}\right) + V\left(\dfrac{Y - \mu_Y}{\sigma_Y}\right) + V\left(\dfrac{Z - \mu_Z}{\sigma_Z}\right) + 2\text{Cov}\left(\dfrac{X - \mu_X}{\sigma_X}, \dfrac{Y - \mu_Y}{\sigma_Y}\right)$

$+ 2\text{Cov}\left(\dfrac{X - \mu_X}{\sigma_X}, \dfrac{Z - \mu_Z}{\sigma_Z}\right) + 2\text{Cov}\left(\dfrac{Y - \mu_Y}{\sigma_Y}, \dfrac{Z - \mu_Z}{\sigma_Z}\right) = 1 + 1 + 1 + 2\rho_{XY} + 2\rho_{XZ} + 2\rho_{YZ} \geq 0$

（$\because V(\cdot) \geq 0$）

$\therefore \rho_{XY} + \rho_{XZ} + \rho_{YZ} \geq -\dfrac{3}{2}$ 　　　　　　　　　　　　　　　　　　(1)

又 $1 \geq \rho_{XY}$ ，$1 \geq \rho_{XZ}$ ，$1 \geq \rho_{YZ}$

$\therefore 3 \geq \rho_{XY} + \rho_{XZ} + \rho_{YZ}$ 　　　　　　　　　　　　　　　　　　(2)

由 (1)，(2) 得證

5. 由 3.2 節習題 6.

$f_1(x) = \dfrac{2}{\pi}\sqrt{1 - x^2}$ ，$1 \geq x \geq -1$ 及 $f_2(y) = \dfrac{2}{\pi}\sqrt{1 - y^2}$ ，$1 \geq y \geq -1$

$\therefore E(X) = 0$ 及 $E(Y) = 0 \Rightarrow E(X)E(Y) = 0$

又 　$E(XY) = \displaystyle\int_{-1}^{1}\int_{-\sqrt{1 - x^2}}^{\sqrt{1 - x^2}} \dfrac{xy}{\pi} dy dx = 0$ 　$\therefore \rho = 0$

6. (1) $V(X_1 - X_2) = 4\sigma^2 = V(X_1 + X_2)$ 及

$\text{cov}(X_1 - X_2, X_1 + X_2) = \text{cov}(X_1, X_2) - V(X_2) = \sigma^2\rho - 3\sigma^2$

$\rho(X_1 - X_2, X_1 + X_2) = \dfrac{\sigma^2\rho - 3\sigma^2}{4\sigma^2} = -0.8$

$$\therefore \sigma^2 \rho - 3\sigma^2 = (-0.8)\, 4\sigma^2 \text{ 解之 } \rho = -0.2$$

(2) $\rho = -\sqrt{(0.25)(1)} = -0.5$

$$\begin{cases} E(Y) = E(E(Y|x)) = 2.25 - 0.25E(X) & (1) \\ E(X) = E(E(X|y)) = 3 - E(Y) & (2) \end{cases}$$

解 (1)，(2)

得 $E(X) = 1$，$E(Y) = 2$

又　$b = \rho \dfrac{\sigma_2}{\sigma_1}$　$b = -0.25$，$\rho = -0.5$　$\therefore \dfrac{\sigma_2}{\sigma_1} = 0.5$，或 $\sigma_1 = 2\sigma_2$

已知 $\sigma_1 \sigma_2 = 2$　$\therefore 2\sigma_2^2 = 2$，$\sigma_2 = 1$，從而 $\sigma_1 = 2$

7. $f_1(x) = \int_x^\infty e^{-y}\, dy = e^{-x}$，$\infty > x > 0$，$\therefore E(X) = \int_0^\infty x\, e^{-x}\, dx = 1$ 及 $E(X^2) = \int_0^\infty x^2\, e^{-x}\, dx = 2$

故 $V(X) = 1$

$f_2(y) = \int_0^y e^{-y}\, dx = ye^{-y}$，$\infty > y > 0$

$E(Y) = \int_0^\infty y \cdot y\, e^{-y}\, dy = \int_0^\infty y^2\, e^{-y}\, dy = 2$，$E(Y^2) = \int_0^\infty y^2 \cdot y\, e^{-y}\, dy = \int_0^\infty y^3\, e^{-y}\, dy = 6$

故 $V(Y) = 2$

又　$E(XY) = \int_0^\infty \int_0^y xye^{-y}\, dx\, dy = \int_0^\infty \dfrac{1}{2} y^2\, e^{-y}\, dy = 3$

$$\therefore \rho = \frac{E(XY) - E(X)E(Y)}{\sqrt{V(X)}\sqrt{V(Y)}} = \frac{3 - 1 \cdot 2}{1 \cdot \sqrt{2}} = \frac{1}{\sqrt{2}}$$

8. $\text{Cov}\,[E[X|Y], Y] = E[E(X|Y)\,Y] - E[E(X|Y)]\,E(Y) = E[E(XY|Y)] - E(X)\,E(Y)$

$\quad = E(XY) - E(X)\,E(Y) = \text{Cov}(X, Y)$

9. $E(XY) = \int_0^1 \int_{-x}^x xy\, dy\, dx = 0$；$E(X) = \int_0^1 \int_{-x}^x x\, dy\, dx = \dfrac{2}{3}$；$E(Y) = \int_0^1 \int_{-x}^x y\, dy\, dx = 0$

$\quad \because E(XY) - E(X)E(Y) = \text{cov}(X, Y) = 0$　$\therefore \rho = 0$

10. $E(X|y) = \int_{-\infty}^\infty x f(x|y)\, dx = \int_{-\infty}^\infty x f(x, y)\, dx / f_2(y) = a + by$

$$\therefore \int_{-\infty}^\infty x f(x, y)\, dx = (a + by) f_2(y) \tag{1}$$

①在 (1) 對 y 積分：

$\int_{-\infty}^\infty \int_{-\infty}^\infty x f(x, y) dx dy = \int_{-\infty}^\infty (a + by) f_2(y)\, dy$

$\therefore E(X) = \int_{-\infty}^\infty (a + by)\, f_2(y)\, dy = a + bE(Y)$

即 $\mu_X = a + b\mu_Y$ $\tag{2}$

②在 (1) 先乘 y 後再對 y 積分：

$\quad E(XY) = \int_{-\infty}^\infty y(a + by)\, f_2(y)\, dy = a\mu_Y + b(\sigma_Y^2 + \mu_Y^2)$

或 $\rho\sigma_X\sigma_Y + \mu_X\mu_Y = a\mu_Y + b(\sigma_Y^2 + \mu_Y^2)$ $\tag{3}$

由 (2)，(3)

$$\begin{cases} a + \mu_Y b = \mu_X \\ \mu_Y a + (\sigma_X^2 + \mu_X^2)\, b = \mu_Y \end{cases}$$

解之　$a = \mu_X - \rho \dfrac{\sigma_X}{\sigma_Y} \mu_Y$ ，$b = \rho \dfrac{\sigma_X}{\sigma_Y}$

$\therefore E(X|y) = \mu_X + \rho \dfrac{\sigma_X}{\sigma_Y}(x - \mu_Y)$

11. $\because \rho(X, Y) = 1$ 　 $\therefore Y = aX + b$，

(1) $E(X) = E(Y) \Rightarrow E(Y) = aE(X) + b = E(X)$

(2) $\sigma(X) = \sigma(Y) \Rightarrow \sigma(Y) = |a|\sigma(X) = a\sigma(X) = \sigma(X)$

$(\because X, Y$ 正相關　$\therefore a > 0)$

比較 (1)，(2) $a = 1$，$b = 0$ 即 $Y = X$

12.

提示	解答
$\max(a, b) = \dfrac{1}{2}(a + b + |a - b|)$	$\begin{aligned} E(\max(X^2, Y^2)) &= \dfrac{1}{2}E[(X^2 + Y^2 + |X^2 - Y^2|)] \\ &= \dfrac{1}{2}E(X^2 + Y^2) + \dfrac{1}{2}E(|X^2 - Y^2|) \\ &= 1 + \dfrac{1}{2}E(|X^2 - Y^2|) \qquad (1) \end{aligned}$
應用 Cauchy-Schwarz 不等式 $[E(XY)]^2 \le E(X^2)E(Y^2)$	$E(|X^2 - Y^2|) = E(|X + Y||X - Y|)$ 但 $\begin{aligned} E^2(|X^2 - Y^2|) &\le E(|X + Y|^2)E(|X - Y|^2) \\ &= E(X^2 + Y^2 + 2XY)E(X^2 + Y^2 - 2XY) \\ &= 2E(1 + XY) \cdot 2E(1 - XY) \\ &= 4(1 + EXY)(1 - EXY) \qquad (2) \end{aligned}$ 又 $\rho = \dfrac{EXY - \mu_X \mu_Y}{\sigma_X \sigma_Y} = EXY \qquad (3)$ $\therefore E^2(|X^2 - Y^2|) \le 4(1 + \rho)(1 - \rho)$ $E(|X^2 - Y^2|) \le 2(1 - \rho^2)^{1/2} \qquad (4)$ 代 (4) 入 (1) 得 $E[\max(X^2, Y^2)] = 1 + \dfrac{1}{2}E(|X^2 - Y^2|) \le 1 + \dfrac{1}{2} \cdot 2(1 - \rho^2)^{1/2}$ $\qquad = 1 + \sqrt{1 - \rho^2}$
應用 Markov 不等式	(2) $Z_1 = \dfrac{X - \mu_X}{\sigma_X}$，$Z_2 = \dfrac{Y - \mu_Y}{\sigma_Y}$ 則 $E(Z_i) = 0$，$V(Z_i) = 1$ $E(Z_2) = 0$，$V(Z_2) = 1$ $P(|X - \mu_X| \ge \lambda\sigma_X$ 或 $|Y - \mu_Y| \ge \lambda\sigma_Y)$ $= P\left(\dfrac{|X - \mu_X|}{\sigma_X} \ge \lambda$ 或 $\dfrac{|Y - \mu_Y|}{\sigma_Y} \ge \lambda\right)$ $= P(Z_1^2 \ge \lambda^2$ 或 $Z_2^2 \ge \lambda^2) = P(\max(Z_1^2, Z_2^2) \ge \lambda^2)$ $= 1 - P(Z_1^2 \le \lambda^2, Z_2^2 \le \lambda^2)$ $= 1 - P(\max(Z_1^2, Z_2^2) \le \lambda^2)$ $= P(\max(Z_1^2, Z_2^2) \ge \lambda^2)$ $\le \dfrac{E[\max(Z_1^2, Z_2^2)]}{\lambda^2} \le \dfrac{1}{\lambda^2}(1 + \sqrt{1 - \rho^2})$，由 (1) 之結果

13.

提示	解答
$\because X$ 為實隨機變數（大學機率學之隨機變數均假設為實數系） $EX^2 = 0 \Rightarrow X = 0$	$E(X - Y)^2 = EX^2 - 2EXY + EY^2 = 0$ $\therefore X - Y = 0$ 即 $X = Y$。

習題 3-5

1.

提示	解答
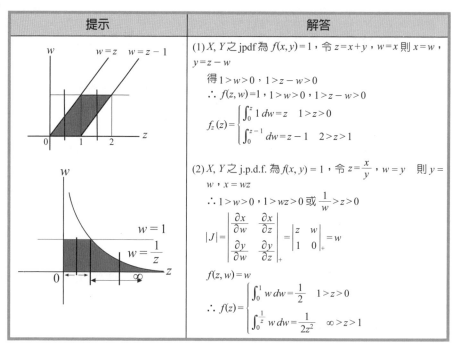	(1) X, Y 之 jpdf 為 $f(x, y) = 1$，令 $z = x + y$，$w = x$ 則 $x = w$，$y = z - w$ 　得 $1 > w > 0$，$1 > z - w > 0$ 　$\therefore f(z, w) = 1$，$1 > w > 0$，$1 > z - w > 0$ 　$f_z(z) = \begin{cases} \int_0^z 1\,dw = z & 1 > z > 0 \\ \int_0^{z-1} dw = z - 1 & 2 > z > 1 \end{cases}$ (2) X, Y 之 j.p.d.f. 為 $f(x, y) = 1$，令 $z = \dfrac{x}{y}$，$w = y$　則 $y = w$，$x = wz$ 　$\therefore 1 > w > 0$，$1 > wz > 0$ 或 $\dfrac{1}{w} > z > 0$ 　$\|J\| = \begin{vmatrix} \dfrac{\partial x}{\partial w} & \dfrac{\partial x}{\partial z} \\ \dfrac{\partial y}{\partial w} & \dfrac{\partial y}{\partial z} \end{vmatrix}_+ = \begin{vmatrix} z & w \\ 1 & 0 \end{vmatrix}_+ = w$ 　$f(z, w) = w$ 　$\therefore f(z) = \begin{cases} \int_0^1 w\,dw = \dfrac{1}{2} & 1 > z > 0 \\ \int_0^{\frac{1}{z}} w\,dw = \dfrac{1}{2z^2} & \infty > z > 1 \end{cases}$

2. 令 $z = x - y$，$w = y \Rightarrow y = w$，$x = w + z$，則 $1 > w + z > 0$，$w + z > z > 0$ 即 $z > 0$，$w > 0$

$$J = \begin{vmatrix} \dfrac{\partial x}{\partial w} & \dfrac{\partial x}{\partial z} \\ \dfrac{\partial y}{\partial w} & \dfrac{\partial y}{\partial z} \end{vmatrix} = \begin{vmatrix} 1 & 1 \\ 1 & 0 \end{vmatrix} = 1 \quad \therefore |J| = 1$$

$\therefore f(z, w) = 3(w + z)$

$f(z) = \displaystyle\int_0^{1-z} 3(w + z)\,dw = \dfrac{3}{2}(1 - z^2) \quad 1 > z > 0$

3.

提示	解答
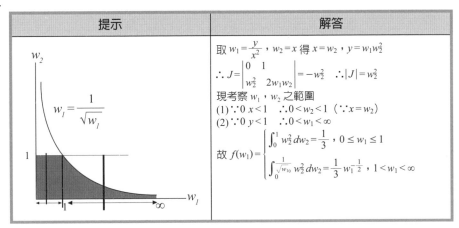	取 $w_1 = \dfrac{y}{x^2}$，$w_2 = x$ 得 $x = w_2$，$y = w_1 w_2^2$ $\therefore J = \begin{vmatrix} 0 & 1 \\ w_2^2 & 2w_1 w_2 \end{vmatrix} = -w_2^2$ $\therefore \lvert J \rvert = w_2^2$ 現考察 w_1，w_2 之範圍 (1) $\because 0 < x < 1$ $\therefore 0 < w_2 < 1$ （$\because x = w_2$） (2) $\because 0 < y < 1$ $\therefore 0 < w_1 < \infty$ 故 $f(w_1) = \begin{cases} \int_0^1 w_2^2 \, dw_2 = \dfrac{1}{3}，0 \le w_1 \le 1 \\ \int_0^{\frac{1}{\sqrt{w_{10}}}} w_2^2 \, dw_2 = \dfrac{1}{3} w_1^{-\frac{1}{2}}，1 < w_1 < \infty \end{cases}$

4.

提示	解答
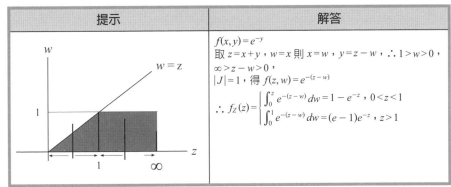	$f(x, y) = e^{-y}$ 取 $z = x + y$，$w = x$ 則 $x = w$，$y = z - w$，$\therefore 1 > w > 0$， $\infty > z - w > 0$， $\lvert J \rvert = 1$，得 $f(z, w) = e^{-(z - w)}$ $\therefore f_Z(z) = \begin{cases} \int_0^z e^{-(z - w)} \, dw = 1 - e^{-z}，0 < z < 1 \\ \int_0^1 e^{-(z - w)} \, dw = (e - 1)e^{-z}，z > 1 \end{cases}$

5.

提示	解答
$\int_0^\infty x^m e^{-nx^2} dx = \dfrac{\left(\dfrac{m-1}{2}\right)!}{2n^{\frac{m+1}{2}}}$	$F_z(z) = P(\sqrt{X^2 + Y^2} \le z) = P(X^2 + Y^2 \le z^2)$，$x = r\cos\theta$，$y = r\sin\theta$，$\lvert J \rvert = r$ $= \int_0^Z \int_0^{\frac{\pi}{2}} r \, 4r^2 \cos\theta\sin\theta \, e^{-r^2} \, d\theta \, dr = \int_0^Z 2r^3 \sin^2\theta \Big\rvert_0^{\frac{\pi}{2}} e^{-r^2} \, dr = \int_0^Z 2r^3 e^{-r^2} \, dr$ $\therefore f_z(z) = 2z^3 e^{-z^2}$，$\infty > z > 0$ $E(Z) = \int_0^\infty z \cdot 2z^3 e^{-z^2} \, dz = 2 \cdot \dfrac{\dfrac{3}{2} \cdot \dfrac{\sqrt{\pi}}{2}}{2(1)^2} = \dfrac{3\sqrt{\pi}}{4}$ $E(Z^2) = \int_0^\infty z^2 \cdot 2z^3 e^{-z^2} \, dz = 2 \cdot \dfrac{2}{2(1)^3} = 2$ $\therefore V(Z) = E(Z^2) - [E(Z)]^2 = 2 - \dfrac{9\pi^2}{16}$

6.

提示	解答
	令 $z=x+y$，$w=y$ $\begin{cases} z=x+y \\ w=y \end{cases}$ $\therefore$ $\begin{cases} x=z-w\text{，}1>z-w>0 \\ y=w\text{，}1>w>0 \end{cases}$ $\|J\|=\begin{vmatrix} \dfrac{\partial x}{\partial z} & \dfrac{\partial x}{\partial w} \\ \dfrac{\partial y}{\partial z} & \dfrac{\partial y}{\partial w} \end{vmatrix}=\begin{vmatrix} 1 & -1 \\ 0 & 1 \end{vmatrix}=1$，$\|J\|=1$ $f_{z,w}(z,w)=2-z$，$2>z>w>0$ (i) $z\le 0$ 或 $z\ge 2$ 時 $f_z(z)=0$ (ii) $1>z>0$ 時 $f_z(z)=\int_0^z (2-z)\,dw=z(2-z)$ (iii) $2>z>1$ 時 $f_z(z)=\int_{z-1}^1 (2-z)\,dw=(2-z)^2$

7. 令 $\begin{cases} z=ax+by \\ w=y \end{cases}$ 則 $\begin{cases} x=\dfrac{z-bw}{a} \\ y=w \end{cases}$，$J=\begin{vmatrix} \dfrac{\partial x}{\partial z} & \dfrac{\partial x}{\partial w} \\ \dfrac{\partial y}{\partial z} & \dfrac{\partial y}{\partial w} \end{vmatrix}=\begin{vmatrix} \dfrac{1}{a} & -\dfrac{b}{a} \\ 0 & 1 \end{vmatrix}=\dfrac{1}{a}$，即 $\|J\|=|a|$

$f_{z,w}(z,w)=\dfrac{1}{|a|}f_{xy}\left(\dfrac{z-bw}{a},w\right)$

$\therefore f_z(z)=\dfrac{1}{|a|}\int_{-\infty}^{\infty}f_{xy}\left(\dfrac{z-bw}{a},w\right)dw$

8. (1) $\begin{cases} z=x+y \\ u=x \end{cases}$ 則 $\begin{cases} x=u \\ y=z-u \end{cases}$，$J=\begin{vmatrix} \dfrac{\partial x}{\partial z} & \dfrac{\partial x}{\partial u} \\ \dfrac{\partial y}{\partial z} & \dfrac{\partial z}{\partial u} \end{vmatrix}=\begin{vmatrix} 1 & 1 \\ 1 & -1 \end{vmatrix}=-1$　$\therefore |J|=1$

$f(z,u)=f(u,z-u)\cdot|J|=f_1(u,z-u)\Rightarrow f_z(z)=\int_{-\infty}^{\infty}f(u,z-u)\,du$

(2) 同法 $f_Z(z)=\int_{-\infty}^{\infty}f(u,z+u)\,du$

(3) $\begin{cases} z=xy \\ u=y \end{cases}$ 則 $\begin{cases} x=\dfrac{z}{u} \\ y=u \end{cases}$，$J=\begin{vmatrix} \dfrac{\partial x}{\partial z} & \dfrac{\partial x}{\partial u} \\ \dfrac{\partial y}{\partial z} & \dfrac{\partial z}{\partial u} \end{vmatrix}=\begin{vmatrix} \dfrac{1}{u} & -\dfrac{z}{u^2} \\ 0 & 1 \end{vmatrix}=\dfrac{1}{u}$

$\therefore f(z,u)=f(\dfrac{z}{u},u)\cdot|J|=\dfrac{1}{|u|}f(\dfrac{z}{u},u)\Rightarrow f_z(z)=\int_{-\infty}^{\infty}\dfrac{1}{|u|}f(\dfrac{z}{u},u)\,du$

(4) $\begin{cases} z=\dfrac{x}{y} \\ u=y \end{cases}$ 則 $\begin{cases} x=uz \\ y=u \end{cases}$，$J=\begin{vmatrix} \dfrac{\partial x}{\partial z} & \dfrac{\partial x}{\partial u} \\ \dfrac{\partial y}{\partial z} & \dfrac{\partial z}{\partial u} \end{vmatrix}=\begin{vmatrix} u & z \\ 0 & 1 \end{vmatrix}=u$

$\therefore f(z,u)=f(uz,u)|J|=|u|f(uz,u)\Rightarrow f_z(z)=\int_{-\infty}^{\infty}|u|f(uz,u)\,du$

9.

提示	解答
$$\int_0^\infty x^m e^{-nx^2}dx = \frac{\left(\frac{m-1}{2}\right)!}{2n^{\frac{m+1}{2}}}$$	$f(x,y)=\dfrac{x}{\alpha^2}e^{-\frac{x^2}{2\alpha^2}}\cdot\dfrac{y}{\beta^2}e^{-\frac{y^2}{2\beta^2}}=\dfrac{xy}{\alpha^2\beta^2}e^{-\frac{1}{2}\left(\frac{x^2}{\alpha^2}+\frac{y^2}{\beta^2}\right)}$, $x,y>0$ 取 $z=\dfrac{x}{y}$, $u=y$ 則 $\begin{cases}x=uz\\y=u\end{cases}$, $J=\begin{vmatrix}\dfrac{\partial x}{\partial z}&\dfrac{\partial x}{\partial u}\\\dfrac{\partial y}{\partial z}&\dfrac{\partial y}{\partial u}\end{vmatrix}=\begin{vmatrix}u&z\\0&1\end{vmatrix}=u$, $u>0$ $\therefore |J|=u$ $\therefore f(z,u)=\dfrac{u^3 z}{\alpha^2\beta^2}e^{-\frac{1}{2}\left(\frac{u^2z^2}{\alpha^2}+\frac{u^2}{\beta^2}\right)u}=\dfrac{u^3 z}{\alpha^2\beta^2}e^{-\frac{1}{2}\left(\frac{z^2}{\alpha^2}+\frac{1}{\beta^2}\right)u^2}$ $f_Z(z)=\displaystyle\int_0^\infty \dfrac{u^3 z}{\alpha^2\beta^2}e^{-\frac{1}{2}\left(\frac{z^2}{\alpha^2}+\frac{1}{\beta^2}\right)u^2}du$ $=\dfrac{z}{\alpha^2\beta^2}\cdot\dfrac{\left(\frac{3-1}{2}\right)!}{2\left(\frac{1}{2}\left(\frac{z^2}{\alpha^2}+\frac{1}{\beta^2}\right)\right)^2}=\dfrac{2\alpha^2}{\beta^2}\dfrac{z}{(z^2+\alpha^2/\beta^2)^2}$, $z>0$ $P(X<tY)=P\left(\dfrac{X}{Y}<t\right)=P(Z<t)\cdot\displaystyle\int_0^t f_Z(z)dz=\int_0^t\dfrac{2\alpha^2\beta^2 z}{(\beta^2+\alpha^2z^2)^2}dz$ $=-\dfrac{b^2}{\beta^2+d^2z^2}\Big|_0^t=\dfrac{\alpha^2 t^2}{\beta^2+\alpha^2 t^2}$

10.

提示	解答
$$\int_0^\infty \frac{x^s}{(1+x)^t}dx = \frac{s!(t-s-2)!}{(t-1)!}$$ 或 $\dfrac{\Gamma(s+1)\Gamma(t-s-1)}{\Gamma(t)}$; $\left(-\dfrac{1}{2}\right)!=\Gamma\left(\dfrac{1}{2}\right)=\sqrt{\pi}$	1. $g(x,y)=f_X(x)f_Y(y)=\dfrac{c}{(1+x^4)}\cdot\dfrac{c}{1+y^4}=\dfrac{c^2}{(1+x^4)(1+y^4)}$ 取 $x=v$, $y=vz$ 則 $x=v$, $y=vz$, $J=\begin{vmatrix}\dfrac{\partial x}{\partial v}&\dfrac{\partial x}{\partial z}\\\dfrac{\partial y}{\partial v}&\dfrac{\partial y}{\partial z}\end{vmatrix}=\begin{vmatrix}1&0\\z&v\end{vmatrix}=v$ $\therefore f_{uZ}(v,z)=|J|f(v,vz)=\dfrac{vc^2}{(1+v^4)(1+v^4z^4)}$, $\infty>v,z>-\infty$ $f_Z(z)=\displaystyle\int_{-\infty}^\infty\dfrac{vc^2}{(1+v^4)(1+v^4z^4)}dv=2\int_0^\infty\dfrac{vc^2}{(1+v^4)(1+v^4z^4)}dv$ $\overset{w=v^4}{=\!=\!=}\dfrac{c^2}{2}\displaystyle\int_0^\infty\dfrac{w^{-\frac{1}{2}}}{(1+w)(1+z^4w)}dw$ $=\dfrac{c^2}{2}\displaystyle\int_0^\infty\dfrac{1}{1-z^4}\left(\dfrac{1}{1+w}-\dfrac{z^4}{1+z^4w}\right)w^{-\frac{1}{2}}dw$ (1) 其中: $\displaystyle\int_0^\infty\dfrac{1}{1-z^4}\dfrac{w^{-\frac{1}{2}}}{1+w}dw=\dfrac{1}{1-z^4}\int_0^\infty\dfrac{w^{-\frac{1}{2}}}{1+w}dw$ $=\dfrac{\Gamma\left(\frac{1}{2}\right)\Gamma\left(1-\left(-\frac{1}{2}\right)-1\right)}{\Gamma(1)(1-z^4)}=\dfrac{\Gamma\left(\frac{1}{2}\right)\Gamma\left(\frac{1}{2}\right)}{1-z^4}=\dfrac{\pi}{1-z^4}$ (2) $\displaystyle\int_0^\infty\dfrac{z^4}{1-z^4}\dfrac{w^{-\frac{1}{2}}}{1+z^4w}dw\overset{s=z^4w}{=\!=\!=}\int_0^\infty\dfrac{z^4}{1-z^4}\dfrac{z^4(z^{-4}s)^{-\frac{1}{2}}}{1+s}\cdot\dfrac{ds}{z^4}$ $=\dfrac{z^2}{1-z^4}\displaystyle\int_0^\infty\dfrac{s^{-\frac{1}{2}}}{1+s}ds=\dfrac{z^2}{1-z^4}\pi$ (3)

提示	解答
	代 (2), (3) 入 (1) 得： $(1)=\dfrac{c^2}{2}\left(\dfrac{1}{1-z^4}-\dfrac{z^2}{1-z^4}\right)\pi=\dfrac{c^2}{2}\dfrac{1}{1+z^2}$，$\infty>z>-\infty$ 即 $f_Z(z)=\dfrac{c^2}{2}\dfrac{1}{1+z^2}$，$\infty>z>-\infty$ 又 $\displaystyle\int_{-\infty}^{\infty}\dfrac{c^2}{2}\dfrac{dz}{1+z^2}=c^2\int_0^{\infty}\dfrac{dz}{1+z^2}=c^2\tan^{-1}z\Big|_0^{\infty}=c^2\cdot\dfrac{\pi}{2}=1$ 得 $c=\sqrt{\dfrac{2}{\pi}}$ $\therefore f_Z(z)=\dfrac{1}{\pi}\dfrac{1}{1+z^2}$，$\infty>z>-\infty$， 2. 由 1. $c=\sqrt{\dfrac{2}{\pi}}$

11.

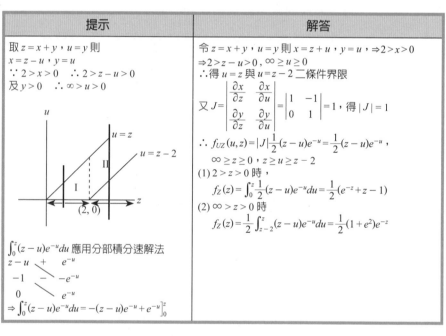

提示	解答
取 $z=x+y$，$u=y$ 則 $x=z-u$，$y=u$ $\because 2>x>0$　$\therefore 2>z-u>0$ 及 $y>0$　$\therefore \infty>u>0$ $\displaystyle\int_0^z(z-u)e^{-u}du$ 應用分部積分速解法 $z-u$　$+$　e^{-u} -1　$-$　$-e^{-u}$ 0　　　e^{-u} $\Rightarrow \displaystyle\int_0^z(z-u)e^{-u}du=-(z-u)e^{-u}+e^{-u}\Big|_0^z$	令 $z=x+y$，$u=y$ 則 $x=z+u$，$y=u$，$\Rightarrow 2>x>0$ $\Rightarrow 2>z-u>0$，$\infty\geq u\geq 0$ $\therefore$ 得 $u=z$ 與 $u=z-2$ 二條件界限 又 $J=\begin{vmatrix}\dfrac{\partial x}{\partial z} & \dfrac{\partial x}{\partial u}\\[4pt] \dfrac{\partial y}{\partial z} & \dfrac{\partial y}{\partial u}\end{vmatrix}=\begin{vmatrix}1 & -1\\ 0 & 1\end{vmatrix}=1$，得 $|J|=1$ $\therefore f_{UZ}(u,z)=|J|\dfrac{1}{2}(z-u)e^{-u}=\dfrac{1}{2}(z-u)e^{-u}$， $\infty\geq z\geq 0$；$z\geq u\geq z-2$ (1) $2>z>0$ 時 $f_Z(z)=\displaystyle\int_0^z\dfrac{1}{2}(z-u)e^{-u}du=\dfrac{1}{2}(e^{-z}+z-1)$ (2) $\infty>z>0$ 時 $f_Z(z)=\dfrac{1}{2}\displaystyle\int_{z-2}^z(z-u)e^{-u}du=\dfrac{1}{2}(1+e^2)e^{-z}$

12.

提示	解答
從 * 如何變為 ** 式，這是本題解答的關鍵！	$f(x,y)=\dfrac{1}{\pi}\dfrac{1}{1+x^2}\cdot\dfrac{1}{\pi}\dfrac{1}{1+y^2}=\dfrac{1}{\pi^2}\dfrac{1}{(1+x^2)(1+y^2)}$，取 $y=z-x$ 則 $Z=X+Y$ 之 $f_Z(z)$ 為 $f_Z(z)=\dfrac{1}{\pi^2}\displaystyle\int_{-\infty}^{\infty}\dfrac{1}{1+x^2}\cdot\dfrac{1}{1+(z-x)^2}dx$ ⬩ * $=\dfrac{1}{\pi^2}\dfrac{1}{z^2(z^2+4)}\displaystyle\int_{-\infty}^{\infty}\left[\dfrac{2zx}{1+x^2}+\dfrac{z^2}{1+x^2}+\dfrac{2z^2-2zx}{1+(z-x)^2}+\dfrac{z^2}{1+(z-x)^2}\right]dx$ ⬩ ** $=\dfrac{1}{\pi^2}\dfrac{1}{z^2(z^2+4)}\left[z\ln\dfrac{1+x^2}{1+(z-x)^2}+z^2\tan^{-1}x+z^2\tan(x-z)\right]_{-\infty}^{\infty}$ $=\dfrac{2}{\pi}\dfrac{1}{z^2+2^2}$，$\infty>z>-\infty$ 即 $Z=X+Y\sim C(2,0)$

13. $f(x, y) = 2x \cdot 3y^2 = 6xy^2$，$1 > x > 0$，$1 > y > 0$

(1) $x > y$ 時：取 $y_2 = x$，$y_1 = y$　則 $x = y_2$，$y = y_1$

$$\therefore J = \begin{vmatrix} \dfrac{\partial x}{\partial y_1} & \dfrac{\partial x}{\partial y_2} \\ \dfrac{\partial y}{\partial y_1} & \dfrac{\partial y}{\partial y_2} \end{vmatrix} = \begin{vmatrix} 0 & 1 \\ 1 & 0 \end{vmatrix} = -1 \quad \therefore |J| = 1$$

$g(y_1, y_2) = |J| f(y_1, y_2) = 1 \cdot 6(y_2)(y_1)^2 = 6y_1^2 y_2$，$1 > y_2 > y_1 > 0 \cdots\cdots(1)$

(2) $y > x$ 時：取 $y_2 = y$，$y_1 = x$ 則 $x + y_1$，$y = y_2$

$$\therefore |J| = \begin{vmatrix} \dfrac{\partial x}{\partial y_1} & \dfrac{\partial x}{\partial y_2} \\ \dfrac{\partial y}{\partial y_1} & \dfrac{\partial y}{\partial y_2} \end{vmatrix}_+ = \begin{vmatrix} 1 & 0 \\ 0 & 1 \end{vmatrix}_+ = 1$$

$g(y_1, y_2) = |J| f(y_1, y_2) = 1 \cdot 6(y_1)(y_2)^2 = 6y_1 y_2^2$，$1 > y_2 > y_1 > 0 \cdots\cdots(2)$

得 Y_1，Y_2 之 jpdf 為（(1) + (2)）

$h(y_1, y_2) = 6y_1 y_2 (y_1 + y_2)$，$1 > y_2 > y_1 > 0$

14.

提示	解答
請注意 θ 之積分界限。	$\because X, Y$ 獨立服從 $n(0, 1) \therefore$ r.v. X, Y 之 jpdf 為 $f(x, y) = \dfrac{1}{2\pi} e^{-\frac{1}{2}(x^2 + y^2)}$，$\infty > x, y > -\infty$ $F(u, v) = P\left(X^2 + Y^2 \le u, \dfrac{Y}{X} \le v\right)$，$u \ge 0$，$v \in R$ $= \displaystyle\iint_R \dfrac{1}{2\pi} e^{-\frac{1}{2}(x^2 + y^2)} dx dy$ * 取 $\begin{cases} x = r \cos\theta \\ y = r \sin\theta \end{cases}$　$\pi \ge \theta \ge -\pi$，$r \ge 0$，$|J| = r$ 現求 * 之積分區域 ① $r : x^2 + y^2 = r^2 \le u$　$\therefore 0 \le r \le \sqrt{u}$ ② $\theta : \because \tan\theta = \dfrac{y}{x}$　$\therefore \theta = \tan^{-1} \dfrac{y}{x}$ 　　又 $\theta \to -\dfrac{\pi}{2}$，$\tan\theta \to -\infty$ 　　$\therefore \theta$ 之範圍為 $-\dfrac{\pi}{2} \le \theta \le \tan^{-1} v$ $\therefore D = \left\{ (r, \theta) \middle| \sqrt{u} \ge r \ge 0, \tan^{-1} v \ge \theta \ge -\dfrac{\pi}{2} \right\}$ $* = 2\displaystyle\int_{-\frac{\pi}{2}}^{\tan^{-1} v} \int_0^{\sqrt{u}} \dfrac{r}{2\pi} e^{-\frac{r^2}{2}} dr d\theta = \int_{-\frac{\pi}{2}}^{\tan^{-1} v} \dfrac{1}{\pi} e^{-\frac{r^2}{2}} \Big|_0^{\sqrt{u}} d\theta$ $= \dfrac{1}{\pi}\left(1 - e^{-\frac{u}{2}}\right) \displaystyle\int_{-\frac{\pi}{2}}^{\tan^{-1} v} d\theta = \dfrac{1}{\pi}\left(1 - e^{-\frac{u}{2}}\right)\left(\tan^{-1} v + \dfrac{\pi}{2}\right)$ $f(u, v) = \dfrac{\partial^2}{\partial u \partial v} F(u, v)$ 　　$= \dfrac{1}{2\pi} \dfrac{1}{1 + v^2} e^{-\frac{u}{2}}$，$u > 0$，$v \in R$

提示	解答
	(1) $f_U(u) = \int_0^\infty \frac{1}{2\pi} \frac{1}{1+v^2} e^{-\frac{u}{2}} dv = \frac{1}{2\pi} e^{-\frac{u}{2}} \int_0^\infty \frac{dv}{1+v^2}$
	$\qquad = \frac{1}{2\pi} e^{-\frac{u}{2}} \tan^{-1} v \Big]_0^\infty = \frac{1}{2} e^{-\frac{u}{2}}$, $u > 0$
	(2) $f_V(v) = \int_0^\infty \frac{1}{2\pi} \frac{1}{1+v^2} e^{-\frac{u}{2}} du$
	$\qquad = \frac{1}{\pi(1+v^2)} \left(-e^{-\frac{u}{2}} \right]_0^\infty = \frac{1}{\pi(1+v^2)}$, $\infty > v > -\infty$
	(3) $\because f_{UV}(u,v) = f_U(u) f_V(v)$
	$\quad \therefore U, V$ 為獨立。

習題 4-1

1. $(1+x)^n = \binom{n}{0} + \binom{n}{1} x + \binom{n}{2} x^2 + \cdots + \binom{n}{n} x^n$

上式二邊同時對 x 微分得

$x(1+x)^n = \binom{n}{0} x + \binom{n}{1} x^2 + \binom{n}{2} x^3 + \cdots + \binom{n}{n} x^{n+1}$

取 $x = -1$ 得 $0 = \binom{n}{0} - 2\binom{n}{1} + \cdots + (-1)^n (n+1) \binom{n}{n}$

2. $\because \left(\frac{m}{m+n} \right)^m \left(\frac{n}{m+n} \right)^m \binom{m+n}{m}$ 為 $\left(\frac{m}{m+n} + \frac{n}{m+n} \right)^{(m+n)}$ 中之一項

$\therefore \left(\frac{m}{m+n} + \frac{n}{m+n} \right)^{(m+n)} > \left(\frac{m}{m+n} \right)^m \left(\frac{n}{m+n} \right)^m \binom{m+n}{m}$

即 $\left(\frac{m}{m+n} \right)^m \left(\frac{n}{m+n} \right)^m \binom{m+n}{m} < 1$

3.

提示	解答
1 2 3 4 5 6 | 7 | 8 9 | 10 ⎵3⎵ ⎵1⎵ ⎵1⎵	(1) $P = \dfrac{\binom{6}{3}\binom{1}{1}\binom{3}{1}}{\binom{10}{5}} = \dfrac{5}{21}$
1 2 | 3 | 4 5 6 | 7 | 8 9 10 ⎵0⎵ ⎵1⎵ ⎵3⎵ ⎵1⎵ ⎵0⎵	(2) $P = \dfrac{\binom{2}{0}\binom{1}{1}\binom{3}{3}\binom{1}{1}\binom{3}{0}}{\binom{10}{5}} = \dfrac{1}{252}$

4.

提示	解答
$\displaystyle\binom{a}{x+1}=\frac{a-x}{x+1}\binom{a}{x}$, $\displaystyle\binom{a}{x-1}=\frac{x}{a-x+1}\binom{a}{x}$	$h(x+1;n,N,k)=\dfrac{\dbinom{k}{x+1}\dbinom{N-k}{n-x-1}}{\dbinom{N}{n}}=\dfrac{\left[\dfrac{k-x}{x+1}\dbinom{k}{x}\right]\left[\dfrac{n-x}{N-k-n+x+1}\dbinom{N-k}{n-x}\right]}{\dbinom{a+b}{n}}$ $=\dfrac{(n-x)(k-x)}{(x+1)(N-k-n+x+1)}=h(x;n,N,k)$

5. 令 A = 某袋含 8 白球 4 黑球，B = 某袋含 6 白球 6 黑球，C = 某袋含 4 白球 8 黑球，M = 抽出 3 球為 2 白球 1 黑球

$$P(M|A)=\frac{\dbinom{8}{2}\dbinom{4}{1}}{\dbinom{12}{3}}\quad P(A)=\frac{1}{6}\quad P(M|B)=\frac{\dbinom{6}{2}\dbinom{6}{1}}{\dbinom{12}{3}}\quad P(B)=\frac{2}{6}$$

$$P(M|C)=\frac{\dbinom{4}{2}\dbinom{8}{1}}{\dbinom{12}{3}}\quad P(A)=\frac{3}{6}$$

$$\therefore P(A|B)=\frac{P(A)P(M|A)}{P(A)P(M|A)+P(B)P(M|B)+P(C)P(M|C)}$$

$$=\frac{\dfrac{1}{6}\times\left\{\dfrac{\dbinom{8}{2}\dbinom{4}{1}}{\dbinom{12}{3}}\right\}}{\dfrac{1}{6}\times\dfrac{\dbinom{8}{2}\dbinom{4}{1}}{\dbinom{12}{3}}+\dfrac{2}{6}\dfrac{\dbinom{6}{2}\dbinom{6}{1}}{\dbinom{12}{3}}+\dfrac{3}{6}\dfrac{\dbinom{4}{2}\dbinom{8}{1}}{\dbinom{12}{3}}}=\frac{45}{109}$$

6. 考慮 $(1+t)^a(1+t)^b=(1+t)^{a+b}$ 之 t^n 項係數 ⋯⋯⋯⋯⋯⋯⋯⋯⋯⋯⋯⋯ ＊

$(1)\ (1+t)^a(1+t)^b=\left[1+\dbinom{a}{1}t+\dbinom{a}{2}t^2+\cdots+\dbinom{a}{a}t^n\right]\cdot\left[1+\dbinom{b}{1}t+\dbinom{b}{2}t^2+\cdots+\dbinom{b}{b}t^n\right]$

$\therefore$ ＊中 t^n 項為 $\displaystyle\sum_{r=0}^{n}\binom{a}{r}t^r\cdot\binom{b}{n-r}t^{n-r}\quad\therefore t^n$ 其係數為 $\displaystyle\sum_{r=0}^{n}\binom{a}{r}\binom{b}{n-r}$

又 $(1+t)^{a+b}$ 之 t^n 係數為 $\dbinom{a+b}{n}$ 故 $\displaystyle\sum_{r=0}^{n}\binom{a}{r}\binom{b}{n-r}=\binom{a+b}{n}$

(2) 在 (a) 中令 $a=b=n$，則 $\displaystyle\sum_{r=0}^{n}\binom{n}{r}\binom{n}{n-r}=\binom{2n}{n}$

$(3) \sum_{r=0}^{n} \dfrac{(2n)!}{(v!)^2 (n-v)!^2} = \sum_{v=0}^{n} \dfrac{n!}{v!(n-v)!} \dfrac{n!}{v!(n-v)!} \dfrac{(2n)!}{n! \, n!} = \sum_{v=0}^{n} \dbinom{n}{v} \dbinom{n}{v} \dbinom{2n}{n} = \dbinom{2n}{n} \sum_{v=0}^{n} \dbinom{n}{v} \dbinom{n}{v}$

$= \dbinom{2n}{n} \sum_{v=0}^{n} \dbinom{n}{v} \dbinom{n}{n-v} = \dbinom{2n}{n}^2$

7.

提示	解答
$\displaystyle\sum_{k=0}^{n} k \dfrac{\dbinom{a}{k}\dbinom{b}{n-k}}{\dbinom{a+b}{n}}$ $E(X) = n \dfrac{a}{a+b}$	$P = \displaystyle\sum_{k=0}^{n} P$ （取 1 球為紅球 $\mid$ 取 k 個紅球，$n-k$ 個黑球）P（取 k 個紅球，$n-k$ 個黑球） $= \displaystyle\sum_{k=0}^{n} \dfrac{a-k}{a+b-n} \cdot \dfrac{\dbinom{a}{k}\dbinom{b}{n-k}}{\dbinom{a+b}{n}} = \left[\displaystyle\sum_{k=0}^{n} \cdot \dfrac{\dbinom{a}{k}\dbinom{b}{n-k}}{\dbinom{a+b}{n}} - k \dfrac{\dbinom{a}{k}\dbinom{b}{n-k}}{\dbinom{a+b}{n}} \right] \Big/ (a+b-n)$ $= \left[a \displaystyle\sum_{k=0}^{n} \cdot \underbrace{\dfrac{\dbinom{a}{k}\dbinom{b}{n-k}}{\dbinom{a+b}{n}}}_{1} - \displaystyle\sum_{k=0}^{n} k \dfrac{\dbinom{a}{k}\dbinom{b}{n-k}}{\dbinom{a+b}{n}} \right] \Big/ (a+b-n)$ $= \left[a - n\left(\dfrac{a}{a+b}\right) \right] \Big/ (a+b-n) = \dfrac{a}{a+b}$

8.

提示	解答
請注意 $\sum$ 下限值之變化	$(a)\ \displaystyle\sum_{x=0}^{n} (x-1)x \dbinom{a}{x}\dbinom{b}{n-x} = \displaystyle\sum_{x=1}^{n} (x-1)a \dbinom{a-1}{x-1}\dbinom{b}{n-x}$ $= a \displaystyle\sum_{x=1}^{n} (x-1) \dbinom{a-1}{x-1}\dbinom{b}{n-x} = a(a-1) \displaystyle\sum_{x=2}^{n} \dbinom{a-2}{x-2}\dbinom{b}{n-x}$ $= a(a-1) \dbinom{a+b-2}{n-2}$
應用 $V(X) = E[(X-1)X] + E(X) - E^2(X)$	$\therefore E((X-1)X) = \dfrac{a(a-1)\dbinom{a+b-2}{n-2}}{\dbinom{a+b}{n}} = \dfrac{a(a-1)n(n-1)}{(a+b)(a+b-1)}$ $\therefore V(X) = E[(X-1)X] + E(X) - E^2(X)$ $= \dfrac{a(a-1)n(n-1)}{(a+b)(a+b-1)} + \dfrac{na}{a+b} - \left(\dfrac{na}{a+b}\right)^2$ $= \dfrac{n(n-1)a(a-1)}{N(N-1)} + \dfrac{na}{N} - \left(\dfrac{na}{N}\right)^2$ $= \dfrac{N-n}{N-1} n \dfrac{(N-a)}{N} \cdot \dfrac{a}{N} = \dfrac{N-n}{N-1} npq \ ,\ p = \dfrac{a}{N} \cdot q = \dfrac{N-a}{N}$

9.

提示	解答
(1) 直接用 stirling 公式 $n! \approx \sqrt{2n\pi}\, n^n e^{-n}$	(1) $\dfrac{1}{2^{2n}}\dbinom{2n}{n} = \dfrac{1}{2^{2n}} \dfrac{(2n)!}{n!\,n!} \sim \dfrac{1}{2^{2n}} \dfrac{\sqrt{4n\pi}(2n)^{2n}e^{-2n}}{\sqrt{2n\pi}\, n^n e^{-n} \cdot \sqrt{2n\pi}\, n^n e^{-n}}$ $= \dfrac{1}{2^{2n}} \dfrac{\sqrt{4n\pi}(2n)^{2n}e^{-2n}}{2n\pi\, n^{2n} e^{-2n}} = \dfrac{1}{\sqrt{n\pi}}$
(2) ① $\because \dfrac{(a+1)\cdots(a+n)}{(b+1)\cdots(b+n)}$ 之分子，分母均非階乘式，故我們需將上式表成階乘式。 ② $\lim\limits_{n\to\infty}\left(1+\dfrac{a}{n}\right)=e^a$（應用微積分不定式求法），一個重要式子 若 $\lim\limits_{x\to a}f(x)=1$ 且 $\lim\limits_{x\to a}g(x)=\infty$，$a$ 可為 $\pm\infty$ 或實數，為 1^∞ 型式之不定式，則 $\lim\limits_{x\to a}f(x)^{g(x)}=e^{\lim\limits_{x\to a}(f(x)-1)g(x)}$	(2) $\dfrac{(a+1)(a+2)\cdots(a+n)}{(b+1)(b+2)\cdots(b+n)} = \dfrac{(a+n)!/a!}{(b+n)!/b!} = \dfrac{a!}{b!}\dfrac{(a+n)!}{(b+n)!}$ $\sim \dfrac{a!}{b!}\dfrac{\sqrt{2(a+n)\pi}(a+n)^{a+n}e^{-(a+n)}}{\sqrt{2(b+n)\pi}(b+n)^{b+n}e^{-(b+n)}}$ $\sim \dfrac{a!}{b!}\, e^{b-a}\, n^{b-a}\dfrac{\left(1+\dfrac{a}{n}\right)^n\left(1+\dfrac{a}{n}\right)^a}{\left(1+\dfrac{b}{n}\right)^n\left(1+\dfrac{b}{n}\right)^b}$ $\cdots\cdots\cdots$* 當 $n\to\infty$ 時 * $\sim \dfrac{a!}{b!}\, n^{b-a}\cdot e^{b-a}\cdot\dfrac{e^a\cdot 1}{e^b\cdot 1} \sim \dfrac{a!}{b!}\, n^{b-a}$

習題 4-2

1. $b(x;n,p) = \dbinom{n}{x}p^X(1-p)^{n-X} = \dbinom{n}{n-x}(1-(1-p))^x(1-p)^{n-x} = b(n-x,n,1-p)$

2. (1) $\dbinom{15}{3}p^3(1-p)^{12}$ (2) $(1-p)^{14}p$ (3) $\dbinom{14}{4}p^4(1-p)^{10}\cdot p = \dbinom{14}{4}p^5(1-p)^{10}$

   (4) $P(X=8\mid X\geq 4) = \dfrac{P(X=8 \text{ 且 } X\geq 4)}{P(X\geq 4)} = \dfrac{P(X=8)}{P(X\geq 4)} = \dfrac{\dbinom{15}{8}P^8(1-p)^7}{\sum\limits_{k=4}^{15}\dbinom{15}{k}p^k(1-p)^{15-k}}$

   (5) $(1-p)^4 p \cdot (1-p)^9 p = (1-p)^{13}p^2$

   (6) $E(X\mid X\geq 1) = \dfrac{\sum\limits_{x=1}^{15} x\dbinom{15}{x}p^x(1-p)^{15-x}}{1-F(0)} = \dfrac{15p}{1-(1-p)^{15}}$

3. 擲一對均勻骰子出現點數和為 7 之機率為 $\dfrac{1}{6}$，又 $r.v.X$ 服從 $p=\dfrac{1}{6}$ 之幾何分配，

   即 $f(x) = \dfrac{1}{6}\left(\dfrac{5}{6}\right)^{x-1}$，$x=1,2\cdots$，$E(X)=\dfrac{1}{p}=6$

4. $p=0.2$，$\therefore \mu=np=100\times 0.2=20$，$\sigma^2=npq=100\times 0.2\times 0.8=16$，$\therefore \sigma=4$

   $P(8\leq X\leq 32) = P(8-20\leq X-20\leq 32-20) = P(|X-20|\leq 3\sigma) > \dfrac{8}{9}$

5. $E(t^X) = \sum\limits_{x=0}^{n} t^x\dbinom{n}{x}p^x(1-p)^{n-x} = \sum\limits_{x=0}^{n}\dbinom{n}{x}(pt)^x(1-p)^{n-x} = [pt+(1-p)]^n$

6. $P(X=k \mid X+Y=s) = P(X=k, X+Y=s)/P(X+Y=s) = P(X=k, Y=s-k)/P(X+Y=s)$
   $= P(x=k)P(Y=s-k)/P(X+Y=s) \cdots\cdots *$

   但 $X+Y \sim b(m+n, p)$

   $$\therefore * = \frac{\binom{m}{k}p^k(1-p)^{m-k}\binom{n}{s-k}p^{s-k}(1-p)^{n-s+k}}{\binom{m+n}{s}p^s(1-p)^{m+n-s}} = \binom{m}{k}\binom{n}{s-k}\Big/\binom{m+n}{s}$$

7. $P(X+Y=n) = \sum\limits_{x=0}^{n} P(X=x, Y=n-x) = \sum\limits_{x=0}^{n} pq^x \cdot pq^{n-x} = \sum\limits_{x=0}^{n} p^2 q^n = (n+1)p^2 q^n$

   $$\therefore P(X=k \mid X+Y=n) = \frac{P(X=k \text{ 且 } X+Y=n)}{P(X+Y=n)} = \frac{P(X=k, Y=n-k)}{P(X+Y=n)}$$

   $$= \frac{P(X=k)\,P(Y=n-k)}{P(X+Y=n)} = \frac{pq^k \cdot pq^{n-k}}{(n+1)p^2 q^n} = \frac{1}{n+1}$$

8. $\because E(X)=np=1.8$，$V(x)=npq=1.26$　$\therefore q=0.7$，$p=0.3$ 且 $n=6$

   $$P(X=6 \mid X \geq 2) = \frac{P(X=6 \text{ 且 } X \geq 2)}{P(X \geq 2)} = \frac{P(X=6)}{1-P(X=0)-P(X=1)}$$

   $$= \frac{\binom{6}{6}(0.3)^6(0.7)^0}{1-\binom{6}{0}(0.3)^0(0.7)^6 - \binom{6}{1}(0.3)(0.7)^5} \approx 0.001$$

9. $f(x,y) = pq^x \cdot pq^y = p^2 q^{x+y}$，$y=0, 1, 2, \cdots$，$x=0, 1, 2\cdots$

   取 $Z=Y-X$ 則 $f(x,z) = p^2 q^{2x+z}$，$x=0, 1, 2, \cdots$，$z=-3, -2, -1, 0, 1, 2, 3\cdots$

   $$\therefore f(z) = \sum\limits_{x=0}^{\infty} p^2 q^{2x+z} = p^2 q^z \sum\limits_{x=0}^{\infty} q^{2x} = \frac{p^2 q^z}{1-q^2} = \frac{pq^z}{1+q}$$，$z \in I$

10.

提示	解答
Stirling 公式 $n! \approx \sqrt{n\pi}\, n^n e^{-n}$	$P = \binom{2n}{n}\left(\dfrac{1}{2}\right)^n \left(\dfrac{1}{2}\right)^n = \dfrac{(2n)!}{n!\,n!}\left(\dfrac{1}{2}\right)^{2n} = \dfrac{\sqrt{n\pi}(2n)^{2n}e^{-2n}}{\sqrt{n\pi}\,n^n e^{-n} \cdot \sqrt{n\pi}\,x^n e^{-n}}\left(\dfrac{1}{2}\right)^{3n}$ $\approx \sqrt{n\pi}$

11.

提示	解答
(1) $P(X>m=n \mid X>n) = P(X>m)$ $\Rightarrow P(X>m+1) = P(X>m)P(x>1)$ $\cdots\cdots$ $P(X>m) = (P(X>1))^m$ 令 $P(X>1)=q$ 則 $P(X>m)=q^m$ 最後利用 $P(X=m) = P(X>m-1) - P(X>m)$ 即得	對任一正整數 m 而言，均有 $P(X>m+1 \mid x>1) = P(X>m) \Rightarrow \dfrac{P(X>m+1)}{P(X>1)} = P(X>m)$ 即 $P(X>m+1) = P(X>m)P(X>1)$ 同理 $P(X>m) = P(X>m-1)P(X>1)$ $\quad = [P(X>m-2)P(X>1)]P(X>1)$ $\quad = P(X>m-2)P^2(X>1)$ $\quad \cdots\cdots$ $\quad = P(X>1)^m$

提示	解答
	令 $P(X>1)=q$ ，則 $P(X>m)=q^m$
	又 $P(X=m)=P(X>m-1)-P(X>m)$
	$\quad\quad\quad\quad\quad = q^{m-1}-q^m = q^{m-1}(1-q) = pq^{m-1}$
	$\therefore$ 滿足 $P(X>m+n\,|\,X>n)=P(X>m)$
	之離散分配為 $f(x)=pq^{x-1}$ ，$x=1,2\cdots$

12.

提示	解答
由右式開始，反復地分部積分 （本題亦可用數學歸納法，請讀者自證之）。	$(n-k)\binom{n}{k}\int_0^q t^{n-k-1}(1-t)^k\,dt = (n-k)\binom{n}{k}\left[\int_0^q (1-t)^k\,d\dfrac{t^{n-k}}{n-k}\right]$
	$= (n-k)\binom{n}{k}\left[\dfrac{t^{n-k}}{n-k}(1-t)^k\,\big|_0^q - \int_0^q \dfrac{t^{n-k}}{n-k}\,d(1-t)^k\right]$
	$= \binom{n}{k}q^{n-k}p^k + k\binom{n}{k}\int_0^q t^{n-k}(1-t)^{k-1}\,dt$
	$= \binom{n}{k}p^k q^{n-k} + k\binom{n}{k}\int_0^q (1-t)^{k-1}\cdot d\dfrac{t^{n-k+1}}{n-k+1}$
	$= \binom{n}{k}p^k q^{n-k} + k\binom{n}{k}\cdot(1-t)^{n-k}\dfrac{t^{n-k+1}}{n-k+1}\Big]_0^q$
	$\quad + k\binom{n}{k}\dfrac{1}{n-k+1}\int_0^q (1-t)^{n-k}t^{n-k+1}\,dt$
	$= \binom{n}{k}p^k\cdot q^{n-k} + \binom{n}{k-1}p^{k-1}q^{n-k+1} + \binom{n}{k-2}\int_0^q (1-t)^{n-k}\,d\dfrac{t^{n-k+2}}{n-k+2}$
	$= \binom{n}{k}p^k q^{n-k} + \binom{n}{k-1}p^{k-1}q^{n-k+1} + \cdots\cdots$
	$= \overset{n}{\underset{k=0}{\Sigma}}\binom{n}{k}p^k q^{n-k} = B(k;n,p)$

13.

提示	解答
	(1) 見第 5 題。
(2) $E\left(\dfrac{1}{1+X}\right) = E\left(\int_0^1 t^X\,dt\right)$ 是關鍵。	(2) $E\left(\dfrac{1}{1+X}\right) = E\left(\int_0^1 t^X\,dt\right) = \int_0^1 E(t^X)\,dt$
	$\quad\quad\quad\quad\quad = \int_0^1 (pt+q)^n\,dt = \dfrac{1-q^{n+1}}{p(n+1)}$
(3) 應用若 $\lim\limits_{x\to a}f(x)=1$ 　$\lim\limits_{x\to a}g(x)=\infty$ ，則 　$\lim\limits_{x\to\infty}f(x)^{g(x)} = \lim\limits_{x\to\infty}\exp\{\lim\limits_{x\to a}(f(x)-1)g(x)\}$	(3) $E\left(\dfrac{1}{1+X}\right) = \dfrac{1-(1-p)^{n+1}}{(n+1)p}\xrightarrow{\lambda=np}\dfrac{1-\left(1-\dfrac{\lambda}{n}\right)^{n+1}}{\lambda(n+1)/n}$
	$\therefore \lim\limits_{n\to\infty}E\left(\dfrac{1}{1+X}\right) = \lim\limits_{n\to\infty}\dfrac{1-\left(1-\dfrac{\lambda}{n}\right)^n\left(1-\dfrac{\lambda}{n}\right)}{\lambda\left(\dfrac{n+1}{n}\right)} = \dfrac{1-e^{\lambda}}{\lambda}$

14.

提示	解答
我們在求 $Y = X_1 + X_2 + X_3$ 之 pdf 時先求 $Y_1 = X_1 + X_2$，然後再求 $Y = Y_1 + X_3$	1. 先求 $Y = X_1 + X_2$， $P(Y = 0) = P(X_1 + X_2 = 0) = P(X_1 = 0, X_2 = 0) = P(X_1 = 0)$ $P(X_2 = 0) = p_1^0 q_1^1 \cdot p_2^0 q_2^1 = q_1 q_2$ $P(Y = 1) = P(X_1 + X_2 = 1) = P(X_1 = 1, X_2 = 0$ 或 $X_1 = 0,$ $X_2 = 1) = P(X_1 = 1, X_2 = 0) + P(X_1 = 0, X_2 = 1) = P(X_1 = 1)$ $P(X_2 = 0) + P(X_1 = 0)P(X_2 = 1) = p_1 q_2 + p_2 q_1$ $P(Y = 2) = P(X_1 + X_2 = 2) = P(X_1 = 1, X_2 = 1) = P(X_1 = 1)$ $P(X_2 = 1) = p_1 p_2$ 即 $P_Y(y) = \begin{cases} q_1 q_2 & , y = 0 \\ p_1 q_2 + p_2 q_1 & , y = 1 \\ p_1 p_2 & , y = 2 \\ 0 & , 其它 \end{cases}$ 2. 求 $U = Y + X_3$ $P(U = 0) = P(Y = 0, X_3 = 0) = P(Y = 0)P(X_3 = 0) = q_1 q_2 q_3$ $P(U = 1) = P(Y = 0, X_3 = 1$ 或 $Y = 1, X_3 = 0)$ $= P(Y = 0, X_3 = 1) + P(Y = 1, X_3 = 0)$ $= P(Y = 0)P(X_3 = 1) + P(Y = 1)P(X_3 = 0)$ $= q_1 q_2 p_3 + (p_1 q_2 + p_2 q_1)q_3$ $= q_1 q_2 p_3 + p_1 q_2 q_3 + p_2 q_1 q_3$ $P(U = 2) = P(Y = 1, X_3 = 1$ 或 $Y = 2, X_3 = 0) = P(Y = 1)$ $P(X_3 = 1) + P(Y = 2)P(X_3 = 0) = (p_1 q_2 + p_2 q_1)p_3 + p_1 p_2 q_3$ $= p_1 q_2 p_3 + p_2 q_1 p_3 + p_1 p_2 q_3$ $P(U = 3) = P(Y = 2, X_3 = 1) = P(Y = 2)P(X_3 = 1) = p_1 p_2 p_3$ $\therefore f_U(u) = \begin{cases} q_1 q_2 q_3 & , u = 0 \\ q_1 q_2 p_3 + p_1 q_2 q_3 + p_2 q_1 q_3 & , u = 1 \\ p_1 q_2 p_3 + p_2 q_1 p_3 + p_1 p_2 q_3 & , u = 2 \\ p_1 p_2 p_3 & , u = 3 \\ 0 & , 其它 \end{cases}$

15.

提示	解答
1. 由 $Y = (-1)^X$，可知 Y 之實現只有 1, −1 二個，顯然 X 為偶數時，Y 對應 1，X 為奇數時，Y 對應 −1。 2. 考慮 $(p + q)^n$ 與 $(p - q)^n$	$(p+q)^n = \binom{n}{0}p^0 q^n + \binom{n}{1}pq^{n-1} + \binom{n}{2}p^2 q^{n-2} + \binom{n}{3}p^3 q^{n-3} + \cdots \quad (1)$ $(p-q)^n = \binom{n}{0}p^0 q^n - \binom{n}{1}pq^{n-1} + \binom{n}{2}p^2 q^{n-2} + \binom{n}{3}p^3 q^{n-3} + \cdots \quad (2)$ $(1) + (2)$ 得： $1 + (p-q)^n = \left[\binom{n}{0}p^0 q^n + \binom{n}{0}p^2 q^{n-2} + \cdots\right]$ $\therefore Y = 1$（即 X 為偶）時，由 $(1) + (2)$ 得， $\binom{n}{0}p^0 q^n + \binom{n}{2}p^2 q^{n-2} + \cdots = \frac{1}{2}[1 + (p-q)^n]$

提示	解答
	由 (1) − (2) 得 $1 - (p - q)^n = 2\left[\binom{n}{1}pq^{n-1} + \binom{n}{3}p^3q^{n-3} + \cdots\right]$ $\therefore Y = -1$（即 X 為奇數）時，由 (1) − (2) 得， $\binom{n}{1}pq^{n-1} + \binom{n}{3}p^3q^{n-3} + \cdots = \frac{1}{2}[1 - (p - q)^n]$ 即 $f_Y(y) = \begin{cases} \dfrac{1}{2}[1 + (p - q)^n]，y = 1 \\ \dfrac{1}{2}[1 - (p - q)^n]，y = -1 \end{cases}$

16.

提示	解答
$r.v. X \sim G(p)$ $f(x) = pq^{x-1}，x = 1, 2 \cdots$	$f(x) = pq^{x-1}，x = 1, 2 \cdots$ $\therefore Y$ 之 pdf 為 (1) n 為偶數時 $f_1(y) = P(Y = y \mid n$ 為偶數$)$ $\quad = pq + pq^3 + pq^5 + \cdots = p(q + q^3 + q^5 + \cdots) = p \cdot \dfrac{q}{1 - q^2} = \dfrac{q}{1 + q}$ (2) n 為奇數時 $f_1(y) = P(Y = y \mid n$ 為奇數$)$ $\quad = pq^0 + pq^2 + pq^4 \cdots$ $\quad = p(1 + q^2 + q^4 + \cdots)$ $\quad = p \cdot \dfrac{1}{1 - q^2} = \dfrac{1}{1 + q}$

習題 4-3

1. $E(X \mid X > 1) = \dfrac{\int_1^\infty x\lambda e^{-\lambda x}dx}{1 - F(1)} = \dfrac{\int_1^\infty \lambda x e^{-\lambda x}dx}{\int_1^\infty \lambda e^{-\lambda x}\,dx} = \dfrac{\left(1 + \dfrac{1}{\lambda}\right)e^{-\lambda}}{e^{-\lambda}} = 1 + \dfrac{1}{\lambda}$

2. (1) $F(x, y) = (1 - e^{-0.001x})(1 - e^{-0.001y})$　$\therefore X, Y$ 為獨立

   (2) $P(X > 500, Y > 500) = P(X > 500)P(Y > 500) = e^{-0.001 \times 500} \cdot e^{-0.001 \times 500} = e^{-1}$

   (3) $P(X > 500 \mid Y > 500) = P(X > 500) = e^{-0.001 \times 500} = e^{-0.5}$

   (4) $f(x, y) = \dfrac{\partial^2}{\partial x \partial y}(1 - e^{-0.001x} - e^{-0.001y} + e^{0.001(x+y)}) = (0.001)^2 e^{-0.001(x+y)}$，$x > 0, y > 0$

   $\therefore P(X \geq Y) = \int_0^\infty \int_y^\infty (0.001)^2 e^{-0.001(x+y)}dx\,dy = \int_0^\infty [-e^{-0.001x}]_y^\infty (0.001)\,e^{-0.001y}dy$

   $\qquad = \int_0^\infty (0.001)\,e^{-0.002y}dy = \dfrac{1}{2}$

3. $P(X = 0) = \dfrac{e^{-\lambda}\lambda^x}{x!}\bigg|_{x=0} = e^{-\lambda} = \dfrac{1}{4} \Rightarrow \lambda = \ln 4$

$$\therefore P(X \geq 2) = 1 - P(X=0) - P(X=1) = 1 - \frac{1}{4} - \frac{e^{-\ln 4}(\ln 4)}{1!} = \frac{1}{4}(3 - \ln 4)$$

4. (1) $P(X=m) = \sum\limits_{n=m}^{\infty} \frac{\lambda^n p^m (1-p)^{n-m}}{m!(n-m)!} e^{-\lambda} = \frac{e^{-\lambda}(\lambda p)^m}{m!} \sum\limits_{n=m}^{\infty} \frac{[\lambda(1-p)]^{n-m}}{(n-m)!}$

$$\underline{\underline{k=n-m}} \frac{e^{-\lambda}(\lambda p)^m}{m!} \sum\limits_{k=0}^{\infty} \frac{[\lambda(1-p)]^k}{k!} = \frac{e^{-\lambda}(\lambda p)^m}{m!} e^{\lambda(1-p)}$$

$$= \frac{e^{-\lambda P}(\lambda p)^m}{m!} \ , \ m=0,1,2,\cdots\cdots$$

(2) $P(Y=n) = \sum\limits_{m=0}^{n} \frac{\lambda^n p^m (1-p)^{n-m}}{m!(n-m)!} e^{-\lambda} = \frac{\lambda^n e^{-\lambda}}{n!} \underbrace{\sum\limits_{m=0}^{n} \frac{n!}{m!(n-m)!} p^m (1-p)^{n-m}}_{1}$

$$= \frac{\lambda^n e^{-\lambda}}{n!} \ , \ n=0,1,2\cdots\cdots$$

5. $E\left(\frac{1}{1+X}\right) = \sum\limits_{x=0}^{\infty} \frac{1}{(1+x)} \frac{e^{-\lambda}\lambda^x}{x!} = \sum\limits_{x=0}^{\infty} \frac{e^{-\lambda}\lambda^x}{(1+x)!} = \frac{e^{-\lambda}}{\lambda} \sum\limits_{x=0}^{\infty} \frac{\lambda^{x+1}}{(1+x)!} = \frac{e^{-\lambda}}{\lambda}(e^\lambda - 1) = \frac{1}{\lambda}(1 - e^{-\lambda})$

6. $f(x, \lambda) = f(x \mid \lambda) h(\lambda) = \frac{e^{-\lambda}\lambda^x}{x!} \cdot \frac{e^{-\theta\lambda}\theta^n \lambda^{n-1}}{\Gamma(n)}$

$$\therefore f(x) = \int_0^\infty f(x,\lambda)\,dx = \int_0^\infty \frac{e^{-(\theta+1)\lambda}\theta^n \lambda^{n-1}}{x!\,\Gamma(n)} d\lambda = \frac{\theta^n}{x!\,\Gamma(n)} \int_0^\infty e^{-(\theta+1)\lambda}\lambda^{x+n-1} d\lambda$$

$$= \frac{\theta^n}{x!\,\Gamma(n)} \cdot \frac{\Gamma(x+n)}{(\theta+1)^{(x+n)}}$$

即 $P(X=k) = \frac{\theta^n}{x!\,\Gamma(n)} \frac{\Gamma(k+n)}{(\theta+1)^{(k+n)}}$

7. $f(t) = 3e^{-3t}$,

(1) $P(T > \frac{1}{3}) = \int_{\frac{1}{3}}^\infty 3\,e^{-3t}\,dt = e^{-1}$

(2) $P(T > \frac{4}{3} \mid T > 1) = P(T > \frac{4}{3} - 1 = \frac{1}{3}) = e^{-1}$

8. $P(Y>X) = \int_0^\infty P(Y>X \mid X=x)\,f(x)dx = \int_0^\infty P(Y>x)\,f(x)dx = \int_0^\infty e^{-ux}\lambda e^{-\lambda x}\,dx = \frac{\lambda}{\mu+\lambda}$

9. $f(x_1, x_2) = \lambda^2 e^{-\lambda(x+y)}$

$$\begin{cases} y_1 = \dfrac{x_1}{x_2} \\ y_2 = x_1 + x_2 \end{cases} \therefore \begin{cases} x_1 = \dfrac{y_2}{1+y_1} \\ x_2 = \dfrac{y_1 y_2}{1+y_1} \end{cases} \quad J = \begin{vmatrix} \dfrac{y_2}{(1+y_1)^2} & \dfrac{y_1}{1+y_1} \\ \dfrac{-y_2}{(1+y_1)^2} & \dfrac{1}{1+y_1} \end{vmatrix} = \dfrac{y_2}{(1+y_1)^2} , \ |J| = \left| \dfrac{y_2}{(1+y_1)^2} \right| = \dfrac{y_2}{(1+y_1)^2}$$

$$f(y_1, y_2) = \lambda^2 e^{-\lambda y_2} \cdot \frac{y_2}{(1+y_1)^2} \ , \ \infty > y_1, y_2 > 0$$

$$\therefore f_{Y_1}(y_1) = \int_0^\infty \lambda^2 e^{-\lambda y_2} \frac{y_2}{(1+y_1)^2} dy_2 = \frac{1}{(1+y_1)^2} \ , \ y_1 > 0$$

$$f_{Y_2}(y_2) = \int_0^\infty \lambda^2 e^{-\lambda y_2} \frac{y_2}{(1+y_1)^2} dy_1 = \lambda^2 y_2 e^{-\lambda y_2} \ , \ y_2 > 0$$

10.

提示	解答
注意 $f(z, w)$ 之 z, w 的範圍	取 $\begin{cases} z = x+y \\ w = x \end{cases}$ 則 $\begin{cases} x = w \\ y = z-w \end{cases}$ $J = \begin{vmatrix} \dfrac{\partial x}{\partial w} & \dfrac{\partial x}{\partial z} \\ \dfrac{\partial y}{\partial w} & \dfrac{\partial y}{\partial z} \end{vmatrix} = \begin{vmatrix} 1 & 0 \\ -1 & 1 \end{vmatrix} = 1$ ， $\therefore |J| = 1$ $f(x, y) = \dfrac{1}{6} e^{-\frac{x}{2} - \frac{y}{3}}$ $\therefore f(z, w) = \dfrac{1}{6} e^{-\frac{w}{2}} e^{-\frac{z-w}{3}} \cdot 1 = \dfrac{1}{6} e^{-\frac{w}{6}} e^{-\frac{z}{3}}$ ， $\infty > z > w > 0$ $f_z(z) = \int_0^z \dfrac{1}{6} e^{-\frac{w}{6}} e^{-\frac{z}{3}} dz = e^{-\frac{z}{3}} \int_0^z \dfrac{1}{6} e^{-\frac{w}{6}} dw = e^{-\frac{z}{3}} (1 - e^{-\frac{z}{6}})$, $z > 0$ 即 $f(z) = \begin{cases} e^{-\frac{z}{3}} (1 - e^{-\frac{z}{6}}) ， z > 0 \\ \quad\quad 0 \quad\quad ，其他 \end{cases}$

11.

提示	解答
由 $\dfrac{P_k}{P_{k-1}} = \dfrac{\lambda}{k}$ 便聯想到遞迴關係。	$P_1 = \dfrac{\lambda}{1} P_0$ $P_2 = \dfrac{\lambda}{2} P_1 = \dfrac{\lambda}{2} \cdot \dfrac{\lambda}{1} P_0 = \dfrac{\lambda^2}{2} P_0$ $\vdots$ $P_k = \dfrac{\lambda^k}{k!} P_0$ $\therefore P_0 + P_1 + \cdots + P_k + \cdots = \left(1 + \lambda + \dfrac{\lambda^2}{2} + \cdots + \dfrac{\lambda^k}{k!} + \cdots\right) P_0$ $\qquad\qquad\qquad\qquad\qquad = (e^\lambda) P_0 = 1$ $\therefore P_0 = e^{-\lambda}$ $\therefore P_K = P(X=k) = \dfrac{\lambda^k}{k!} e^{-\lambda}$ ， $k = 0, 1, 2 \cdots$

12.

提示	解答
	(1) $P(X=n) = \dfrac{e^{-\lambda} \lambda^n}{n!} = \dfrac{\lambda}{n} \dfrac{e^{-\lambda} \lambda^{n-1}}{(n-1)!} = \dfrac{\lambda}{n} P(X=n-1)$ (2) $P(X \geq n)$ $\quad = P(X=n) + P(X=n+1) + P(X=n+2) + \cdots$ 令 $P(X=k) = P_k$ 則 $P_n = P_n$ $P_{n+1} = \dfrac{\lambda}{n+1} P_n < \dfrac{\lambda}{1} P_n$ $P_{n+2} = \dfrac{\lambda}{n+2} P_n = \dfrac{\lambda}{n+2}\left(\dfrac{\lambda}{n+1}\right) P_n < \dfrac{\lambda^2}{2!} P_n$ $P_{n+3} = \dfrac{\lambda}{n+3} P_{n+2} = \dfrac{\lambda^3}{(n+3)(n+2)(n+1)} P_n < \dfrac{\lambda^3}{3!} P_n$ $\cdots\cdots$ $\therefore P(X \geq n) = P(X=n) + P(X=n+1) + P(X=n+2) + \cdots$

提示	解答
	$< P_n + \dfrac{\lambda}{1!} P_n + \dfrac{\lambda^2}{2!} P_n + \dfrac{\lambda^3}{3!} P_n + \cdots = \left(1 + \dfrac{\lambda}{1!} + \dfrac{\lambda^2}{2!} + \cdots\right) P_n$ $= e^{\lambda} \cdot \dfrac{\lambda^n e^{-\lambda}}{n!} = \dfrac{\lambda^n}{n!}$
(3) 應用 $E(X) = \sum\limits_{n=0}^{\infty} P(X \geq n)$	(3) $E(X) = \sum\limits_{n=0}^{\infty} P(X \geq n) = \sum\limits_{k=n}^{\infty} \dfrac{\lambda^k}{k!} < \sum\limits_{k=0}^{\infty} \dfrac{\lambda^k}{k!} = e^{\lambda}$

13.

提示	解答
本題直覺上，Chebyshev 不等式，Markov 不等式等均派不上場，那就想到 Chernoff bound	應用 Chernoff bound： $P(X \geq 2\lambda) \leq \min\limits_{t>0} e^{-2\lambda t} M(t) = \min\limits_{t>0} e^{-2\lambda t} e^{\lambda(e^t - 1)} = \min\limits_{t>0} e^{(\lambda e^t - 2\lambda t - \lambda)}$ 取 $h(t) = \lambda e^t - 2\lambda t - \lambda$ $h'(t) = \lambda e^t - 2\lambda = 0 \quad \therefore t = \ln 2$ $h''(t) = \lambda e^t$，$h''(\ln 2) = \lambda e^{\ln 2} = 2\lambda \geq 0$ $\therefore h(t)$ 在 $t = \ln 2$ 時有極小值 $h(\ln 2) = e^{\lambda(e^{\ln 2} - 2\ln 2 - 1)} = e^{\lambda(1 - \ln 4)} = (e^{1 - \ln 4})^{\lambda} = \left(\dfrac{e}{4}\right)^{\lambda}$ 即 $X \sim P(\lambda)$ 時 $P(X \geq 2\lambda) \leq \left(\dfrac{e}{4}\right)^{\lambda}$

14. $Z = \max(X, Y)$ 則

$$F_Z(z) = P(\max(X, Y) \leq z) = P(X \leq z, Y \leq z) = P(X \leq z) P(Y \leq z)$$
$$= (1 - e^{-\lambda_1 z})(1 - e^{-\lambda_2 z}) = 1 + e^{-(\lambda_1 + \lambda_2)z} - e^{-\lambda_1 z} - e^{-\lambda_2 z}$$
$$E(Z) = \int_0^{\infty} (1 - F_Z(z))\, dz = \int_0^{\infty} [e^{-\lambda_1 z} + e^{-\lambda_2 z} - e^{-(\lambda_1 + \lambda_2)z}]\, dz = \frac{1}{\lambda_1} + \frac{1}{\lambda_2} - \frac{1}{\lambda_1 + \lambda_2}$$

習題 4-4

1.

提示				解答
x	0	$\dfrac{a}{2}$	a	$E(Y) = \int_0^{\frac{a}{2}} x \dfrac{1}{a}\, dx + \int_0^{\frac{a}{2}} \dfrac{a}{2} \cdot \dfrac{1}{a}\, dx = \dfrac{a}{8} + \dfrac{a}{4} = \dfrac{3}{8} a$
$f(x)$	x	$\dfrac{a}{2}$		

2.

提示	解答
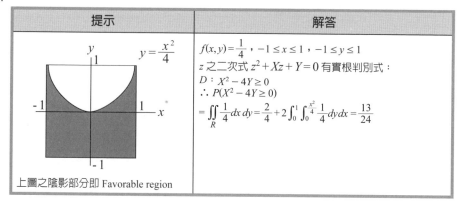 上圖之陰影部分即 Favorable region	$f(x,y)=\dfrac{1}{4}$，$-1\leq x\leq 1$，$-1\leq y\leq 1$ z 之二次式 $z^2+Xz+Y=0$ 有實根判別式： D：$X^2-4Y\geq 0$ $\therefore P(X^2-4Y\geq 0)$ $=\displaystyle\iint_R \dfrac{1}{4}\,dx\,dy=\dfrac{2}{4}+2\int_0^1\int_0^{\frac{x^2}{4}}\dfrac{1}{4}\,dy\,dx=\dfrac{13}{24}$

3. $E((X+1)^k)=E\left[X^k+kX^{k-1}+\binom{k}{2}X^{k-2}+\cdots+1\right]=E\left[X^k+\binom{k}{1}X^{k-1}+\binom{k}{2}X^{k-2}+\cdots+1\right]$

$$\sum_{x=1}^{n}(x+1)^k P(X=x)=\frac{\displaystyle\sum_{x=1}^{n}(x+1)^k}{n}=\frac{2^k+3^k+\cdots+(n+1)^k}{n} \qquad ①$$

$$E(X^k)=\frac{\displaystyle\sum_{k=1}^{n}x^k}{n}=\frac{1+2^k+3^k+\cdots+n^k}{n} \qquad ②$$

$①-②$ 得 $E\left[kX^{k-1}+\binom{k}{2}X^{k-2}+\cdots+1\right]=\dfrac{(n+1)^k-1}{n}$

4. $\because F(x)=\displaystyle\int_{-\infty}^{x}e^{-x}(1-e^{-x})^2dx=(1-e^{-x})^{-1}\Big]_{-\infty}^{x}=(1-e^{-x})^{-1}$ 取 $Y=F(X)=(1-e^{-x})^{-1}$

　　$\therefore Y\sim U(0,1)$

5.

提示		解答
期望值	**指數分配**	$f_X(x)=\lambda e^{-\lambda x}$　　$y=F(x)=1-e^{-\lambda x}$
λ	$\dfrac{1}{\lambda}e^{-\frac{\alpha}{\lambda}}$	$\therefore x=-\dfrac{1}{\lambda}\ln|1-y|$，$\left\|\dfrac{dx}{dy}\right\|=\dfrac{1}{\lambda}\dfrac{1}{1-y}$
$\dfrac{1}{\lambda}$	$\lambda e^{-\lambda x}$	$\Rightarrow f_Y(y)=\begin{cases}\lambda e^{-\lambda[-\frac{1}{\lambda}\ln(1-y)]}\cdot\dfrac{1}{\lambda}\dfrac{1}{1-y}=1 & , 1>y>0 \\ 0 & , \text{其他}\end{cases}$

6.

提示	解答
	$(1)\ z<0$ 時 $F(z)=0$ $(2)\ 0\le z<1$ 時 $F(z)=P(Z\le z)=\int_0^z ydy=\dfrac{1}{2}z^2$ $(3)\ 1\le z<2$ 時 $P(z)=P(Z\le z)=P(0\le Z\le 1\cup 1\le Z\le z)$ $\quad =P(0\le Z\le 1)+P(1\le Z\le z)=\int_0^1 ydy+\int_1^z(2-y)dy$ $\quad =\dfrac{-1}{2}z^2+2z-1$ $(4)\ z\ge 2$ 時 $F(z)=1$

7. $F_T(t)=P(T\le t)=P(\max(X,Y)\le t)=P(X\le t,Y\le t)=P(X\le t)P(Y\le t)$

$a\le t\le b：F_T(t)=\left(\dfrac{t-a}{b-a}\right)^2$

$t<a：F_T(t)=0$

$t>b：F_T(t)=1$

$\therefore f_T(t)=\begin{cases}\dfrac{2(t-a)}{(b-a)^2}, & a\le t\le b\\ 0 & ，其他\end{cases}$

8. $F_w(w)=P(W\le w)=1-P(W>w)=1-P(\min(X,Y)>w)$

$\qquad =1-P(X>w,Y>w)=1-P(X>w)P(Y>w)=1-\left(1-\dfrac{w-a}{b-a}\right)\left(1-\dfrac{w-a}{b-a}\right)$

$\qquad =1-\left(1-\dfrac{w-a}{b-a}\right)^2$

$F_w(w)=\begin{cases}0 & ，w<a\\ 1-\left(1-\dfrac{w-a}{b-a}\right)^2, & b>w>a\\ 1 & ，w>b\end{cases}$

$\therefore f_w(w)=\begin{cases}\dfrac{2(b-w)}{(b-a)^2}, & b>w>a\\ 0 & ，其他\end{cases}$

9.

提示	解答
1. $P(x<X\le y)$ 與 $y-x$ 有關，意指 $P(x<X\le y)$ 與 $y-x$ 與函數關係，故可說 $P(x<X\le y)=f(y-x)$ 2. 請記住函數方程式 $f(x+y)=f(x)+f(y)$ 之解為 $f(x)=cx$	$P(0<X\le x+y)=P(0<X\le x\cup x<X\le x+y)=P(0<X\le x)$ $+P(x<X\le x+y)=f(x)+f((x+y)-x)=f(x)+f(y)$ 函數方程式 $f(x+y)=f(x)+f(y)$ 之解為 $f(x)=cx$ $P(0<X\le x)=F(x)=cx$ $\therefore F(x)=cx，f(x)=c，但 f(x)=c 為 pdf 之條件為 c=1$ $\therefore f(x)=1，1>x>0，即 rvX\sim U(0,1)$

10. $Y = N(z) \sim U(0, 1)$　　$\therefore E(N(z)) = E(Y) = \int_0^1 y\,dy = \frac{1}{2}$

11.

提示	解答
若 $X \sim U\left(-\frac{1}{2}, \frac{1}{2}\right)$ 則 $E(e^{tx}) = \int_{-\frac{1}{2}}^{\frac{1}{2}} e^{tx}\,dx = \frac{1}{t}\left(e^{\frac{t}{2}} - e^{-\frac{t}{2}}\right)$ 應用 $M_X(t) = E(e^{tX}) = \sum_{m=0}^{\infty} E(X^m)\frac{t^m}{m!}$ 方法二：特徵函數 $\because E(e^{itX}) = \int_{-\frac{1}{2}}^{\frac{1}{2}} e^{itx}\,dx = \frac{1}{it}\left(e^{\frac{it}{2}} - e^{-\frac{it}{2}}\right)$ $= \frac{2\sin\frac{t}{2}}{t}$	$M_Y(t) = E(e^{t(X_1+X_2+X_3)}) = E(e^{tX_1})E(e^{tX_2})E(e^{tX_3})$ $= \left(\frac{1}{t}\left(e^{\frac{t}{2}} - e^{-\frac{t}{2}}\right)\right)^3 = \frac{1}{t^3}\left(e^{\frac{t}{2}} - e^{-\frac{t}{2}}\right)^3$ $= \frac{1}{t^3}\left[\left(1 + \frac{t}{2} + \frac{1}{2!}\left(\frac{t}{2}\right)^2 + \frac{1}{3!}\left(\frac{t}{2}\right)^3 + \cdots\right) = 1 + \frac{1}{24}t^2 + \frac{1}{1920}t^4 + \cdots\right.$ $\left. - \left(1 - \frac{t}{2} + \frac{1}{2!}\left(-\frac{t}{2}\right)^2 + \frac{1}{3!}\left(\frac{-t}{2}\right)^3 + \cdots\right)\right]^3$ $= \frac{1}{t^3}\left(t + \frac{2}{3!} \cdot \frac{t^3}{8} + \frac{2}{5!} \cdot \frac{t^5}{32} + \cdots\right)^3 = \left(1 + \frac{1}{24}t^2 + \frac{1}{1920}t^4 + \cdots\right)^3$ 我們只需考慮上式之 t^4 係數，經計算 t^4 之係數為 $\frac{1}{360} + \frac{1}{12 \times 24} + \frac{1}{1920}$ $\therefore EX^4 = 4!\left(\frac{1}{360} + \frac{1}{12 \times 24} + \frac{1}{1920}\right) = \frac{13}{80}$ 方法二：特徵函數 $\because E(e^{itX_1}) = \left(\frac{2\sin\frac{t}{2}}{t}\right)^3 = \left(1 - \frac{t^2}{24} + \frac{t^4}{1920} \cdots\cdots\right)^3$ 餘仿 (1)，可得 t^4 之係數 $\frac{1}{360} + \frac{1}{12 \times 24} + \frac{1}{1920}$ $\therefore EX^4 = 4!\left(\frac{1}{360} + \frac{1}{12 \times 24} + \frac{1}{1920}\right) = \frac{13}{80}$

12.

提示	解答
                 注意 $f(y_1, y_2)$、$f(y_1), f(y_2)$ 之定義域	(1) $f(x_1, x_2) = 1$，$1 > x_1, x_2 > 0$ 　　$\therefore f(y_1, y_2) = 2 \cdot 1 = 2$，$1 > y_2 > y_1 > 0$ (2) $f(y_1) = \int_{y_1}^1 2\,dy_2 = 2(1 - y_1)$，$1 > y_1 > 0$ 　　$f(y_2) = \int_0^{y_2} 2\,dy_1 = 2y_2$，$1 > y_2 > 0$ (3) $E(Y_1) = \int_0^1 y_1 2(1 - y_1)\,dy_1 = y_1^2 - \frac{2}{3}y_1^3 \Big|_0^1 = \frac{1}{3}$ 　　$E(Y_2) = \int_0^1 y_2 \cdot 2y_2\,dy_2 = \frac{2}{3}y_2^3 \Big|_0^1 = \frac{2}{3}$ (4) $f(y_1, y_2) = 2$，$1 > y_2 > y_1 > 0$ 　　$\begin{cases} z = y_2 - y_1 \\ z_1 = y_1 \end{cases}$　$\therefore \begin{cases} y_2 = z + z_1 \\ y_1 = z_1 \end{cases}$ 　　$J = \begin{vmatrix} \frac{\partial y_1}{\partial z} & \frac{\partial y_1}{\partial z_1} \\ \frac{\partial y_2}{\partial z} & \frac{\partial y_2}{\partial z_1} \end{vmatrix} = \begin{vmatrix} 0 & 1 \\ 1 & 1 \end{vmatrix} = 1$　$\therefore |J| = 1$ 　　$f(z, z_1) = 2$，$0 \leq z_1 \leq 1$，$0 \leq z + z_1 \leq 1$，$z \geq 0$ 　　$\therefore f(z) = \int_0^{1-z} 2\,dz_1 = 2(1 - z)$，$1 > z > 0$

13.(1) $E(X_1^n) = \int_0^1 x_1^n dx_1 = \dfrac{1}{n+1}$

(2) 設 $Y = \max(X_1, X_2, \cdots X_n)$ 則

$F_Y(y) = P(Y \leq y) = P(\max(X_1, X_2 \cdots X_n) \leq y) = P(X_1 \leq y)P(X_2 \leq y)\cdots P(X_n \leq y)$

$= (\int_0^y dx_1)(\int_0^y dx_2) \cdots (\int_0^y dx_n) = y^n$

$\therefore f_Y(y) = ny^{n-1}$，$1 > y > 0$

$E(Y) = \int_0^1 \cdot y \cdot ny^{n-1} \, dy = \dfrac{n}{n+1}$

(3) 令 $Y = \max(X_1, X_2, \cdots X_n)$

則 $F_Y(y) = P(Y \leq y) = 1 - P(Y > y) = 1 - P(\min(X_1, X_2 \cdots X_n) > y)$

$= 1 - P(X_1 > y, X_2 > y, \cdots X_n > y) = 1 - P(X_1 > y)P(X_2 > y)\cdots P(X_n > y)$

$= 1 - \left(\int_y^1 dx_1\right)\left(\int_y^1 dx_2\right)\cdots\left(\int_y^1 dx_n\right) = 1 - (1-y)^n$

$\therefore f_Y(y) = n(1-y)^{n-1}$，$1 > y > 0$

$E(Y) = \int_0^1 y^n(1-y)^{n-1}dy = n \cdot \dfrac{(n-1)! \, 1!}{[(n-1)+1+1]!} = \dfrac{1}{n+1}$

14. $g(y_1) = G(y_1) - G(y_1 - 1)$，$G(y_1)$ 為 Y_1 之分配函數

$G(y_1) = P(Y_1 \leq y_1) = P(\min(X_1, X_2 \cdots X_5) \leq y_1) = 1 - P(\min(X_1, X_2 \cdots X_5) > y_1)$

$= 1 - [P(X_1 > y_1)P(X_2 > y_1) \cdots P(X_5 > y_1)] = 1 - \left(\dfrac{6 - y_1}{6}\right)^5$

$\therefore G(y_1 - 1) = 1 - \left(\dfrac{6 - (y_1 - 1)}{6}\right)^5 = 1 - \left(\dfrac{7 - y_1}{6}\right)^5$

$g(y) = G(y_1) - G(y_1 - 1) = \left(\dfrac{7 - y_1}{6}\right)^5 - \left(\dfrac{6 - y_1}{6}\right)^5$

習題 4-5

1. $E(|t - \mu|) = \int_{-\infty}^{\infty} |x - \mu| \dfrac{1}{\sqrt{2\pi}\sigma} e^{-\frac{(x-\mu)^2}{2\sigma^2}} dx \xrightarrow{z = \frac{x-\mu}{\sigma}} \int_{-\infty}^{\infty} \sigma|z| \dfrac{1}{\sqrt{2\pi}} e^{-\frac{z^2}{2}} dz$

$= \dfrac{2\sigma}{\sqrt{2\pi}} \int_{-\infty}^{\infty} z e^{-\frac{z^2}{2}} dz = \sqrt{\dfrac{2}{\pi}} \sigma$

2. $E(Y) = \int_a^b \dfrac{yn(y)}{N(b) - N(a)} dy = \dfrac{1}{N(b) - N(a)} \int_a^b y \cdot \dfrac{1}{\sqrt{2\pi}} e^{-\frac{y^2}{2}} dy$

$= \dfrac{1}{N(b) - N(a)}\left[\dfrac{1}{\sqrt{2\pi}}(e^{-\frac{a^2}{2}} - e^{-\frac{b^2}{2}})\right] = \dfrac{n(a) - n(b)}{N(b) - N(a)}$

3. $f_{X_1 X_2}(x_1, x_2) = \dfrac{1}{2\pi} e^{-\frac{x_1^2 + x_2^2}{2}}$

取 $\begin{cases} y = x_1^2 + x_2^2 \\ z = \dfrac{x_1}{\sqrt{x_1^2 + x_2^2}} \end{cases}$ $\therefore x_1 = \sqrt{yz}$，$x_2^2 = y - x_1^2 = y - yz^2$，$x_2 = \sqrt{y(1 - z^2)}$

$$J = \begin{vmatrix} \dfrac{z}{2\sqrt{y}} & \sqrt{y} \\[3mm] \dfrac{\sqrt{1-z^2}}{2\sqrt{y}} & \dfrac{-z\sqrt{y}}{\sqrt{1-z^2}} \end{vmatrix} = \dfrac{-1}{2\sqrt{1-z^2}} \ , \ |J| = \dfrac{1}{2\sqrt{1-z^2}}$$

$$\therefore f_{Y,Z}(y,z) = f_{X_1,X_2}(x_1,x_2) \cdot |J| = \underbrace{\dfrac{1}{2\pi}e^{-\frac{y^2}{2}}}_{h_1(y)} \cdot \underbrace{\dfrac{1}{2\sqrt{1-z^2}}}_{h_2(z)} \qquad \infty > y > \infty \ , \ 1 > z_1 > -1$$

　　$\Rightarrow Y, Z$ 爲獨立。

4. $\because r.v.X \sim n(\mu, \sigma^2)$　$\because M_X(t) = E(e^{tX}) = e^{\mu t + \frac{1}{2}\sigma^2 t^2}$

　因此：

　(1) $E(Y) = E(e^X) = M(t)\Big|_{t=1} = e^{\mu t + \frac{1}{2}\sigma^2 t^2}\Big]_{t=1} = e^{\mu + \frac{1}{2}\sigma^2}$

　(2) $E(Y^2) = E(e^{2X}) = M(t)\Big]_{t=2} = e^{\mu t + \frac{1}{2}\sigma^2 t^2}\Big]_{t=2} = e^{2\mu + 2\sigma^2}$

　$\therefore V(Y) = E(Y^2) - [E(Y)]^2 = (e^{2\mu + 2\sigma^2}) - (e^{\mu + \frac{1}{2}\sigma^2})^2 = e^{2\mu + \sigma^2}(e^{\sigma^2} - 1)$

5　(1) $\max(X, Y) = \dfrac{1}{2}(X + Y + |X - Y|)$　　$W = X - Y \sim n(0, 2\sigma^2)$

$$E(|W|) = \int_{-\infty}^{\infty} |w| \frac{1}{\sqrt{2\pi}\sqrt{2}\sigma} e^{-\frac{w^2}{2(2\sigma^2)}} dw = \frac{1}{\sqrt{\pi}\sigma} \int_{-\infty}^{\infty} w e^{-\frac{w^2}{4}} dw = \frac{1}{\sqrt{\pi}\sigma} \cdot \frac{1}{2\left(\frac{1}{4\sigma^2}\right)} = \frac{2\sigma}{\sqrt{\pi}}$$

$$E[\max(X, Y)] = E\left[\frac{1}{2}(X + Y + |X - Y|)\right] = E\left[\frac{1}{2}(\mu + \mu + \frac{2}{\sqrt{\pi}}\sigma)\right] = \mu + \frac{\sigma}{\sqrt{\pi}}$$

6.

提示	解答
因要證的是 $P(X \ge a) \le e^{-at}$ 問題之右式爲 e^{-at} $\therefore$ 聯想到 Chernoff 界限 $P(X \ge a) \le \min_{t>0} e^{-at} M(t)$	$\because r.v.X \sim n(0, 1)$ 則 $M(t) = e^{\frac{t^2}{2}}$ $P(X \ge a) \le \min_{t>0} e^{-at} M(t) = \min_{t>0} e^{-at} \cdot e^{\frac{t^2}{2}}$ 又 $h(t) = e^{-at} e^{\frac{t^2}{2}} = e^{-\frac{t^2}{2} + at}$ 在 $t=a$ 處有一極小值 $h(a) = e^{-\frac{1}{2}a^2}$ $\therefore P(X \ge a) \le e^{-\frac{1}{2}a^2}$

7.

提示	解答
（這是一道名題） 它解題 的步驟是先證明不等式 (1)，然對再用適當之定積分	(1) $-\dfrac{d}{dx}\left(\dfrac{1}{x}e^{-\frac{x^2}{2}}\right) = -\left(-\dfrac{1}{x^2}e^{-\frac{x^2}{2}} - e^{-\frac{x^2}{2}}\right) = \left(1 + \dfrac{1}{x^2}\right)e^{-\frac{x^2}{2}} > e^{-\frac{x^2}{2}}$ $-\dfrac{d}{dx}\left[\left(\dfrac{1}{x} - \dfrac{1}{x^3}\right)e^{-\frac{x^2}{2}}\right] = -\left[\left(-\dfrac{1}{x^2} + \dfrac{3}{x^4}\right)e^{-\frac{x^2}{2}} + \left(-1 + \dfrac{1}{x^2}\right)e^{-\frac{x^2}{2}}\right]$ $= \left(1 - \dfrac{3}{x^4}\right)e^{-\frac{x^2}{2}} < e^{-\frac{x^2}{2}}$ $\therefore -\dfrac{d}{dx}\left(\dfrac{1}{x}e^{-\frac{x^2}{2}}\right) > e^{-\frac{x^2}{2}} > -\dfrac{d}{dx}\left[\left(\dfrac{1}{x} - \dfrac{1}{x^3}\right)e^{-\frac{x^2}{2}}\right]$　(1)

提示	解答
	$(2) \int_x^\infty -\dfrac{d}{dx}\left(\dfrac{1}{x}e^{-\frac{x^2}{2}}\right) > \int_x^\infty e^{-\frac{t^2}{2}}dt > \int_x^\infty \dfrac{d}{dx}\left[\left(\dfrac{1}{x}-\dfrac{1}{x^3}\right)e^{-\frac{x^2}{2}}\right]$ $\Rightarrow \dfrac{1}{x}e^{-\frac{x^2}{2}} > \int_x^\infty e^{-\frac{x^2}{2}}dx > \left(\dfrac{1}{x}-\dfrac{1}{x^2}\right)e^{-\frac{x^2}{2}}$ $\Rightarrow \dfrac{1}{x}\dfrac{1}{\sqrt{2\pi}}e^{-\frac{x^2}{2}} > \int_x^\infty \dfrac{1}{\sqrt{2\pi}}e^{-\frac{x^2}{2}}dx > \dfrac{1}{x}\left(1-\dfrac{1}{x^2}\right)\dfrac{1}{\sqrt{2\pi}}e^{-\frac{x^2}{2}}$ 即 $\dfrac{1}{x}n(x) > 1 - N(x) > \dfrac{1}{x}\left(1-\dfrac{1}{x^2}\right)n(x)$

8.

提示	解答
	$E(X\,|\,a<X<b) = \dfrac{\int_a^b x\,\dfrac{1}{\sqrt{2\pi}\sigma}e^{-\frac{x^2}{2\sigma^2}}dx}{P(a<X<b)}$ (1)
	分母部分
	$P(a<X<b) = P\left(\dfrac{a-u}{\sigma} < \dfrac{X-u}{\sigma} < \dfrac{b-u}{\sigma}\right)$
	$= P\left(\dfrac{a-u}{\sigma} < Z < \dfrac{b-u}{\sigma}\right) = N\left(\dfrac{b-u}{\sigma}\right) - N\left(\dfrac{a-u}{\sigma}\right)$ (2)
	分子部分：
	$\int_a^b x\,\dfrac{1}{\sqrt{2\pi}\sigma}e^{-\frac{(x-u)^2}{2\sigma^2}}dx \xrightarrow{z=\frac{x-u}{\sigma}} \int_{z_2}^{z_1}(\sigma z+u)\dfrac{1}{\sqrt{2\pi}}e^{-\frac{z^2}{2}}dz$ ；
	$z_1 = \dfrac{x_1-\mu}{\sigma}$ ， $z_2 = \dfrac{x_2-\mu}{\sigma}$
	$= -\sigma \dfrac{1}{\sqrt{2\pi}}e^{-\frac{z^2}{2}}\Big|_{z_2}^{z_1} + u\int_{z_2}^{z_1}\dfrac{1}{\sqrt{2\pi}}e^{-\frac{z^2}{2}}dz$
	$= -\sigma(n(z_1) - n(z_2)) + u\int_{z_2}^{z_1}\dfrac{1}{\sqrt{2\pi}}e^{-\frac{z^2}{2}}dz$ (3)
	代 (2),(3) 入 (1)：
$\int_{z_2}^{z_1}\dfrac{1}{\sqrt{2\pi}}e^{-\frac{x^2}{2}}dx = P(z_1<Z<z_2)$ $=P(a<X<b)$	$E(X\,|\,a<X<b) = \dfrac{\sigma(n(z_2) - n(z_1)) + u\int_{z_2}^{z_1}\dfrac{1}{\sqrt{2\pi}}e^{-\frac{z^2}{2}}dz}{P(a<X<b)}$ $= \dfrac{\sigma(n(z_2) - n(z_1))}{N(z_1) - N(z_2)} + u$ ， $z_2 = \dfrac{b-u}{\sigma}$ ， $z_1 = \dfrac{a-u}{\sigma}$

9.

提示	解答
$f'(z) = \dfrac{d}{dz}\dfrac{1}{\sqrt{2\pi}}e^{-\frac{z^2}{2}}$ $= -z\dfrac{1}{\sqrt{2\pi}}e^{-\frac{z^2}{2}} = -zf(z)$ $\therefore f(z) = -\dfrac{f'(z)}{z}$	$P(Z>z) = \int_z^\infty f(x)dx = \int_z^\infty -\dfrac{f'(x)}{x}dx = -\int_z^\infty \dfrac{1}{x}df(x)$ $= -\dfrac{1}{x}f(x)\Big|_z^\infty + \int_z^\infty f(x)d\dfrac{1}{x}$ $= \dfrac{1}{z}f(z) - \int_z^\infty \dfrac{1}{x^2}f(x)dx < \dfrac{1}{z}f(z)$

10.

提示	解答
(1) 由上題： $f'(z) = -zf(z)$ $\therefore \int_{-\infty}^{\infty} zF(z)f(z)dz$ $= \int_{-\infty}^{\infty} \underbrace{(zf(z))}_{-f'}F(z)dz$ $= -\int_{-\infty}^{\infty} F(z)df(z)$ (2) 由 (1)， $f'(z) = -zf(z)$ $f''(z) = -f(z) - zf'(z)$ $\quad = -f(z) - z(-zf(z))$ $\quad = (z^2-1)f(z)$ (ii) $\because \lim_{z\to\infty} zf(z) = \lim_{z\to\infty} \dfrac{z}{\sqrt{2\pi}} e^{-\frac{z^2}{2}} = 0$ 及 $\lim_{z\to-\infty} zf(z) = 0$ $\therefore F(z)f'(z) \Big]_{-\infty}^{\infty} = 0$	(1) $E(ZF(Z))$ $E(ZF(Z)) = \int_{-\infty}^{\infty} zF(z)f(z)dz = \int_{-\infty}^{\infty} (zf(z))F(z)dz$ $= -\int_{-\infty}^{\infty} (f'(z))F(z)dz = -\int_{-\infty}^{\infty} F(z)df(z)$ $= -f(z)F(z)\Big]_{-\infty}^{\infty} + \int_{-\infty}^{\infty} f(z)dF(z)$ $= 0 + \int_{-\infty}^{\infty} f^2(z)dz = 2\int_0^{\infty} f^2(z)dz$ $= 2\int_0^{\infty} \frac{1}{2\pi} e^{-z^2}dz = \frac{1}{\pi}\cdot\frac{\sqrt{\pi}}{2} = \frac{1}{2\sqrt{\pi}}$ (2) $E(Z^2F(Z)) = \int_{-\infty}^{\infty} z^2F(z)f(z)dz = \int_{-\infty}^{\infty} (f(z)+f''(z))F(z)dz$ $= \int_{-\infty}^{\infty} f(z)F(z)dz + \int_{-\infty}^{\infty} f''(z)F(z)dz$ $= \frac{1}{2}F^2(z)\Big]_{-\infty}^{\infty} + \int_{-\infty}^{\infty} F(z)df'(z)$ $= \frac{1}{2} + F(z)f'(z)\Big]_{-\infty}^{\infty} - \int_{-\infty}^{\infty} f'(z)dF(z)$ $= \frac{1}{2} + 0 - \int_{-\infty}^{\infty} f'(z)f(z)dz = \frac{1}{2} + \int_{-\infty}^{\infty} zf^2(z)dz$ $= \frac{1}{2} + 0 = \frac{1}{2}$

11.

提示	解答
	(1) $f(x,y) = \dfrac{1}{2\pi\sigma^2} e^{-\frac{1}{2\sigma^2}(x^2+y^2)}$，$\infty > x, y > -\infty$ 現取 $x = r\cos\theta$，$y = r\sin\theta$，則 $u = \dfrac{x^2-y^2}{\sqrt{x^2+y^2}} = \dfrac{r^2\cos^2\theta - r^2\sin^2\theta}{\sqrt{r^2\cos^2\theta + r^2\sin^2\theta}} = r(\cos^2\theta - \sin^2\theta) = r\cos2\theta$ $v = \dfrac{2xy}{\sqrt{x^2+y^2}} = \dfrac{2r\cos\theta r\sin\theta}{\sqrt{r^2\cos^2\theta + r^2\sin^2\theta}} = r(2\cos\theta\cdot\sin\theta) = r\sin2\theta$ $J = \begin{vmatrix} \frac{\partial u}{\partial r} & \frac{\partial u}{\partial \theta} \\ \frac{\partial v}{\partial r} & \frac{\partial v}{\partial \theta} \end{vmatrix} = \begin{vmatrix} \cos2\theta & -2r\cos2\theta \\ \sin2\theta & 2r\cos2\theta \end{vmatrix} = 2r$，$|J| = 2r$ 又 $r = \sqrt{u^2+v^2}$，$\theta_1 = \frac{1}{2}\tan^{-1}\left(\frac{v}{u}\right)$，$2\theta_1 = \tan^{-1}\left(\frac{v}{u}\right)$ $2\theta_2 = \pi + 2\theta_1$ $\therefore f_{ur}(u,v) = \frac{1}{|J|}(f_{r,\theta_1}(r,\theta_1) + f_{r,\theta_2}(r,\theta_2))$ $= \frac{2}{|J|} f_{r,\theta}(r,\theta) = \frac{2}{2\sqrt{u^2+v^2}}\cdot\frac{\sqrt{u^2+v^2}}{2\pi\sigma^2} e^{-\frac{1}{2\sigma^2}(u^2+v^2)}$ $= \frac{1}{2\pi\sigma^2} e^{-\frac{u^2+v^2}{2\sigma^2}}$ $= \frac{1}{\sqrt{2\pi}\sigma} e^{-\frac{1}{2\sigma^2}u^2}\cdot\frac{1}{\sqrt{2\pi}\sigma} e^{-\frac{1}{2\sigma^2}v^2}$，$\infty > u, v > -\infty$ $\therefore U, V$ 獨立

提示	解答
(2) 應用常態分配之加法性	且 $f_U(u)=\frac{1}{\sqrt{2\pi}\sigma}e^{-\frac{1}{2\sigma^2}u^2}$，$\infty>u>-\infty$ $f_V(v)=\frac{1}{\sqrt{2\pi}\sigma}e^{-\frac{1}{2\sigma^2}v^2}$，$\infty>v>-\infty$ (2) U, V 均為獨立地服從 $n(0,\sigma^2)$ $\therefore U-V\sim n(0,2\sigma^2)$

12.

提示	解答
$\because x\geq t$　$\therefore \frac{t}{x}\leq 1$ $\because t>0$　$\therefore \int_t^\infty \frac{1}{x^3}e^{-\frac{x^2}{2}}dx>0$ $1+t^2>t^2 \Rightarrow \frac{1}{t}>\frac{t}{1+t^2}$	$P(\lvert X\rvert \geq t)=2P(X\geq t)$ $=2\int_t^\infty \frac{1}{\sqrt{2\pi}}e^{-\frac{x^2}{2}}dx=\sqrt{\frac{2}{\pi}}\int_t^\infty e^{-\frac{x^2}{2}}dx$ $\geq \sqrt{\frac{2}{\pi}}\int_t^\infty \frac{t}{x}e^{-\frac{x^2}{2}}dx=\sqrt{\frac{2}{\pi}}\int_t^\infty -\frac{t}{x^2}de^{-\frac{x^2}{2}}$ $=\sqrt{\frac{2}{\pi}}\left(-\frac{t}{x^2}e^{-\frac{x^2}{2}}\right]_t^\infty +\int_t^\infty e^{-\frac{x^2}{2}}d\frac{-t}{x^2}$ $=\sqrt{\frac{2}{\pi}}\frac{t}{t^2}e^{-\frac{t^2}{2}}+2\int_t^\infty \frac{t}{x^3}e^{-\frac{x^2}{2}}dx$ $\geq \sqrt{\frac{2}{\pi}}\frac{1}{t}e^{-\frac{t^2}{2}}\geq \sqrt{\frac{2}{\pi}}\frac{t}{1+t^2}e^{-\frac{t^2}{2}}$

13. $\begin{cases} y_1=\frac{1}{\sqrt{2}}(x_1+x_2)　\therefore x_1=\frac{1}{\sqrt{2}}(y_1+y_2) \\ y_2=\frac{1}{\sqrt{2}}(x_1-x_2)　x_2=\frac{1}{\sqrt{2}}(y_1-y_2) \end{cases}$，$J=\begin{vmatrix} \frac{1}{\sqrt{2}} & \frac{1}{\sqrt{2}} \\ \frac{1}{\sqrt{2}} & -\frac{1}{\sqrt{2}} \end{vmatrix}=-1$，$\lvert J\rvert=1$，

$f(x_1,x_2)=\frac{1}{2\pi}e^{-\frac{x_1^2+x_2^2}{2}}$，$\infty>x_1, x_2>-\infty$

得 $f(y_1,y_2)=\frac{1}{2\pi}e^{-\frac{\left(\frac{1}{\sqrt{2}}(y_1+y_2)\right)^2+\left(\frac{1}{\sqrt{2}}(y_1-y_2)\right)^2}{2}}\cdot 1=\frac{1}{2\pi}e^{-(y_1^2+y_2^2)/2}$

$\therefore f_{Y_1}(y_1)=\int_{-\infty}^\infty \frac{1}{2\pi}e^{-\frac{y_1^2+y_2^2}{2}}dy_2=\frac{1}{\sqrt{2\pi}}e^{-\frac{y_1^2}{2}}\int_{-\infty}^\infty \frac{1}{\sqrt{2\pi}}e^{-\frac{y_2^2}{2}}dy_1=\frac{1}{\sqrt{2\pi}}e^{-\frac{y_1^2}{2}}$，

$\infty>y_1>-\infty$

同法

$f_{Y_2}(y_2)=\frac{1}{\sqrt{2\pi}}e^{-\frac{y_2^2}{2}}$，$\infty>y_2>-\infty$

$\because f_{Y_1,Y_2}(y_1,y_2)=f_{Y_1}(y_1)f_{Y_2}(y_2)$ $\therefore Y_1, Y_2$ 為獨立

習題 4-6

1. (1) $\because \rho=0$　$\therefore X$ 與 Y 為二獨立 r.v.

$$P(X \leq 8, Y \leq 8) = P(X \leq 8) \, P(Y \leq 8) = \left[P\left(\frac{X-0}{16} \leq \frac{8-0}{16}\right) \right]\left[P\left(\frac{Y-0}{16} \leq \frac{8-0}{16}\right) \right] = 0.6915^2$$

$$= 0.4782$$

(2) $P(X^2 + Y^2 \leq 64) = \int_A \int \frac{1}{2\pi \cdot 16^2} e^{-\frac{1}{2}\left(\frac{x^2+y^2}{16^2}\right)} dx dy = 4 \int_0^8 \int_0^{\frac{\pi}{2}} \frac{r}{2\pi \cdot 16^2} e^{-\frac{r^2}{2(16)^2}} d\theta dr$

$$= e^{-\frac{r^2}{2(16)^2}}\Big]_0^8 = 1 - e^{-\frac{1}{8}}$$

2. 由例 2 知 $c = \dfrac{\sqrt{15}}{4\pi}$

$$f_1(x) = c \int_{-\infty}^{\infty} e^{-\frac{x^2 - xy + 4y^2}{2}} dy = c \int_{-\infty}^{\infty} e^{-\frac{\left(2y - \frac{x}{4}\right)^2 + \frac{15}{16}x^2}{2}} = ce^{-\frac{15}{32}x^2} \int_{-\infty}^{\infty} e^{-\frac{\left(2y - \frac{x}{4}\right)^2}{2}} dy$$

$$= \frac{c}{2} e^{-\frac{15}{32}x^2} \int_{-\infty}^{\infty} e^{-\frac{\left(z - \frac{x}{4}\right)^2}{2}} dz \ (\text{取 } z = 2y) = \frac{1}{2} \frac{\sqrt{15}}{4\pi} e^{-\frac{15}{32}x^2} \sqrt{2\pi} = \sqrt{\frac{15}{32\pi}} e^{-\frac{15}{32}x^2}$$

$$= \frac{1}{\sqrt{2\pi}\sqrt{\frac{16}{15}}} e^{-\frac{x^2}{2(16/15)}} \quad \text{即 } X \sim n\left(0, \frac{16}{15}\right)$$

3. (1) $E(Y|x) = \mu_Y + \rho \dfrac{\sigma_Y}{\sigma_X}(x - \mu_X) = 4 + \dfrac{4}{5} \cdot \dfrac{3}{4}(x - (-3)) = \dfrac{3}{5}x + \dfrac{29}{5}$

(2) $V(Y|x) = \sigma_Y^2(1 - \rho^2) = 3^2\left(1 - \left(\dfrac{4}{5}\right)^2\right) = \dfrac{81}{25}$ (3) $n\left(\dfrac{3}{5}x + \dfrac{29}{5}, \dfrac{81}{25}\right)$ (4) $n(-3, 9)$

(5) $P(3 > X > -6) = P\left(\dfrac{3-(-3)}{3} > \dfrac{X-(-3)}{3} > \dfrac{-6-(-3)}{3}\right) = P(2 > Z > -1)$

$$= 0.9772 - 0.1587 = 0.8185$$

(6) $n(10, 9)$

(7) $P(16 > Y > 7) = P\left(\dfrac{16-10}{3} > \dfrac{Y-10}{3} > \dfrac{7-10}{3}\right) = P(2 > Z > -1) = 0.8185$

(8) $E(X|y) = \mu_X + \rho \dfrac{\sigma_X}{\sigma_Y}(y - \mu_Y) = -3 + \dfrac{4}{5} \dfrac{4}{3}(y - 4) = \dfrac{16}{15}y - \dfrac{109}{15}$

(9) $a = \dfrac{16}{15}$, $c = \dfrac{3}{5}$ $\therefore ac = \dfrac{16}{25} = \rho^2$

(10) $E(E(Y|X)) = E\left(\dfrac{3}{5}x + \dfrac{29}{5}\right) = \dfrac{3}{5}(-3) + \dfrac{29}{5} = 4 = E(Y)$

(11) $V(E(Y|X)) + E(V(Y|X)) = V\left(\dfrac{3}{5}X + \dfrac{29}{5}\right) + E\left(\dfrac{81}{25}\right) = \dfrac{9}{25}V(X) + \dfrac{81}{25} = \dfrac{9}{25}(16) + \dfrac{81}{25}$

$$= 9 = \sigma_Y^2$$

5. (1) $f(x, y, z)$ 無法表爲 $h_1(x)h_2(y)h_3(z)$ 之形式 $\therefore X, Y, Z$ 不爲機率獨立。

(2) $f_{X,Y}(x, y)$

$$= \int_{-\infty}^{\infty} \left(\frac{1}{2\pi}\right)^{\frac{3}{2}} e^{-(x^2+y^2+z^2)/2}\left[1 + xyz e^{-(x^2+y^2+z^2)/2}\right] dz$$

$$= \left(\frac{1}{2\pi}\right) e^{-\frac{x^2+y^2}{2}}\left[\int_{-\infty}^{\infty} \frac{1}{\sqrt{2\pi}} e^{-\frac{z^2}{2}}\left(1 + xyz e^{-(x^2+y^2+z^2)/2}\right) dz\right]$$

$$= \left(\frac{1}{2\pi}\right) e^{-\frac{x^2+y^2}{2}}\left[\underbrace{\int_{-\infty}^{\infty} \frac{1}{\sqrt{2\pi}} e^{-\frac{z^2}{2}} dz}_{1} + xye^{-\frac{x^2+y^2}{2}} \underbrace{\int_{-\infty}^{\infty} \frac{z}{\sqrt{2\pi}} e^{-\frac{1}{2}z^2} dz}_{0}\right] = \frac{1}{2\pi} e^{-\frac{x^2+y^2}{2}}$$

$$=\left(\frac{1}{\sqrt{2\pi}}\right)e^{-\frac{x^2}{2}}\cdot\frac{1}{\sqrt{2\pi}}e^{-\frac{y^2}{2}}=f_X(x)f_Y(y) \text{，又 } \infty>x-\infty \text{，} \infty>y-\infty$$

$\therefore X, Y$ 為獨立 rv.

6. (1) $f_1(x)=\int_{-\infty}^{\infty}\frac{1}{2\pi}e^{-(x^2+y^2)/2}(1+xye^{-(x^2+y^2-2)/2})dy$

$$=\frac{1}{\sqrt{2\pi}}e^{-x^2/2}\left[\underbrace{\int_{-\infty}^{\infty}\frac{1}{\sqrt{2\pi}}e^{-\frac{y^2}{2}}dy}_{1}+xe^{-\frac{x^2}{2}+1}\underbrace{\int_{-\infty}^{\infty}\frac{1}{\sqrt{2\pi}}ye^{-y^2}dy}_{0}\right]$$

$$=\frac{1}{\sqrt{2\pi}}e^{-\frac{x^2}{2}} \text{，即 r.v.}X\sim n(0,1)$$

同法 $Y\sim n(0,1)$

(2) 二個獨立常態隨機變數之結合密度函數未必是二元常態分配

7.

提示	解答
應用$N(\alpha)=N(-\alpha)$ $\int_{-\infty}^{a}n(x)dx=\int_{a}^{\infty}n(x)dx$ 二個陰影面積相同	$P(XY<0)=p[(X<0 \text{ 且 } Y>0)\cup(X>0 \text{ 且 } y<0)]$ $=P\{(X<0)\cap(Y>0)\}+P\{(X>0)\cap(Y<0)\}$ $=P(X<0)P(Y>0)+P(X>0)P(Y<0)$ $=P(X<0)[1-P(Y<0)]+[1-P(X<0)]P(Y<0)$ $=P(X<0)-P(X<0)P(Y<0)+P(Y<0)-P(X<0)$ $P(Y<0)$ $=N\left(\frac{-\mu_X}{\sigma_X}\right)+N\left(\frac{-\mu_Y}{\sigma_Y}\right)-2N\left(\frac{-\mu_X}{\sigma_X}\right)N\left(\frac{-\mu_Y}{\sigma_Y}\right)$

8. (1) $E(Y|x)=\mu_Y+\rho\frac{\sigma_Y}{\sigma_x}(x-\mu_X)=10+\frac{3}{5}\cdot\frac{3}{5}(x+3)=\frac{9}{25}x+\frac{277}{25}$

(2) $V(Y|x)=\sigma_Y^2(1-\rho^2)=9\cdot\left(1-\frac{9}{25}\right)=\frac{144}{25}$

(3) $Y|x\sim n\left(\frac{9}{25}x+\frac{277}{25},\frac{144}{25}\right)$

(4) $Y\sim n(10,9)$

(5) $E(X|y)=\mu_x+\rho\frac{\sigma_x}{\sigma_Y}(y-\mu_Y)=-3+\frac{3}{5}\cdot\frac{5}{3}(y-10)=y-13$

(6) $V(X|y)=\sigma_X^2(1-\rho^2)=25\left(1-\frac{9}{25}\right)=16$

(7) $X|y\sim n(y-13,16)$

(8) $X\sim n(-3,25)$

(9) $P(-5<X<5)$

$$=P\left(\frac{-5-(-3)}{5}<\frac{X-(-3)}{5}<\frac{5-(-3)}{5}\right)=P(-0.4<Z<1.6)=N(1.6)-N(-0.4)$$

$$=N(1.6)-[1-N(0.4)]=N(0.4)+N(1.6)-1=0.6006$$

(10) $X|y=3 \sim n(13-13, 16)$ 即 $N(0, 16)$

$\therefore P(-5 < X < 5 \,|\, Y=13) = P\left(\dfrac{-5-0}{4} < \dfrac{X-0}{4} < \dfrac{5-0}{4}\right) = P(-1.25 < Z < 1.25)$

$= P(-1.25 < Z < 1.25) = 2N(1.25) - 1 = 0.7888$

(11) $P(7 < Y < 16) = P(-1 < Z < 2) = N(2) - N(1) - 1 = 0.8185$

(12) $Y|x=2 \sim n\left(\dfrac{9}{25} \times 2 + \dfrac{277}{25}, \dfrac{144}{25}\right)$ 即 $n\left(\dfrac{59}{5}, \dfrac{144}{25}\right)$

$\therefore P(7 < Y < 16 \,|\, X=2)$

$= P\left(\dfrac{7 - \dfrac{59}{5}}{12/5} < \dfrac{Y - \dfrac{59}{5}}{12/5} < \dfrac{16 - \dfrac{59}{5}}{12/5}\right) = P(-2 < Z < 1.75) = 0.9371$

9. $f_{XY}(x, y) = \dfrac{1}{2\pi\sigma_1\sigma_2\sqrt{1-\rho^2}} \exp -\dfrac{1}{2(1-\rho^2)}\left\{\left(\dfrac{x-\mu_1}{\sigma_1}\right)^2 - 2\rho\left(\dfrac{x-\mu_1}{\sigma_1}\right)\left(\dfrac{y-\mu_2}{\sigma_2}\right) + \left(\dfrac{y-\mu_2}{\sigma_2}\right)^2\right\}$

$\begin{cases} v = ax + b \\ w = cy + d \end{cases}$ 則

$f_{vw}(v, w) = \dfrac{1}{2\pi\sigma_1\sigma_2\sqrt{1-\rho^2}}\left\{\exp -\dfrac{1}{2(1-\rho^2)}\left\{\left(\dfrac{\dfrac{v-b}{a} - \mu_1}{\sigma_1}\right)^2 - 2\rho\left(\dfrac{\dfrac{v-b}{a} - \mu_1}{\sigma_1}\right)\left(\dfrac{\dfrac{w-d}{c} - \mu_2}{\sigma_2}\right)\right.\right.$

$\left.\left. + \left(\dfrac{\dfrac{w-d}{c} - \mu_2}{\sigma_2}\right)^2\right\}\right\} \cdot \dfrac{1}{ac}$

$= \dfrac{1}{2\pi ac\sigma_1\sigma_2\sqrt{1-\rho^2}} \exp -\dfrac{1}{2(1-\rho^2)}\left\{\left(\dfrac{v-b-a\mu_1}{a\sigma_1}\right)^2 - 2\rho\left(\dfrac{v-b-a\mu_1}{a\sigma_1}\right)\left(\dfrac{w-d-c\mu_2}{c\sigma_2}\right)\right.$

$\left. + \left(\dfrac{w-d-c\mu_2}{c\sigma_2}\right)^2\right\}$

$\therefore (V, W) \sim n(a\mu_1 + b, c\mu_2 + d, a^2\sigma_1^2, c\sigma_2^2, \rho)$

10. $E[XE(Y|X)] - E(E(X|Y))E(E(Y|X))$

$= E(E(XY|X)) - EXEY = EXY - EXEY = \operatorname{cov}(X, Y)$

$\therefore$ 成立。

11.

提示	解答
1. 依解析幾何知，點 (m, n) 與 $ax + by + c = 0$ 直線之距離為 $D = \dfrac{|am + bn + c|}{\sqrt{a^2 + b^2}}$	(1) $y = u_2 + \dfrac{\sigma_2}{\sigma_1}(x - u_1)$，即 $y - \dfrac{\sigma_2}{\sigma_1}x + \left(-u_2 + \dfrac{\sigma_2}{\sigma_1}u_1\right) = 0$ $\therefore$ 點 (X, Y) 到直線 $y - \dfrac{\sigma_2}{\sigma_1}x + \left(-u_2 + \dfrac{\sigma_2}{\sigma_1}u_1\right) = 0$ 之距離 $D = \dfrac{Y - \dfrac{\sigma_2}{\sigma_1}X + \left(-u_2 + \dfrac{\sigma_2}{\sigma_1}u_1\right)}{\sqrt{1 + \left(-\dfrac{\sigma_2}{\sigma_1}\right)^2}}$ $= \dfrac{\sigma_1 Y - \sigma_2 X + (-u_2\sigma_1 + \sigma_2 u_1)}{\sqrt{\sigma_1^2 + \sigma_2^2}}$

提示	解答
2. $EXY = \rho\sigma_1\sigma_2 + u_1u_2$ $(\rho = \dfrac{Cov(X,Y)}{\sigma_1\sigma_2} = \dfrac{EXY - EXEY}{\sigma_1\sigma_2}$ $= \dfrac{EXY - u_1u_2}{\sigma_1\sigma_2}$ $\therefore EXY = \sigma_1\sigma_2\rho + u_1u_2)$	$\therefore D^2 = \dfrac{(-\sigma_2 X + \sigma_1 Y + (-u_2\sigma_1 + \sigma_2 u_1))^2}{\sigma_1^2 + \sigma_2^2}$ 考慮上式之分子部分： $(-\sigma_2 X + \sigma_1 Y + (-u_2\sigma_1 + \sigma_2 u_1))^2 = \sigma_2^2 X^2 + \sigma_1^2 Y^2 + (-u_2\sigma_1 + \sigma_2 u_1)^2$ $-2\sigma_1\sigma_2 XY - 2\sigma_2(-u_2\sigma_1 + \sigma_2 u_1)X + 2\sigma_1(-u_2\sigma_1 + \sigma_2 u_1)Y$ $\therefore (\sigma_1^2 + \sigma_2^2)E(D^2)$ $= \sigma_2^2 E(X^2) + \sigma_1^2 E(Y^2) + E(-u_2\sigma_1 + \sigma_2 u_1)^2 - 2\sigma_1\sigma_2 E(XY)$ $\quad - 2\sigma_2(-u_2\sigma_1 + \sigma_2 u_1)EX + 2\sigma_1(-u_2\sigma_1 + \sigma_2 u_1)EY$ $= \sigma_2^2(\sigma_1^2 + u_1^2) + \sigma_1^2(\sigma_2^2 + u_2^2) + (-u_2\sigma_1 + \sigma_2 u_1)^2 - 2\sigma_1\sigma_2(\sigma_1\sigma_2\rho + u_1u_2)$ $\quad - 2\sigma_2(-u_2\sigma_1 + \sigma_2 u_1)u_1 + 2\sigma_1(-u_2\sigma_1 + \sigma_2 u_1)u_2 = 2\sigma_1^2\sigma_2^2(1-\rho^2)$ 即 $E(D_1^2) = \dfrac{2\sigma_1^2\sigma_2^2}{\sigma_1^2 + \sigma_2^2}(1-\rho^2)$ (2) $\rho = 1$ 時 (X, Y) 落在 $y = u_2 + \dfrac{\sigma_2}{\sigma_1}(x - u_1)$ 上

12.

提示	解答
本題在解答過程中需 (1) 先用常態分配常用之 $Z = \dfrac{X - \mu}{\sigma}$， $\quad$ 消去 σ_1, σ_2 以使問題做一簡化 (2) 利用極坐標轉換 (3) 取 $u = \tan^{-1}\dfrac{w}{2}$，則 $\begin{cases} \sin w = \dfrac{2u}{1+u^2} \\ \cos w = \dfrac{1-u^2}{1+u^2} \\ dw = \dfrac{2}{1+u^2}du \end{cases}$ $\displaystyle\int \dfrac{du}{a^2+u^2} = \dfrac{1}{a}\tan^{-1}\dfrac{u}{a} + c$，$a \neq 0$	$P(X_1 > u_1, X_2 > u_2)$ $= P\left(\dfrac{X_1 - u_1}{\sigma_1} > 0, \dfrac{X_2 - u_2}{\sigma_2} > 0\right)$ $\xRightarrow{Z_i = \frac{X_i - \mu_i}{\sigma_i}, i=1,2} P(Z_1 > 0, Z_2 > 0)$ $= \displaystyle\int_0^\infty \int_0^\infty \dfrac{1}{2\pi\sqrt{1-\rho^2}}\exp\left\{-\dfrac{1}{2(1-\rho^2)}(z_1^2 - 2\rho z_1 z_2 + z_2^2)\right\}dz_1 dz_2 \quad (1)$ 令 $z_1 = \cos\theta$, $z_2 = r\sin\theta$, $\dfrac{\pi}{2} \geq \theta \geq 0$, $\infty > r \geq 0$ 且 $|J| = r$ $\therefore (1) = \displaystyle\int_0^{\frac{\pi}{2}} \int_0^\infty \dfrac{r}{2\pi\sqrt{1-\rho^2}}\exp\left\{-\dfrac{1}{2(1-\rho^2)}(r^2\cos^2\theta \right.$ $\qquad\qquad \left. - 2\rho\cos\theta r\sin\theta + r^2\sin^2\theta\right\}dr d\theta$ $= \displaystyle\int_0^{\frac{\pi}{2}} \int_0^\infty \dfrac{r}{2\pi\sqrt{1-\rho^2}}\exp\left\{-\dfrac{1}{2(1-\rho^2)}(1-\rho\sin 2\theta)r^2\right\}dr d\theta$ $= \displaystyle\int_0^{\frac{\pi}{2}} \dfrac{r}{2\pi\sqrt{1-\rho^2}} \cdot \dfrac{1-\rho^2}{1-\rho\sin 2\theta}d\theta = \dfrac{\sqrt{1-\rho^2}}{2\pi}\int_0^{\frac{\pi}{2}} \dfrac{d\theta}{1-\rho\sin 2\theta}$ $\xRightarrow{w = 2\theta} \dfrac{\sqrt{1-\rho^2}}{2\pi}\int_0^\pi \dfrac{\frac{1}{2}dw}{1-\rho\sin w} = \dfrac{\sqrt{1-\rho^2}}{4\pi}\int_0^\pi \dfrac{dw}{1-\rho\sin w} \quad (2)$ $(2) = \dfrac{\sqrt{1-\rho^2}}{4\pi}\int_0^\infty \dfrac{\frac{2}{1+u^2}du}{1-\rho\cdot\frac{2u}{1+u^2}} = \dfrac{\sqrt{1-\rho^2}}{2\pi}\int_0^\infty \dfrac{du}{1+u^2 - 2\rho u}$ $= \dfrac{\sqrt{1-\rho^2}}{2\pi}\int_0^\infty \dfrac{du}{(1-\rho^2) + (u-\rho)^2}$ $= \dfrac{\sqrt{1-\rho^2}}{2\pi} \cdot \dfrac{1}{\sqrt{1-\rho^2}}\tan^{-1}\dfrac{u-\rho}{\sqrt{1-\rho^2}}\Big]_0^\infty$ $= \dfrac{1}{4} + \dfrac{1}{2\pi}\tan^{-1}\dfrac{\rho}{\sqrt{1-\rho^2}}$

習題 5-1

1. $n \to \infty$ 時　$P(|kX_n - kX| > \varepsilon) = P\left(|X_n - X| > \dfrac{\varepsilon}{k}\right) = P(|X_n - X| > \varepsilon') = 0$　$\therefore kX_n \xrightarrow{p} kX$

2. $n \to \infty$ 時　$P(|(kX_n + c) - (kX+c)| > \varepsilon) = P(|k||X_n - X| > \varepsilon)$

   $= P\left(|X_n - X| > \dfrac{\varepsilon}{|k|}\right) = P(|X_n - X| > \varepsilon') \to 0$　$\therefore kX_n + c \xrightarrow{p} kX + c$

3.

提示	解答
$P(X = Y) = 1$ 相當於 $P(|X - Y| > \varepsilon) = 0$	$\because X_n \xrightarrow[n\to\infty]{p} X$ 且 $X_n \xrightarrow[n\to\infty]{p} Y$　$\therefore n \to \infty$ 時：$P\left(|X_n - X| > \dfrac{\varepsilon}{2}\right) = 0$ 且 $P\left(|X_n - Y| > \dfrac{\varepsilon}{2}\right) = 0$，$\because P(|X - Y| > \varepsilon) = P(|X_n - X| - |X_n - Y| > \varepsilon) \leq P\left(|X_n - X| > \dfrac{\varepsilon}{2}\right) + P\left(|Y_n - Y| > \dfrac{\varepsilon}{2}\right) \to 0 + 0 = 0$　$\therefore P(X = Y) = 1$

4.

提示	解答
先求 $Y_n = \max(X_1, X_2 \cdots X_n)$ 之 pdf	$Y_n = \max(X_1, X_2 \cdots X_n)$，$F_{Y_n}(y_n) = P(\max(X_1, X_2 \cdots X_n) \leq y_n)$ $= P(X_1 \leq y_n, X_2 \leq y_n \cdots X_n \leq y_n) = P(X_1 \leq y_1)P(X_2 \leq y_n) \cdots P(X_n \leq y_n) = y^n$ $f_{Y_n}(y_n) = n(y_n)^{n-1}$，$1 > y_n > 0$，$E(Y_n) = \int_0^1 y_n \cdot n(y_n)^{n-1} dy_n = \dfrac{2n}{n+1}$ $E(Y_n^2) = \int_0^1 y_n \cdot n(y_n)^{n-1} dy = \dfrac{2n}{n+2} y_n^{n+2} \Big|_0^1 = \dfrac{n}{n+2}$ $\therefore \lim_{n\to\infty} P(|Y_n - 1| > \varepsilon) \leq \lim_{n\to\infty} \dfrac{E(Y_n - 1)^2}{\varepsilon^2} = \lim_{n\to\infty} \dfrac{E(Y_n^2) - 2E(Y_n) + 1}{\varepsilon^2}$ $= \lim_{n\to\infty} \dfrac{\dfrac{n}{n+2} - \dfrac{2n}{n+1} + 1}{\varepsilon^2} = 0$　$\therefore Y_n \xrightarrow[n\to\infty]{P} 1$

5. $X_n Y_n = \dfrac{1}{2}X_n^2 + \dfrac{1}{2}Y_n^2 - \dfrac{1}{2}(X_n - Y_n)^2 \xrightarrow{p} \dfrac{1}{2}X^2 + \dfrac{1}{2}Y^2 - \dfrac{1}{2}(X - Y)^2 = XY$

習題 5-2

1. $N\sigma^2 = \Sigma(x - \mu)^2$，$A$ 爲樣本元素所成集合

   $= \sum_{x \in A}(x - \mu)^2 + \sum_{x \notin A}(x - \mu)^2 \geq \sum_{x \in A}(x - \mu)^2 = \sum_{x \in A}[(x - \bar{x}) + (\bar{x} - \mu)]^2$

   $= \sum_{x \in A}(x - \bar{x})^2 + (\bar{x} - \mu)\underbrace{\sum_{x \in A}(x - \bar{x})}_{0} + n(\bar{x} - \mu)^2 \geq n(\bar{x} - \mu)^2$

   $\therefore \sigma \geq \sqrt{\dfrac{n}{N}}|\bar{x} - \mu|$

2.

	$\bar{x}$	s^2
1,1	1	0
1,2	$\frac{3}{2}$	$\frac{1}{2}$
1,3	2	2
2,1	$\frac{3}{2}$	$\frac{1}{2}$
2,2	2	0
2,3	$\frac{5}{2}$	$\frac{1}{2}$
3,1	2	2
3,2	$\frac{5}{2}$	$\frac{1}{2}$
3,3	3	0

(1) $\mu = \dfrac{1}{3}(1+2+3) = 2$

$\sigma^2 = \dfrac{1}{3}[(1-2)^2 + (2-2)^2 + (3-2)^2] = \dfrac{2}{3}$

(2) $\therefore \bar{X}$ 之機率分配表

$\bar{x}$	1	$\frac{3}{2}$	2	$\frac{5}{2}$	3
$P(\bar{X}=\bar{x})$	$\frac{1}{9}$	$\frac{2}{9}$	$\frac{3}{9}$	$\frac{2}{9}$	$\frac{1}{9}$

(3) S^2 之機率分配表

s^2	0	$\frac{1}{2}$	2
$P(S^2=s^2)$	$\frac{3}{9}$	$\frac{4}{9}$	$\frac{2}{9}$

(4) $E(\bar{X}) = \sum\limits_{\bar{x}} \bar{x}\, P(X=\bar{x}) = 1 \times \dfrac{1}{9} + \dfrac{3}{2} \times \dfrac{2}{9} + 2 \times \dfrac{3}{9} + \dfrac{5}{2} \times \dfrac{2}{9} + 3 \times \dfrac{1}{9} = 2 = \mu$

(5) $E(S^2) = \sum\limits_{s^2} s^2 P(S^2=s^2) = 0 \times \dfrac{3}{9} + \dfrac{1}{2} \times \dfrac{4}{9} + 2 \times \dfrac{2}{9} = \dfrac{2}{3} = \sigma^2$

3.

		$\bar{x}$	s^2
1	2	$\dfrac{3}{2}$	$\dfrac{1}{2}$
1	3	2	2
2	1	$\dfrac{3}{2}$	$\dfrac{1}{2}$
2	3	$\dfrac{5}{2}$	$\dfrac{1}{2}$
3	1	2	2
4	2	$\dfrac{5}{2}$	$\dfrac{1}{2}$

$\therefore$

(1) $\bar{X}$ 之機率分配表

$\bar{x}$	$\dfrac{3}{2}$	2	$\dfrac{5}{2}$
$P(\bar{X}=\bar{x})$	$\dfrac{1}{3}$	$\dfrac{1}{3}$	$\dfrac{1}{3}$

(2) S^2 之機率分配表

s^2	$\dfrac{1}{2}$	2
$P(S^2=s^2)$	$\dfrac{2}{3}$	$\dfrac{1}{3}$

(3) $E(\bar{X}) = \sum\limits_{\bar{x}} \bar{x}\, P(X=\bar{x}) = \dfrac{3}{2} \times \dfrac{2}{6} + 2 \times \dfrac{2}{6} + \dfrac{5}{2} \times \dfrac{2}{6} = 2$

(4) $E(S^2) = \sum\limits_{s^2} s^2 P(S^2=s^2) = \dfrac{1}{2} \times \dfrac{4}{6} + 2 \times \dfrac{2}{6} = 1$

4. $Y = \sum X \sim P_0(n\lambda)$　$\therefore f_Y(y) = \dfrac{e^{n\lambda}(n\lambda)^y}{y!}$，$y=0,1,2\cdots\cdots$

$\bar{X} = \dfrac{Y}{n}$　$\therefore f_{\bar{X}}(\bar{x}) = \dfrac{e^{-n\lambda}(n\lambda)^{n\bar{x}}}{(n\bar{x})!}$，$\bar{x}=0,\dfrac{1}{n},\dfrac{2}{n},\cdots\cdots$

5. $Y = \sum X \sim n(n\mu, n\sigma^2)$

$\therefore$ (1) $E(\sum X)^2 = E(Y^2) = V(Y) + [E(Y)]^2 = n\sigma^2 + n^2\mu^2$

(2) $E(\sum X^2) = \sum E(X^2) = \sum(\sigma^2 + \mu^2) = n(\sigma^2 + \mu^2)$

(3) $E[(n+1)\sum X^2 - 2(\sum X)^2] = (n+1)n(\sigma^2+\mu^2) - 2(n\sigma^2 + n^2\mu^2) = n(n-1)(\sigma^2 - \mu^2)$

6. (1) $E(X_1) = \mu$，$V(\bar{X}) = \dfrac{\sigma^2}{n}$，$V(X_1) = \sigma^2$

又 $Cov(X_1, \bar{X}) = Cov\left(X_1, \dfrac{X_1 + X_2 + \cdots + X_n}{n}\right) = \dfrac{\sigma^2}{n}$（$\because X_1$ 與 $X_2 \cdots X_n$ 獨立）

$$\therefore \rho = \frac{Cov(X_1, \overline{X})}{\sqrt{V(X_1)}\sqrt{V(\overline{X})}} = \frac{\frac{\sigma^2}{n}}{\sigma \cdot \frac{\sigma}{\sqrt{n}}} = \frac{1}{\sqrt{n}}$$

$$(2)\, V(X_i - \overline{X}) = V\left(X_i - \frac{X_1 + X_2 + \cdots + X_i + \cdots + X_n}{n}\right)$$

$$= \frac{1}{n^2} V((n-1)X_i - X_1 - X_2 \cdots - X_{i-1} - X_{i+1} \cdots - X_n)$$

$$= \frac{1}{n^2}[(n-1)^2 V(X_i) + V(X_1) + V(X_2) + \cdots + V(X_{i-1}) + V(X_{i+1}) + \cdots + V(X_n)]$$

$$= \frac{1}{n^2}[(n-1)^2 \sigma^2 + (n-1)\sigma^2] = \frac{n-1}{n}\sigma^2$$

同法 $V(X_j - \overline{X}) = \dfrac{n-1}{n}\sigma^2$

$$Cov(X_j - \overline{X}, X_j - \overline{X})$$

$$= Cov\left(X_i - \frac{X_1 + X_2 + \cdots + X_n}{n}, \; X_j - \frac{X_1 + X_2 + \cdots + X_n}{n}\right)$$

$$= Cov\left(\frac{-X_1 - X_2 - \cdots + (n-1)X_i \cdots - X_n}{n}, \frac{-X_1 - X_2 - \cdots + (n-1)X_i \cdots - X_n}{n}\right)$$

$$= \frac{1}{n^2}[Cov(-X_1 - X_1) + Cov(-X_2 - X_2) + \cdots Cov((n-1)X_i, -X_j)$$

$$+ \cdots + Cov(-X_j, (n-1)X_j) + \cdots + Cov(-X_n, -X_n)]$$

$$= \frac{1}{n^2}[(n-2)\sigma^2 - 2(n-1)\sigma^2] = -\frac{\sigma^2}{n}$$

$$\therefore \rho(X_i - \overline{X}, X_j - \overline{X}) = \frac{-\frac{\sigma^2}{n}}{\sqrt{\frac{n-1}{n}}\sigma \cdot \sqrt{\frac{n-1}{n}}\sigma} = \frac{-1}{n-1}$$

7. $Cov(Y_1, Y_2) = Cov(X_1 + X_2 + \cdots + X_n, X_{n+1} + X_{n+2} + \cdots + X_{2n})$

$= Cov(X_1, X_{n+1}) + Cov(X_1, X_{n+2}) + \cdots + Cov(X_1, X_{2n}) + Cov(X_2, X_{n+1})$

$+ Cov(X_2, X_{n+2}) + \cdots + Cov(X_2, X_{2n}) \cdots + Cov(X_n, X_{n+1})$

$+ Cov(X_n, X_{n+2}) + \cdots + Cov(X_n, X_{2n}) = n^2 \sigma^2 \rho$

$(\because Cov(x_i, x_j) = \sigma^2 \rho, i = 1, 2 \cdots n, j = 1, 2 \cdots n, i \neq j)$

$V(Y_1) = V(X_1 + V_2 + \cdots + X_n) = \sum_{i=1}^{n} V(X_i) + 2 \sum_{i \neq j}^{n} \forall Cov(x_i, x_j)$

$= n\sigma^2 + 2\binom{n}{2}\sigma^2 = n\sigma^2 + n(n-1)\sigma^2 \rho$

$= n\sigma^2[1 + (n-1)\rho]$

同法 $V(Y_2) = n\sigma^2[1 + (n-1)\rho]$

$\therefore \rho(Y_1, Y_2) = \dfrac{Cov(Y_1, Y_2)}{\sqrt{V(Y_1)}\sqrt{V(Y_2)}} = \dfrac{n^2 \sigma^2 \rho}{\sqrt{n\sigma^2[1+(n-1)\rho]}\sqrt{n\sigma^2[1+(n-1)\rho]}} = \dfrac{n\rho}{1+(n-1)\rho}$

8.

提示	解答
$\int_0^\infty x^m e^{-nx}\,dx = \dfrac{m!}{n^{m+1}}$，$n > 0$	$Y = \Sigma X$ 之 pdf 為 $$f_Y(y) = \frac{1}{\Gamma(n)(\frac{1}{\lambda})^n} y^{n-1} e^{-\lambda y} = \frac{\lambda^n}{\Gamma(n)} y^{n-1} e^{-\lambda y}; \ \bar{y} = \frac{y}{n}, \ \left|\frac{dy}{d\bar{y}}\right| = n$$ $$f_{\bar{Y}}(\bar{y}) = \frac{\lambda^n}{\Gamma(n)} (n\bar{y})^{n-1} e^{-\lambda n \bar{y}} \cdot n = \frac{(\lambda n)^n}{\Gamma(n)} (\bar{y})^{n-1} e^{-\lambda n \bar{y}}$$ $$\therefore E\left(\frac{1}{\bar{Y}}\right) = \int_0^\infty \left(\frac{1}{\bar{y}}\right) \frac{(\lambda n)^n}{\Gamma(n)} (\bar{y})^{n-1} e^{-n\lambda \bar{y}} d\bar{y} = \frac{\lambda^n n^n}{\Gamma(n)} \int_0^\infty (\bar{y})^{n-1} e^{-n\lambda \bar{y}} d\bar{y}$$ $$= \frac{(\lambda n)^n}{\Gamma(n)} \frac{\Gamma(n-1)}{(n\lambda)^{n-1}} = \frac{n\lambda}{n-1}$$ $$E\left(\frac{1}{\bar{Y}}\right)^2 = \int_0^\infty \left(\frac{1}{\bar{y}}\right)^2 \frac{(\lambda n)^n}{\Gamma(n)} (\bar{y})^{n-1} e^{-n\lambda \bar{y}} d\bar{y} = \int_0^\infty \frac{(\lambda n)^n}{\Gamma(n)} (\bar{y})^{n-3} e^{-n\lambda \bar{y}} d\bar{y}$$ $$= \frac{(\lambda n)^n}{\Gamma(n)} \cdot \frac{\Gamma(n-2)}{(n\lambda)^{n-2}} = \frac{(\lambda n)^2}{(n-1)(n-2)}$$

9.

提示	解答
$\displaystyle\sum_{i=1}^{n}\sum_{j=1}^{n} x_i x_j = \left(\sum_{i=1}^{n} x_i\right)^2$： $\displaystyle\left(\sum_{i=1}^{3}\sum_{j=1}^{3} x_i x_j\right) = \sum_{i=1}^{3} (x_i x_1 + x_i x_2 + x_i x_3)$ $= (x_1 x_1 + x_2 x_1 + x_3 x_1)$ $\quad + (x_1 x_2 + x_2 x_2 + x_2 x_3)$ $\quad + (x_1 x_3 + x_2 x_3 + x_3 x_3)$ $= x_1^2 + x_2^2 + x_3^2 + 2x_1 x_2 + 2x_1 x_3 + 2x_2 x_3$ $= (x_1 + x_2 + x_3)^2$ $= \left(\sum_{j=1}^{n} x_j\right)^2$ 現在用正式之敘述： $\displaystyle\sum_{i=1}^{n}\sum_{j=1}^{n} x_i x_j = \sum_{i=1}^{n} x_i \sum_{j=1}^{n} x_j = \left(\sum_{i=1}^{n} x_i\right)^2$	$\displaystyle\frac{1}{2n(n-1)}\sum_{i=1}^{n}\sum_{j=1}^{n}(x_i - x_j)^3 = \frac{1}{2n(n-1)}\sum_{i=1}^{n}\sum_{j=1}^{n}(x_i^2 - 2x_i x_j + x_j^2)$ $\displaystyle = \frac{1}{2n(n-1)}\left[\sum_{i=1}^{n}\sum_{j=1}^{n} x_i^2 - 2\sum_{i=1}^{n}\sum_{j=1}^{n} x_i x_j + \sum_{i=1}^{n}\sum_{j=1}^{n} x_j^2\right]$ $\displaystyle = \frac{1}{2n(n-1)}\left[n\sum_{i=1}^{n} x_i^2 + n\sum_{j=1}^{n} x_j^2 - 2\left(\sum_{i=1}^{n} x_i\right)^2\right]$ $\displaystyle = \frac{1}{2n(n-1)}\left[2n\sum_{i=1}^{n} x_i^2 - 2\left(\sum_{i=1}^{n} x_i\right)^2\right]$ $\displaystyle = \frac{1}{n-1}\left[\sum_{i=1}^{n} x_i^2 - \frac{1}{n}(\Sigma x_i)^2\right] = s^2$

10.

提示	解答
不等式右端為指數函數，因此，我們可先考慮 Chernoff 界限，	$\because P(X = 1) = P(X = -1) = \dfrac{1}{2}$　$\therefore M(t) = \dfrac{1}{2}(e^t + e^{-t})$ $P(S_n > a) \le e^{-ta} E(e^{tS_n}) = e^{-ta} E\left(e^{t(X_1 + X_2 + \cdots + X_n)}\right) = e^{-ta}[E(e^{tX_1})]^n$ $= e^{-ta}\left[\dfrac{1}{2}(e^t + e^{-t})\right]^n \le e^{-ta}\left[e^{\frac{t^2}{2}}\right]^n = e^{\frac{nt^2}{2} - ta}$ 取 $h(t) = \dfrac{nt^2}{2} - ta$，$h'(t) = nt - a = 0$，$t = \dfrac{a}{n}$ $h''(t) = n > 0$　$\therefore t = \dfrac{a}{n}$ 時 $h(t)$ 有極小值 $h\left(\dfrac{a}{n}\right) = -\dfrac{a^2}{2n}$ 由 Chernoff bound，我們有 $P(S_n > a) \le e^{-\frac{a^2}{2n}}$

11.(1) $E\left(\dfrac{X_1+X_2+\cdots+X_n}{X_1+X_2+\cdots+X_n}\right)=E(1)=1\Rightarrow E\left(\dfrac{X_1+X_2+\cdots+X_n}{S_n}\right)=E\left(\dfrac{X_1}{S_n}\right)+E\left(\dfrac{X_2}{S_n}\right)+\cdots+E\left(\dfrac{X_n}{S_n}\right)$

$\qquad = n\left(\dfrac{X_i}{S_n}\right)=1$

$\qquad \therefore E\left(\dfrac{X_i}{S_n}\right)=\dfrac{1}{n}$, $i=1,2\cdots n$

$\qquad$ 從而

$\qquad E\left(\dfrac{S_m}{S_n}\right)=E\left(\dfrac{X_1+X_2+\cdots+X_m}{S_n}\right)=E\left(\dfrac{X_1}{S_n}\right)+E\left(\dfrac{X_2}{S_n}\right)+\cdots+E\left(\dfrac{X_m}{S_n}\right)=m\left(\dfrac{1}{n}\right)=\dfrac{m}{n}$

(2) $\because X_1,X_2\cdots X_n$ 均為正整數隨機變數

$\qquad \therefore \infty>X_1+X_2+\cdots+Xn\geq n$，即 $\infty>S_n\geq n$

$\qquad \Rightarrow 0<\dfrac{1}{S_n}\leq\dfrac{1}{n}$，即 $0<E\left(\dfrac{1}{S_n}\right)\leq\dfrac{1}{n}$

$\qquad$ 即 $E(S_n^{-1})$ 存在

12.

提示	解答
(1) 應用 $E(e^{itX})=E(\cos tX+i\sin tX)$ 再考察定積分之奇偶性	(1) $E(e^{1tX})=E(\cos tX+i\sin tX)$ $\quad =\dfrac{1}{\pi}\left[\int_{-\infty}^{\infty}\dfrac{\cos tx}{1+x^2}dx+i\int_{-\infty}^{\infty}\dfrac{\sin tx}{1+x^2}dx\right]$ $\quad =\dfrac{1}{\pi}\int_{-\infty}^{\infty}\dfrac{\cos tx}{1+x^2}dx$ $\quad =\dfrac{1}{\pi}\int_{-\infty}^{0}\dfrac{\cos tx}{1+x^2}dx+\dfrac{1}{\pi}\int_{0}^{\infty}\dfrac{\cos tx}{1+x^2}dx$ ① $t\geq 0$ 時 $\dfrac{1}{\pi}\int_{0}^{\infty}\dfrac{\cos tx}{1+x^2}dx=\dfrac{1}{\pi}(\pi e^{-t})=e^{-t}$ ② $t<0$ 時：$\dfrac{1}{\pi}\int_{-\infty}^{0}\dfrac{\cos tx}{1+x^2}dx=\dfrac{1}{\pi}\int_{\infty}^{0}\dfrac{\cos t(-y)}{1+y^2}d(-y)$ $\qquad\qquad =\dfrac{1}{\pi}\int_{0}^{\infty}\dfrac{\cos(-t)y}{1+y^2}dy=\dfrac{1}{\pi}(\pi e^{-(-t)})=e^{t}$ $\quad \therefore \phi(t)=e^{-|t|}$ (2) $Y=\dfrac{X_1+X_2+\cdots+X_n}{n}$ $\quad \therefore E(e^{itY})=E\left(e^{a\frac{X_1+X_2+\cdots+X_n}{n}}\right)$ $\qquad\qquad =E\left(e^{it\frac{X_1}{n}}\right)E\left(e^{it\frac{X_2}{n}}\right)\cdots E\left(e^{it\frac{X_n}{n}}\right)$ $\qquad\qquad =e^{-\left|\frac{t}{n}\right|}\cdot e^{-\left|\frac{t}{n}\right|}\cdots e^{-\left|\frac{t}{n}\right|}=e^{-n\left|\frac{t}{n}\right|}=e^{-|t|}$ $\quad \therefore f_Y(y)=\dfrac{1}{\pi}\dfrac{1}{(1+y^2)}$, $\infty>y>-\infty$

13.

提示	解答
機率極限定義	取 $\overline{X}=\dfrac{1}{n}\sum\limits_{i=1}^{n}X_i$ 則由 Markov 不等式： $P(|\overline{X}-E(\overline{E})|<\varepsilon)=P((\overline{X}-E(X))^2<\varepsilon)\geq 1-\dfrac{V(\overline{X})}{\varepsilon^2}$

提示	解答
	$\therefore \lim_{n \to \infty} P(\lvert \overline{X} - E(\overline{X}) \rvert < \varepsilon) \geq \lim_{n \to \infty}\left(1 - \dfrac{V(\overline{X})}{\varepsilon^2}\right) = \lim_{n \to \infty}\left(1 - \dfrac{V(X)}{\varepsilon^2 n}\right) = 1 - 0 = 1$ 但事件發生機率 ≤ 1 $\therefore \lim_{n \to \infty} P(\lvert X - E(X) \rvert < \varepsilon) = 1$ 即 $\lim_{n \to \infty} P\left(\left\lvert \dfrac{1}{n}\sum\limits_{i=1}^{n} X_i - E\left(\dfrac{1}{n}\sum\limits_{i=1}^{n} X_i\right)\right\rvert < \varepsilon\right) = 1$ $\Rightarrow \lim_{n \to \infty} P\left(\left\lvert \dfrac{1}{n}\sum\limits_{i=1}^{n} X_i - \dfrac{1}{n}\sum\limits_{i=1}^{n} E(X_i)\right\rvert < \varepsilon\right) = 1$

習題 5-3

1. 依題意，令 $Y = \overline{X}_1 - \overline{X}_2$，則 $E(Y) = E(\overline{X}_1) - E(\overline{X}_2) = 0$ 及 $V(\overline{X}_1 - \overline{X}_2) = V(\overline{X}_1) + V(\overline{X}_2) = \dfrac{2\sigma^2}{n}$

$\therefore P(\lvert \overline{X}_1 - \overline{X}_2 \rvert > \sigma) = P\left(\dfrac{\lvert \overline{X}_1 - \overline{X}_2 \rvert}{\sigma / \sqrt{\dfrac{2}{n}}} > \dfrac{\sigma}{\sigma / \sqrt{\dfrac{2}{n}}}\right) = P\left(\lvert Z \rvert > \sqrt{\dfrac{n}{2}}\right) = 0.01$

$\therefore P\left(\lvert Z \rvert < \sqrt{\dfrac{n}{2}}\right) = 0.99$ 即 $\sqrt{\dfrac{n}{2}} = 2.576$　$\therefore n = 14$

2. $E(X) = 1200 \times \dfrac{1}{6} = 200$，$V(X) = 1200 \times \dfrac{1}{6} \times \dfrac{5}{6} = \dfrac{500}{3}$，$\sigma = 10\sqrt{\dfrac{5}{3}}$

$\therefore P(180 < X < 220) = P\left(\dfrac{179.5 - 200}{10\sqrt{\dfrac{5}{3}}} < Z < \dfrac{220.5 - 200}{10\sqrt{\dfrac{5}{3}}}\right) \approx 2P(Z < 1.55) = 0.88$

3. $\because$ r.v. $X \sim P_o(9)$　$\therefore \mu = \lambda = 9$，$\sigma = \sqrt{\lambda} = \sqrt{9} = 3$

(1) $P(8 \leq X \leq 13) \approx P(5.5 \leq X \leq 13.5) = P\left(\dfrac{7.5 - 9}{3} \leq \dfrac{X - 9}{3} \leq \dfrac{13.5 - 9}{3}\right) = P(-0.5 \leq Z \leq 1.5)$

$= 0.933 - 0.309 = 0.624$

(2) $P(X \geq 8) \approx P(X \geq 7.5) = P\left(\dfrac{X - 9}{3} \geq \dfrac{7.5 - 9}{3}\right) = P(Z \geq -0.5) = 1 - 0.309 = 0.691$

(3) $P(X \leq 13) \approx P(X \leq 13.5) = P\left(\dfrac{X - 9}{3} \leq \dfrac{13.5 - 9}{3}\right) = P(Z \leq 1.5) = 0.933$

(4) $P(X = 13) \approx P(12.5 \leq X \leq 13.5) = P\left(\dfrac{12.5 - 9}{3} \leq \dfrac{X - 9}{3} \leq \dfrac{13.5 - 9}{3}\right)$

$= P(1.17 \leq Z \leq 1.5) = 0.933 - 0.879 = 0.054$

4. $X \sim U(0, 1)$　$\therefore \mu = \dfrac{1}{2}$，$\sigma = \sqrt{\dfrac{1}{12}}$

$P\left(\dfrac{1}{2} < \overline{X} < \dfrac{2}{3}\right) = P\left(\dfrac{\dfrac{1}{2} - \dfrac{1}{2}}{\sqrt{\dfrac{1}{12}}/12} < \dfrac{\overline{X} - \dfrac{1}{2}}{\sqrt{\dfrac{1}{12}}/12} < \dfrac{\dfrac{2}{3} - \dfrac{1}{2}}{\sqrt{\dfrac{1}{12}}/12}\right) = P(0 < Z < 2) = 0.4772$

5. (1) $P(-\varepsilon < \overline{X} - \mu < \varepsilon) \geq 1 - \delta$，在此 $n \geq \dfrac{\sigma^2}{\varepsilon^2 \delta}$，

現在 $\mu = \dfrac{1}{2}$，$\sigma^2 = \dfrac{1}{2} \cdot \dfrac{1}{2} = \dfrac{1}{4}$，$\varepsilon = \delta = 0.1$ $\therefore n \geq \dfrac{1}{4} / (0.1)^2 \, 0.1 = 250$

(2) $0.9 = P(0.4 < \overline{X} < 0.6) = P\left(\dfrac{0.4 - 0.5}{\sqrt{n/4}} < \dfrac{\overline{X} - 0.5}{\sqrt{n \cdot \dfrac{1}{4}}} < \dfrac{0.6 - 0.5}{\sqrt{n/4}} \right) = 0.9$

$\therefore \dfrac{0.1}{\sqrt{n/4}} = 1.625$ 解之 $n = 8$

6. 依題意：$\mu = 0.52$ 及 $0.01 = P(\overline{X} < 50\%)$

$\therefore P\left(\overline{X} < \dfrac{1}{2}\right) = \left(\dfrac{\overline{X} - \mu}{\sigma / \sqrt{n}} < \dfrac{\dfrac{1}{2} - \mu}{\sigma / \sqrt{n}} \right) = \left(\dfrac{\overline{X} - \mu}{\sigma / \sqrt{n}} < \dfrac{-0.02}{\sigma / \sqrt{n}} \right) = 0.01$

$\therefore \dfrac{-0.02}{\dfrac{\sigma}{\sqrt{n}}} = \dfrac{-0.02n}{\sqrt{0.52 \times 0.48}} = -2.326$ 得 $n = 3375$

7. $P\left(|\overline{X}_1 - \mu| < \dfrac{\sigma}{4}\right) = 0.95$

$\therefore P\left(\dfrac{|\overline{X}_1 - \mu|}{\sigma / \sqrt{n}} < \dfrac{\sigma}{4} / \dfrac{\sigma}{\sqrt{n}} \right) = P\left(|Z| \leq \dfrac{\sqrt{n}}{4} \right) = 0.95$ $\therefore \dfrac{\sqrt{n}}{4} = 1.96$ 解之 $n = 62$

8. 考慮由 $\lambda = 1$ 之 Poisson 分配抽出 $X_1, X_2, \cdots, X_n$ 為一隨機樣本，則

$Y_n = \sum\limits_{i=1}^{n} X_i \sim P_0(n)$ $\therefore E(Y) = n$，$V(Y) = n$

由 CLT，當 $n \to \infty$ 時，$\dfrac{\Sigma X_i - n\mu}{\sqrt{n}\sigma} = \dfrac{Y_n - n}{\sqrt{n}} \to n(0, 1)$

$\therefore \underset{n \to \infty}{} $ 時 $P\left(\dfrac{Y_n - n}{\sqrt{n}} \leq 0 \right) = \dfrac{1}{2} \Rightarrow P(Y_n \leq n) = \dfrac{1}{2}$

但 $P(Y_n \leq n) = \sum\limits_{x=0}^{n} \dfrac{e^{-n}n^x}{x!}$ $\therefore \lim\limits_{n \to \infty} \sum\limits_{x=0}^{n} \dfrac{e^{-n}n^x}{x!} = \dfrac{1}{2}$

9. (1) $\phi_X(t) = E(e^{itX}) = \displaystyle\int_{-\infty}^{\infty} \dfrac{e^{itx}}{\sqrt{2\pi}\sigma} e^{-\frac{(X-u)^2}{2\sigma^2}} dx \xrightarrow{z = \frac{x-u}{\sigma}} \displaystyle\int_{-\infty}^{\infty} \dfrac{e^{it(u + \sigma z)}}{\sqrt{2\pi}} e^{-\frac{z^2}{2}} dz$

$= e^{itu} \displaystyle\int_{-\infty}^{\infty} \dfrac{1}{\sqrt{2\pi}} e^{it\sigma z - \frac{z^2}{2}} dz = e^{itu} \displaystyle\int_{-\infty}^{\infty} \dfrac{1}{\sqrt{2\pi}} - \dfrac{1}{2}(z - it\sigma)^2 dz$

$= e^{itu - \frac{1}{2}t^2\sigma^2} \displaystyle\int_{-\infty}^{\infty} \dfrac{1}{\sqrt{2\pi}} e^{-\frac{1}{2}(z - it\sigma)^2} dz = e^{iut - \frac{1}{2}\sigma^2 x^2}$

(2) $\phi_Y(t) = e^{it\left(\frac{1}{n}(X_1 + \cdots + X_n)\right)} = E(e^{it\frac{X_1}{n}}) E(e^{it\frac{X_2}{n}}) \cdots E(e^{it\frac{X_n}{n}})$

$= e^{iu\frac{t}{n} - \frac{1}{2}\sigma^2\left(\frac{t}{n}\right)^2} \cdot e^{iu\frac{t}{n} - \frac{1}{2}\sigma^2\left(\frac{t}{n}\right)^2} \cdots e^{iu\frac{t}{n} - \frac{1}{2}\sigma^2\left(\frac{t}{n}\right)^2}$

$= e^{iut - \frac{1}{2}\frac{\sigma^2}{n}t^2}$

即 $Y \sim n\left(\mu, \dfrac{\sigma^2}{n}\right)$

附錄習題

1. $\because X_1, X_2 \cdots X_{200}$ 均爲服從標準常態分布之獨立隨機變數

   $\therefore X_1^2, X_2^2 \cdots X_{200}^2 \sim \chi^2(200)$

   $\therefore P(X_1^2, X_2^2 \cdots X_{200}^2 \le 200) = N\left(\dfrac{220-200}{\sqrt{2\times200}}\right) = N(1) = 0.841$

2. $P\left(\dfrac{\Sigma(x-\mu)^2}{18.31} < \sigma^2 < \dfrac{\Sigma(x-\mu)^2}{3.94}\right) = P\left(\dfrac{18.31}{\Sigma(x-\mu)^2} < \dfrac{1}{\sigma^2} < \dfrac{3.94}{\Sigma(x-\mu)^2}\right)$

   $= P\left(18.31 > \dfrac{\Sigma(x-\mu)^2}{\sigma^2} > 3.94\right) = 0.95 - 0.05 = 0.9$

3. $2X_1 - 2X_2 + \sqrt{2}X_3 \sim N(0, 10)$

   $\sqrt{3}X_4 - 2X_5 - \sqrt{3}X_6 \sim N(0, 10)$

   $\therefore Z_1 = \left[\dfrac{1}{\sqrt{10}}(2X_1 - 2X_2 + \sqrt{2}X_3)\right]^2 \sim \chi^2(1)$ 且 $Z_2 = \left[\dfrac{1}{\sqrt{10}}(\sqrt{3}X_4 - 2X_5 + \sqrt{3}X_6)\right]^2 \sim \chi^2(1)$

   $Y = Z_1 + Z_2 \sim \chi^2(2)$

   $\therefore k = \dfrac{1}{10}$

4. $P(15.36 < (X-9)^2 < 20.08) = P\left(3.84 < \dfrac{(X-9)^2}{4} < 5.02\right) = P(3.84 < \chi^2_{(1)} < 5.02)$

   $= P(\chi^3_{(1)} < 5.02) - P(\chi^3_{(1)} < 3.84) = 0.975 - 0.95 = 0.025$

5. $P(\chi^2(25) \le 34.382) \approx P(Z \le \sqrt{2\times34.382} - \sqrt{2\times25-1}) = P(Z \le 1.29) = 0.90$

6. $X_1 + X_2 + \cdots X_m \sim n(0, m)$，$\dfrac{X_1 + X_2 + \cdots + X_m}{\sqrt{m}} \sim n(0, 1)$

   $\therefore \left(\dfrac{X_1 + X_2 + \cdots + X_m}{\sqrt{m}}\right)^2 = \dfrac{1}{m}\left(\sum_{i=1}^{m} X_i\right)^2 \sim \chi^2(1)$

   同理 $\dfrac{1}{n-m}\left(\sum_{i=m+1}^{n} X_i\right)^2 \sim \chi^2(1)$

   $\therefore Y \sim \chi^2(2)$

7. 令 $Z_j = F_j(X_j)$　$\therefore Z_j \sim \cup(0, 1)$

   現在要求 $Y_j = -\dfrac{1}{2}\ln(1 - Z_j)$ 之 pdf：

   $\because z_j = 1 - e^{-2y_j}$　$\therefore f_{Y_j}(y_j) = 1 \cdot \left|\dfrac{dz_j}{dy_j}\right| = 2e^{-2y_j}$

   即 $Y_j \sim \chi^2(2)$

   $\therefore Y = \sum_{i=1}^{n} Y_j = \sum_{i=1}^{n}\left[-\dfrac{1}{2}\ln(1 - F_j(x_j)) \sim \chi^2(2n)\right]$

8. $X_{n+1} \sim n(\mu, \sigma^2)$，$\overline{X} \sim n\left(\mu, \dfrac{\sigma^2}{n}\right) \therefore X_{n+1} - \overline{X} \sim n\left(\mu - \mu, \sigma^2 + \dfrac{\sigma^2}{n}\right) \Rightarrow X_{n+1} - \overline{X} \sim n\left(0, \dfrac{n+1}{n}\sigma^2\right)$

又 $\sqrt{\dfrac{n}{n+1}}\ \dfrac{X_{n+1}-\overline{X}}{\sigma}\sim n(0,1)$ 及 $\dfrac{(n-1)S^2}{\sigma^2}\sim\chi^2(n-1)$

$\therefore \dfrac{\sqrt{\dfrac{n}{n+1}}\dfrac{X_{n+1}-\overline{X}}{\sigma}}{\sqrt{\dfrac{(n-1)S^2}{\sigma^2}/(n-1)}}=\dfrac{X_{n+1}-\overline{X}}{S}\sqrt{\dfrac{n}{n+1}}\sim t(n-1)$

9. $T=\sqrt{10}(\overline{X}-\mu)/\sigma\sim t(9)$

$\therefore P(-2.26<T<2.26)=2P(T\le 2.26)-1=2\times 0.975-1=0.95$

10. 由題意，$E(Y_1)=E(Y_2)=0$ ，$V(Y_1-Y_2)=\dfrac{\sigma^2}{6}+\dfrac{\sigma^2}{3}=\dfrac{\sigma^2}{2}$

顯然 Y_1，Y_2 互為獨立，

$\therefore Y=\dfrac{Y_1-Y_2}{\sqrt{\dfrac{\sigma^2}{2}}}=\dfrac{\sqrt{2}(Y_1-Y_2)}{\sigma}\sim n(0,1)$; $\dfrac{2S^2}{\sigma^2}\sim\chi^2(2)$

$\Rightarrow Z=\dfrac{\sqrt{2}(Y_1-Y_2)}{S}=\dfrac{\sqrt{2}(Y_1-Y_2)/\sigma}{\sqrt{\dfrac{2S^2}{N}}/\sigma}\sim t(2)$

11. (1) 因為 F 分配表的值都大於 1，利用本節定理，

$P(F(8,5)\le 0.1508)=p(F(5,8)\ge\dfrac{1}{0.1508}=6.631)=0.01$

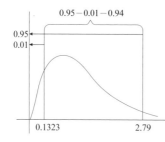

(2) $P(F(6,15)\ge 2.79)=0.05$

$\therefore P(F(6,15)\le 2.79)=1-0.05=0.95$

$P(0.1323\le F(6,15))$

$=P\left(\dfrac{1}{F(6,15)}\le\dfrac{1}{0.1323}\right)$

$=P(F(15,6)\le 7.558)=0.01$

$=P(0.1323\le F(6,15)\le 2.79)$

$=0.95-0.01=0.94$

12. $\dfrac{S_1^2/\sigma_1^2}{S_1^2/\sigma_2^2}=\dfrac{S_1^2}{S_2^2}\cdot\dfrac{\sigma_2^2}{\sigma_1^2}=\dfrac{3}{2}\cdot\dfrac{S_1^2}{S_2^2}\sim F(24,30)$

$\therefore P\left(\dfrac{S_1^2}{S_2^3}>1.65\right)=P\left(\dfrac{3}{2}\cdot\dfrac{S_1^2}{S_2^2}>\dfrac{3}{2}\cdot 1.65=2.47\right)=P(F(24,30)>2.47)=0.01$

13. $\therefore\begin{cases}\dfrac{\Sigma(X-\overline{X})^2}{8}/10\sim\chi^2(8) & (1)\\[3mm]\dfrac{\Sigma(Y-\overline{Y})^2}{3}/12\sim\chi^2(3) & (2)\end{cases}$

$\therefore\dfrac{(1)}{(2)}\ \dfrac{36}{80}\dfrac{\Sigma(X-\overline{X})^2}{\Sigma(Y-\overline{Y})^2}\sim F(8,3)$

$P\left(0.546\le\dfrac{\Sigma(X-\overline{X})^2}{\Sigma(Y-\overline{Y})^2}\le 61.09\right)=P\left(\dfrac{36}{80}\cdot 0.546\le\dfrac{60}{80}\dfrac{\Sigma(X-\overline{X})^2}{\Sigma(Y-\overline{Y})^2}\le\dfrac{36}{80}\cdot 61.09\right)$

$$= P(0.246 \le F(8, 3) \le 27.49) = 0.99 - 0.05 = 0.94$$

14.(1) $X_1 - X_2 \sim n(0, 2)$

$$\therefore \frac{X_1 - X_2}{\sqrt{2}} \sim n(0, 1)$$

(2) $X_1 + X_2 \sim n(0, 2)$ $\quad \therefore \frac{X_1 + X_2}{\sqrt{2}} \sim n(n, 1) \Rightarrow \left(\frac{X_1 - X_2}{\sqrt{2}}\right)^2 = \frac{(X_1 - X_2)^2}{2} \sim \chi^2(1)$

$$\therefore W = \frac{X_1 + X_2}{\sqrt{(X_1 - X_2)^2}} = \frac{\dfrac{X_1 + X_2}{\sqrt{2}}}{\sqrt{\dfrac{(X_1 - X_2)^2}{2}}} = \frac{\dfrac{X_1 + X_2}{\sqrt{2}}}{\sqrt{\dfrac{(X_1 - X_2)^2}{2}/1}} \sim t(1)$$

(3) $X_1^2 \sim \chi^2(1)$，$X_2^2 \sim \chi^2(1)$ $\quad \therefore \frac{X_2^2}{X_1^2} = \frac{X_2^2/1}{X_1^2/1} \sim F(1, 1)$

(4) $X_1 - X_2 \sim n(0, 2)$ $\quad \therefore \frac{X_1 - X_2}{\sqrt{2}} \sim n(0, 1)$。從而 $\dfrac{(X_1 - X_2)^2}{2} \sim \chi^2(1)$

(5) $X_2^2 \sim \chi^2(1)$ $\quad \therefore \frac{X_1}{\sqrt{X_2^2}} = \frac{X_1}{\sqrt{\dfrac{X_2^2}{1}}} \sim t(1)$

15.(1) $f_X(x) = \dfrac{\Gamma\left(\dfrac{m+n}{2}\right)}{\Gamma\left(\dfrac{m}{2}\right)\Gamma\left(\dfrac{n}{2}\right)} \left(\dfrac{m}{n}\right)^{\frac{m}{2}} x^{\frac{m}{2}-1} \left(1 + \dfrac{m}{n}x\right)^{-\frac{m+n}{2}}$

$y = \dfrac{1}{1 + \dfrac{m}{n}x}$ $\quad \therefore x = \dfrac{n(1-y)}{my}$，$\left|\dfrac{dx}{dy}\right| = \dfrac{n}{m}\dfrac{1}{y^2}$

$\therefore f_Y(y) = \dfrac{\Gamma\left(\dfrac{m+n}{2}\right)}{\Gamma\left(\dfrac{m}{2}\right)\Gamma\left(\dfrac{n}{2}\right)} \left(\dfrac{m}{n}\right)^{\frac{m}{2}} \left(\dfrac{n}{m}\left(\dfrac{1-y}{y}\right)\right)^{\frac{m}{2}-1} \left(\dfrac{1}{y}\right)^{-\frac{m+n}{2}} \cdot \dfrac{n}{m}\dfrac{1}{y^2}$

$= \dfrac{\Gamma\left(\dfrac{m+n}{2}\right)}{\Gamma\left(\dfrac{m}{2}\right)\Gamma\left(\dfrac{n}{2}\right)} (1-y)^{\frac{m}{2}-1} y^{\frac{n}{2}-1}$，$1 > y > 0$

即 $Y \sim \text{Be}\left(\dfrac{n}{2}, \dfrac{m}{2}\right)$

(2) $P(X \le x) = P\left[\left(1 + \dfrac{m}{n}X\right) \le \left(1 + \dfrac{m}{n}x\right)\right] = P\left[\left(1 + \dfrac{m}{n}X\right)^{-1} \ge \left(1 + \dfrac{m}{n}x\right)^{-1}\right]$

$= P\left[Y \ge \left(1 + \dfrac{m}{n}x\right)^{-1}\right] = 1 - P\left[Y \le \left(1 + \dfrac{m}{n}x\right)^{-1}\right]$

16.$r.v.X \sim \chi^2(n)$

$M_X(t) = (1 - 2t)^{\frac{n}{2}}$

$$\therefore M_Y(t) = E(e^{tY}) = E\left(e^{t\frac{X-n}{\sqrt{2n}}}\right) = E\left(e^{\frac{t}{\sqrt{2n}}X}\right) \cdot e^{-\sqrt{\frac{n}{2}}t} = \left(1 - 2\frac{t}{\sqrt{2n}}\right)^{-\frac{n}{2}} e^{-\sqrt{\frac{n}{2}}t}$$

$$\because \ln(1-x) = -\int_0^x \frac{dt}{1-t} = -\int_0^x (1 + t + t^2 + \cdots)\,dt = -\left(x + \frac{x^2}{2} + \frac{x^3}{3} + \cdots\right)$$

$$\therefore \ln M_Y(t) = -\frac{n}{2}\ln\left(1 - \frac{2}{\sqrt{2n}}t\right) - \sqrt{\frac{n}{2}}t$$

$$= -\left\{-\frac{n}{2}\left[\frac{2}{\sqrt{2n}}t + \frac{1}{2}\left(\frac{2}{\sqrt{2n}}t\right)^2 + \frac{1}{3}\left(\frac{2}{\sqrt{2n}}t\right)^3 + \cdots\right]\right\} - \sqrt{\frac{n}{2}}t$$

$$= \frac{t^2}{2} + \frac{1}{3}\frac{t^3}{n\sqrt{2n}} + \cdots$$

$$\therefore \lim_{n \to \infty} \ln M_Y(t) = \frac{t^2}{2} \text{ 或 } \lim_{n \to \infty} m_Y(t) = \exp(\frac{t^2}{2})$$

即 $n \to \infty$ 時 $Y \to n(0, 1)$

提示	解答
1. $\dfrac{(n-1)S^2}{\sigma^2}$ $= \dfrac{(n-1) \cdot \dfrac{\Sigma(X-\bar{X})^2}{n-1}}{\sigma^2} \sim \chi^2(n-1)$ 2. $X \sim \chi^2(n-1) \Rightarrow M_X(t) = (1-2t)^{-\frac{n}{2}}$	$\dfrac{(n-1)}{\sigma^2}S^2 \sim \chi^2(n-1) \quad \therefore E\left[e^{t\left(\frac{(n-1)}{\sigma^2}S^2\right)}\right] = (1-2t)^{-\frac{n}{2}}$ $\Rightarrow E[e^{tS^2}] = \left(1 - \dfrac{2\sigma^2}{n-t}t\right)^{-\frac{n}{2}}$ $\lim_{n \to \infty} E(e^{tS^2}) = \lim_{n \to \infty}\left(1 - \dfrac{2\sigma^2}{n-t}t\right)^{-\frac{n}{2}} = e^{\sigma^2 t}$

國家圖書館出版品預行編目資料

圖解機率學／黃勤業著. －－初版.－－臺北
　市：五南圖書出版股份有限公司, 2024.03
　面；　公分
ISBN 978-626-366-981-9（平裝）

1.CST: 機率論

319.1　　　　　　　　113000091

5B1H

圖解機率學

作　　　者 ― 黃勤業（305.2）

發 行 人 ― 楊榮川

總 經 理 ― 楊士清

總 編 輯 ― 楊秀麗

副總編輯 ― 王正華

責任編輯 ― 金明芬

封面設計 ― 封怡彤

出 版 者 ― 五南圖書出版股份有限公司

地　　　址：106台北市大安區和平東路二段339號4樓

電　　　話：(02)2705-5066　　傳　　真：(02)2706-6100

網　　　址：https://www.wunan.com.tw

電子郵件：wunan@wunan.com.tw

劃撥帳號：01068953

戶　　　名：五南圖書出版股份有限公司

法律顧問　林勝安律師

出版日期　2024年3月初版一刷

定　　　價　新臺幣400元

※版權所有·欲利用本書內容，必須徵求本公司同意※

全新官方臉書

五南讀書趣

WUNAN Books since1966

Facebook 按讚

1秒變文青

★ 專業實用有趣
★ 搶先書籍開箱
★ 獨家優惠好康

五南讀書趣 Wunan Books

不定期舉辦抽
贈書活動喔！！

經典永恆・名著常在

五十週年的獻禮 —— 經典名著文庫

五南,五十年了,半個世紀,人生旅程的一大半,走過來了。

思索著,邁向百年的未來歷程,能為知識界、文化學術界作些什麼?

在速食文化的生態下,有什麼值得讓人雋永品味的?

歷代經典・當今名著,經過時間的洗禮,千錘百鍊,流傳至今,光芒耀人;

不僅使我們能領悟前人的智慧,同時也增深加廣我們思考的深度與視野。

我們決心投入巨資,有計畫的系統梳選,成立「經典名著文庫」,

希望收入古今中外思想性的、充滿睿智與獨見的經典、名著。

這是一項理想性的、永續性的巨大出版工程。

不在意讀者的眾寡,只考慮它的學術價值,力求完整展現先哲思想的軌跡;

為知識界開啟一片智慧之窗,營造一座百花綻放的世界文明公園,

任君遨遊、取菁吸蜜、嘉惠學子!